C#程序开发案例课堂

刘春茂　李　琪　编　著

清华大学出版社
北　京

内 容 简 介

本书以零基础讲解为宗旨，用实例引导读者深入学习，采取"基础入门→核心技术→高级应用→项目开发实战"的讲解模式，深入浅出地讲解C#的各项技术及实战技能。

本书第 1 篇"基础入门"主要内容包括揭开 C#神秘面纱、C#基本语法、C#程序结构、面向对象入门、面向对象的重要特征、集合与泛型；第 2 篇"核心技术"主要内容包括常用窗体控件、高级窗体控件、C#文件流、多线程操作、语言集成查询 LINQ、异常和调试；第 3 篇"高级应用"主要内容包括 ADO.NET 操作数据库、GDI+技术、开发网络应用程序、在 C#中操作注册表、水晶报表、应用程序打包；第 4 篇"项目开发实战"主要内容包括开发图书管理系统、开发社区互助系统、开发电影票预订系统和开发人事管理系统。

本书适合任何想学习 C#编程语言的人员，无论您是否从事计算机相关行业，无论您是否接触过 C#语言，通过学习均可快速掌握 C#在项目开发中的知识和技巧。

本书封面贴有清华大学出版社防伪标签，无标签者不得销售。
版权所有，侵权必究。举报：010-62782989，beiqinqu an@tup.tsinghua.edu.cn。

图书在版编目(CIP)数据

C#程序开发案例课堂/刘春茂，李琪编著. —北京：清华大学出版社，2018（2021.9重印）
ISBN 978-7-302-48895-8

Ⅰ. ①C… Ⅱ. ①刘… ②李… Ⅲ. ①C 语言—程序设计 Ⅳ. ①TP312

中国版本图书馆 CIP 数据核字(2017)第 287206 号

责任编辑：张彦青
装帧设计：李　坤
责任校对：王明明
责任印制：丛怀宇

出版发行：清华大学出版社
　　　　　网　　址：http://www.tup.com.cn, http://www.wqbook.com
　　　　　地　　址：北京清华大学学研大厦 A 座　　邮　　编：100084
　　　　　社 总 机：010-62770175　　邮　　购：010-62786544
　　　　　投稿与读者服务：010-62776969, c-service@tup.tsinghua.edu.cn
　　　　　质量反馈：010-62772015, zhiliang@tup.tsinghua.edu.cn
印 装 者：三河市铭诚印务有限公司
经　　销：全国新华书店
开　　本：190mm×260mm　　**印　张**：31.75　　**字　数**：770 千字
版　　次：2018 年 1 月第 1 版　　**印　次**：2021 年 9 月第 4 次印刷
定　　价：89.00 元

产品编号：076442-01

前　　言

"程序开发案例课堂"系列图书是专门为软件开发和数据库初学者量身定做的一套学习用书，整套书涵盖软件开发、数据库设计等方面。整套书具有以下特点。

前沿科技

无论是软件开发还是数据库设计，我们都精选较为前沿或者用户群最大的领域推进，帮助大家认识和了解最新动态。

权威的作者团队

组织国家重点实验室和资深应用专家联手编著该套图书，融合丰富的教学经验与优秀的管理理念。

学习型案例设计

以技术的实际应用过程为主线，全程采用图解和同步多媒体结合的教学方式，生动、直观、全面地剖析使用过程中的各种应用技能，降低难度提升学习效率。

为什么要写这样一本书

微软产品以其简单易用特点取得了大量用户的喜爱，作为 NET 平台的核心语言，C#是开发中的主力军。目前学习和关注 C#的人越来越多，而很多 C#的初学者都苦于找不到一本通俗易懂、容易入门和案例实用的参考书。通过本书的案例实训，大学生可以很快地上手流行的工具，提高职业化能力，从而帮助解决公司与学生的双重需求问题。

本书特色

- 零基础、入门级的讲解

无论您是否从事计算机相关行业，无论您是否接触过 C#编程语言，都能从本书中找到最佳起点。

- 超多、实用、专业的范例和项目

本书在编排上紧密结合深入学习 C#编程技术的先后过程，从 C#的基本语法开始，带领大家逐步深入地学习各种应用技巧，侧重实战技能，使用简单易懂的实际案例进行分析和操作指导，让读者读起来简明轻松，操作起来有章可循。

- 随时检测自己的学习成果

每章首页中，均提供了学习目标，以指导读者重点学习及学后检查。

大部分章节最后的"跟我学上机"板块，均根据本章内容精选而成，读者可以随时检测自己的学习成果和实战能力，做到融会贯通。

- 细致入微、贴心提示

本书在讲解过程中，在各章中使用了"注意"和"提示"等小贴士，使读者在学习过程中更清楚地了解相关操作、理解相关概念，并轻松掌握各种操作技巧。

- 专业创作团队和技术支持

本书由千谷高新教育中心编著和提供技术支持。

若您在学习过程中遇到任何问题，可加入QQ群（案例课堂VIP）451102631进行提问，专家会在线答疑。

超值赠送资源

- 全程同步教学录像

涵盖本书所有知识点，详细讲解每个实例及项目的过程及技术关键点。比看书更轻松地掌握书中所有的C#编程语言知识，而且扩展的讲解部分使您得到比书中更多的收获。

- 超多容量王牌资源大放送

赠送大量王牌资源，包括本书实例源文件、精美教学幻灯片、精选本书教学视频、Visual Studio 2017 常用快捷键、C#类库查询手册、C#控件查询手册、C#程序员面试技巧、C#常见面试题、C#常见错误代码及解决方案、C#开发经验及技巧大汇总等。读者可以通过 QQ 群（案例课堂 VIP）451102631 获取赠送资源，还可以进入 http://www.apecoding.com/下载赠送资源。

读者对象

- 没有任何C#编程基础的初学者。
- 有一定的C#编程基础，想精通C#开发的人员。
- 有一定的C#基础，没有项目经验的人员。
- 正在进行毕业设计的学生。
- 大专院校及培训学校的老师和学生。

创作团队

本书由刘春茂和李琪编著，参加编写的人员还有蒲娟、刘玉萍、裴雨龙、展娜娜、周佳、付红、李园、郭广新、侯永岗、王攀登、刘海松、孙若淞、王月娇、包慧利、陈伟光、胡同夫、王伟、梁云梁和周浩浩。在编写过程中，我们尽所能地将最好的讲解呈现给读者，但也难免有疏漏和不妥之处，敬请不吝指正。若您在学习中遇到困难或疑问，或有何建议，可写信至信箱357975357@qq.com。

编　者

目 录

第1篇 基础入门

第1章 揭开C#的神秘面纱——我的第一个C#程序 3
- 1.1 C#简介 4
- 1.2 NET框架 5
- 1.3 Visual C#的开发环境 5
    - 1.3.1 安装Visual Studio 2017的条件 5
    - 1.3.2 安装Visual Studio 2017 6
- 1.4 熟悉开发环境 7
    - 1.4.1 创建项目 8
    - 1.4.2 菜单栏 9
    - 1.4.3 工具栏 11
    - 1.4.4 工具箱面板 11
    - 1.4.5 属性面板 12
    - 1.4.6 错误列表 12
    - 1.4.7 输出面板 13
- 1.5 创建第一个简单的Visual C#应用程序 ... 13
- 1.6 如何学好C# 14
- 1.7 大神解惑 15
- 1.8 跟我学上机 16

第2章 零基础开始学习——C#基本语法 17
- 2.1 C#的程序结构 18
    - 2.1.1 注释 18
    - 2.1.2 命名空间 18
    - 2.1.3 类 20
    - 2.1.4 Main方法 20
    - 2.1.5 标识符与关键字 21
    - 2.1.6 C#语句 22
- 2.2 程序的编写规范 22
    - 2.2.1 代码书写规则 22
    - 2.2.2 命名规范 22
- 2.3 数据类型 23
    - 2.3.1 变量 23
    - 2.3.2 常量 24
    - 2.3.3 值类型 24
    - 2.3.4 引用类型 32
    - 2.3.5 值类型和引用类型的区别 34
    - 2.3.6 类型转换 36
- 2.4 运算符和表达式 40
    - 2.4.1 表达式 41
    - 2.4.2 运算符 41
    - 2.4.3 运算符优先级 49
- 2.5 大神解惑 50
- 2.6 跟我学上机 50

第3章 控制程序运行方向——C#程序结构 51
- 3.1 顺序结构 52
- 3.2 选择结构 52
    - 3.2.1 if语句 52
    - 3.2.2 if…else语句 53
    - 3.2.3 选择嵌套语句 54
    - 3.2.4 switch分支结构语句 55
- 3.3 循环结构 57
    - 3.3.1 while语句 57
    - 3.3.2 do…while语句 58
    - 3.3.3 for语句 59
    - 3.3.4 循环语句的嵌套 60
- 3.4 其他语句 61
    - 3.4.1 break语句 61
    - 3.4.2 continue语句 62
    - 3.4.3 goto语句 63
    - 3.4.4 return语句 63

3.5 大神解惑 64
3.6 跟我学上机 65

第 4 章 主流软件开发方法——面向对象入门 66

4.1 面向对象编程思想 67
  4.1.1 面向对象概述 67
  4.1.2 面向对象编程解决问题的方法 67
  4.1.3 面向对象编程的特点 68
4.2 C#中的类 69
  4.2.1 类的概念 70
  4.2.2 类的声明 70
  4.2.3 类的成员：属性、方法 71
  4.2.4 构造函数和析构函数 77
4.3 C#中的对象 80
  4.3.1 对象的概念 80
  4.3.2 对象与类的关系 80
  4.3.3 对象的创建 80
4.4 分部类 81
4.5 结构与类 82
  4.5.1 结构的定义和使用 83
  4.5.2 结构与类的区别 84
4.6 大神解惑 85
4.7 跟我学上机 85

第 5 章 深入了解面向对象——面向对象的重要特征 87

5.1 类的封装性 88
5.2 类的继承性 88
  5.2.1 继承性概述 89
  5.2.2 继承性的规则 90
5.3 类的多态性 91
  5.3.1 覆盖性重写 91
  5.3.2 多态性重写 92
5.4 接口 95
  5.4.1 接口的概念及声明 95
  5.4.2 接口的实现 96
  5.4.3 继承多个接口 97
5.5 抽象类与抽象方法 99
  5.5.1 抽象类 99
  5.5.2 抽象方法 100
  5.5.3 抽象类与接口 101
5.6 委托 101
  5.6.1 委托的声明 102
  5.6.2 实例化委托 102
  5.6.3 调用委托 102
5.7 事件 103
  5.7.1 定义事件 103
  5.7.2 订阅事件 104
  5.7.3 触发事件 104
5.8 大神解惑 105
5.9 跟我学上机 106

第 6 章 特殊的类——集合与泛型 107

6.1 数组概述 108
6.2 一维数组的声明和使用 108
  6.2.1 一维数组的定义 108
  6.2.2 一维数组的使用 110
6.3 二维数组的声明和使用 111
  6.3.1 二维数组的定义 111
  6.3.2 二维数组的使用 112
6.4 数组的基本操作 114
  6.4.1 遍历数组 114
  6.4.2 数组 Array 类的常用操作 115
6.5 ArrayList 集合 117
  6.5.1 ArrayList 概述 117
  6.5.2 ArrayList 的操作 119
  6.5.3 Array 与 ArrayList 的区别 122
6.6 HashTable 集合 122
  6.6.1 HashTable 概述 122
  6.6.2 HashTable 的操作 124
6.7 泛型 125
  6.7.1 泛型概述 126
  6.7.2 泛型集合 128
  6.7.3 泛型接口 130
  6.7.4 泛型类 131
  6.7.5 泛型方法 134

6.8 大神解惑 135
6.9 跟我学上机 136

第 2 篇 核心技术

第 7 章 Windows 应用程序开发初步——常用窗体控件 139

7.1 Windows 窗体简介 140
    7.1.1 WinForm 窗体的概念 140
    7.1.2 窗体的常用属性 140
    7.1.3 窗体的常用事件 142
    7.1.4 添加和删除窗体 142
7.2 常用 Windows 窗体控件 144
    7.2.1 控件的分类和作用 144
    7.2.2 添加控件 144
    7.2.3 排列控件 145
    7.2.4 删除控件 146
7.3 文本类控件和消息框 146
    7.3.1 标签(Label)控件 146
    7.3.2 按钮(Button)控件 147
    7.3.3 文本框(TextBox)控件 149
    7.3.4 消息框(MessageBox) 151
7.4 Windows 应用程序的结构和开发步骤 154
    7.4.1 Windows 应用程序的结构 154
    7.4.2 Windows 应用程序开发步骤 155
7.5 大 神 解 惑 155
7.6 跟我学上机 156

第 8 章 Windows 应用程序开发进阶——高级窗体控件 157

8.1 菜单与工具栏控件 158
    8.1.1 菜单控件 158
    8.1.2 工具栏(toolStrip)控件 160
8.2 列表视图和树视图控件 161
    8.2.1 列表视图控件(ListView) 161
    8.2.2 树视图控件(TreeView) 167

8.3 选项卡控件(TabControl) 172
8.4 通用对话框控件 175
    8.4.1 打开文件对话框(OpenFile Dialog) 175
    8.4.2 保存文件对话框(SaveFile Dialog) 177
    8.4.3 选择目录对话框(FolderBrowser Dialog) 179
8.5 多文档编程(MDI 窗体) 181
8.6 大神解惑 184
8.7 跟我学上机 184

第 9 章 文件操作的利器——C#文件流 .. 185

9.1 文件 186
    9.1.1 System.IO 命名空间 186
    9.1.2 文件类 File 的使用 188
    9.1.3 文件夹 Directory 类的使用 189
    9.1.4 FileInfo 类和 DirectoryInfo 类的使用 191
    9.1.5 文件与文件夹的相关操作 193
9.2 数据流 198
    9.2.1 流操作介绍 198
    9.2.2 文件流类 199
9.3 文本文件的读写操作 202
    9.3.1 StreamReader 类 202
    9.3.2 StreamWriter 类 203
9.4 读写二进制文件 205
    9.4.1 BinaryReader 类 205
    9.4.2 BinaryWriter 类 206
9.5 读写内存流 208
9.6 大神解惑 209
9.7 跟我学上机 210

第 10 章 任务同时进行——多线程操作 211

- 10.1 进程 212
  - 10.1.1 进程简介 212
  - 10.1.2 进程的基本操作 212
- 10.2 线程 213
  - 10.2.1 线程简介 213
  - 10.2.2 单线程与多线程 214
  - 10.2.3 线程的基本操作 215
  - 10.2.4 创建线程 215
  - 10.2.5 线程的控制 216
  - 10.2.6 线程优先级 219
- 10.3 多线程同步 221
  - 10.3.1 多线程同步概述 221
  - 10.3.2 用 Lock 语句实现互斥线程 222
  - 10.3.3 用 Monitor 类实现互斥线程 223
  - 10.3.4 用 Mutex 类实现互斥线程 224
- 10.4 线程池 226
- 10.5 大神解惑 228
- 10.6 跟我学上机 228

第 11 章 数据查询新模型——语言集成查询 LINQ 229

- 11.1 LINQ 简介 230
  - 11.1.1 隐式类型化变量(var) 230
  - 11.1.2 查询操作简介 230
  - 11.1.3 数据源 231
  - 11.1.4 查询 231
  - 11.1.5 执行查询 232
- 11.2 LINQ 和泛型类型 233
  - 11.2.1 LINQ 查询中的 IEnumerable 变量 233
  - 11.2.2 通过编译器处理泛型类型声明 233
- 11.3 基本 LINQ 查询操作 234
  - 11.3.1 获取数据源 234
  - 11.3.2 筛选 234
  - 11.3.3 排序 235
  - 11.3.4 分组 236
  - 11.3.5 联接 238
- 11.4 大神解惑 241
- 11.5 跟我学上机 242

第 12 章 解决问题的法宝 ——异常和调试 243

- 12.1 异常处理 244
  - 12.1.1 异常处理的概念 244
  - 12.1.2 典型的 try…catch 异常处理语句 245
  - 12.1.3 使用 finally 块 246
  - 12.1.4 使用 throw 关键字显式抛出异常 247
- 12.2 程序调试 249
  - 12.2.1 程序错误分类 249
  - 12.2.2 基本调试概念——断点 250
  - 12.2.3 程序调试信息 252
- 12.3 大神解惑 255
- 12.4 跟我学上机 256

第 3 篇 高级应用

第 13 章 C#的数据库编程 ——ADO.NET 操作数据库 259

- 13.1 数据库基本知识 260
  - 13.1.1 数据库基本概念 260
  - 13.1.2 数据库系统的特点 260
  - 13.1.3 数据模型简介 261
  - 13.1.4 SQL 语言简介 261
- 13.2 数据库相关操作 262
  - 13.2.1 数据库的创建 262
  - 13.2.2 删除数据库 263

13.2.3 数据表相关操作 264
13.2.4 常用 SQL 语句的应用 265
13.3 ADO.NET 简介和数据库的
访问 268
13.3.1 ADO.NET 特点 268
13.3.2 ADO.NET 组件及结构 268
13.3.3 连接数据库 270
13.3.4 执行 SQL 语句:Command
对象 272
13.3.5 读取数据：DataReader 对象 277
13.3.6 数据适配器：DataAdapter
对象 280
13.4 数据集(DataSet 对象)简介 286
13.4.1 DataSet 对象简介 286
13.4.2 DataSet 对象中的常用属性与
方法 287
13.4.3 使用 DataSet 对象的步骤 287
13.5 使用 DataGridView 控件显示和操作
数据 288
13.5.1 DataGridView 控件列 289
13.5.2 行高与列宽的设置 291
13.5.3 DataGridView 选中单元格时的
样式 291
13.5.4 编辑 DataGridView 与绑定
属性 292
13.5.5 数据集(DataSet)与 DataGridView
的结合使用 293
13.6 大神解惑 295
13.7 跟我学上机 298

第 14 章 图形界面设计——GDI+技术 299

14.1 GDI+介绍 300
14.2 Graphics 类 301
14.3 Pen 类和 Brush 类的使用 301
14.3.1 创建 Pen 类对象 302
14.3.2 Brush 类的使用 303
14.4 基本绘图 310
14.4.1 绘制直线和矩形 311

14.4.2 绘制椭圆、圆弧和扇形 314
14.4.3 绘制多边形 319
14.5 使用 GDI+绘制柱形图、饼形图、
折线图 320
14.5.1 使用 GDI+绘制柱形图 321
14.5.2 使用 GDI+绘制饼形图 324
14.5.3 使用 GDI+绘制折线图 327
14.6 大神解惑 329
14.7 跟我学上机 330

第 15 章 融入互联网时代 ——开发网络
应用程序 331

15.1 网络编程基础 332
15.1.1 通信协议 332
15.1.2 标识资源 333
15.1.3 套接字编程 333
15.2 网络编程类 334
15.2.1 Dns 类 334
15.2.2 IPAddress 类 336
15.2.3 IPEndPoint 类 338
15.2.4 WebClient 类 340
15.3 Socket 网络编程相关类 342
15.3.1 Socket 类 342
15.3.2 TcpListener 类和
TcpClient 类 343
15.3.3 UdpClient 类 352
15.4 System.Net.Mail 简介 356
15.4.1 MailMessage 类 356
15.4.2 MailAddress 类 357
15.4.3 Attachment 类 358
15.4.4 SmtpClient 类 360
15.5 大神解惑 362
15.6 跟我学上机 362

第 16 章 注册表技术——在 C#中操作
注册表 363

16.1 注册表简介 364
16.1.1 Registry 类 364
16.1.2 RegistryKey 类 365

16.2 注册表的相关操作 366
　　16.2.1 注册表信息的读取 366
　　16.2.2 注册表信息的创建与修改........368
　　16.2.3 注册表信息的删除 370
16.3 注册表的应用 373
16.4 大神解惑 375
16.5 跟我学上机 376

第17章 互动式报表——水晶报表 377

17.1 水晶报表插件的下载与安装 378
17.2 水晶报表插件的使用 379
17.3 水晶报表的基本操作 382
　　17.3.1 报表数据分组 382
　　17.3.2 报表数据排序 383
　　17.3.3 报表数据筛选 384
　　17.3.4 图表的使用 388
17.4 大神解惑 389
17.5 跟我学上机 390

第18章 程序开发收尾工作——应用程序打包 391

18.1 Visual Studio Installer 简介 392
18.2 Visual Studio Installer 工具的下载安装 392
18.3 Visual Studio Installer 工具的使用 394
　　18.3.1 创建 Windows 安装项目........394
　　18.3.2 输出文件的添加 395
　　18.3.3 内容文件的添加 396
　　18.3.4 快捷方式的创建 396
　　18.3.5 注册表项的添加 397
　　18.3.6 生成 Windows 安装程序........398
18.4 大神解惑 398
18.5 跟我学上机 398

第4篇　项目开发实战

第19章 经典系统应用——开发图书管理系统 401

19.1 需求分析 402
19.2 功能分析 402
19.3 数据库设计 404
19.4 开发前准备工作 405
19.5 系统代码编写 408
　　19.5.1 图书类(class Book) 408
　　19.5.2 图书馆类(class Library) 409
　　19.5.3 借书系统类(class Book System) 410
　　19.5.4 Main 类(class ManClass) 413
19.6 系统运行 414
19.7 项目总结 414

第20章 流行系统应用——开发社区互助系统 415

20.1 需求分析 416
20.2 功能分析 416
20.3 数据库设计 418
20.4 开发前准备工作 419
20.5 系统代码编写 422
　　20.5.1 需求类(class Need) 422
　　20.5.2 平台类(class Platform) 423
　　20.5.3 系统类(class Community Share) 425
　　20.5.4 Main 类(class MainClass) 428
20.6 系统运行 428
20.7 项目总结 430

第21章 娱乐影视应用——开发电影票预订系统 431

21.1 需求分析 432
21.2 功能分析 432
21.3 数据库设计 433
21.4 开发前准备工作 434

21.5	系统代码编写	437
	21.5.1 座位类(class Seat)	437
	21.5.2 影厅类(class Hall)	438
	21.5.3 电影类(class Movie)	440
	21.5.4 订票系统类(class Ticket-System)	441
	21.5.5 Main 类(class CinemaTicket)	442
21.6	系统运行	445
21.7	项目总结	446

第 22 章 企业系统应用——开发人事管理系统 447

22.1	需求分析	448
22.2	系统功能结构	448
	22.2.1 构建开发环境	448
	22.2.2 系统功能结构	448
22.3	数据库设计	449
	22.3.1 数据库分析	449
	22.3.2 数据库实体 E-R 图	449
	22.3.3 数据库表的设计	452
22.4	开发前准备工作	455
22.5	用户登录模块	462
	22.5.1 定义数据库连接方法	462
	22.5.2 防止窗口被关闭	465
	22.5.3 验证用户名和密码	466

22.6	人事档案管理模块	468
	22.6.1 界面开发	468
	22.6.2 代码开发	468
	22.6.3 添加和编辑员工照片	484
22.7	用户设置模块	485
	22.7.1 添加、修改用户信息	485
	22.7.2 删除用户基本信息	488
	22.7.3 设置用户权限	489
22.8	数据库维护模块	490
	22.8.1 数据库备份功能	491
	22.8.2 数据库还原功能	491
22.9	系统运行	492
	22.9.1 登录	492
	22.9.2 企业人事管理系统	492
	22.9.3 人事档案管理	492
	22.9.4 人事资料查询	493
	22.9.5 员工信息提醒	493
	22.9.6 员工通讯录	494
	22.9.7 日常记事	494
	22.9.8 用户设置	495
	22.9.9 基础信息维护管理	495
22.10	项目总结	496

第1篇

基础入门

- 第 1 章　揭开 C#的神秘面纱——我的第一个 C#程序
- 第 2 章　零基础开始学习——C#基本语法
- 第 3 章　控制程序运行方向——C#程序结构
- 第 4 章　主流软件开发方法——面向对象入门
- 第 5 章　深入了解面向对象——面向对象的重要特征
- 第 6 章　特殊的类——集合与泛型

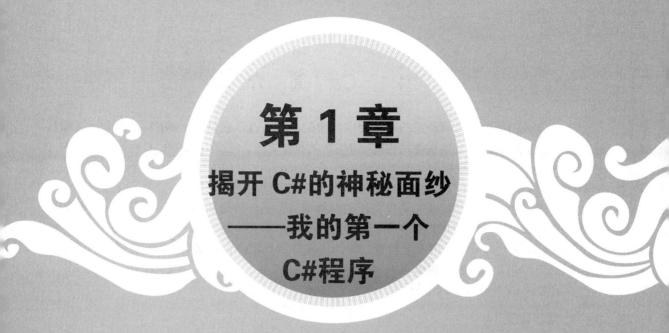

C#是微软公司推出的一种精确、简单、类型安全、面向对象的编程语言,它是继 Java 流行起来后所诞生的一种新语言。如果单从技术的角度来讲,C#语言在网络编程上可以与 Java 齐头并进,开发人员可以通过它编写在.NET Framework 上运行的各种安全可靠的应用程序。本书所提供的案例程序都是通过 Visual Studio 2017 开发环境进行编译的。Visual Studio 2017 开发环境是现阶段开发 C#应用程序最好的工具。本章详细介绍 C#语言相关内容,并且通过图文并茂的形式来介绍安装 Visual Studio 2017 开发环境的全过程。

本章目标(已掌握的在方框中打钩)

- ☐ 了解 C#语言的特点。
- ☐ 了解 C#与.NET 框架的关系。
- ☐ 掌握如何安装 Visual Studio 2017 开发环境。
- ☐ 熟悉 Visual Studio 2017 开发环境。
- ☐ 掌握如何创建项目。
- ☐ 了解 Visual Studio 2017 开发环境的常用菜单栏、工具栏和面板。
- ☐ 掌握如何安装 Visual Studio 2017 MSDN 帮助手册。

1.1 C# 简介

C#(C sharp)是微软公司设计的一种面向对象的编程语言，它是基于.NET 平台来快速编写开发应用程序的。C#语言体系都是构建在.NET 的框架之上，它是由 C 和 C++派生出来的一种简单、现代、面向对象和类型的编程语言，是 Microsoft 专门为使用.NET 平台而创建的，它不仅继承了 C 和 C++的灵活性，而且能够提供更高效的编写与开发。

C#是微软公司专门为.NET 量身打造的编程语言，是一种全新的语言，它与.NET 有着密不可分的关系。C#就是.NET 框架所提供的类型，C#本身并无库类，而是直接使用.NET 框架所提供的库类。并且，类型安全检查，结构优化异常处理，也是交给 CLR 处理的。因此，C#是最适合.NET 开发的编程语言。

总的来说 C#具有以下几个特性。

1. 语法简洁

不允许直接操作内存，去掉了 C/C++语言中的指针操作。

2. 彻底的面向对象设计

C#是一种彻底的面向对象语言，不像 C++语言，既支持面向过程程序设计，又支持面向对象程序设计。在 C#语言中不再存在全局函数、全局变量，所有的函数、变量和常量都必须定义在类中，避免了命名冲突。C#具有面向对象语言编程的一切特性，如封装、继承、多态等。在 C#的类型系统中，每种类型都可以看作是一个对象，但 C#只允许单继承，即一个类只能有一个基类，即单一类的单一继承性，这样避免了类型定义的混乱。

3. 与 Web 紧密结合

C#与 Web 紧密结合，支持绝大多数的 Web 标准，如 HTML、XML、SOAP 等。利用简单的 C#组件，程序设计人员能够快速地开发 Web 服务，并通过 Internet 使这些服务能够被运行于任何操作系统上的应用所调用。

4. 强大的安全性机制

C#具有强大的安全机制，可以消除软件开发中许多常见错误，并能够帮助程序设计人员使用最少的代码来完成功能。这不但减轻了程序设计人员的工作量，同时有效地避免了错误的发生。另外，.NET 提供的垃圾回收器能够帮助程序设计人员有效地管理内存资源。

5. 兼容性

C#遵守.NET 的通用语言规范(Common Language Specification，CLS)，从而保证能够与其他语言开发的组件兼容。

6. 灵活的版本处理技术

在大型工程的开发中，升级系统的组件非常容易出现错误。为了处理这个问题，C#在语言本身内置了版本控制功能，使程序设计人员更加容易地开发和维护各种商业应用。

7. 完善的错误、异常处理机制

对错误的处理能力的强弱是衡量一种语言是否优秀的重要标准。在开发中，即使最优秀的程序设计人员也会出现失误。C#提供完善的错误和异常触发机制，使程序在交付应用时更加健壮。

1.2 NET 框架

学习 C#，就必须简单了解.NET。按照官方给出的定义，.NET 代表的是一个集合，一个环境，它可以作为平台支持下一代 Internet 的可编程结构。而 C#就是.NET 的代表性语言。.NET 框架是微软公司推出的编程平台，Visual Studio 2017 所使用的版本是 4.6.1。C#是专门为了与.NET Framework 一起使用而设计的。.NET Framework 是一个功能非常丰富的平台，集开发、部署和执行分布式应用程序于一身。在安装 Visual Studio 2017 的同时，.NET Framework 4.6.1 也会被安装到本地计算机中。

1.3 Visual C#的开发环境

Visual Studio 2017 是一套比较完善的开发工具集，它不仅用于生成 ASP.NET Web 应用程序、XML Web Services、桌面应用程序和移动应用程序，还提供了在设计、开发、调试和部署 Web 应用程序、XML Web Services 和传统的客户端应用程序时所需的工具。

1.3.1 安装 Visual Studio 2017 的条件

在安装 Visual Studio 2017 前需要检查计算机的软硬件配置是否满足安装要求。Visual Studio 2017 的安装条件如表 1-1 所示。

表 1-1 安装 Visual Studio 2017 配置要求

支持的操作系统	Windows 10 1507 版或更高版本：家庭版、专业版、教育版和企业版(不支持 LTSB)
	Windows Server 2016：Standard 和 Datacenter
	Windows 8.1(带有 Update 2919355)：基本版、专业版和企业版
	Windows Server 2012 R2(带有 Update 2919355)：Essentials、Standard、Datacenter
	Windows 7 SP1(带有最新 Windows 更新)：家庭高级版、专业版、企业版、旗舰版
硬件	1.8GHz 或更快的处理器。推荐使用双核或更好内核
	2GB RAM；建议 4GB RAM(如果在虚拟机上运行，则最低 2.5GB)
	硬盘空间：1~40GB，具体取决于安装的功能
	视频卡支持最小显卡分辨率 720p(1280×720)；Visual Studio 最适宜的分辨率为 WXGA(1366×768)或更高
其他要求	安装 Visual Studio 要求具有.NET Framework 4.5。Visual Studio 需要.NET Framework 4.6.1，将在安装过程中安装它
	与 Internet 相关的方案都必须安装 Internet Explorer 11 或 Microsoft Edge。某些功能可能无法运行，除非安装了这些程序或更高版本

1.3.2 安装 Visual Studio 2017

在使用 Visual Studio 2017 编程前，要先对其开发工具进行安装。下面详细介绍如何安装 Visual Studio 2017。安装 Visual Studio 2017 可使用光盘安装或者安装包安装。这里主要讲解的是通过访问官方网站下载安装包安装的方法。具体操作步骤如下。

step 01 在浏览器地址栏中输入 https://www.visualstudio.com/，并按 Enter 键确认，进入 Visual Studio 的官方网站，单击菜单栏中【下载】按钮，如图 1-1 所示。

step 02 跳转到下载页面后，单击下载页面 Visual Studio 2017 Community 中的【免费下载】按钮，如图 1-2 所示，进行下载。

图 1-1 单击【下载】按钮

图 1-2 下载界面

step 03 下载完成后在下载路径中找到 vs 图标，如图 1-3 所示。双击图标开始正式安装，进入安装步骤，单击【继续】按钮，如图 1-4 所示。

图 1-3 Visual Studio 2017 图标

图 1-4 单击【继续】按钮

step 04 进入安装界面后，选择工作负载中的【通用 Windows 平台开发】、【.NET 桌面开发】、【ASP.NET 和 Web 开发】、【数据存储和处理】以及【.NET Core 跨平台开发】这些基本安装组件，如图 1-5 所示。如果需要用到其他组件可自行选择，这里需要提到的是"单个组件"的选择，如图 1-6 所示。单个组件可以对工作负载组选择好的大类进行组件的细化选择，可以去掉个别不想要的，也可以加入想要的组件。但是需要注意的是，单个组件的操作要慎重，因为有可能会影响到后续的程序设计与开发。

step 05 组件选择完成后单击安装界面右下方的安装按钮，Visual Studio 2017 开始读取安装，如图 1-7 所示。

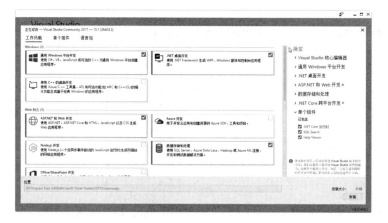
图 1-5　工作负载

图 1-6　单个组件

step 06 最后一步，安装完成后需要重新启动计算机，如图 1-8 所示，单击【重启】按钮，等待计算机重新启动，重启完成后表示 Visual Studio 2017 已全部安装完毕。

图 1-7　读取安装

图 1-8　重启计算机

1.4　熟悉开发环境

Visual Studio 2017 适用于 Android、iOS、Windows、Web 和云的应用。快速编码、轻松调试和诊断、时常测试，并且可以放心地进行发布。还可通过构建自己的扩展，以便扩展和自定义 Visual Studio。此新版本发布之后，可使用版本控制、更具敏捷性且可高效协作。

Visual Studio 2017 安装完成后，即可启动 Visual Studio 2017。在 Windows10 操作系统中，选择【Windows 开始】→Visual Studio 2017 命令，如图 1-9 所示，即可进入 Visual Studio 2017，显示窗口如图 1-10 所示。

图 1-9　启动 Visual Studio 2017　　　　　图 1-10　Visual Studio 2017 起始窗口

　　Visual Studio 2017 具有典型的 Windows 操作系统软件的特性。刚刚启动的窗口由【标题栏】、【菜单栏】、【工具栏】、【解决方案】、【工具箱】、【起始页】构成。其中，标题栏、菜单栏、工具栏同其他 Windows 软件很类似。

1.4.1　创建项目

　　在使用 Visual Studio 2017 进行 C#的编程与开发之前，首先要创建项目。
　　创建一个项目的步骤如下。

step 01 启动 Visual Studio 2017，通过选择【文件】→【新建】→【项目】菜单命令来创建项目，如图 1-11 所示。或者可以通过起始页中的【新建项目】功能来创建项目，如图 1-12 所示。

图 1-11　新建项目方法 1　　　　　　　　图 1-12　新建项目方法 2

step 02 打开【新建项目】对话框，选择语言为 Visual C#。接着是选择.NET 框架，Visual Studio 2017 所使用的.NET 框架基础为.NET Framework 4.6.1。然后选择创建的项目"控制台应用(.NET Framework)"。紧接着为项目命名，并选择好项目保存路径，之后就可以单击【确定】按钮来完成项目的创建。创建过程如图 1-13 所示。

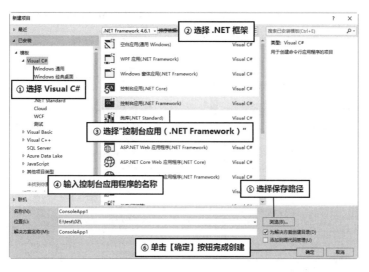

图 1-13　创建项目

　解决方案的名称与项目名称要统一，然后单击【确定】按钮，完成项目创建。

1.4.2　菜单栏

菜单栏显示了所有在编程开发中需要使用到的命令，在这里用户可以通过单击鼠标和快捷键操作的方式来执行这些菜单命令。下面介绍最常使用的菜单命令的含义。

1.【文件】菜单

主要菜单命令为【新建】、【打开】、【关闭】、【关闭解决方案】等。【文件】菜单展开后，如图 1-14 所示。

【文件】菜单所包含主要菜单命令以及功能说明如下：

(1)【新建】：建立一个新的项目、网站、文件等。

(2)【打开】：打开一个已经存在的项目、文件等。

(3)【关闭】：关闭当前页面。

(4)【关闭解决方案】：关闭当前解决方案。

(5)【全部保存】：将项目中所有文件保存。

(6)【页面设置】：设置打印机及打印属性。

(7)【打印】：打印选择的指定内容。

(8)【最近使用的项目和解决方案】：打开最近操作的文件(如解决方案)。

(9)【退出】：退出集成开发环境。

2.【编辑】菜单

主要菜单命令为【转到】、【查找和替换】、【撤销】、【重做】等。【编辑】菜单展开后，如图 1-15 所示。

图 1-14 【文件】菜单　　　　图 1-15 【编辑】菜单

【编辑】菜单所包含的主要菜单命令以及功能说明如下。

(1) 【转到】：选择定位到"结果"窗格的那一行。

(2) 【查找和替换】：在当前窗口文件中查找指定内容，可将查找到的内容替换为指定信息。

(3) 【撤销】：撤销上一步操作。

(4) 【重做】：重做上一部所做的修改。

(5) 【撤销上一个全局操作】：撤销上一步全局操作。

(6) 【重做上一全局操作】：重做上一步所做的全局修改。

(7) 【剪切】：将选定内容放入剪贴板，同时删除文档中所选的内容。

(8) 【复制】：将选定内容放入剪贴板，但不删除文档中所选的内容。

(9) 【粘贴】：将剪贴板中的内容粘贴到当前光标处。

(10) 【删除】：删除所选定内容。

(11) 【全选】：选择当前文档中全部内容。

(12) 【书签】：显示书签功能菜单。

3. 【视图】菜单

主要菜单命令为【解决方案资源管理器】、【服务器资源管理器】、【类视图】等。【视图】菜单展开后，如图 1-16 所示。

图 1-16 【视图】菜单

【视图】菜单所包含的主要菜单命令以及功能说明如下。

(1) 【解决方案资源管理器】：显示解决方案资源管理器窗口。

(2) 【服务器资源管理器】：显示服务器资源管理器窗口。

(3)【类视图】：显示类视图窗口。

(4)【代码定义窗口】：显示代码定义窗口。

(5)【对象浏览器】：显示对象浏览器窗口。

(6)【错误列表】：显示错误列表窗口。

(7)【输出】：显示输出窗口。

(8)【任务列表】：显示任务列表窗口。

(9)【工具箱】：显示工具箱窗口。

(10)【查找结果】：显示查找结果。

(11)【其他窗口】：显示其他窗口(如命令窗口、起始页等)。

(12)【工具栏】：打开工具栏菜单(如标准工具栏、调试工具栏)。

(13)【全屏幕】：将当前窗体全屏显示。

(14)【下一个任务】：将控制权移交给下一个任务。

(15)【上一个任务】：将控制权移交给上一个任务。

(16)【属性窗口】：为用户控件显示属性页。

1.4.3 工具栏

Visual Studio 2017 为了使用户操作更加快捷、方便，在菜单栏下方设置了工具栏，将菜单栏中常用的命令按照功能分组分别放入相应的工具栏中，使得用户可以通过工具栏就能迅速地访问并使用常用功能。

在 Visual Studio 2017 中，工具栏包含了大多数常用的命令按钮，如【向后导航】、【向前导航】、【新建网站】、【打开文件】、【保存】、【全部保存】、【撤销】等，如图 1-17 所示。

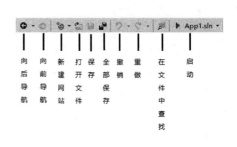

图 1-17　工具栏

1.4.4 工具箱面板

在 Visual Studio 2017 中有一个工具箱。工具箱为 Windows 窗体应用开发提供了必需的控件。每一个开发人员都必须学会使用这个工具，因为使用工具箱可以方便开发人员进行可视化的窗体设计，简化程序设计的工作量，从而大大提高编程与开发的工作效率。工具箱拥有的主要控件如图 1-18 所示。

开发人员在使用工具箱的时候，可以通过单击某个栏目以显示该栏目下的所有控件，如图 1-19 所示。如果需要使用到某个控件的时候，可以通过双击所需要的控件，控件就会加载到当前的窗体上；或者通过鼠标选中控件，再将其拖动到当前设计窗体上。当我们对工具箱中控件执行右键操作时，可以实现对控件的排序、删除等。工具箱右键菜单如图 1-20 所示。

图 1-18　工具箱

图 1-19　展开后的工具箱

图 1-20　工具箱右键菜单

1.4.5　属性面板

Visual Studio 2017 中另一个重要的工具是【属性】面板，如图 1-21 所示。在该面板中可以进行简单的属性修改，而窗体应用程序开发中所使用到的各种控件属性都是可以通过【属性】面板设置完成的。【属性】面板不仅能够对属性进行设置和修改，还为开发人员提供了事件的管理功能，以管理控件的事件来方便编程时对事件的处理。

开发人员可使用【属性】面板提供的两种方式来管理属性和方法。它们分别是按分类方式和按字母顺序方式。【属性】面板中一条属性由左侧的属性名称和右侧的属性值所组成。

图 1-21　【属性】面板

1.4.6　错误列表

在 Visual Studio 2017 中，开发人员可以通过【错误列表】面板来获得某句代码的错误提示和可能的解决办法。【错误列表】是一个错误提示器，它可以将编写的代码中出现的错误反馈给我们，并通过提示信息协助编写者找到错误。比如，当某句代码在结束时忘记输入"；"，此时错误列表就会给予反馈，如图 1-22 所示。

图 1-22　错误列表

1.4.7　输出面板

【输出】面板在 Visual Studio 2017 中相当于一个记事本，它能够将程序运行过程以数据的形式展现给开发人员，能够使开发人员很直观地查看到每部分的程序所加载和操作的过程。【输出】面板外观如图 1-23 所示。

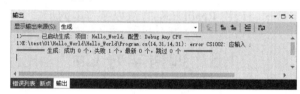

图 1-23　【输出】面板外观

1.5　创建第一个简单的 Visual C#应用程序

在用户学习了前面有关开发工具的基础知识后可以尝试编写第一个小程序。使用 Visual Studio 2017 和 C#语言来编写名为"Hello World!"的小程序，程序实现后将在控制台上显示出"Hello World!"字样。具体的编写步骤如下。

step 01　启动 Visual Studio 2017 工具。

step 02　选择【文件】→【新建】→【项目】菜单命令，如图 1-24 所示。

step 03　打开"新建项目"对话框后，选择【控制台应用.NET Framework】选项，并将名称命名为 Hello_World，保存路径为 E:\test\01\，如图 1-25 所示。选择完毕后单击【确定】按钮以完成创建。

图 1-24　选择【项目】命令

图 1-25　【新建项目】对话框

step 04 在默认打开的 Program.cs 中的 Main 方法中输写代码。

【例 1-1】创建一个控制台应用项目，使用 WriteLine 方法输出"Hello World!"字符串。

(源代码\ch01\1-1)

```
static void Main(string[] args)
{
    Console.WriteLine("Hello World!");
    Console.ReadLine();
}
```

运行上述程序，结果如图 1-26 所示。

【案例剖析】

在本案例中，通过在 Main 函数下编写代码，并使用 WriteLine()方法编写输出数据，使用 ReadLine()方法以字符串的形式返回结果。

图 1-26　运行结果

1.6　如何学好 C#

通过前几节的学习，相信读者对 C#有了大致的了解。那么，怎样才能学好 C#语言呢？

1. 选好资料

首先选择一本适合自己的学习资料。那么，什么样的学习资料是适合初学者的呢？第一，看书的目录，看一下书的目录是否一目了然，是否能让你清楚地知道要学习的架构。第二，选择的书是否有 80%～90%能看懂。

2. 逻辑清晰

逻辑要清晰，这其实是学习所有编程语言的特点。C#语言的精华是面向对象的思想，就好比指针是 C 语言的精华一样。你要清楚地知道你写这个类的作用，写这个方法的目的。

3. 基础牢固

打好基础很重要，不要被对象、属性、方法等词汇所迷惑；最根本的是先了解基础知识。同时也要养成良好的习惯，这对以后编程很重要。

4. 查看 MSDN 手册

学会看 MSDN 帮助手册，不要因为很难而自己又是初学者所以就不看。虽然它的文字有时候很难看懂，总觉得不够直观，但是 MSDN 永远是最好的参考手册。

5. 多练习

学习 C#，要多练、多问，程序只有自己敲了，实践了才会掌握，不能纸上谈兵！

1.7 大神解惑

小白：为什么我在使用 WriteLine 方法时会提示未包含 Writeline 的定义？

大神：使用 C#方法时一定要注意区分大小写，C#程序命名和方法诸如此类要注意大小写的敏感，否则会造成不必要的麻烦。

小白：我在创建一个新的项目时为什么没有控制台应用程序选项呢？

大神：可能是安装 Visual Studio 2017 时没有选择相关的组件，解决方法是打开 Visual Studio Installer，在【启动】旁有个【修改】按钮，单击【修改】按钮可进入安装界面，相关组件选择可参考 1.3.2 节中第 4 步组件的选择。

小白：为什么 Visual Studio 2017 这一版中找不到 MSDN 操作手册呢？

大神：如果没有安装 MSDN，就会发现在 Visual Studio 2017 中的帮助菜单中没有任何相关菜单，而且微软并没有将 MSDN 帮助文档作为一个安装类别放在功能类别组里。这里讲一下 Visual Studio 2017 MSDN 手册的安装方法，具体操作步骤如下。

step 01 选择【开始】→Visual Studio Installer 菜单命令，启动 Visual Studio Installer，单击【修改】按钮进入组件安装界面，如图 1-27 所示。

step 02 在【单个组件】中找到【代码工具】，其中有一个名为 Help Viewer 的组件，选中它，如图 1-28 所示，并单击右下角的【修改】按钮进行安装。

图 1-27　单击【修改】按钮

图 1-28　选中 Help Viewer 组件

step 03 安装完成后启动 Visual Studio 2017 会发现在【帮助】菜单中多了 MSDN 相关选项，如图 1-29 所示。

step 04 如果想使用本地 MSDN，那么就在首选项菜单中选择【在帮助查看器中启动】命令(本地)，如图 1-30 所示。默认在浏览器中启动，需要在线打开，而在线的文档速度取决于网络，所以建议使用本地。

图 1-29　MSDN 相关选项　　　　　　图 1-30　本地 MSDN 菜单

 选择【帮助】→【查看帮助】菜单命令，进入 MSDN 查看界面，如图 1-31 所示。初次进入列表可能是空白的，稍等一会儿就可以获取到内容，这时候选择需要的 C#文档在【操作】列进行添加操作，不需要的也可以进行移除操作。决定好添加的内容后单击右下方【更新】按钮，就可以完成对 MSDN 手册的安装，再次查看只需要选择【帮助】→【查看帮助】菜单命令进入即可。

图 1-31　【添加和移除内容】界面

1.8　跟我学上机

练习 1：创建控制台应用程序并编写代码，使程序运行之后显示【欢迎来到 C#世界！】。

练习 2：根据"大神解惑"一节中的"MSDN 安装方法"，尝试为计算机中的 Visual Studio 2017 安装 MSDN 帮助手册。

通过第一章的讲述，相信读者对 C#开发工具以及操作环境已经有所认识。本章讲述 C#基本语法。C#的语句主要由数据类型、操作数、运算符和表达式、函数等构成。本章重点讲解如何编写 C#程序，以及 C#的基本结构和相关语法知识。

本章目标(已掌握的在方框中打钩)

☐ 了解 C#程序的基本结构。
☐ 掌握如何声明和初始化变量和常量。
☐ 掌握编写 C#程序时需要遵循的书写规则及命名规范。
☐ 掌握值类型与引用类型以及它们的区别。
☐ 掌握各类型间的数据转换。
☐ 掌握运算符的优先级。

2.1　C#的程序结构

C#语言是一种面向对象的语言。C#程序结构大体可以由注释、命名空间、类、Main 方法和语句构成。

2.1.1　注释

在 C#编程中，所谓注释即为对某行或某段代码的解释说明或忽略代码，它的作用是方便自己阅读与维护或让他人能够更好地理解自己的程序，而编译器在编译程序时不会执行注释过的代码。在 C#中，注释分为两种：行注释和块注释。

【例 2-1】在第一章"Hello World!"程序中使用行注释。

```
static void Main(string[] args)        //程序的Main()函数
{
Console.WriteLine("Hello World!");     //使用WriteLine()方法编写输出数据
Console.ReadLine();                    //使用ReadLine()方法以字符串的形式返回结果
}
```

【案例剖析】

在本例中，需要注释的行数较少，所以使用的注释方法为行注释，注释的表示形式为"//被注释的内容"。

【例 2-2】在"Hello World!"程序中使用块注释。

```
/*使用程序的Main()函数实现输出"Hello World!"字符串    //块注释开始
static void Main(string[] args)        //程序的Main()函数
{
Console.WriteLine("Hello World!");     //使用WriteLine()方法编写输出数据
Console.ReadLine();                    //使用ReadLine()方法以字符串的形式返回结果
}
*/                                     //块注释结束
```

【案例剖析】

在本例中，需要注释的内容是连续多行的大段，这时使用块注释比较合适。块注释的表示形式为"/* … 被注释的内容 …*/"。

 注释可以出现在代码的任何地方，但是不能分割其关键字和标识符。

2.1.2　命名空间

在日常生活中总会遇到这样的问题：计算机一班有个学生叫张三，二班也有个学生叫张三，如何区分这两个同名的学生呢？很简单，因为他们位于不同班级，可以分别称呼他们为"计算机一班的张三""计算机二班的张三"；对地名的处理也是如此，例如，上海和天津都有贵州路，假设我们在贵州路的时候会告诉家人"我在上海贵州路"或者"我在天津贵州路"。因此，在区分同名事物的时候，总是通过它们归属的不同来进行区分。

应用程序中也是一样的，在处理大型项目时会创建许多类，有时由于这些类的名称会相同而发生冲突。有两个途径可以解决这个问题。一个途径是对这些类重命名，使其名称不再冲突；另一个途径是使用命名空间，命名空间除了可以避免名称冲突外，还有助于组织代码。在代码中使用命名空间能够降低在其他应用程序中重用此代码的复杂性。

命名空间相当于 Windows 操作系统中的文件夹，文件夹内既可以放置文件也可以是一个文件夹，因此命名空间内既可以是类也可以嵌套另一个命名空间。定义命名空间的格式如下：

```
namespace 命名控件名称
{
…
}
```

其中：namespace 为定义命名空间的关键字；命名空间名称为用户自定义名称，一般遵循 pascal 命名规则；…为命名空间包含的内容。

如果要调用某个命名空间中的类或者方法，首先需要使用 using 指令引入命名空间，其基本格式如下：

```
using 命名空间名;
```

> **注意** 命名空间内可以嵌套命名空间，在导入时需要用点将命名空间名隔开，如导入系统的窗体命名空间 "using System.Windows.Forms;"。

【例 2-3】创建一个控制台应用程序，建立一个命名空间为 N1，在该命名空间中有一个类 A，在项目中使用 using 指令引入命名空间 N1。然后在命名空间 Test 中实例化命名空间 N1 中的类，最后调用该类中的 M 方法(源代码\ch02\2-3)。

```
using N1;           //使用 using 指令引入命名空间 N1
namespace N1        //建立命名空间 N1
{
class A             //在命名空间 N1 中声明一个类 A
{
public void M()
{
Console.WriteLine("欢迎来到C#世界");    //输出字符串
Console.ReadLine();
}
}
}
namespace Test
{
class Program
{
static void Main(string[] args)
{
A N2 = new A();     //实例化 N1 中的类 A
N2.M();             //调用类 A 中的 M 方法
}
}
}
```

运行上述程序，结果如图 2-1 所示。

图 2-1 命名空间

【案例剖析】

在程序编写时，分析完例题题目首先要按照顺序编写，不至于程序在编写时出错。在本例中首先编写命名空间 N1 的类 A 代码，接着建立命名空间 Test，并将 N1 中的类 A 实例化，最后调用类 A 中的 M 方法。

2.1.3 类

类是一种数据结构，它可以封装数据成员、函数成员和其他的类，是 C#程序的核心与基本构成模块。

在使用任何新的类之前都需要对类进行声明。一个类一旦被声明，它就可以被当作一种新的类型来使用。在 C#中通过使用 class 关键字来声明类。它的声明形式如下：

```
{类修饰符}   class   [类名]   [基类或接口]
{
{类体}
}
```

> 注意：类名是一种标识符，命名时必须符合标识符的命名规则。类名的命名一般要能够体现出类的含义与用途，类名首字母一般采用大写，也可以使用组合词。

【例 2-4】声明一个类 A，该类没有任何意义，只演示如何来声明一个类。

```
class A
{
}
```

2.1.4 Main 方法

Main 方法是程序的入口点。C#程序中有且仅有一个 Main 方法，在该方法中可以创建对象和调用其他方法。Main 方法必须是静态方法，即用 static 修饰。C#是一种面向对象的编程语言，即使是程序的启动入口点它也是一类的成员。由于程序启动时还没有创建类的对象，因此，必须将入口点 Main 定义为静态方法，返回值可以为 void 或者 int。Main 方法的一般表示形式如下：

```
[修饰符] static void/int Main([string[ ] args])
{
[方法体]
}
```

2.1.5 标识符与关键字

标识符是用来识别类、变量、函数或任何其他用户定义的项目。在 C#中,命名必须遵循如下基本规则。

(1) 标识符必须以字母或下划线(_)开头,后面可以跟一系列的字母、数字(0~9)或下划线(_)。标识符中的第一个字符不能是数字。

(2) 标识符必须不包含任何嵌入的空格或符号,比如 ? - +! @ # % ^ & * ( ) [ ] { } . ; : " ' / \。但是,可以使用下划线(_)。

(3) 标识符不能是 C# 关键字。

例如,以下为合法标识符:

```
UserName
Int2
_File_Open
Sex
```

例如,以下为不合法标识符:

```
99BottlesofBeer
Namespace
It's-All-Over
```

关键字是 C#编译器预定义的保留关键字。这些关键字不能用作标识符。表 2-1 列出了 C# 中的保留关键字。

表 2-1 保留关键字

abstract	as	base	bool	break	byte	case
catch	char	checked	class	const	continue	decimal
default	delegate	do	double	else	enum	event
explicit	extern	false	finally	fixed	float	for
foreach	goto	if	implicit	in	genericmodifier	int
interface	internal	is	Lock	long	namespace	new
null	object	operator	out	out	override	params
private	protected	public	readonly	ref	return	sbyte
sealed	short	sizeof	stackalloc	static	string	struct
switch	this	throw	true	try	typeof	uint
ulong	unchecked	unsafe	ushort	using	virtual	void
volatile	while					

在 C#中,有些标识符在代码的上下文中有特殊的意义,如 get 和 set,这些被称为上下文关键字。表 2-2 列出了上下文关键字。

表 2-2 上下文关键字

add	alias	ascending	descending	dynamic	from	get
global	group	into	join	let	orderby	partial
partial	remove	select	set			

2.1.6 C#语句

语句是构造所有 C#程序的基本单位。语句是可以声明局部变量或常数、调用方法、创建对象、赋值等。C#语言中的语句必须以分号终止。

【例 2-5】声明一个整型变量 score，并给它赋值为 85。

```
int score = 85;
```

2.2 程序的编写规范

下面详细地对代码书写过程中的规则及命名规范进行介绍。遵循代码书写规则和命名规范可以使程序代码更加规范化，这对代码的理解与维护起到至关重要的作用。

2.2.1 代码书写规则

通常情况下代码的书写规则对应用程序的功能没有什么影响，但是它对于改善代码的理解是很有必要的。一个良好的书写习惯对于软件的开发和维护都是有益的，接下来将介绍一些重要的书写规则。

(1) 一行不要超过 80 个字符。

(2) 尽量不要手工更改计算机生成的代码，若必须更改，一定要改成和计算机生成的代码风格一样。

(3) 关键性的语句必须要写注释。

(4) 不要使用 goto 系列语句，除非是用在跳出深层循环时。

(5) 避免写超过 5 个参数的方法。

(6) 避免在同一个文件中放置多个类。

2.2.2 命名规范

命名规范在编写代码过程中起到了很重要的作用。虽然不遵循命名规范，程序也可以运行，但是使用规范可以很直观地了解代码所代表的含义。下面列出了一些命名规范。

(1) 用 pascal 规则来命名方法和类型。pascal 的命名规则是第一个字母必须大写，并且后面的连接词的第一个字母均为大写。

【例 2-6】定义一个公共类，并在该类中创建一个公共方法。

```
public class BookStore        //创建一个公共类
{
```

```
public void BookNum()          //在公共类中创建一个公共方法
{
}
```

(2) 用 camel 规则来命名局部变量和方法的参数。该规则是指名称中第一个单词的第一个字母小写。

【例 2-7】声明一个字符串变量和创建一个公共方法。

```
string strBookName;     //声明一个字符串变量 strBookName
public void addBook(string strBookId,int inBookPrice);    //创建一个具有 2 个参数//的公共方法
```

(3) 所有的成员变量前加前缀"_"。

【例 2-8】在公共类 BookStore 中声明一个私有成员变量_connectionString。

```
public class BookStore              //创建一个公共类
{
    private string _connectionString    //声明一个私有成员变量
}
```

2.3 数 据 类 型

一所大学根据专业的不同,可以分为计算机系、外语系、工程系等不同的类别。在计算机中,数据类型是用来区分不同的数据。由于数据在存储时所需要的容量各不相同,不同的数据就必须要分配不同大小的内存空间来存储,因此就要将数据划分成不同的数据类型。

C#支持 CTS,其数据类型包括基本类型(类型中最基础的部分),如 int、char、float 等,也包括比较复杂的类型,如 string、decimal 等。作为一个完全面向对象的语言,C#中所有的数据类型都是一个真正的类,具有格式化、系列化,以及类型转换等方法。根据在内存中存储的位置不同,C#中的数据类型可以划分为值类型和引用类型两类。

2.3.1 变量

变量,顾名思义,在程序运行过程中,其值可以改变的量称为变量,它是用来存储特定类型的数据。变量用于存储特定数据类型的数据,它具有名称、类型和值。变量的类型确定了它所代表的内存大小和特性,变量值是指它所代表的内存块中的数据。

在我们使用变量之前首先要声明变量,也就是指定变量的类型和名称。声明变量之后,就可以把它们用作存储单元来存储声明时指定的数据类型数据。声明变量的语法格式如下:

数据类型 变量名[=值]

例如,以下为声明字符串 string 类型变量的几种方法:

```
string MyId;                //string 是数据类型,MyId 是变量名
string IdCard;              //string 是数据类型,IdCard 是变量名
string BookName="ABC";      //string 是数据类型,BookName 是变量名,它的初始值为 ABC
```

变量在使用之前必须先对其进行初始化，初始化之后可以多次改变它的值。变量在声明之后，使用它不需要再次声明。

> **注意** 变量的命名规则应遵循标识符的规则，注意区分大小写，而且变量命名不能使用中文。

2.3.2 常量

同变量一样，常量也是用来存储数据。它们的区别在于，常量一旦初始化就不再发生变化，可以理解为符号化的常数。使用常量可以使程序变得更加灵活、易读。例如，可以用变量 PI 来代替圆周率 3.1415926，一方面程序变得易读；另一方面，修改 PI 精度的时候不用每一处都修改，只需要在代码中改变 PI 的初始值即可。

常量的声明和变量类似，需要指定数据类型、常量名以及初始值，并需要使用 const 关键字，声明常量的语法如下：

```
const 数据类型 常量名=常量值;
```

例如，定义双精度 double 类型值为 3.1415 的常量 PI。

```
const double PI=3.1415;
```

声明常量并赋值后，就可以通过直接引用变量名来使用它，具体写法如下。

```
double r=3.5;
double area=PI*r*r;
```

2.3.3 值类型

值类型通常分配在内存的堆栈(stack)上，并且不包含任何指向实例数据的指针，因为变量本身就包含了其实例数据。值类型数据要么在堆栈上，要么内联在结构中，因此效率很高。值类型主要包括内置值类型、结构、枚举等。

值类型具有以下几个特性。

(1) 值类型变量都存储在堆栈中。

(2) 访问值类型变量时，一般都是直接访问其实例。

(3) 每个值类型变量都有自己的数据副本，因此对一个值类型变量的操作不会影响其他变量。

(4) 复制值类型变量时，复制的是变量的值，而不是变量的地址。

(5) 值类型变量不能为 null，必须具有一个确定的值。

接下来介绍值类型中包含的几种数据类型。

1. 整数类型

整数类型又分为整型常量和整型变量。

(1) 整型常量即整常数。C#整型可用十进制整数和十六进制整数两种形式表示。而十六进制整数是以数字 0 加上字母 x 或 X 来开头的。

```
12, -6, 0       //十进制整数
0Xb             //表示十进制的 11
-0x30           //表示十进制的-48
```

(2) 整型变量。C#支持 8 种整数类型，常见的整数类型及其范围如表 2-3 所示。

表 2-3 常见的整数类型及其范围

类 型	别 名	描 述
sbyte	System.SByte	8 位有符号的整数，-128 到 127 之间
short	System.Int16	16 位有符号的整数，-32768 到 32767 之间
int	System.Int32	32 位有符号的整数，-2^{31} 到 $2^{31}-1$ 之间
long	System.Int64	64 位有符号的整数，-2^{63} 到 $2^{63}-1$ 之间
byte	System.Byte	8 位无符号的整数，0 到 255 之间
ushort	System.Uint16	16 位无符号的整数，0 到 65535 之间
uint	System.Uint32	32 位无符号的整型，0 到 $2^{32}-1$ 之间
ulong	System.Uint64	64 位无符号的整型，0 到 $2^{64}-1$ 之间

整数常量可以使用字母 L 和 U 所组成的后缀，U 代表无符号整型，即不能表示负数；L 代表 64 位的整数，如果没有任何后缀，表示 32 位整数。

尽量使用大写 "L" 而不是小写 l 做后缀。小写字母 l 容易与数字 1 混淆。

【例 2-9】创建一个控制台应用程序，声明一个 int 类型的变量 i 并初始化为 258、一个 byte 类型的变量 b 并初始化为 254，最后输出它们的值(源代码\ch02\2-9)。

```
static void Main(string[] args)
{
int i = 258;                            //声明一个 int 类型的变量 i
byte b = 254;                           //声明一个 byte 类型的变量 b
Console.WriteLine("i={0}", i);          //输出 int 类型变量 i
Console.WriteLine("b={0}", b);          //输出 byte 类型变量 b
Console.ReadLine();
}
```

运行上述代码，结果如图 2-2 所示。

图 2-2 整数类型

【案例剖析】

假如在本例中将 byte 类型的变量赋值为 266，重新运行程序就会出现错误。主要原因是 byte 类型的变量是 8 位无符号整数，其范围是 0～255，而如果给它赋值 266 就会超出 byte 类型的范围。

在定义局部变量时，不要忘记对其进行初始化操作。

2. 浮点类型

浮点类型同样也分为浮点型常量与浮点型变量。

(1) 浮点型常量。含有小数的数值数据称为浮点数。浮点数等同于数学中所指的实数。实数有十进制与指数两种表示形式。

```
12.8, 0.8, 0.0      //十进制形式
12.8e3, 16.3E3      //指数形式
```

十进制数由数字和小数点组成。而指数形式的字母 e(或 E)之前必须有数字，且 e 之后的指数必须为整数。如 e2、3e0.8、.e6、e 等都是不合法的指数形式。

(2) 浮点型变量。

C#支持 3 种浮点数类型。常见的浮点类型及其范围如表 2-4 所示。

表 2-4 常见的浮点类型及其范围

类　　型	别　　名	精　　度	描　　述
float	System.Single	7 位	32 位单精度浮点数
double	System.Double	15～16 位	64 位双精度浮点数
decimal	System.Decimal	28～29 位	128 位高精度十进制数标识法

【例 2-10】以下代码是将数值强制指定为 float 类型。

```
float a=2.58f;      //使用 f 强制指定为 float 类型
float b=1.47F;      //使用 F 强制指定为 float 类型
```

【例 2-11】以下代码是将数值强制指定为 double 类型。

```
double c=258d;      //使用 d 强制指定为 double 类型
double d=112D;      //使用 D 强制指定为 double 类型
```

如果不做任何说明，包含小数点的数值都会被默认为 double 类型，比如 2.58 在没有任何指定说明的情况下其数值是 double 类型的。如果要把数值以 float 类型来处理，就必须强制地使用 f 或者 F 将其指定为 float 类型，也可以在 double 类型的值前面加上 float，对其进行强制转换。

3. 布尔类型

(1) 布尔型常量。布尔类型又称为逻辑类型，主要用来表示真(true)和假(false)。布尔型常

量值只能用 true 和 false 表示，C#语言不再支持用 0 和 1 来表示布尔值的方法。布尔常量除了可以和字符串常量进行连接运算之外，不能和其他任何类型进行运算。

(2) 布尔型变量。布尔型是最简单的一种数据类型，C#语言中布尔类型的表示方法如表 2-5 所示。

表 2-5　布尔型

类　　型	别　　名	描　　述
bool	System.Boolean	true 或者 false

【例 2-12】将 258 赋值给布尔型变量 x。

```
bool x=258;
```

运行上述程序，结果如图 2-3 所示。

图 2-3　错误提示

【案例剖析】

本例中的赋值方法显然是不对的，错误列表会提示"无法将类型 int 隐式转换为 bool"。布尔类型变量大多数是应用在程序控制语句中，如 if 语句等。

　　布尔类型变量不能与其他类型之间进行转换。在定义全局变量时，如果没有特殊要求不需要对其进行初始化操作。整数类型和浮点类型的默认初始化为 0，布尔类型的初始化为 false。

4. 字符型

字符型在 C#语言中表示一个 Unicode 字符。Unicode 字符是 16 位字符，也是目前计算机中通用的字符编码。Unicode 的前 128 个代码数据点(0～127)对应于标准美国键盘上的字母和符号。这前 128 个代码数据点与 ASCII 字符集中定义的代码数据点相同。随后的 128 个代码数据点(128～255)表示特殊字符，如拉丁字母、重音符号、货币符号及分数。其余的代码数据点用于表示不同种类的符号，包括世界范围的各种文本字符、音调符号以及数学和技术符号等。

(1) 字符型常量。用一对 "'"(单引号)括起来的单个字符来表示字符型常量。

```
'2'、'd'、'D'、'$'    //字符型常量，'d'和'D'表示的是不相同的字符型常量
```

除了上述表示常量方式之外，C#还允许用一种特殊形式的字符型常量，就是以一个 "\" 开头的字符序列。例如，'\n'表示一个换行符，它代表一个"换行"符。这种非显示字符难以用一般形式的字符表示，采用这种特殊形式表示。常用转义字符序列如表 2-6 所示。

表 2-6 常用转义字符序列

转义序列	字符名称	Unicode 编码
\a	鸣铃	0x00007
\b	退格	0x0008
\t	横向跳到下一制表位置	0x0009
\n	回车换行	0x000A
\v	竖向跳格	0x000B
\f	走纸换页	0x000C
\r	回车	0x000D
\'	单引号符	0x0027
\\	反斜线符"\"	0x005C
\ddd	1~3 位八进制数所代表的字符	
\xhh	1~2 位十六进制数所代表的字符	

(2) 字符型变量。C#语言中 Unicode 字符类型的表示方法如表 2-7 所示。

表 2-7 Unicode 字符类型

类 型	别 名	描 述
char	System.Char	标识一个 16 位的字符

(3) 字符 Char 类的使用。为了方便灵活地操控字符，Char 类提供了许多方法。Char 类的常用方法如表 2-8 所示。

表 2-8 Char 类的常用方法

方 法	说 明
IsDigit	判断某个 Unicode 字符是否属于十进制数字类别
IsLetter	判断某个 Unicode 字符是否属于字母类别
IsLower	判断某个 Unicode 字符是否属于小写字母类别
IsNumber	判断某个 Unicode 字符是否属于数字类别
IsPunctuation	判断某个 Unicode 字符是否属于标点符号类别
IsSeparator	判断某个 Unicode 字符是否属于分隔符类别
IsUpper	判断某个 Unicode 字符是否属于大写字母类别
IsControl	判断某个 Unicode 字符是否属于控制字符
ToLower	将 Unicode 字符的值转换为其小写等效项
ToUpper	将 Unicode 字符的值转换为其大写等效项
ToString	将此实例的值转换为其等效的字符串表示

【例 2-13】创建一个控制台应用程序，声明一个 char 型常量 CharVerdict 初始化为 c，然后输出 CharVerdict 转化为大写的值。(源代码\ch02\2-13)

```
static void Main(string[] args)
```

```
{
char CharVerdict = 'c';
Console.WriteLine("CharVerdict={0}", char.ToUpper(CharVerdict));
Console.ReadLine();
}
```

运行上述程序,结果如图 2-4 所示。

图 2-4 转换为大写

【案例剖析】

char 类型常量在声明时一定要注意字符型常量的概念,在初始化时为"单个字符"。如果我们将 char 类型常量声明为 char,那么编译器就会提示"字符过多"。

5. 结构

上述值类型均属于系统内置的简单值类型。C#允许用户自定义复合值类型。常用的复合值类型包括结构和枚举。

在现实生活中,有些数据既是相互关联的,又共同描述一个完整事物。例如,学号、姓名、性别、入学成绩等就共同描述了一个学生信息。在 C#中,作为一个整体的"学生",称为结构型,而学生的学号、姓名、性别、入学成绩等数据项称为结构型成员。结构类型可以用来处理一组类型不同而内容相关的数据。

结构型必须使用 struct 来标记。结构型的成员允许包含数据成员、方法成员等。其中数据成员表示结构的数据项,方法成员表示对数据项的操作。

(1) 定义结构。结构的定义需要使用 struct 关键字,其定义格式如下:

```
struct 结构类型名称
{
public 类型名称1 结构成员名称1;
public 类型名称2 结构成员名称2;
…
}
```

"结构类型名称"表示用户定义的新数据类型名称,可以像基本数据类型名称一样用来定义变量,在一对大括号之间定义结构成员。

【例 2-14】 声明一个矩形结构,该结构定义了矩形的宽 Width 和高 Height,并自定了一个 Area()方法,用来计算矩形的面积。

```
struct Rect
{
public double Width;        //定义矩形宽度
public double Height;       //定义矩形高度
public double Area()        //定义计算矩形面积的方法
{
return Width * Height;
}
}
```

(2) 声明结构变量。定义结构后，一个新的数据类型就产生了，可以像使用基本数据类型那样，用结构来声明变量，声明上述结构有以下两种方法：

```
Rect MyRect;                    //方法一：声明一个结构变量 MyRect
Rect MyRect = new Rect();       //方法二：使用 new 关键字声明结构变量 MyRect
```

(3) 访问结构变量。一般对结构变量的访问都转化为对结构中的成员的访问。由于结构中的成员都依赖于一个结构变量，因此使用结构中的成员必须指出访问的结构变量。方法是在结构变量和成员之间通过运算符"."连接在一起，即"结构变量名.成员名"：

```
MyRect.Height = 100;
MyRect.Width = 200;
```

也可以用一个结构变量为另一个结构变量赋值，例如：

```
Rect RectSecond = MyRect;       //用结构变量 MyRect 为结构变量 RectSecond 赋值
```

【例 2-15】定义一个结构类型 Book，包含结构成员 string 类型的 title、string 类型的 author、string 类型的 subject 以及 int 类型的 bookid。在 Main 方法中对 title 初始化为 C#、author 初始化为 L、subject 初始化为 C# Program、bookid 初始化为 2017，最后输出它们。(源代码\ch02\2-15)

```csharp
class Program
{
    struct Book    //定义结构类型 Book 以及相关结构成员
    {
        public string title;
        public string author;
        public string subject;
        public int bookid;
    }
    static void Main(string[] args)
    {
        Book C;                     //声明一个结构变量 C
        C.title = "C#";             //对结构类型 Book 的结构成员进行初始化
        C.author = "L";
        C.subject = "C# Program";
        C.bookid = 2017;
        Console.WriteLine("C title:{0}", C.title);
        Console.WriteLine("C author:{0}", C.author);
        Console.WriteLine("C subject:{0}", C.subject);
        Console.WriteLine("C bookid:{0}", C.bookid);
        Console.ReadLine();
    }
}
```

运行上述程序，结果如图 2-5 所示。

图 2-5 结构类型

【案例剖析】

本例演示了如何定义一个带有多个成员的类型结构，在使用定义的结构类型时首先要声明结构变量。在对结构变量进行操作时要注意访问结构变量的方法，即："结构变量名.成员名"。

6. 枚举

在程序设计中，有时会用到由若干个有限数据元素组成的集合，如：一周内的星期一到星期日 7 个数据元素组成的集合，由 3 种颜色红、黄、绿组成的集合，一个工作班组内 10 个职工组成的集合，等等。程序中某个变量取值仅限于集合中的元素。此时，可将这些数据集合定义为枚举类型。

(1) 定义枚举类型。定义枚举类型使用关键字 enum。定义枚举类型的一般格式为：

```
enum  枚举类型名称
{
符号常量1,
符号常量2,
…
}
```

枚举类型的成员均为除 char 外的整型符号常量，常量名之间用逗号分隔。若枚举类型定义中没有指定元素的整型常量值，则整型常量值从 0 开始依次递增，例如：

```
enum Days
{
Sun, Mon,Tue,Wed,Thu,Fri,Sat
}    //定义了一个枚举类型Days,其中Sun的值为0, Mon的值为1, 其余依次类推
```

枚举常量成员的默认值为 0、1、2……可以在定义枚举类型时为成员赋予特定的整数值，例如：

```
enum MyEnum
{
a=101,  b,c,
d=201,e,f
}    //在此枚举中, a为101, b为102, c为103, d为201, e为202, f为203
```

(2) 声明与访问枚举变量。声明枚举变量与声明基本类型变量的格式相同，例如：

```
Days MyDays;    //声明一个枚举变量MyDays
```

可以在声明枚举变量的同时为变量赋值。枚举变量的值，必须是枚举成员，枚举成员需要用枚举类型引导，例如：

```
Days MyDays = MyDays.Sun;    //为枚举变量MyDays赋值Sun
```

对枚举变量的访问如同对基本类型变量的访问，例如：

```
Days MyDays = MyDays.Sun;
int Week=MyDays;    //将MyDays的值赋给整型变量Week
```

【例 2-16】创建一个控制台应用程序，定义一个枚举类型 Days，枚举成员为 Sun、Mon、Tue、Wed、Thu、Fri、Sat。为枚举变量 WeekdayStart 赋值为 Mon，WeekdayEnd 赋值

为 Fri，最后输出它们。(源代码\ch02\2-16)

```
class Program
{
    enum Days { Sun,Mon,Tue,Wed,Thu,Fri,Sat};    //定义枚举类型Days，并赋值
    static void Main(string[] args)
    {
        Days WeekdayStart = Days.Mon;    //为枚举变量WeekdayStart赋值Mon
        Days WeekdayEnd = Days.Fri;      //为枚举变量WeekdayEnd赋值Fri
        Console.WriteLine("WeekdayStart:{0}", WeekdayStart);
        Console.WriteLine("WeekdayEnd: {0}", WeekdayEnd);
    }
}
```

运行上述程序，结果如图 2-6 所示。

【案例剖析】

本例在为枚举变量赋值时并没有指定变量的类型，因为枚举成员的默认值为 0、1、2 的整值。如果我们需要指定变量 WeekdayStart 的类型，则需要使用强制类型转换，关于强制类型转换的内容可参考 2.3.6 小节。

图 2-6　枚举类型

2.3.4　引用类型

通常情况下，更习惯于把引用类型的变量称为对象，存储的是对实际数据的引用。引用类型的变量在堆中分配一个内存空间，这个内存空间包含的是对另一个内存位置的引用，这个位置是托管堆中的一个地址，即存放此变量实际值的地方。

C#语言不再支持指针，需要处理堆中的数据就需要使用引用数据类型。引用类型需要使用 new 关键字来实例化引用类型的对象，并指向堆中的对象数据。例如，声明一个 Object 类型的对象 obj，需要使用 new 关键字创建。

```
object obj = new object();
```

C#语言中的引用类型包括内置引用类型和自定义引用类型两种。内置引用类型是对象(Object)和字符串(string)；自定义引用类型包括数组、类、接口等。

1. 引用类型——字符串

C#支持两个预定义的引用类型，如表 2-9 所示。

表 2-9　C#预定义引用类型

类　型	别　名	描　述
object	System.Object	基类型，CTS 中的其他类型都是从它派生而来
string	System.String	Unicode 字符串类型

object 类型是 C#中所有数据类型的基类型，具有一些通用的方法，如 Equal()、GetHashCode()、GetType()以及 ToString()。

字符串类型是 Unicode 字符的有序集合，用 string 关键字，通常用于表示文本，该类型是十分常见的数据类型。字符型常量由""(双引号)括起来的零个或零个以上字符构成。例如，

""、"123"、"a"、"@#$"等都是合法的字符串常量。

字符串在编程过程中，使用非常广泛，C#语言为了让编程人员更广泛灵活地操控字符串数据，提供了非常好用的方法来完成字符串连接、字符定位、字符串比较等操作，如表 2-10 所示。

表 2-10 string 类型对象的常用属性和方法

方　　法	说　　明
Length	Length 属性返回字串的长度，长度等于字串包含的字符数
Clone	返回对 String 类实例的引用
CompareTo	将当前字串同另一个字串进行比较。如果当前字串更小，返回一个负数；如相等，返回 0；如更大，返回一个正数
CopyTo	将指定数目的字符从此实例中指定位置复制到 Unicode 字符数组中指定位置
Equals	比较两个字串，以确定它们是否包含相同的值。如果是则返回 true，否则返回 false
IndexOf	返回字串中第一次出现某个字符或字串索引(位置)，如没有这样的字符或字串，则返回-1
LastIndexOf	返回字串中最后一次出现某个字符或字串的索引(位置)，没有这样的字符或字串，则返回-1
Insert	在实例中的指定索引位置插入一个指定的 String 类的实例
Trim	从当前 String 对象移除一组指定字符的所有前导匹配项和尾部匹配项
PadLeft	将字串右对齐，并在左边填充指定的字符(或空格)
PadRight	将字串左对齐，并在右边填充指定的字符(或空格)
Remove	从字串的指定位置开始删除指定数目的字符

在计算字符串长度时，无论中文、英文，一个汉字、一个字母都是一个字，所以"C#程序设计"的字符长度是 6。

2. 引用类型——数组

C#把数组看作一个带有方法和属性的对象，并存储在堆内存中。声明数组时，要在变量类型后面加一组方括号。相关内容将会在后面章节进行详细讲解。

3. 引用类型——类、接口

类在 C#中和.NET Framework 中是最基本的用户自定义类型。类也是一种复合数据类型，包括属性和方法。接口用于实现一个类的定义，包括属性、方法的定义等，但没有具体实现，也不能实例化接口。

【例 2-17】创建一个控制台应用程序，在其中创建一个类 A，并在该类中声明一个字段 value 初始化为 0，然后在程序中通过 new 创建对该类的引用类型变量，最后输出其值。(源代码\ch02\2-17)

```
class Program
{
class A                      //创建一个类 A
```

```
{
public int value = 0;      //声明一个公共 int 类型变量 value
}
static void Main(string[] args)
{
int v1 = 0;              //声明一个 int 类型变量 v1 初始化为 0
int v2 = v1;             //声明一个 int 类型的变量 v2，并将 v1 赋值给 v2
v2 = 258;                //重新将变量 v2 赋值为 258
A b1 = new A();          //使用 new 关键字创建引用对象
A b2 = b1;               //使 b1 等于 b2
b2.value = 147;          //设置变量 b2 的 value 值
Console.WriteLine("v1={0},v2={1}", v1, v2);             //输出变量 v1 和 v2
Console.WriteLine("b1={0},b2={1}", b1.value, b2.value);  //输出引用类型对象的
//value 值
Console.ReadLine();
}
}
```

运行上述程序，结果如图 2-7 所示。

【案例剖析】

在本例中注意 new 关键字引用对象的方法，代码中"A b2 = b1"的意思是 b1 和 b2 指向同一内存地址，所以 b1 为 147，b2 也为 147。引用类型变量中保存的是"指向实际数据的引用指针"。在进行赋值

图 2-7 创建类

操作的时候，它和值类型一样，也是先有一个复制的操作，不过它复制的不是实际的数据，而是引用(真实数据的内存地址)。因此，引用类型的变量在赋值的时候，赋给另一变量的实际上是内存地址。这样赋值完成后，两个引用变量中保存的是同一引用，它们的指向完全一样。

2.3.5 值类型和引用类型的区别

下面主要讨论栈和堆的含义，也就是两种数据类型即值类型与引用类型的区别。从概念上来讲，值类型通常分配在内存的堆栈(stack)上，并且不包含任何指向实例数据的指针，因为变量本身就包含了其实例数据。值类型数据要么在堆栈上，要么内联在结构中。而引用类型实例分配在内存的托管堆(managed heap)上，变量保存了实例数据的内存引用。值类型和引用类型的说明如表 2-11 所示。

表 2-11 值类型和引用类型

值类型	int、double、bool、char
	struct 结构
	enum 枚举
引用类型	string
	object
	class 类

【例 2-18】创建一个控制台应用程序，声明一个值类型 struct 结构 V 和一个引用类型

class 类 A，并分别为它们定义一个 int 类型变量 N。为类 A 创建一个 S1 的对象并赋值 10，为结构 V 创建一个 R1 的对象并赋值 20。(源代码\ch02\2-19)

```
class Program
{
public struct V          //定义结构V
{
public int N;            //定义int型变量N
}
public class A           //定义类A
{
public int N;            //定义int型变量N
}
static void Main(string[] args)
{
A S1 = new A();          //对类A创建一个名为S1的对象并赋值10
S1.N = 10;
V R1 = new V();          //对结构V创建一个名为R1的对象并赋值20
R1.N = 20;
}
}
```

【案例剖析】

本例中通过对类 A 创建了名为 S1 的对象，对结构 V 创建了名为 R1 的对象。结合值类型和引用类型的概念，struct 结构实例化出来的对象 R1 分配在内存的线程栈上，而 class 类实例化出来的对象 S1 指向了内存的托管堆上，如图 2-8 所示。

【例 2-19】在上面的程序基础上进行修改，实例化类 A 的对象 S2 并赋值为 S1，更改 S2 变量的值为 11。实例化结构 V 的对象 R2 并赋值为 R1，更改 R1 变量的值为 22，输出 S1、S2、R1 和 R2。

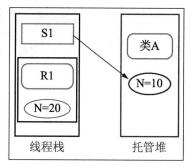

图 2-8 线程栈和托管堆

```
class Program
{
public struct V          //定义结构V
{
public int N;            //定义int型变量N
}
public class A           //定义类A
{
public int N;            //定义int型变量N
}
static void Main(string[] args)
{
A S1 = new A();          //对类A创建一个名为S1的对象并赋值为10
S1.N = 10;
A S2 = S1;               //对类A创建一个名为S2的对象并赋值为S1
S2.N = 11;               //更改S2的变量值为11
Console.WriteLine("S1={0} \t S2={1}", S1.N, S2.N);
V R1 = new V();          //对结构V创建一个名为R1的对象并赋值20
R1.N = 20;
V R2 = R1;               //对结构V创建一个名为R2的对象并赋值为R1
R2.N = 22;               //更改R2的变量值为22
Console.WriteLine("R1={0} \t R2={1}", R1.N, R2.N);
Console.ReadLine();
```

```
    }
}
```

运行上述程序，结果如图2-9所示。

【案例剖析】

本例的运行结果中显示，S1与S2最终输出值均为11，说明两个引用类型S1、S2都指向了同一个托管堆上的内存空间，当其中一个发生改变的时候，另一个不会发生变化。而由结构V实例化出来的对象虽然使用R2=R1，把R1赋值给R2，但是它在线程栈中分配的是独立的内存空间，当修改某一值的时候，并不会影响到另一对象，如图2-10所示。

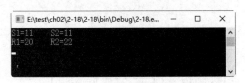

图2-9　修改后运行结果

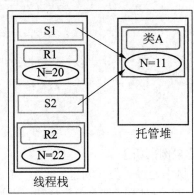

图2-10　对结果的分析

值类型和引用类型的区别如下。

(1) 存储位置不一样。

(2) 如果是引用类型，当两个对象指向同一个内存空间时，对其中一个进行赋值操作，另一个对象的值也会发生变化。

2.3.6　类型转换

C#语言对类型安全的要求很高。C#程序中的每个值都有一个特定的类型。因此，给变量赋值或是运算都要求类型完全一致才能进行操作。在实际应用中，经常需要在不同类型的数据之间进行操作，这就需要一种新的语法来适应这种需要，这个语法就是数据类型转换。类型转换分为隐式转换和显式转换两种。

1．隐式转换

所谓隐式转换就是不需要声明，由编译器自动安全地转换成另一种类型。隐式转换即在一类型中将占用内存空间小的类型转换成占用内存空间大的类型。例如，32位的int类型可以隐式转换成64位的double类型，例如：

```
int x = 3;          //声明int类型变量x
double y = x;       //将x值隐式转换成double类型再赋值给y
```

C#支持的隐式转换如表2-12所示。

表 2-12　C#支持的隐式转换

源类型	目标类型
sbyte	short、int、long、float、double、decimal
byte	short、ushort、int、uint、long、float、double、decimal
short	int、long、float、double、decimal
ushort	int、uint、long、ulong、float、double、decimal
int	long、float、double、decimal
uint	long、ulong、float、double、decimal
long、	float、double、decimal
ulong	float、double、decimal
float	double
char	ushort、int、uint、long、ulong、float、double、decimal

通过表 2-12，可以发现类型范围小的向范围大的类型转换基本都能成功。以下两点特殊情况需区别对待：

(1) 不存在浮点型和 decimal 类型间的隐式转换。

(2) 不存在到 char 类型的隐式转换。

例如，将整型赋值给字符型，代码如下：

```
int i = 'Z';    //成功，Z 的 Unicode 码为 96，i 的值为 96
char c = 65;    //失败，数字类型无法隐式转换成字符类型
```

当一种类型的值转换为大小相等或更大的另一类型时，则发生扩大转换；当一种类型的值转换为较小的另一种类型时，则发生收缩转换。

【例 2-20】将 int 类型的值隐式转换为 long 类型。

```
int i=258;      //声明一个整型变量 i 并初始化为 258
long j=i;       //隐式转换成 long 类型
```

2. 显式转换

显式转换也可以称为强制转换，需要在代码中明确地声明要转换的类型。在实际应用中，不同类型数据间要进行运算，隐式转换已无法满足需要，因而必须采用显式转换来完成。例如，上述的标签控件 Text 是 string 类型的，如果将 3+2 的结果赋值给该属性，必须强制转换成 string 类型后，操作才能成功。需要进行显式转换的数据类型如表 2-13 所示。

表 2-13　C#支持的显式转换

源类型	目标类型
sbyte	byte、ushort、uint、ulong、char
byte	sbyte、char

续表

源类型	目标类型
short	sbyte、byte、ushort、uint、ulong、char
ushort	sbyte、byte、short、char
int	sbyte、byte、short、ushort、uint、ulong、char
uint	sbyte、byte、short、ushort、int、char
char	sbyte、byte、short
float	sbyte、byte、short、ushort、int、uint、long、ulong、char、decimal
ulong	sbyte、byte、short、ushort、int、uint、long、char
long	sbyte、byte、short、ushort、int、uint、ulong、char
double	sbyte、byte、short、ushort、int、uint、long、char、decimal
decimal	sbyte、byte、short、ushort、int、uint、ulong、long、char、double

在 C#中提供了 3 种显式转换的方法：数据前直接加上类型、类型的 Parse 方法和 Convert 类的方法。

(1) 数据前直接加上类型。

`(类型)(表达式)`

【例 2-21】下述代码实现了 int 类型转换成 char 类型和 long 类型。

```
int IntType = 97;
char CharType = (char)IntType;
long LongType = 100;
int IntType = LongType;          //错误，需要使用显式强制转换
int IntType = (int)LongType;     //正确，使用了显式强制转换
```

(2) 类型的 Parse 方法。

Parse 方法可以将数字字符串类转换为与之等价的值类型。

`类型.Parse(数字字符串)`

【例 2-22】下述代码实现了将字符串类型转换成整型。

```
string StringType = "12345";
int IntType = (int)StringType;              //错误，string 类型不能直接转换为 int 类型
int IntType = Int32.Parse(StringType);      //正确
```

(3) Convert 类的方法。

Convert 类提供多种类型间的转换，包括值类型与引用类型间的转换。比较引用类型到值类型的转换。

【例 2-23】下述代码展示了 Convert 类的转换方法。

```
Long LongType = 100;
string StringType = "12345";
object ObjectType = "54321";
int IntType = Convert.ToInt32(LongType);      //正确，将 long 类型转换成 int 型
int IntType = Convert.ToInt32(StringType);    //正确，将 string 类型转换成 int 型
int IntType = Convert.ToInt32(ObjectType);    //正确，将 object 类型转换成 int 型
```

3. 装箱和拆箱转换

装箱和拆箱的概念是 C#类型系统的核心。它在"值类型"和"引用类型"之间架起了一座桥梁，使得任何"值类型"的值都可以转换为 object 类型的值，反过来转换也可以。装箱和取消装箱使程序员能够统一地来考察类型系统，其中任何类型的数据最终都可以作为对象处理。

为了保证效率，值类型是在栈中分配内存，在声明时初始化才能使用，不能为 NULL(空值)，而引用类型在堆中分配内存，初始化时默认为 NULL。值类型超出作用范围系统自动释放内存，而引用类型是通过垃圾回收机制进行回收。由于 C#中所有的数据类型都是由基类 System.Object 继承而来的，所以值类型和引用类型的值可以相互转换，它们之间的转换过程即为装箱和拆箱的过程。

(1) 装箱。

装箱就是将一个值类型变量隐式地转换为引用类型对象，虽然也可以显式转换，但一般都不需要使用到。对值类型进行装箱会在堆中分配一个对象实例，并将该值复制到新的对象中。例如，下述代码完成了值类型向引用类型的转换：

```
int val = 2017;
object obj = val;    //把值类型装箱成引用类型，隐式转换
```

【例 2-24】创建一个控制台应用程序，声明一个整型变量 val 并赋值为 2017。然后将其转换为引用类型对象 obj，输出 val 和 obj 的值。再给 val 赋值为 2018，最后输出 val 和 obj 的值。(源代码\ch02\2-24)

```
class Program
{
    static void Main(string[] args)
    {
        int val = 2017;         //声明一个 int 型变量 val 并初始化为 2017
        object obj = val;       //将 val 转换为引用对象 obj
        Console.WriteLine("val 的值为{0},obj 的值为{1}", val, obj);
        val = 2018;             //给 val 赋值 2018
        Console.WriteLine("val 的值为{0},obj 的值为{1}", val, obj);
        Console.ReadLine();
    }
}
```

运行上述程序，结果如图 2-11 所示。

图 2-11 装箱

【案例剖析】

本例中将值类型的变量 val 转换为引用类型变量 obj，在装箱操作后又对 val 重新赋值，而 obj 的值并未发生改变。也就是说将值类型变量转换为引用类型后，改变值类型变量的值并不会影响到装箱对象的值。

(2) 拆箱。

拆箱就是从引用类型到值类型的显式转换。拆箱操作先检查对象实例，确保它是给定值

类型的一个装箱值，然后将该值从实例复制到值类型变量中。拆箱必须显式进行，这是因为这种转换很容易导致数据的丢失或者不恰当的转换。

装箱和拆箱使值类型能够被视为对象。对值类型装箱将把该值类型打包到 Object 引用类型的一个实例中。这使得值类型可以存储于垃圾回收堆中。取消装箱将从对象中提取值类型。例如，下述代码完成了引用类型向值类型的转换。

```
int val = 100;
object obj = val;        //把值类型装箱成引用类型，隐式转换
int num = (int) obj;     //把引用类型拆箱成值类型
```

只有进行过装箱的对象才能被拆箱。

【例 2-25】创建一个控制台应用程序，声明一个 int 型变量 val 并初始化为 2017。然后将其转换为引用类型对象 obj。最后再进行拆箱操作，将装箱对象 obj 赋值给整型变量 i。(源代码\ch02\2-25)

```
class Program
{
    static void Main(string[] args)
    {
        int val = 2017;          //声明一个 int 型变量 val 并初始化为 2017
        object obj = val;        //将 val 转换为引用对象 obj
        Console.WriteLine("val 的值为{0},装箱后 obj 的值为{1}", val, obj);
        int i=(int)obj;          //拆箱操作
        Console.WriteLine("拆箱后 obj 的值为{0},i 值为{1}", obj, i);
        Console.ReadLine();
    }
}
```

运行上述程序，结果如图 2-12 所示。

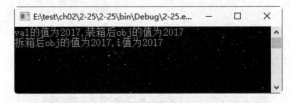

图 2-12　拆箱

【案例剖析】

从本例程序的运行结果可以看出，拆箱所得到的值类型结果与装箱对象相等。而在进行拆箱的操作时要注意类型的一致性，比如本例中同为 int 型。

2.4　运算符和表达式

在 C#的程序中，一般需要由运算符将变量和常量组合起来构成表达式使用。表达式在程序中的使用相当广泛。表达式由操作数(operand)和运算符(operator)构成，其中运算符指示对

操作数进行什么样的运算。

2.4.1 表达式

C#中的表达式类似于数学运算中的表达式，是由运算符、运算对象和标点符号等连接而成的式子，是指定计算的运算符、运算数序列。下面主要讲解运算符以及该类运算符组成的表达式的使用。

表达式由操作数和运算符组成。表达式的运算符指出了对操作数进行的操作。比如有+、-、*、/等运算符，操作数可以是常量、变量或表达式。

【例2-26】下述代码为简单的表达式。

```
int a= 2017;
a= a + 2017;
int b= 2018;
b= 2018/2 + 1;
```

2.4.2 运算符

C#中的运算符是用来对变量、常量或数据进行计算的符号，指挥计算机进行某种操作。运算符又叫作操作符，可以将运算符理解为交通警察的命令，用来指挥行人或车辆等不同的运动实体(运算数)，最后达到一定的目的。接下来将详细介绍C#中常见的几种运算符。

1. 算术运算符

算术运算符(arithmetic operators)用来处理四则运算的符号，是最简单、最常用的符号，尤其数字的处理几乎都会使用到运算符。

C#语言中提供的算术运算符有+、-、*、/、%、++、--共 7 种。分别表示加、减、乘、除、求余数、自增和自减。其中+、-、*、/、%这 5 种为二元运算符，表示对运算符左右两边的操作数作算术，其运算规则与数学中的运算规则相同，即先乘除后加减。++、--两种运算符都是一元运算符，其结合性为自右向左，在默认情况下表示对运算符右边的变量的值增 1 或减 1，而且它们的优先级比其他算术运算符高。常用的算术运算符和表达式的使用说明如表 2-14 所示。

表2-14 算术运算符和表达式的使用说明

运算符	计算	表达式	示例(假设 i=1)
+	执行加法运算(如果两个操作数是字符串，则该运算符用作字符串连接运算符，将一个字符串添加到另一个字符串的末尾)	操作数1+ 操作数2	3.2+2(结果为 5.2) 'a'+14(结果为 111) 'a'+ 'b'(结果为 195) 'a'+"bcd"(结果为 abcd) 12+"bcd"(结果为 12bcd)
-	执行减法运算	操作数1 - 操作数2	3-2(结果为 1)
*	执行乘法运算	操作数1 * 操作数2	3*2(结果为 6)
/	执行除法运算	操作数1 / 操作数2	3/2(结果为 1)
%	获得进行除法运算后的余数	操作数1 % 操作数2	3%2(结果为 1)
++	将操作数加 1	操作数++ 或++操作数	i++/++i(结果为 1/2)
--	将操作数减 1	操作数-- 或--操作数	i--/--i(结果为 1/0)

(1) 在算术表达式中，如果操作数的类型不一致，系统会自动进行隐式转换。如果转换成功，表达式的结果类型以操作数中表示范围大的类型为最终类型，如 3.2+2 结果为 double 类型的 5.2。

(2) 减法运算符的使用同数学中的使用方法类似。但需要注意的是，减法运算符不但可以应用于整型、浮点型数据间的运算，还可以应用于字符型的运算。在字符型运算时，首先将字符转换为其 Unicode 码，然后进行减法运算。

(3) 在使用除法运算符时，如果除数与被除数均为整数，则结果也为整数，它会把小数舍去(并非四舍五入)，如 3/2=1。

【例 2-27】创建一个控制台应用程序，声明 int 型变量 a 初始化为 31、变量 b 初始化为 10 以及变量 c。对 a 和 b 进行+、-、*、/、%、前置自增和前置自减运算，结果以赋值给 c 的形式进行输出。(源代码\ch02\2-27)

```
class Program
{
    static void Main(string[] args)
    {
        int a = 31;
        int b = 10;
        int c;
        c = a + b;
        Console.WriteLine("a+b={0}", c);
        c = a - b;
        Console.WriteLine("a-b={0}", c);
        c = a * b;
        Console.WriteLine("a*b={0}", c);
        c = a / b;
        Console.WriteLine("a/b={0}", c);
        c = a % b;
        Console.WriteLine("a%b={0}", c);
        c = ++a;      // ++a 先进行自增运算再赋值
        Console.WriteLine("++a={0}", c);
        c = --a;      // --a 先进行自减运算再赋值
        Console.WriteLine("--a={0}", c);
        Console.ReadLine();
    }
}
```

运行上述程序，结果如图 2-13 所示。

图 2-13 算术运算

在算术运算符中，自增、自减运算符又分为前缀和后缀。当++或--运算符置于变量的左边时，称为前置运算或称为前缀，表示先进行自增或自减运算，再使用变量的值。而当++或--运算符置于变量的右边时，称为后置运算或后缀，表示先使用变量的值，再自增或自减运算。

前置后置运算方法如表 2-15 所示。

表 2-15 前置后置运算方法

表 达 式	类 型	计算方法	结果(假定 num1 的值为 5)
num2 = ++num1;	前置自加	num1 = num1 + 1; num2 = num1;	num2 = 6; num1 = 6;
num2 = um1++;	后置自加	num2 = num1; num1 = num1 + 1;	num2 = 5; num1 = 6;
num2 = --num1;	前置自减	num1 = num1 - 1; num2 = num1;	num2 = 4; Num1 = 4;
num2 = num1--;	后置自减	num2 = num1; num1 = num1 - 1;	num2 = 5; Num1 = 4;

【例 2-28】创建一个控制台应用程序，声明 int 型变量 a 并初始化为 1，对 a 进行前置和后置运算并分别输出 a 以及运算后得到的值。(源代码\ch02\2-28)

```
class Program
{
    static void Main(string[] args)
    {
        int a = 1;
        int b;
        b = a++;        // a++ 先赋值再进行自增运算
        Console.WriteLine("a++运算:");
        Console.WriteLine("a 的值为 {0}", a);
        Console.WriteLine("b 的值为 {0}", b);
        a = 1;          // 重新初始化 a
        b = ++a;        // ++a 先进行自增运算再赋值
        Console.WriteLine("++a运算:");
        Console.WriteLine("a 的值为 {0}", a);
        Console.WriteLine("b 的值为 {0}", b);
        a = 1;          // 重新初始化 a
        b = a--;        // a-- 先赋值再进行自减运算
        Console.WriteLine("a--运算:");
        Console.WriteLine("a 的值为 {0}", a);
        Console.WriteLine("b 的值为 {0}", b);
        a = 1;          // 重新初始化 a
        b = --a;        // --a 先进行自减运算再赋值
        Console.WriteLine("--a运算:");
        Console.WriteLine("a 的值为 {0}", a);
        Console.WriteLine("b 的值为 {0}", b);
        Console.ReadLine();
    }
}
```

运行上述程序，结果如图 2-14 所示。

【案例剖析】

在本例中，b=a++先将 a 赋值给 b，再对 a 进行自增运算。b=++a 先将 a 进行自增运算，再将 a 赋值给 b。b=a--先将 a 赋值给 b，再对 a 进行自减运算。b=--a 先将 a 进行自减运算，再将 a 赋值给 b。

图 2-14 前置后置运算

2. 赋值运算符

赋值就是把一个数据赋值给一个变量。例如，myName="张三"的作用是执行一次赋值操作。把常量"张三"赋值给变量 myName。

赋值运算符为二元运算符，要求运算符两侧的操作数类型必须一致(或者右边的操作数必须可以隐式转换为左边操作数的类型)。C#中提供的简单赋值运算符有：=；复合赋值运算符有：+=、-=、*=、/=、%=、&=、|=、^=、<<=、>>=。赋值表达式的一般形式如下：

变量 赋值运算符 表达式

赋值表达式的计算过程是：首先计算表达式的值，然后将该值赋给左侧的变量。C#语言中常用赋值表达式的使用说明如表 2-16 所示。

表 2-16 常用赋值表达式的使用说明

运 算 符	计算方法	表 达 式	求 值
=	运算结果 = 操作数	x=10	x=10
+=	运算结果 = 操作数 1 + 操作数 2	x += 10	x = x + 10
-=	运算结果 = 操作数 1 - 操作数 2	x -= 10	x = x - 10
*=	运算结果 = 操作数 1 * 操作数 2	x *= 10	x = x * 10
/=	运算结果 = 操作数 1 / 操作数 2	x /= 10	x = x / 10
%=	运算结果 = 操作数 1 % 操作数 2	x %= 10	x = x % 10
&=	运算结果 = 操作数 1 & 操作数 2	x &= 10	x = x & 10
|=	运算结果 = 操作数 1 | 操作数 2	x |= 10	x = x | 10
>>=	运算结果 = 操作数 1 >> 操作数 2	x >>= 10	x = x >> 10
<<=	运算结果 = 操作数 1 << 操作数 2	x <<= 10	x = x << 10
^=	运算结果 = 操作数 1 ^ 操作数 2	x ^= 10	x = x ^ 10

下面以-=运算符为例，说明赋值运算符的用法。

【例 2-29】创建一个控制台应用程序，声明一个 int 类型变量 a 并初始化为 2018，然后使用-=运算符使 a 在原值基础上减少 1。(源代码\ch02\2-29)

```
class Program
{
static void Main(string[] args)
{
int a = 2018;
a -= 1;
Console.WriteLine("a = {0}", a);
Console.ReadLine();
}
}
```

运行上述程序，结果如图 2-15 所示。

图 2-15 赋值运算

3. 关系运算符

关系运算实际上是逻辑运算的一种，可以把它理解为一种"判断"，判断的结构要么是"真"，要么是"假"，也就是说关系表达式的返回值总是布尔值。C#定义关系运算符的优先级低于算术运算符，高于赋值运算符。

C#语言中定义的关系运算符有==(等于)、!=(不等于)、<(小于)、>(大于)、<=(小于或等于)、>=(大于或等于)6种。

> 注意：关系运算符中的等于号==很容易与赋值号=混淆，一定要记住，=是赋值运算符，而==是关系运算符。

关系表达式中的操作数可以是整型数、实型数、布尔型、枚举型、字符型、引用型等。对于整数类型、实数类型和字符类型，上述6种比较运算符都可以使用；对于布尔类型和字符串的比较运算符实际上只能使用==和!=。例如：

```
3>2             //结果为true
4.5==4          //结果为false
'a'>'b'         //结果为false
true==false     //结果为false
"abc"=="asf"    //结果为false
```

> 注意：两个字符串值都为 null 或两个字符串长度相同、对应的字符序列也相同的非空字符串时比较的结果才能为 true。

【例 2-30】创建一个控制台应用程序，声明两个整型变量 x、y，x 初始化为 2018，y 初始化为 2017。对 x 和 y 进行关系运算符相关操作并输出结果。(源代码\ch02\2-30)

```
class Program
{
    static void Main(string[] args)
    {
        int x = 2018, y = 2017;
        Console.WriteLine("x 是否小于 y: " + (x < y));
        Console.WriteLine("x 是否大于 y: " + (x > y));
        Console.WriteLine("x 是否小于或等于 y: " + (x <= y));
        Console.WriteLine("x 是否大于或等于 y: " + (x >= y));
        Console.WriteLine("x 是否等于 y: " + (x == y));
        Console.WriteLine("x 是否不等于 y: " + (x != y));
        Console.ReadLine();
    }
}
```

运行上述程序，结果如图 2-16 所示。

图 2-16 关系运算

4. 逻辑运算符

在实际生活中，有很多条件判断语句的例子。例如，"当我放假了，并且有足够的费用，我一定去西双版纳旅游去"，这句话表明，只有同时满足放假和足够费用这两个条件，你的想法才能成立。类似这样的条件判断，在C#语言中，可以采用逻辑运算符来完成。

C#语言提供了&&、||、!，分别是逻辑与、逻辑或、逻辑非3种逻辑运算符。逻辑运算符要求操作数只能是布尔型。逻辑与和逻辑非都是二元运算符，要求有两个操作数，而逻辑非为一元运算符，只有一个操作数。

(1) 逻辑非运算符表示对某个布尔型操作数的值求反，即当操作数为 false 时运算结果返回 true，当操作数为 true 时运算结果返回 false。

(2) 逻辑与运算符表示对两个布尔型操作数进行与运算，并且仅当两个操作数均为 true 时，结果才为 true。

(3) 逻辑或运算符表示对两个布尔型操作数进行或运算，当两个操作数中只要有一个操作数为 true 时，结果就是 true。

注意

逻辑表达式的结果只能是布尔值，要么是 true，要么是 false。

为了方便掌握逻辑运算符的使用，逻辑运算符的运算结果可以用逻辑运算的"真值表"来表示，如表2-17所示。

表2-17　真值表

a	b	!a	a&&b	a||b
true	true	false	true	true
true	false	false	false	true
false	true	true	false	true
false	false	true	false	false

【例 2-31】创建一个控制台应用程序，声明 bool 类型变量 B 并初始化为 false、result 以及 int 类型变量 num 并初始化为 2017。利用 3 种逻辑运算符，判断运算返回值并输出结果。(源代码\ch02\2-31)

```
class Program
{
    static void Main(string[] args)
    {
        bool B = false;                    //声明bool类型变量B初始化为false
        int num = 2017;
        bool result;
        result = B && (num < 2018);        //输出逻辑与运算后返回值
        Console.WriteLine(result);
        result = B || (num < 2018);        //输出逻辑或运算后返回值
        Console.WriteLine(result);
        result = ! (num < 2018);           //输出逻辑异或运算后返回值
        Console.WriteLine(result);
        Console.ReadLine();
```

}
}

运行上述程序,结果如图2-17所示。

5. 位运算符

任何信息在计算机中都是以二进制的形式保存的。位运算符就是对数据按二进制位进行运算的运算符。C#语言中的位运算符有:&(与)、|(或)、^(异或)、~(取补)、<<(左移)、>>(右移)。

图 2-17 逻辑运算

其中,取补运算符为一元运算符,而其他的位运算符都是二元运算符。这些运算都不会产生溢出。位运算符的操作数为整型或者是可以转换为整型的任何其他类型。

在位运算表达式中,系统首先将操作数转换为二进制数,然后再进行位运算,计算完毕后,再将其转换为十进制数整数。各种位运算方法如表2-18所示。

表 2-18 位运算表达式计算方法

运算符	描述	表达式	结果
&	与运算。操作数中的两个位都为1,结果为1,两个位中有一个为0,结果为0	8&3	结果为8。8转换二进制为1000,3转换二进制为0011,与运算结果为1000,转换十进制为8
|	或运算。操作数中的两个位都为0,结果为0,否则,结果为1	8 | 3	结果为11。8转换二进制为1000,3转换二进制为0011,与运算结果为1011,转换十进制为11
^	异或运算。两个操作位相同时,结果为0,不相同时,结果为1	8^3	结果为11。8转换二进制为1000,3转换二进制为0011,与运算结果为1011,转换十进制为11
~	取补运算,操作数的各个位取反,即1变为0,0变为1	~8	结果为-9。8转换二进制为1000,取补运算后为0111,对符号位取补后为负,转换十进制为-9
<<	左移位。操作数按位左移,高位被丢弃,低位顺序补0	8<<2	结果为32。8转换二进制为1000,左移两位后为100000,转换为十进制为32
>>	右移位。操作数按位右移,低位被丢弃,其他各位顺序一次右移	8>>2	结果为2。8转换二进制为1000,左移两位后为10,转换为十进制为2

【例 2-32】创建一个控制台应用程序,声明 int 变量 a、b、c,并初始化它们的值为 20、15、0。对 a、b 进行相关位运算操作,用 c 获取它们的结果并输出。(源代码\ch02\2-32)

```
class Program
{
static void Main(string[] args)
{
int a = 20;   /* 20 = 0001 0100 */
int b = 15;   /* 15 = 0000 1111 */
int c = 0;
Console.WriteLine("a 的值是 {0} \t b 的值是 {1}", a,b);
c = a & b;   /* 4 = 0000 0100 */
Console.WriteLine("a & b 的值是 {0}", c);
```

```
c = a | b;      /* 31 = 0001 1111 */
Console.WriteLine("a | b 的值是 {0}", c);
c = a ^ b;      /* 27 = 0001 1011 */
Console.WriteLine("a ^ b 的值是 {0}", c);
c = ~a;         /* -21 = 1110 1011 */
Console.WriteLine("~a 的值是 {0}", c);
c = a << 2;     /* 80 = 0101 0000 */
Console.WriteLine("a << 2 的值是 {0}", c);
c = a >> 2;     /* 5 = 0000 0101 */
Console.WriteLine("a >> 2 的值是 {0}", c);
Console.ReadLine();
       }
   }
```

运行上述程序，结果如图 2-18 所示。

【案例剖析】

本例中需要注意的地方是取补运算。取补就是"取反再转补码"，十进制的 20，用二进制表示为"00010100"，"取反"即为"11101011"。而转换成补码为"10101"，对应的十进制数为 21，当最高位是"1"的时候取负，故~a 结果为-21。

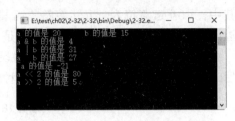

图 2-18　位运算

6. 其他特殊运算符

1) 条件运算符

在 C#语言中唯一的一个三元运算符"?:"，有时也将其称为条件运算符。由条件运算符组成的表达式称为条件表达式。一般表示形式如下：

条件表达式?表达式 1:表达式 2

先计算条件，然后进行判断。如果条件表达式的结果为 true，计算表达式 1 的值，表达式 1 为整个条件表达式的值；否则，计算表达式 2，表达式 2 为整个条件表达式的值。

?的第一个操作数必须是一个可以隐式转换成 bool 型的常量、变量或表达式，如果上述这两个条件一个也不满足，则发生运行时错误。

?的第二和第三个操作数控制了条件表达式的类型。它们可以是 C#语言中任意类型的表达式。

例如，实现求出 a 和 b 中最大数的表达式。

a>b?a:b   //取 a 和 b 的最大值

条件运算符相当于后续学习的 if...else 语句。

2) new 运算符

new 运算符用于创建一个新的类型实例。它有以下 3 种形式。

(1) 对象创建表达式，用于创建一个类类型或值类型的实例。

(2) 数组创建表达式，用于创建一个数组类型实例。

(3) 委托创建表达式，用于创建一个新的委托类型实例。

例如，下面 3 个式子分别创建了一个对象、一个数组和一个委托实例：

```
A MyObj=new A;                    //创建 A 类类型的对象 MyObj
int[] IntArr = new int[10];       //创建数组具有 10 个元素的数组 IntArr
delegate double DFunc(int x);
Dfunc f = new DFunc(5);           //创建 Dfunc 类型委托
```

3) typeof 运算符

typeof 运算符用于获得系统原型对象的类型。例如：

```
typeof(int);               //获取 int 类型的原型为 int32
typeof(System.int32);      //获取 int32 类型的原型为 int32
typeof(string);            //获取 string 类型的原型为 string
typeof(double[]);          //获取 double 数组类型的原型为 double[]
```

4) sizeof 运算符

sizeof 运算符用来返回数据类型的大小。例如：

```
sizeof(int);    //返回 int 类型大小，结果为 4
```

5) is 运算符

is 运算符用来判断对象是否为某一类型。例如：

```
int a =0;
bool result = a is int;    //判断 a 是否为整型
```

【例 2-33】创建一个控制台应用程序，判断 int 类型的大小并获取它的原型，然后声明 int 变量 a、b，初始化 a 为 1，利用条件运算符输出 b 的值。(源代码\ch02\2-33)

```
class Program
{
static void Main(string[] args)
{
Console.WriteLine("int 的大小是 {0}", sizeof(int));
Console.WriteLine("int 的原型是 {0}", typeof(int));
int a, b;
a = 1;
b = (a == 1) ? 2 : 3;    //条件表达式 a==1 为 true，返回值 2
Console.WriteLine("b 的值是 {0}", b);
Console.ReadLine();
}
}
```

运行上述程序，结果如图 2-19 所示。

图 2-19 条件运算

2.4.3 运算符优先级

运算符的种类非常多，通常不同的运算符又构成了不同的表达式，甚至一个表达式中又包含有多种运算符。因此，它们的运算方法应该有一定的规律性。C#语言规定了各类运算符的运算级别及结合性等，具体情况如表 2-19 所示。

 建议在写表达式的时候，如果无法确定运算符的有效顺序，则尽量采用括号来保证运算的顺序，这样也使得程序一目了然，而且自己在编程时能够思路清晰。

表 2-19 运算符优先级

优先级(1 最高)	说　明	运　算　符	结合性
1	括号	()	从左到右
2	自加/自减运算符	++/--	从右到左
3	乘法运算符、除法运算符、取模运算符	*　/　%	从左到右
4	加法运算符、减法运算符	+　-	从左到右
5	小于、小于等于、大于、大于等于	<　<=　>　>=	从左到右
6	等于、不等于	==　!=	从左到右
7	逻辑与	&&	从左到右
8	逻辑或	||	从左到右
9	赋值运算符和快捷运算符	=、+=、*=、/=、%=、-=	从右到左

2.5　大　神　解　惑

小白：byte、long、double、short 之间转换会出现精度损失吗？

大神：当 byte-short-long-double 从右向左转换时会出现精度损失，数据类型的转化会因为容量大小的原因，当由大向小转换时会出现精度损失，通俗的解释就是小的容量承载不了太多的东西。

小白："b=a++"和"b=++a"的区别是什么？

大神："b=a++"先将 a 赋值给 b，再对 a 进行自增运算。"b=++a"先将 a 进行自增运算，再将 a 赋值给 b。

小白：struct 结构实例化的对象与 class 实例化的对象在内存中的什么位置？

大神：struct 结构实例化出来的对象在内存中被分配到线程栈上，而 class 实例化出来的对象在内存中被分配到托管堆上。

2.6　跟我学上机

练习 1：编写程序，声明一个变量并赋值 3.6 作为圆的半径，求这个圆的面积和周长。

练习 2：编写程序，将大写字母 A 转换为小写字母。

练习 3：编写程序，声明一个整型变量 val，然后将其转换为引用类型对象 obj，输出 val 和 obj 的值。

练习 4：编写程序，使用条件运算符判断今年是闰年还是平年，并将结果输出。

第 3 章
控制程序运行方向
——C#程序结构

无论什么程序设计语言,构成程序的基本结构无外乎于顺序结构、选择结构和循环结构 3 种。顺序结构是最基本也是最简单的程序,一般由定义常量和变量语句、赋值语句、输入/输出语句、注释语句等构成。顺序结构在程序执行过程中,按照语句的书写顺序从上至下依次执行,但大量实际问题需要根据条件判断,以改变程序执行顺序或重复执行某段程序,前者称为选择结构,后者称为循环结构。本章对程序控制结构进行详细阐述。

本章目标(已掌握的在方框中打钩)

☐ 了解什么是顺序结构。
☐ 了解什么是选择结构。
☐ 掌握选择语句的使用方法。
☐ 了解什么是循环结构。
☐ 掌握循环语句的使用方法。
☐ 了解什么是跳转语句。
☐ 掌握几种跳转语句的使用方法。

3.1 顺序结构

顺序结构是程序代码中最基本的结构，简单地说就是逐条执行程序中的语句，代码从Main()函数开始运行，从上到下，一行一行地执行，不漏掉代码。

例如：

```
double c;
int a = 3;
int b = 4;
c = a + b;
```

程序中包含 4 条语句，构成一个顺序结构的程序。可以看出，顺序结构程序中，每一条语句都需要执行并且只执行一次。

3.2 选择结构

在现实生活中，经常需要根据不同的情况做出不同的选择。例如，今天如果下雨则体育课改为室内体育课，如果不下雨则体育课在室外进行。在程序中，要实现这类功能就需要使用选择结构语句。C#语言提供的选择结构语句有 if 语句、if…else 语句和 switch 语句。

3.2.1 if 语句

单 if 语句用来判断所给定的条件是否满足，根据判定结果(真或假)决定所要执行的操作。if 语句的一般表示形式为：

```
if(条件表达式)
{
语句块;
}
```

关于 if 语句语法格式有以下几点说明。

(1) if 关键字后的一对圆括号不能省略。圆括号内的表达式要求结果为布尔型或可以隐式转换为布尔型的表达式、变量或常量，即表达式返回的一定是布尔值 true 或 false。

(2) if 表达式后的一对大括号是语句块的语法。程序中的多个语句使用一对大括号将其括住构成语句块。if 语句中的语句块如果是一句，大括号可以省略，如果是一句以上，大括号一定不能省略。

(3) if 语句表达式后一定不要加分号，如果加上分号代表条件成立后执行空语句，在调试程序时不会报错，只会警告。

(4) 当 if 的条件表达式返回 true 值时，程序执行大括号里的语句块，当条件表达式返回 false 值时，将跳过语句块，执行大括号后面的语句，如图 3-1 所示。

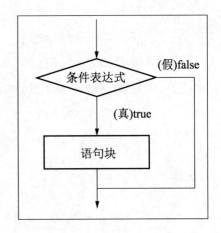

图 3-1 if 语句执行流程

注意：在 C#语言中，可以将多个语句放入大括号内，构成语句块。并且一个分号代表一个空语句。

【例 3-1】创建一个控制台应用程序，使用 if 语句判断变量 a 是否小于 20。(源代码\ch03\3-1)

```
class Program
{
static void Main(string[] args)
{
int a = 10;
Console.WriteLine("a 的值是 {0}", a);
if (a < 20)
{
Console.WriteLine("a 小于 20");     //如果条件为真，则输出该语句
}
Console.ReadLine();
}
}
```

运行上述程序，结果如图 3-2 所示。

【案例剖析】

本例中布尔表达式"a<20"为 true，则 if 语句内的代码块将被执行。假如布尔表达式为 false，则 if 语句结束后的第一组代码将被执行。

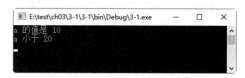

图 3-2　使用 if 语句

3.2.2　if…else 语句

单 if 语句只能对满足条件的情况进行处理，但是在实际应用中，需要对两种可能都做处理，即满足条件时，执行一种操作，不满足条件时，执行另外一种操作。可以利用 C#语言提供的 if…else 语句来完成上述要求。if…else 语句的一般表示形式为：

```
if(条件表达式)
{
语句块 1;
}
else
{
语句块 2;
}
```

if…else 语句可以把它理解为中文的"如果…就…，否则…"上述语句可以表示为假设 if 后的条件表达式为 true，就执行语句块 1，否则执行 else 后面的语句块 2，执行流程如图 3-3 所示。

【例 3-2】创建一个控制台应用程序，使用 if…else 语句判断变量 a 是否大于 20，然后输出判断结果。(源代码\ch03\3-2)

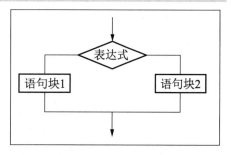

图 3-3　if…else 语句执行流程

```
class Program
{
static void Main(string[] args)
{
int a = 10;
Console.WriteLine("a 的值是 {0}", a);
if (a > 20)
{
Console.WriteLine("a 大于 20");     // 如果条件为真,则输出该语句
}
else
{
Console.WriteLine("a 小于 20");     // 如果条件为假,则输出该语句
}
Console.ReadLine();
}
}
```

运行上述程序,结果如图 3-4 所示。

【案例剖析】

本例中,布尔表达式为 false,则执行 else 块内的代码。假如布尔表达式为 true,那么将会执行 if 块中的代码。

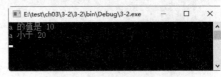

图 3-4　使用 if…else 语句

3.2.3　选择嵌套语句

在实际应用中,一个判断语句存在多种可能的结果时,可以在 if…else 语句中再包含一个或多个 if 语句。这种表示形式称为 if 语句嵌套。常用的嵌套语句为 if…else 语句,一般表示形式为:

```
if(表达式 1)
{
if(表达式 2)
{
语句块 1;    //表达式 2 为真时执行
}
else
{
语句块 2;    //表达式 2 为假时执行
}
}
else
{
if(表达式 3)
{
语句块 3;    //表达式 3 为真时执行
}
else
{
语句块 4;    //表达式 3 为假时执行
}
}
```

首先执行表达式 1,如果返回值为 true,再判断表达式 2,如果表达式 2 返回 true,则执

行语句块 1，否则执行语句块 2；表达式 1 返回值为 false，再判断表达式 3，如果表达式 3 返回值为 true，则执行语句块 3，否则执行语句块 4。

【例 3-3】创建一个控制台应用程序，根据录入的学生分数，输出相应等级划分。90 分以上为优秀，80～89 分为良好，70～79 分为中等，60～69 分为及格，60 分以下为不及格。(源代码\ch03\3-3)

```
class Program
{
static void Main(string[] args)
{
double Score;
Console.WriteLine("请输入分数并按 Enter 键结束: ");
Score = double.Parse(Console.ReadLine());
if (Score < 60)
{
Console.WriteLine("不及格");
}
else
{
if (Score <= 69)
{
Console.WriteLine("及格");
}
else
{
if (Score <= 79)
{
Console.WriteLine("中等");
}
else
{
if (Score <= 89)
{
Console.WriteLine("良好");
}
else
{
Console.WriteLine("优秀");
}
}
}
}
Console.ReadLine();
}
}
```

运行上述程序，结果如图 3-5 所示。

注意

在编写程序时要注意书写规范，一个 if 语句块对应一个 else 语句块，这样在书写完成后既便于阅读又便于理解。

图 3-5　使用 if 嵌套语句

3.2.4　switch 分支结构语句

switch 语句与 if 语句类似，也是选择结构的一种形式。一个 switch 语句可以处理多个判断条件。一个 switch 语句相当于一个 if...else 嵌套语句，因此它们相似度很高，几乎所有的 switch 语句都能用 if...else 嵌套语句表示。它们之间最大的区别在于：if...else 嵌套语句中的条件表达式是一个逻辑表达的值，即结果为 true 或 false，而 switch 语句后的表达式值为整型、字符型或字符串型并与 case 标签里的值进行比较。switch 语句的表示形式如下：

```
switch(表达式)
{
case 常量表达式1:语句块1;break;
case 常量表达式2:语句块2;break;
...
case 常量表达式n:语句块n;break;
[default:语句块n+1;break;]
}
```

首先计算表达的值，当表达式的值等于常量表达式 1 的值时，执行语句块 1；当表达式的值等于常量表达式 2 的值时，执行语句块 2；…；当表达式的值等于常量表达式 n 的值时，执行语句块 n，否则执行 default 后面的语句块 n+1，当执行到 break 语句时跳出 switch 结构。

> **注意**
>
> （1）switch 关键字后的表达式结果只能为整型、字符型或字符串类型。
> （2）case 标签后的值必须为常量表达式，不能使用变量。
> （3）case 和 default 标签后以冒号而非分号结束。
> （4）case 标签后的语句块，无论是一句还是多句，大括号{}都可以省略。
> （5）default 标签可以省略，甚至可以把 default 子句放在最前面。
> （6）break 语句为必选项，即使 default 子句后的也不可以省略，否则程序翻译时会提示"控制不能从一个 case 标签贯穿到另一个 case 标签"的错误。

【例 3-4】创建一个控制台应用程序，使用 switch 语句模拟餐厅点餐收费，通过读入用户选择来提示付费信息。(源代码\ch03\3-4)

```
class Program
{
static void Main(string[] args)
{
//显示提示
Console.WriteLine("三种选择型号：1=(小份，3.0元) 2=(中份，4.0元) 3=(大份，5.0元)");
Console.Write("您的选择是：");
//读入用户选择
//把用户的选择赋值给变量a
string s = Console.ReadLine();
int a = int.Parse(s);
//根据用户的输入提示付费信息
switch (a)
{
case 1:
Console.WriteLine("小份，请付费3.0元。");
break;
case 2:
Console.WriteLine("中份，请付费4.0元。");
break;
case 3:
Console.WriteLine("大份，请付费5.0元。");
break;
```

```
//默认为中杯
default:
Console.WriteLine("中份,请付费 4.0 元。");
break;
}
Console.WriteLine("谢谢使用,欢迎再次光临!");
Console.ReadLine();
}
}
```

运行上述程序,结果如图 3-6 所示。

【案例剖析】

本例中,如果用户输入了"4"或其他 1~3 以外的选项,那么将会执行 default 语句块,也就是默认选择了"中份"。

图 3-6 使用 switch 语句

3.3 循 环 结 构

在实际应用中,往往会遇到一行或几行代码需要执行多次的情况。例如,判断一个数是否为素数,就需要从 2 到比它本身小 1 的数反复求余。几乎所有的程序都包含循环,循环是一级重复执行的指令,重复次数由条件决定。其中给定的条件称为循环条件;反复执行的程序段称为循环体。要保证一个正常的循环,必须有以下 4 个基本要素:循环变量初始化、循环条件、循环体和改变循环变量的值。C#语言提供了以下语句实现循环:while 语句、do…while 语句、for 语句、foreach 语句等。

3.3.1 while 语句

while 循环语句根据循环条件的返回值来判断执行零次或多次循环体。当逻辑条件成立时,重复执行循环体,直到条件不成立时终止。因此,在循环次数不固定时,while 语句相当有用。while 循环语句表示形式如下:

```
while(布尔表达式)
{
语句块;
}
```

当遇到 while 语句时,首先计算布尔表达式,当布尔表达式的值为 true 时,执行一次循环体中的语句块,循环体中的语句块执行完毕时,将重新查看是否符合条件,若表达式的值还返回 true 将再次执行相同的代码,否则跳出循环。While 循环语句的特点:先判断条件,后执行语句。

对于 while 语句循环变量初始化应放在 while 语句之上,循环条件即 while 关键字后的布尔表达式,循环体是大括号内的语句块,其中改变循环变量的值也是循环体中的一部分。

【例 3-5】创建一个控制台应用程序,实现 100 以内自然数求和,即 1+2+3+…+100。最后输出其结果。(源代码\ch03\3-5)

```
class Program
{
static void Main(string[] args)
{
int i = 1, sum = 0;
Console.WriteLine("100 以内自然数求和：");
while (i <= 100)
{
sum += i;
i++;    //自增运算
}
Console.WriteLine("1+2+3+...+100={0}", sum);
Console.ReadLine();
}
}
```

运行上述程序，结果如图 3-7 所示。

【案例剖析】

本例演示了如何使用 while 语句，一定是先计算布尔表达式，再进行下一步。当 i 的值大于 100 时就跳出 while 循环，这样便符合"100 以内自然数"的题目了。

图 3-7　使用 while 语句

3.3.2　do…while 语句

do…while 语句和 while 语句的相似度很高，只是考虑问题的角度不同。while 语句是先判断循环条件，然后执行循环体。do…while 语句则是先执行循环体，然后再判断循环条件。do…while 和 while 就好比是在两个不同的餐厅吃饭，一个餐厅是先付款后吃饭，一个餐厅是先吃饭后付款。do…while 语句的语法格式如下：

```
do
{
语句块；
}
while(布尔表达式);
```

程序遇到关键字 do，执行大括号内的语句块，语句块执行完毕，执行 while 关键字后的布尔表达式，如果表达式的返回值为 true，则向上执行语句块，否则结束循环，执行 while 关键字后的程序代码。

do…while 语句和 while 语句的最主要区别如下。

(1) do…while 语句是先执行循环体后判断循环条件，while 语句是先判断循环条件后执行循环体。

(2) do…while 语句的最小执行次数为 1 次，while 语句的最小执行次数为 0 次。

【例 3-6】创建一个控制台应用程序，使用 do…while 循环语句，实现 100 以内自然数求和，输出结果。(源代码\ch03\3-6)

```
class Program
{
static void Main(string[] args)
{
int i = 1, sum = 0;
```

```
Console.WriteLine("100 以内自然数求和");
do
{
sum += i;
i++;
}
while (i <= 100);
Console.WriteLine("1+2+3+...+100={0}", sum);
Console.ReadLine();
}
}
```

运行上述程序，结果如图 3-8 所示。

3.3.3 for 语句

图 3-8 使用 do...while 语句

for 语句和 while 语句、do...while 语句一样，可以循环重复执行一个语句块，直到指定的循环条件返回值为假。for 语句的语法格式为：

```
for(表达式 1;表达式 2;表达式 3)
{
语句块;
}
```

表达式 1 为赋值语句，如果有多个赋值语句可以用逗号隔开，形成逗号表达式，循环四要素中的循环变量初始化；

表达式 2 为布尔型表达式，用于检测循环条件是否成立，循环四要素中的循环条件；

表达式 3 为赋值表达式，用来更新循环控制变量，以保证循环能正常终止。

for 语句的执行过程如下。

(1) 首先计算表达式 1，为循环变量赋初值。

(2) 然后计算表达式 2，检查循环控制条件，若表达式 2 的值为 true，则执行一次循环体语句；若为 false，终止循环。

(3) 循环完一次循环体语句后，计算表达式 3，对循环变量进行增量或减量操作，再重复第 2 步操作，进行判断是否要继续循环，执行流程如图 3-9 所示。

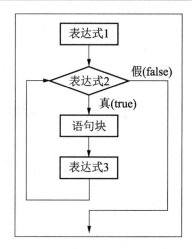

图 3-9 for 语句流程

> **注意**：C#语言不允许省略 for 语句中的 3 个表达式，否则 for 语句将出现死循环现象。

【例 3-7】创建一个控制台应用程序，利用 for 循环语句，实现 100 以内自然数求和，输出结果。(源代码\ch03\3-7)

```
class Program
{
static void Main(string[] args)
```

```
{
int sum = 0;
Console.WriteLine("100 以内自然数求和");
for (int i = 1; i <= 100; i++)
{
sum += i;
}
Console.WriteLine("1+2+3+...+100={0}", sum);
Console.ReadLine();
}
}
```

运行上述程序，结果如图 3-10 所示。

通过上述实例可以发现，while、do…while 语句和 for 语句有很多相似之处，几乎所有的循环语句，这 3 种语句都可以互换。

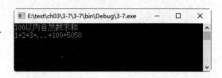

图 3-10　使用 for 循环语句

3.3.4　循环语句的嵌套

在一个循环体内又包含另一个循环结构，称为循环嵌套。如果内嵌的循环中还包含有循环语句，这种称为多层循环。while 循环、do…while 循环和 for 循环语句之间可以相互嵌套。

【例 3-8】创建一个控制台应用程序，实现输出除 1 之外指定整数范围内的素数。(源代码\ch03\3-8)

```
class Program
{
static void Main(string[] args)
{
int i, j;
Console.WriteLine("请输入起始数字：");
int s = int.Parse(Console.ReadLine());
Console.WriteLine("请输入结尾数字：");
int e = int.Parse(Console.ReadLine());
for (i = s; i < e; i++)
{
for (j = 2; j <= (i / j); j++)
{
if ((i % j) == 0)
break; // 如果找到，则不是质数
}
if (i != 1 && i != 0)
{
if (j > (i / j))
Console.WriteLine("{0} 是质数", i);
}
}
Console.ReadLine();
}
}
```

运行上述程序，结果如图 3-11 所示。

【案例剖析】

在上述程序中，使用了"i != 1 && i != 0"的 if 语句判断将要输出的值 i 是否为 1 或 0，因为 0 和 1 比较特殊，不是素数，如果不考虑 0 和 1 的话，那么程序结果就不对。而在内循环 for 语句块中使用了 break，意味着判定 i 不是质数，就不需要继续进行循环了，避免了程序冗余执行，在下一节将会介绍强制结束循环语句。

图 3-11　循环嵌套

3.4　其 他 语 句

循环结构的程序有正常的执行流程，但很多情况下要求改变程序的执行流程，即跳转语句。跳转语句主要用于无条件地转移控制，跳转语句会将控制转到某个位置，这个位置就成为跳转语句的目标。C#语言提供的跳转语句主要有 break 语句、continue 语句、goto 语句和 return 语句。下面分别对这些语句进行介绍。

3.4.1.　break 语句

break 只能应用在选择结构 switch 语句和循环语句中，如果出现在其他位置会引起编译错误。break 语句使流程跳转出 switch 结构，在前面章节已经介绍，在此不再赘述。break 语句出现在循环内，会使循环提前结束，执行循环体外的语句。break 语句如果出现在内循环中，会使流程跳出内循环执行外循环。

【例 3-9】创建一个控制台应用程序，使用 while 循环输出 1 到 10 之间的整数，在内循环中使用 break 语句，当输出到 5 时跳出循环。(源代码\ch03\3-9)

```
class Program
{
static void Main(string[] args)
{
int a = 1;
while (a < 10)
{
Console.WriteLine(a);
a++;
if (a > 5)
{
/* 使用 break 语句终止循环 */
break;
}
}
Console.ReadLine();
}
}
```

运行上述程序，结果如图 3-12 所示。

图 3-12　使用 break 语句

 在嵌套循环中，break 语句只能跳出离自己最近的那一层循环。

3.4.2　continue 语句

continue 语句只能应用于循环语句(while、do…while、for 或 foreach)中，来用忽略循环语句块内位于它后面的代码而直接开始一次新的循环。continue 语句出现在循环嵌套语句中时，只能使直接应用它的循环语句开始一次新的循环。

【例 3-10】创建一个控制台应用程序，使用 do…while 循环语句输出 5 以内除了 3 之外其他整数。(源代码\ch03\3-10)

```
class Program
{
static void Main(string[] args)
{
int a = 1;
do
{
if (a == 3)
{
/* 跳过迭代 */
a = a + 1;
continue;
}
Console.WriteLine(a);
a++;
}
while (a < 5);
Console.ReadLine();
}
}
```

运行上述程序，结果如图 3-13 所示。

【案例剖析】

从例题中可以发现使用了 continue 语句忽略了后续的输出以及 a 的自增运算，重新执行 do 循环体内的语句块。

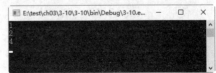

图 3-13　使用 continue 语句

3.4.3 goto 语句

goto 语句的用法非常灵活,可以用它实现递归,循环,选择功能。goto 是"跳转到"的意思,使用它可以跳转到另一个加上指定标签的语句。goto 语句的语法格式为:

```
goto [标签];
[标签]: [表达式];
```

例如,使用 goto 语句实现跳转到指定语句:

```
int i = 0;
goto a;
i = 1;
a : Console.WriteLine(i);
```

这四句代码的意思是,第一句:定义变量 i,第二句:跳转到标签为 a 的语句;接下来就输出 i 的结果。可以看出,第三句是无意义的,因为没有被执行,跳过去了,所以输出的值是 0,而不是 1。

> **注意** goto 跳转的语句,并不是一定要跳转到之后的语句,也就是说,goto 还可以跳到前面去执行。

【例 3-11】创建一个控制台应用程序,通过使用 goto 语句和 if 循环实现输出 0~9 自然数。(源代码\ch03\3-11)

```
class Program
{
    static void Main(string[] args)
    {
        int i = 0;
        a: Console.WriteLine(i);
        if(i<9)
        {
            i++;
            goto a;
        }
        Console.ReadLine();
    }
}
```

运行上述程序,结果如图 3-14 所示。

【案例剖析】

本例中在定义了 i 变量后,首先输出它的值,然后进入循环,先做 i 的自增运算,再跳转到输出语句,然后又进入循环,直到输出 0~9 结束。

图 3-14 使用 goto 语句

3.4.4 return 语句

在 C#中,return 语句终止它所在的方法的执行,并将控制权返回给调用方法。另外,它还可以返回一个可选值。如果方法为 void 类型,则可以省略 return 语句。

　　return 语句后面可以是常量、变量、表达式、方法，也可以什么都不加。return 语句可以出现在方法的任何位置。一个方法中也可以出现多个 return，但只有一个会执行。当 return 语句后面什么都不加时，返回的类型为 void。

　　【例 3-12】创建一个控制台应用程序，建立一个返回类型为 string 的方法，使用 return 语句，返回用户输入的姓名，然后在 Main 方法中进行调用输出。(源代码\ch03\3-12)

```
class Program
{
static string MyName(string s)
{
string n;
n = "您的姓名为：" + s;
return n;      //使用 return 语句返回姓名字符串
}
static void Main(string[] args)
{
Console.WriteLine("请输入姓名：");
string Name = Console.ReadLine();
Console.WriteLine(MyName(Name));    //调用 MyName 方法输出姓名
Console.ReadLine();
}
}
```

运行上述程序，结果如图 3-15 所示。

图 3-15　使用 return 语句

3.5　大神解惑

　　小白：break 语句和 continue 语句有何区别？
　　大神：在循环体中，break 语句是跳出循环，而 continue 语句是跳出当前循环，执行下一次循环。
　　小白：跳转语句和条件分支语句有什么不同之处？
　　大神：条件语句又称为条件选择语句，它判定一个表达式的结果是真还是假(是否满足条件)，根据结果判断是执行哪个语句块。条件语句分为 if 语句和 switch 语句两种方法。很多的时候，我们需要程序从一个语句块转到另一个语句块，因为 C#提供了许多可以立即跳转至程序另一行代码执行的语句，这些跳转语句包括：goto 语句、break 语句和 continue 语句。
　　小白：循环语句都有什么特点？

大神：while、do...while 语句的使用，它的循环条件的改变，要靠程序员在循环体中去有意安排某些语句。而 for 语句却不必。使用 for 语句时，若在循环体中想去改变循环控制变量，以期改变循环条件，无异于画蛇添足。while 循环、do...while 循环适用于未知循环的次数的场合，而 for 循环适用于已知循环次数的场合。使用哪一种循环又依具体的情况而定。凡是能用 for 循环的场合，都能用 while，do...while 循环实现，反之则未必。

3.6 跟我学上机

练习 1：输入一个字符，使用 if...else 语句判定它是什么类型的字符(大写字母、小写字母、数字或者其他字符)。

练习 2：编一个程序，输入 0～100 之间的一个学生成绩分数，用 switch 语句输出成绩等第(成绩优秀(90～100)，成绩良好(80～89)，成绩及格(60～79)和成绩不及格(59 以下))。

练习 3：编一个程序，利用 do-while 循环语句，从键盘上输入 10 个整数，求出它们的和。

练习 4：编一个程序，利用二重 for 循环语句，打印出九九乘法口诀表。

练习 5：编一个程序，循环输出 1～20 自然数，使用 break 语句使程序在输出到 16 时跳出循环。

第4章
主流软件开发方法——面向对象入门

C#语言是一种完全面向对象的程序设计语言。面向对象程序设计方法提出了一个全新的概念——类，其主要思想是将数据(数据成员)及处理这些数据的相应方法(函数成员)封装到类中。类的实例称为对象。

本章目标(已掌握的在方框中打钩)

- ☐ 了解什么是面向对象。
- ☐ 了解类的基本概念。
- ☐ 掌握类及其构造函数、析构函数的使用。
- ☐ 掌握对象的声明及实例化。
- ☐ 了解结构的基本概念。
- ☐ 掌握结构的用途及使用方法。

4.1 面向对象编程思想

面向对象(Object Oriented，OO)是当前计算机界关心的重点，它是20世纪90年代软件开发方法的主流。起初，"面向对象"是专指在程序设计中采用封装、继承、抽象等设计方法。当今面向对象的思想已经涉及软件开发的各个方面。例如，面向对象的分析(OOA，Object Oriented Analysis)，面向对象的设计(OOD，Object Oriented Design)，以及经常说的面向对象的编程实现(OOP，Object Oriented Programming)。

4.1.1 面向对象概述

传统的结构化编程就是先设计一组函数，及解决问题的方法，然后针对问题要处理的数据特征找出相应的数据存储方法，即数据结构。这就是最初 Pascal 语言的设计者——尼古拉斯·沃斯(Niklaus Wirth)提出的著名公式：程序=算法+数据结构。

这种编程的特征是先从算法入手，然后才考虑数据结构，所以上述公式将算法置于数据结构之前也就是设计应用程序的步骤顺序要求。使用面向过程方法开发的软件，稳定性、可修改性和可重用性都比较差。

面向对象编程(OOP)技术是当今占主导地位的程序设计思想和技术。OOP 思路是将上述公式的两个"加数"颠倒，编写程序时首先针对问题要处理的数据特征找出相应的数据结构，然后设计解决问题的各种算法，并将数据结构和算法看作一个有机整体——类，而将其中的数据结构和相应的算法看作这个类的对象和方法，每个对象各尽其职，分别执行一组相关的任务。

面向对象编程更注重系统整体关系的表示和数据模型技术(把数据结构与算法看作一个独立功能模块)，即：程序=数据结构+算法。算法与数据结构是一个整体，一个算法只能针对于特定的数据结构，它是对数据结构的访问。面向对象程序设计的思想就是要把算法与数据结构捆绑在一起，因为现实世界中任何对象都具有一定的属性和操作，所以也就总可以用数据结构和算法来全面地描述这个对象。面向对象编程的思想为：程序是由许多对象组成的，对象是程序的实体，这个实体包含了对该对象属性的描述(数据结构)和对该对象进行的操作(算法)，即：对象=数据结构+算法；程序=对象+对象+…。

4.1.2 面向对象编程解决问题的方法

1．解决问题的方法

面向过程与面向对象解决问题的方法差别很大。例如，分别采用面向过程和面向对象的的方法，开发五子棋游戏。

采用面向过程的设计思路解决上述问题分为以下几个步骤：①开始游戏；②黑子先走；③绘制画面；④判断输赢；⑤轮到白子；⑥绘制画面；⑦判断输赢；⑧返回步骤②；⑨输出最后结果。把上面每个步骤分别用函数来实现，问题就解决了。因此，面向过程的设计思想是分析问题的步骤，实现步骤。

面向对象的设计思想实现方法。整个五子棋可以分为：①黑白双方，这两方的行为是一模一样的；②棋盘系统，负责绘制画面；③规则系统，负责判定诸如犯规、输赢等。第一类对象(玩家对象)负责接受用户输入，并告知第二类对象(棋盘对象)棋子布局的变化，棋盘对象接收到了棋子的变化就要负责在屏幕上面显示出这种变化，同时利用第三类对象(规则系统)来对棋局进行判定。

面向对象是把构成问题事务分解成各个对象，建立对象的目的不是完成一个步骤，而是描述某个事物在整个解决问题的步骤中的行为。面向对象是以功能来划分问题，而不是步骤。

2. 面向对象的好处

通过上述两种方法都能完成五子棋游戏的开发，但采用面向对象编程有诸多好处。可以从以下几个方面来说明面向对象编程的好处。

1) 方法的分布

对于绘制棋局的行为在面向过程的设计中分散在了很多步骤中，很可能出现不同的绘制版本，因为通常设计人员会考虑到实际情况进行各种各样的简化。

面向对象的设计中，绘图只可能在棋盘对象中出现，从而保证了绘图的统一。功能上的统一保证了面向对象设计的可扩展性。

2) 加入新功能

例如，要加入悔棋的功能，如果要改动面向过程的设计，那么从输入到判断到显示这一连串的步骤都要改动，甚至步骤之间的顺序都要进行大规模调整。如果是面向对象的话，只用改动棋盘对象就行了，棋盘系统保存了黑白双方的棋谱，简单回溯就可以了，而显示和规则判断则不用顾及，同时整个对对象功能的调用顺序都没有变化，改动只是局部的。

3) 对象的更改

例如，要把五子棋游戏改为围棋游戏，如果是面向过程设计，那么五子棋的规则就分布在了你的程序的每一个角落，要改的工作量不比重写小多少。如果采用面向对象的设计，需要改动规则对象就可以了，五子棋和围棋的区别在于规则变化(棋盘大小也有变化，直接在棋盘对象上改动就可以了)，而下棋的大致步骤从面向对象的角度来看没有任何变化。

当然，要达到改动局部来完成新功能的需求，需要设计者有足够的经验，保证程序具有良好的可移植性和可扩展性。

4.1.3 面向对象编程的特点

把数据及对数据的操作方法放在一起，作为一个相互依存的整体——对象。对同类对象抽象出其共性，形成类。类中的大多数数据，只能用本类的方法进行处理。类利用一个简单的外部接口与外界发生关系，对象与对象之间通过消息进行通信。类是面向对象编程中的最核心技术，一切皆为对象，这就是面向对象的大概思想。面向对象编程方法具有封装性、继承性、多态性等特点。

1. 封装性

类是属性和方法的集合。为了实现某项功能而定义，开发人员并不需要了解类体内每句代码的具体含义，只需要通过对象来调用类内某个属性或方法即可实现某项功能，这就是类的封装性。封装是一种信息隐蔽技术，用户只能见到对象封装界面上的信息，对象内部对用户是隐蔽的。

例如，一台电脑就是一个封装体。从设计者的角度来讲，不仅需要考虑内部各种元器件，还要考虑主板、内存、显卡等元器件的连接与组装；从使用者的角度来讲，只关心其型号、颜色、外观、重量等属性，只关心电源开关按钮、显示器的清晰度、键盘灵敏度等，根本不用关心其内部构造。

因此，封装的目的在于将对象的使用者与设计者分开，使用者不必了解对象行为的具体实现，只需要用设计者提供的消息接口来访问该对象。

2. 继承性

继承是 OOP 最重要的特性之一。一个类可以从另一个类中继承其全部属性和方法。这就是说，这个类拥有它继承的类的所有成员，而不需要重新定义，这种特性在 OOP 中称作对象的继承性。继承在 C#中又称为派生，其中，被继承的类称为基类或父类，继承的类称为派生类或子类。

例如，灵长类动物包括人类和大猩猩，那么灵长类动物就称为基类或父类，具有的属性包括手和脚(其他动物类称为前肢和后肢)，具有的行为(方法)是抓取东西(其他动物类不具备)，人类和大猩猩也具有灵长类动物所定义的所有属性和行为(方法)。因此，在人类中就不需要再重新定义这些属性和行为(方法)，只需要采用 OOP 中的继承性，让人类和大猩猩都继承灵长类动物即可。

继承性的优势在于降低了软件开发的复杂性和费用，使软件系统易于扩充。

3. 多态性

继承性可以避免代码的重复编写，但在实际应用中，又存在这样的问题。派生类里的属性和方法较基类有所变化，需要在派生类中更改从基类中自动继承来的属性和方法。因此，C#提供了多态性用于解决上述问题。多态性即在基类中定义的属性或方法被派生类继承后，可以具有不同的属性和方法。

例如，假设手机是一个基类，它具有一个称为拨打电话的方法。也就是说，一般的手机拨打电话的方法都是输入号码后按拨号键即可完成，但是一款新的手机拨号方式为语音拨号，与一般的拨号方法不同，于是只能通过改写基类的方法来实现派生类的拨号方法。

4.2 C# 中 的 类

类是面向对象中最为重要的概念之一，是面向对象设计中最基本的组成模块。类可以简单地看作一种数据结构，在类中的数据和函数称为类的成员。它可以包含数据成员(常量和变量)、函数成员(方法、属性、事件、索引器、运算符、构造函数和析构函数)和嵌套类型。类具有封装性、继承性和多态性。

4.2.1 类的概念

在现实生活中，可以找出很多关于类的例子。例如，狗可以看作是一个类，那么其中的一只狗就是狗类的一个实体对象。同样，汽车也可以看作一个类，某辆汽车就是汽车类的一个实体对象。从软件设计的角度来说，类就是一种数据结构，用于模拟现实中存在的对象和关系，包含属性和方法。

1. 类的属性

对象所具用的特征，在类中表示时称为类的属性。例如，保时捷汽车的产地是德国、颜色是红色，法拉利汽车的产地是意大利、颜色是黑色。它们有产地和颜色两个状态，即属性，而它们的属性值不同。

2. 类的方法

对象执行的操作称为类的方法。例如：保时捷和法拉利都能够行驶和刹车。所以行驶和刹车就是方法。

类是一种复杂的数据类型，也是 C#中功能最为强大的数据类型。像结构一样，它是将不同类型的数据和与这些数据相关的操作封装在一起的集合体。与结构不同的是，类支持继承，而继承是面向对象编程的基础部分。

4.2.2 类的声明

在 C#中类是程序的基本组成单位。C#程序的源代码必须放到类中，一个程序至少包括一个自定义类。

在 C#中，声明类的关键字是 class，声明格式如下：

```
[访问修改符] class 类名[:基类]
{
类的成员;
}
```

各项的含义如下。

访问修饰符用来限制类的作用范围或访问级别，可省略。在 C#语言中，常用的修饰符及其作用如表 4-1 所示。类的修饰符只有 public 和 internal 两种(嵌套类除外)。其中，声明为 public 修饰符的类可以被任何其他类访问；声明为 internal 修饰符的类只能从同一个程序集的其他类中访问。在不指明访问修饰符时，默认的是类修饰符为 internal 内部类，即只有当前项目中的代码才能访问。

表 4-1 常用访问修饰符及其作用

修饰符类型	作用
Public	表示公共的类或类成员，访问不受限制
Internal	表示内部类或成员，访问取限于当前程序集
Protected	表示受保护的成员，访问仅限于该类及其派生类
protected internal	访问仅限于该类或当前程序集的派生类
Private	表示私有成员，访问仅限于该类内部

类名是合法的标识符，同变量命名规则相同。类名推荐使用 Pascal 命名规范。

基类定义的类是一个派生类(详见后面章节)，可以省略。

类的成员包括数据成员和函数成员。

 这种方式声明的类不能是私有的(private)或受保护的(protected)。可以把这些修饰符用于声明类成员。

例如，定义 Circle 为公共类，代码如下：

```
public class Circle
{
    //类的成员
}
```

4.2.3 类的成员：属性、方法

类的成员包括数据成员和函数成员(方法成员)。类的数据成员包括常量和变量(字段)，又称为类的域。属性是对字体的封装，实现了数据的封装与隐藏。类成员的访问方式分为在类的内部访问和在类的外部访问。

1. 属性

字段和常量描述了类的数据(域)。当这些数据的某些部分不允许外界访问时，或者允许外界只能读取、不能修改而需要隐藏时，仅仅使用字段或常量来描述类的数据是不够的。为了增强类的安全性和灵活性，C#利用属性来读取、修改或计算字段的值。

通常情况下，类的属性成员都是将一个类的私有字段变量通过封装成公共属性，让外部类读取或赋值公共属性，以提高程序的安全性及隐蔽性。属性是类的封装性的体现。

属性具有访问器，这些访问器指定在它们的值被读取或写入时需要执行的语句。因此，属性提供了一种机制，它把读取和写入对象的某些特性与一些操作关联起来。可以像使用公共数据成员一样使用属性，但实际上它们是称为"访问器"的特殊方法。

属性结合了字段和方法的多个方面。对于用户，属性显示为字段，访问该属性的语法与字段完全相同；对于属性的实现者，属性是一个或两个代码块，表示一个 get 访问器或一个 set 访问器。当读取属性时，自动执行 get 访问器的代码块；当向属性分配一个新值时，自动执行 set 访问器的代码块。不具有 set 访问器的属性被视为只读属性，不具有 get 访问器的属

性被视为只写属性,同时具有这两个访问器的属性为读写属性。

定义属性的一般格式如下:

```
[访问修饰符][类型修饰符] 数据类型 属性名
{
get{//获得属性的函数体}
set{//设置属性的函数体}
}
```

类型修饰符可以表示属性的类型,例如,static 表示属性为静态属性等。

get 访问函数是一个不带参数的方法,它用于向外部返回属性成员的值。通常,get 访问函数中的语句或语句块主要用 return 或 throw 语句返回某个变量成员的值。

set 访问函数是一个带有简单值类型参数的方法,它用于处理类外部的写入值。set 函数带有一个特殊的关键字 value,value 就是 set 访问函数的隐式参数,在 set 函数中通过 value 参数将外部的输入传递进来,然后赋值给其中的某个变量成员。

> **注意** 属性是对字段的封装,类型修饰符一定要与变量的类型修饰符一致。

例如,自定义一个 Student 类,该类中有一个属性 Name,为读写型属性,代码如下:

```
class Student
{
private string name;        //定义私有字段 name
public string Name          //将私有字段封装成公共属性
{
get { return name; }        //get 访问器返回字段
set                         //set 访问器对赋值进行限制
{
name = value;
}
}
}
```

> **注意** 上述属性的定义格式无须用户全部输入,只需要将光标定位在要封装成属性的私有字段所在行,按 Ctrl+R+E 组合键或 Alt+R+F 组合键即可弹出封装属性的对话框,选择相应选项,完成封装属性的基本格式,根据需要再添加代码。

【例 4-1】创建一个控制台应用程序,定义一个 Student 类,在该类中定义两个 string 变量,分别记录学生姓名与班级,然后在该类中自定义两个属性以表示学生姓名班级。在 Program 主程序中实例化一个对象,分别给姓名班级赋值,最后输出它们。(源代码\ch04\4-1)

```
class Student
{
private string name;          //定义一个 string 变量,以记录学生姓名
private string classid;       //定义一个 string 变量,以记录学生班级
public string ClassId         //定义学生班级属性,该属性为可读写属性
{
get
{
```

```
return classid;
}
set
{
classid = value;
}
}
public string Name     //定义学生姓名属性,该属性为可读写属性
{
get
{
return name;
}
set
{
name = value;
}
}
}
class Program
{
static void Main(string[] args)
{
Student S = new Student();
S.Name = "张三";
S.ClassId = "计算机3班";
Console.WriteLine(S.Name+"\t"+S.ClassId);
Console.ReadLine();
}
}
```

运行上述程序,结果如图4-1所示。

【案例剖析】

在本例定义的 Student 类中,首先定义了私有字段 name 与 classid,然后完成的操作是将这两个私有字段封装为公共属性。有关封装的概念将在后面章节中详细讲解,这里注意 get 与 set 的用法。

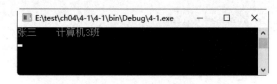

图4-1 定义类及属性

2. 方法

方法是对象对外提供的服务,是类中执行数据计算或进行其他操作的重要成员。可以把一个程序中多次用到的某个任务定义为方法。例如,假设定义了一个圆类,那么会经常用到计算周长或面积的操作,因此可以将计算周长和面积分别定义成方法。方法对执行重复或共享的任务很有用,可以在代码中的许多位置调用方法。

1)方法的分类

方法分为静态方法和非静态方法。若一个方法声明中包含有 static 修饰符,称该方法为静态方法。如果一个方法没有 static 修饰符,称该方法为非静态方法或实例方法。静态方法与实例方法的区别与前面讲述的静态成员变量和实例成员变量的区别相似。静态方法是针对实例

进行的操作,实例方法是针对类的某个特定实例进行的操作。

2) 方法的定义

方法的定义格式如下。

```
[访问修饰符] [类型修饰符] 返回类型 方法名([形参1,形参2,…])
{
方法体;
}
```

(1) 访问修饰符。同前面一样,不再赘述。

(2) 类型修饰符。它包括 new、static、virtual、sealed、override、abstract 和 extern,本节只关注 static 修饰符,其他修饰符会在后续节中讲述。带有 static 修饰符为静态方法,否则为实例方法。

(3) 返回值类型。方法执行完毕后可以不返回任何值,也可以返回 1 个值,如果方法有返回值,那么方法体中必须要有 return 语句且 return 语句必须指定一个与方法声明中的返回类型相一致的表达式。如果方法不返回任何值,则返回类型为 void,方法内可以有 return 语句,也可以没有 return 语句,但不允许为 return 语句指定表达式,return 语句的作用是立即退出方法的执行。

(4) 方法名。合法的标识符,规范的方法命名应该是 Pascal 命名规则。

(5) 形参。形参是可选的,可以一个参数不带,也可以带多个参数,多个参数之间用逗号隔开。即使不带参数也要在方法名后加一对圆括号。区别方法和属性就是看它们的后面是否带圆括号。

 注意　由于 C#是面向对象的语言,因此所有的代码必须位于类体内,在类的外部不能创建方法。

例如,在 Circle 类内,定义公共方法,实例方法 GetArea 和 GetGirth,分别用于计算圆的面积和圆的周长,代码如下:

```
public class Circle
{
public const double PI = 3.14;        //创建常量
public static double Girth;           //声名静态变量
private int _r;                       //声名非静态变量
public int R                          //将半径封装成公共属性
{
get { return _r; }
set
{
if (_r >= 0)
{
_r = value;
}
}
}
public double GetArea(int UserR)      //声明计算面积方法
{
R = UserR;
```

```
return PI * R * R;          //返回圆的面积
}
public double GetGirth(int UserR)    //声明计算周长方法
{
R = UserR;
return PI * (2 * R);        //返回圆的周长
}
}
```

3) 方法的使用

静态方法与实例方法的使用方法是有区别的, 二者的格式分别如下:

```
类名.方法名([实参1,实参2,…]);          //静态方法的使用
对象名.方法名([实参1,实参2,…]);        //实例方法的使用
```

使用带有返回值的方法时, 一般采用: 变量名=类名.方法名([实参1,实参2,…])或变量名=对象名.方法名([实参1,实参2,…])的调用格式; 如果不需要使用方法的返回值, 则采用: 类名.方法名([实参1,实参2,…])或对象名.方法名([实参1,实参2,…])的调用格式。

【例 4-2】依照上面的例子, 创建一个控制台应用程序, 定义一个 Circle 类, 并在其中定义公共方法 GetArea 和 GetGirth, 用于计算圆的面积和周长, 在主程序中调用方法计算圆的面积和周长, 最后输出计算结果。(源代码\ch04\4-2)

```
public class Circle
{
public const double PI = 3.14;  //创建常量
public static double Girth;     //声名静态变量
private int _r;                 //声名非静态变量
public int R                    //将半径封装成公共属性
{
get { return _r; }
set
{
if (_r >= 0)
{
_r = value;
}
}
}
public double GetArea(int UserR)    //声明计算面积方法
{
R = UserR;
return PI * R * R;              //返回圆的面积
}
public double GetGirth(int UserR)   //声明计算周长方法
{
R = UserR;
return PI * (2 * R);            //返回圆的周长
}
}
class Program
{
static void Main(string[] args)
{
```

```
Console.WriteLine("请输入半径: ");
Circle c = new Circle();
c.R = int.Parse(Console.ReadLine());
Console.WriteLine("圆的面积为: " + c.GetArea(c.R));    //调用 GetArea 方法计算面积
//并输出
Console.WriteLine("圆的周长为: " + c.GetGirth(c.R));   //调用 GetGirth 方法计算周
//长并输出
Console.ReadLine();
}
}
```

运行上述程序，结果如图 4-2 所示。

【案例剖析】

本例演示了如何使用定义方法来计算圆的面积和周长，在主程序中调用定义好的方法，要注意它的代码编写规则，在调用时通过访问类中的方法名并传递参数。

图 4-2 定义类及方法

4) 方法的重载

在程序设计过程中，有时方法完成了相同的功能，但由于参数的个数、类型或顺序不相同，有些程序语言又不允许出现相同名称的方法，不得不重新命名方法，这样大大降低了程序的可读性和效率。C#语言允许相同名称的方法出现在同一个类内，但这些方法具有不相同的方法签名，这种方法称为方法的重载，从根本上解决了上述问题。在调用方法时，编译器会根据不同的方法签名调用相应的方法。

方法签名由方法名和参数列表(方法参数的顺序、个类和类型)构成，只要方法签名不同，就可以在一个类内定义具有相同名称的多个方法。C#类库中存在着大量的重载方法，如 MessageBox 类的 Show 方法有 21 个重载的版本。方法重载可以提高程序的可读性和执行效率。

【例 4-3】创建一个控制台应用程序，定义一个重载方法 Sum，在 Main 方法中分别调用其各种重载形式对传入的参数进行求和计算，然后输出其计算结果。(源代码\ch04\4-3)

```
class Program
{
public int Sum(int a,int b)       //定义一个返回值为 int 型的方法
{
return a + b;
}
public double Sum(int a,double b)  //重新定义方法 Sum，它与第一个的返回值
{                                  //以及参数类型均不同
return a + b;
}
public int Sum(int a,int b,int c)  //重新定义方法 Sum，它与第一个的参数个数不同
{
return a + b + c;
}
static void Main(string[] args)
{
Program S = new Program();
int a = 1, b = 2, c = 3;
```

```
double B = 4;
Console.WriteLine("a=1,b=2,c=3,B=4");
Console.WriteLine("a+b=" + S.Sum(a, b));        //根据传入参数个数及类型的不同
Console.WriteLine("a+B=" + S.Sum(a, B));        //分别调用不同的Sum重载方法
Console.WriteLine("a+b+c=" + S.Sum(a, b, c));
Console.ReadLine();
    }
}
```

运行上述程序，结果如图4-3所示。

【案例剖析】

该例中的Sum方法名称相同，但是参数的个数或者类型却不相同，分别实现了对a、b、c、B不同组合的求和，实现了方法了重载。

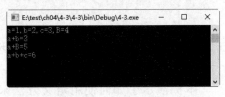

图4-3 重载方法

定义重载方法可以给编程带来方便，但在C#中使用重载方法时，必须注意以下一些问题。

(1) 当在程序中要调用重载方法时，C#匹配重载方法的依据是参数表中的参数类型、参数个数以及参数顺序，所以在定义重载方法时，所有重载的方法必须在上述内容上不同，否则将会出错。

(2) 在调用重载方法时，要避免由于参数类型的相似，而引起用户的歧义。

(3) 对于重载方法，程序员应尽可能保证让它们执行相同的功能，否则就失去了重载的意义。

4.2.4 构造函数和析构函数

1. 构造函数

构造函数是一种特殊的方法，每次创建类的实例都会调用它，并且自动初始化成员变量。常常不需要定义相关的构造函数，因为基类(Object类)提供了一个默认的实现方式。如果希望在创建对象的同时，需要为对象设置一些初始状态，就需要提供自己的构造函数。定义构造函数的语法格式如下：

```
[访问修饰符] 类名([参数列表])
{
// 构造函数的主体
}
```

其中，访问修饰符与参数列表都可以省略；构造函数的名称与类名相同。

构造函数具有以下几个特性。

(1) 构造函数的命名必须和类名完全相同，不能使用其他名称，一般访问修饰符为public类型。

(2) 构造函数的功能主要是创建类的实例时定义对象的初始化状态，因此它没有返回值，也不能用void来修饰。

(3) 构造函数可以是有参数的，也可以是无参数的。

(4) 构造函数只有在创建类的实例时才会执行，只使用 new 运算符调用构造函数。一个类可以有 0 个或多个构造函数。如果类内没有定义构造函数，会使用基类提供的默认构造函数，构造函数支持重载。因此，一个类内可包含多个构造函数，创建对象时，根据参数个数的不同或参数类型的不同来调用相应的构造函数。

(5) 构造函数可以是静态的，即使用 static 修饰符。静态构造函数会在类的实例创建之前被自动调用，并且只能调用一次，不能带参数也不支持构造函数重载(只能有一个静态构造函数)。

例如，定义了一个水果类 Fruit，包含如下两个构造函数，代码如下：

```
class Fruit
{
public string Color, Shape;        //定义成员字段color,shape
public Fruit()                      //定义无参数的构造函数
{
Color = "green";
Shape = "round";
}
public Fruit(string color, string shape)    //定义有参数的构造函数
{
this.Color = color;    //this.color 表示类内的成员字段，而非参数变量color
this.Shape = shape;
}
}
```

在创建 Fruit 类的对象时会调用构造函数，例如：

```
Fruit Apple1 = new Fruit();        //创建对象Apple1，按默认的颜色和形状构造该对象
Fruit Apple2 = new Fruit("red", "round");    //创建对象Apple2，指定红色和圆形初始
//化该对象
```

【例 4-4】创建一个控制台应用程序，在 Program 类中定义 a、b、sum 三个变量，然后定义构造函数 Program，实现对 a、b 求和并赋值给 sum，最后在 Main 方法中实例化 Program 类的对象，输出 sum。(源代码\ch04\4-4)

```
class Program
{
public int a = 1;
public int b = 2;
public int sum;
public Program()
{
sum = a + b;
}
static void Main(string[] args)
{
Program s = new Program();    //使用构造函数实例化Program对象
Console.WriteLine("a+b=" + s.sum);
Console.ReadLine();
}
}
```

运行上述程序，结果如图4-4所示。

【案例剖析】

注意区分构造函数与调用方法的使用区别，构造函数是定义实例化对象的初始状态，没有返回值，而调用方法是有返回值的。

图4-4 构造函数

2．析构函数

析构函数也是一种特殊的方法，主要用来在销毁类的实例时，自动完成内存清理工作，又称为垃圾收集器。

一般来说，对象的生命周期从构造函数开始，以析构函数结束。在创建类的实例时，需要调用构造函数为其分配内存，而当类的实例的生命周期结束前，还必须释放它所占有的内存空间。在一个类中可能有许多对象，每个对象的生命期结束时，都要调用一次析构函数。这与构造函数形成了鲜明的对应，所以在构造函数名前加一个前缀"～"就是对应的析构函数，语法格式如下：

```
~类名()
{
//析构函数体代码
}
```

析构函数的主体包括了一些代码，通常用于关闭由实例打开的数据库、文件或网络连接等。析构函数具有以下几个特点。

(1) 析构函数没有返回值，也没有参数。

(2) 析构函数不能使用任何修饰符。

(3) 一个类只能有一个析构函数，即析构函数不能重载，也不能被继承。

(4) 析构函数不能显示或手动调用，只能在类对象生命周期结束时，由垃圾回收器自动调用。

在C#程序中，有析构函数的对象占用的资源较多，它们在内存中驻留时间较长，在垃圾回收器检查到时并不会被销毁，并且还会调用专门的进程负责，从而消耗相应的资源。因此，析构函数不能滥用，建议必要时再使用析构函数。

【例4-5】创建一个控制台应用程序，在Program类中声明其析构函数。在Main方法中实例化该类的对象，运行程序查看结果。(源代码\ch04\4-5)

```
class Program
{
class test
{
~test()
{
Console.WriteLine("测试析构函数的自动调用");
Console.ReadLine();      //短暂显示结果
}
}
static void Main(string[] args)
{
test t = new test();     //实例化Program对象
}
}
```

运行上述程序，结果如图 4-5 所示。

【案例剖析】

本例演示了析构函数的自动调用，在运行结果短暂显示后，会清除并退出，这是正常现象，体现出了它的清理内存功能。

图 4-5 析构函数

4.3 C#中的对象

面向对象编程的思想是一切皆为对象。类是对一个事物抽象出来的结果，因此，类是抽象的。对象是某类事物中具体的那个，因此，对象就是具体的。例如，学生就是一个抽象概念，即学生类，但是姓名叫张三的就是学生类中具体的一个学生，即对象。

4.3.1 对象的概念

对象就是现实世界中的实体，是客观世界中的物体在人脑中的映像。一棵树、一个人、一本书、一个借口都是对象。只要这个对象存在于我们的思维意识当中，我们就可以以此判断同类的东西。通俗来讲，世间万物皆对象。在软件开发中，对象是建立面向对象程序所依赖的基本单元。

4.3.2 对象与类的关系

对象和类可以描述为如下关系。类用来描述具有相同数据结构和特征的"一组对象"，"类"是"对象"的抽象，而"对象"是"类"的具体实例，即一个类中的对象具有相同的"型"，但其中每个对象却具有各不相同的"值"。

 类是具有相同或相仿结构、操作和约束规则的对象组成的集合，而对象是某一类的具体化实例，每一个类都是具有某些共同性的对象的抽象。

类是一种自定义的数据类型，一旦声明就可以立即使用。其基本使用方法是：首先声明并创建一个类的实例(即一个对象)，然后再通过这个对象来访问其数据或调用其方法。值得注意的是，使用类声明的对象实质上是一个引用类型变量，使用运算符 new 和构造函数来初始化对象并获取内存空间。

4.3.3 对象的创建

1. 声明对象

声明一个对象与声明一个普通变量方法一样，格式如下：

类名 对象名;

例如，声明一个 Circle 类类型的对象 C，代码如下：

```
Circle C;      //声明对象，但未初始化。
```

2. 创建对象

初始化对象需要使用运算符 new。可以对已声明的对象进行初始化，也可以在创建对象的同时初始化对象。格式如下：

```
类名 对象名=new 类名();
```

例如，将上述的 C 对象初始化，并创建 Circle 类类型的对象 A，并对其初始化，代码如下：

```
C = new Circle();              //对已声明对象 C 初始化
Circle A = new Circle();       //声明 Circle 类类型对象 A 并初始化
```

注意 有关类的实例(对象)的声明与创建不能放在该类的内部，只能在外部(即其他类中)进行。

4.4 分 部 类

对大型应用程序来说，程序的规模和结构都异常复杂，需要多个人甚至多个公司分工协作才能完成设计和编程。为了保证开发出来的程序无缝集成而不出现冲突，C#提供了分部类。

C#6.0 版本拥有分部类功能。分部类允许将类、结构或接口的定义拆分到两个或多个源文件中，让每个源文件只包含类型定义的一部分，编译时编译器自动把所有部分组合起来进行编译。

有了分部类，一个类的源代码可以分布于多个独立文件中，在处理大型项目时，过去只能由一个人进行的编程任务，现在可以由多个人同时进行，这样大大加快了程序设计的工作进度。

有了分部类，使用自动生成的源代码时，无须重新创建源文件便可将代码添加到类中。定义分部类，使用关键字 partial 修饰符，其语法格式如下：

```
[访问修饰符] partial class 类名
{
//类成员
}
```

【例 4-6】创建一个控制台应用程序，定义一个分部类，用来演示赋值和输出。(源代码\ch04\4-6)

```
public partial class Test      //定义分部类
{
    private int x;
    private int y;
    public Test(int x, int y)
    {
```

```
            this.x = x;
            this.y = y;
        }
    }
    public partial class Test
    {
        public void Print()
        {
            Console.WriteLine("x={0},y={1}",x, y);
        }
    }
    class Program
    {
        static void Main(string[] args)
        {
            Test t = new Test(1, 2);
            t.Print();
            Console.ReadLine();
        }
    }
```

运行上述程序，结果如图 4-6 所示。

【案例剖析】

由本例的演示可以发现使用分部类将赋值与输出拆分，用户可以在分部类中定义结构、方法，最后再由 Main 实例化对象。

图 4-6　分部类

注意

处理分部类定义时须遵循如下几条规则。

(1) 要作为同一类型的各个部分的所有分部类型定义都必须使用 partial 进行修饰。

(2) partial 修饰符只能出现在紧靠关键字 class、struct 或 interface 前面的位置。

(3) 要成为同一类型的各个部分的所有分部类型定义都必须在同一程序集和同一模块(.exe 或.dll 文件)中进行定义。分部定义不能跨越多个模块。

(4) 如果某关键字出现在一个分部类型定义中，则该关键字不能与在同一类型的其他分部定义中指定的关键字冲突。

4.5　结构与类

在第 2 章中已经简单介绍了值类型的相关内容，而结构是一种值类型，它和类类型在语法上非常相似，都是一种数据结构，并且包含数据成员和方法成员。下面对结构进行详细讲解。

4.5.1　结构的定义和使用

结构是一种值类型，通常用来封装一组相关的变量。结构体中可以包含构造函数、常量、字段、方法、属性、运算符、事件、嵌套类型等，但是如果同时包含上述几个类型则应该考虑使用类。

结构的特点如下。
(1) 结构属于值类型，并且不需要堆分配。
(2) 向方法传递结构时，结构是通过传值方式传递的，而不是作为引用传递的。
(3) 结构的实例化可以不适用 new 运算符。
(4) 结构可以声明构造函数，但它们必须带参数。
(5) 一个结构不能从另一个结构或类继承。
(6) 结构可以实现接口。
(7) 在结构中初始化实例字段是错误的。

在 C#中，结构是使用 struct 关键字定义的，语法格式如下：

```
[结构修饰符] struct 结构名
{
//字段、属性、方法、事件
}
```

【例 4-7】创建一个控制台应用程序，定义一个结构 test，定义 int 变量 x、y，并在主程序中实例化它们输出其值。(源代码\ch04\4-7)

```
struct test
{
public int x;    //不能直接对其进行赋值
public int y;
public test(int x, int y)    //带参数的构造函数
{
this.x = x;
this.y = y;
Console.WriteLine("x={0},y={1}", x, y);
}

}
class Program
{
static void Main(string[] args)
{
test t = new test(1, 2);
test t2 = t;
t.x = 10;
Console.WriteLine("t2.x={0}", t2.x);
Console.ReadLine();
}
}
```

运行上述程序，结果如图 4-7 所示。

图 4-7　定义结构

【案例剖析】

通过本例的演示可以看出，"t2=t"是对值的复制，所以 t2 不会受到 t.x 赋值的影响。如果 test 为类，那么 t 与 t2 所指向的就是同一个地址，而 t2 的值就会为 10。详解可参考第 2 章

值类型与引用类型的区别。

4.5.2 结构与类的区别

1. 结构体与类的相似点

(1) 结构体的定义和类非常相似，例如：

```
public struct A
{
string A1;
int A2;
}
public class B
{
int B1;
string B2;
}
class Program
{
A a = new A();
B b = new B();
}
```

(2) 它们可以包含数据类型作为成员。

(3) 它们都拥有成员，包括：构造函数、方法、属性、字段、常量、枚举类型、事件，以及事件处理函数。

(4) 两者的成员都有其各自的存取范围。例如，可以将某一个成员声明为 Public，而将另一个成员声明为 Private。

(5) 两者都可以实现接口。

(6) 两者都可以公开一个默认属性，然而前提是这个属性至少要取得一个自变量。

2. 结构体与类的主要区别

(1) 结构是实值类型(Value Types)，而类则是引用类型(Reference Types)。

(2) 结构使用栈存储(Stack Allocation)，而类使用堆存储(Heap Allocation)。

(3) 所有结构成员默认都是 Public，而类的变量和常量数则默认为 Private，不过其他类成员默认都是 Public。

(4) 结构变量声明不能指定初始值、使用 New 关键字或对数组进行初始化，但是类变量声明可以。

(5) 二者都可以拥有共享构造函数，结构的共享构造函数不能带有参数，但是类的共享构造函数则可以带或者不带参数。

(6) 结构不允许声明析构函数，类则无此限制。

(7) 结构的实例声明，不允许对包含的变量进行初始化设定，类则可以在声明类的实例时，同时进行变量初始化。

3. 结构体与类的取舍

编写程序时，选择好结构或类会使程序达到更好的效果。

(1) 堆栈的空间有限，对于大量的逻辑的对象，创建类要比创建结构好一些。

(2) 结构表示如点、矩形和颜色这样的轻量对象。例如，如果声明一个含有 1000 个点对象的数组，则将为引用每个对象分配附加的内存。在此情况下，结构的成本较低。

(3) 在表现抽象和多级别的对象层次时，类是最好的选择。

(4) 大多数情况下该类型只是一些数据时，结构是最佳的选择。

4.6 大神解惑

小白：类和结构有什么异同呢？

大神：类是对一系列具有相同性质对象的抽象，是对对象共同特征的描述，是一种重要的复合数据类型，是组成 C#程序的基本要素，它封装了一类对象的状态和方法。而结构是 C#程序员用来定义自己的值类型的最普遍的机制，它提供函数、字段、构造函数、操作符和访问控制。结构与类有很多相似之处：结构可以实现接口，并且可以具有与类相同的成员类型。然而，结构在几个重要方面不同于类：结构为值类型而不是引用类型，并且结构不支持继承。结构的值存储在"堆栈上"或"内存中"。

小白：构造函数与析构函数的关系怎么理解？

大神：构造函数是在实例化对象时自动调用的函数，它们必须与所属的类同名，且不能有返回类型，每个类都有自己的构造函数。通常使用构造函数来初始化字段的值。析构函数类似于构造函数，但是在 CLR 检测到不再需要某个对象时调用。在声明析构函数时，它的名称必须与类名相同，但前面有一个~符号。和构造函数一样，析构函数被自动调用时不能被显式地调用。使用析构函数的条件是：没有任何代码要使用一个实例。析构函数以调用构造函数相反的顺序被调用，因此也有人叫它"逆构造函数"。

4.7 跟我学上机

练习 1：编写程序，定义一个 Student 类，它包含学生姓名、班级、学号、性别变量，并在主程序中输出这些值。

练习 2：编写程序，定义一个 Rectangle 类，包含它的长宽变量，以及它的面积和周长计算方法，在主程序中对此类进行实例化并输出计算结果。

练习 3：编写程序，通过方法重载，使用同一个方法名 print 分别执行输出整数、双精度数与字符串的功能。

练习 4：编写程序，完成下列功能。

(1) 创建一个类，用无参数的构造函数输出"C#"。

(2) 增加一个重载的构造函数，带有一个 string 类型的参数，在此构造函数中将传递的字符串打印出来。

(3) 在 Main 方法中创建属于这个类的另一个对象，传递一个字符串"C#6.0"。

第5章
深入了解面向对象
——面向对象的重要特征

　　面向对象有 3 个重要特点：封装性、继承性和多态性。面向对象的继承性与多态性允许创建一个通用类，然后从通用类派生出更多的类。这个通用类称为基类，新类称为派生类，派生类继承基类的属性和方法。

本章目标(已掌握的在方框中打钩)

- ☐ 了解重写与重载的区别。
- ☐ 掌握类的封装、继承、多态。
- ☐ 了解什么是接口。
- ☑ 熟悉显式接口成员的实现。
- ☐ 掌握多个接口的继承方法。
- ☐ 了解抽象类与抽象方法。
- ☐ 掌握抽象类及抽象方法的声明、使用。
- ☐ 掌握委托、事件的声明与使用。

5.1 类的封装性

类的封装性概念前面已经阐述，在此不再赘述。类是属性和方法的集合，类定义好后，只需要通过对象来调用类内某个属性或方法即可实现某项功能，而不需要了解类内部的每一句代码。这就是类的封装性。在 C#语言中，封装性使用非常广泛。例如，属性实现了对字段的封装，委托实现了对方法的封装，索引器实现了对集体字段的封装等。

【例 5-1】创建一个控制台应用程序，定义一个 S 类，其中包含一个 Sum 方法，用来返回该类中两个变量 a、b 的和。在主程序中实例化对象，调用 Sum 方法求和并输出。(源代码 \ch05\5-1)

```
class S
{
private int a = 0;
private int b = 0;
public int A { get => a; set => a = value; }    //封装
public int B { get => b; set => b = value; }
public int Sum()    //求和方法
{
return A + B;
}
}
class Program
{
static void Main(string[] args)
{
S s = new S();
s.A = 1;
s.B = 2;
Console.WriteLine("A+B={0}",s.Sum());    //调用求和方法计算结果
Console.ReadLine();
}
}
```

运行上述程序，结果如图 5-1 所示。

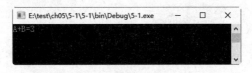

图 5-1 类的封装性

5.2 类的继承性

现实世界中的许多实体之间不是相互孤立的，它们往往具有共同的特征，也存在内在的差别。人们可以采用层次结构来描述这些实体之间的相似之处和不同之处。

5.2.1 继承性概述

在现实生活中，有很多继承的例子。以电视机的发展过程为例，由黑白电视→彩色电视机→液晶电视机。利用面向对象思想可以把最基层的黑白电视机称为基类或父类；彩色电视机以黑白电视机为基础又加以改进，称为派生类或子类；液晶电视机在彩色电视机的基础上又加以改进，把彩色电视机称为基类，液晶电视机称为派生类。

实现继承的语法非常简单，在 C#中通过冒号 ":" 来实现类之间的继承。C#中声明派生类的一般形式如下：

```
[访问修饰符] class 类名:基类名
{
//类成员
}
```

【例 5-2】创建一个控制台应用程序，在例 5-1 的基础上定义一个 S2 类，该类继承于 S 类，定义一个方法 Result，该方法返回两数乘积。最后在主程序中通过 S2 类对象调用 S 中的方法。(源代码\ch05\5-2)

```csharp
class S
{
private int a = 0;
private int b = 0;
public int A { get => a; set => a = value; }    //封装
public int B { get => b; set => b = value; }
public int Sum()    //求和方法
{
return A + B;
}
}
class S2:S    //S2 继承于 S，拥有 S 类中的所有公有成员，并且可以拓展其成员
{
public int Result()
{
return A * B;
}
}
class Program
{
static void Main(string[] args)
{
S2 s2 = new S2();
s2.A = 1;
s2.B = 2;
Console.WriteLine("A+B={0}", s2.Sum());     //调用 S 类中的求和方法
Console.WriteLine("A*B={0}", s2.Result());  //调用 S2 类中的方法
Console.ReadLine();
}
}
```

运行上述程序，结果如图 5-2 所示。

【案例剖析】

本例演示了类的继承性，通过继承 S 类，使得 S2 拥有了 S 的公有成员 A、B，并且可以调用 S 类方法 Sum()。

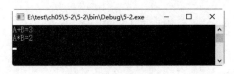

图 5-2 类的继承性

在 C#中，派生类不能继承其基类的构造函数，但通过使用 base 关键字，派生类构造函数就可以调用基类的构造函数。当创建派生类对象时，系统首先执行基类构造函数，然后执行派生类的构造函数。

例如，下述代码说明了派生类执行基类构造函数的过程：

```
class Person              //这是一个基类
{
public string Name;       //姓名
public char Sex;          //性别
public Person (string name, char sex)
{
Name = name;
Sex = sex;
}
}
class Student:Person      //这是一个派生类
{
public string School;     //学校
int Score;                //成绩
public Student(string name,char sex,string school,int score):base(name,sex)
{
School = school;
Score = score;
}
}
```

在这里，派生类 Student 的构造函数就是通过使用 base 关键字来调用基类 Person 的构造函数，并通过基类的构造函数对继承的字段进行初始化，而派生类的构造函数只负责对自己扩展的字段进行初始化。

5.2.2 继承性的规则

继承可以把基类的成员传递给派生类，派生类能否使用基类成员取决于其成员访问修饰符，公有成员(public)、私有成员(private)、保护成员(protected)是常用的 3 种修饰符方式。

公有成员(public)可以被派生类访问；私有成员(private)不能被派生类使用；保护成员(protected)只能被其派生类访问，其他类不能访问。

类的继承性具有以下几个特性。

(1) 继承的单一性。派生类只能继承一个基类，而不能继承多个继承。

(2) 继承是可传递的。例如，ColorTV 从 MonochromeTV 中派生，LCDTV 又从 ColorTV 中派生，那么 LCDTV 不仅继承了 ColorTV 中声明的成员，同样也继承了 MonochromeTV 中的成员。

(3) 派生类应当是对基类的扩展。派生类可以添加新的成员，但不能除去已经继承的成员的定义。

(4) 构造函数和析构函数不能被继承。
(5) 派生类可以重写基类的成员。

5.3 类的多态性

"多态性"一词最早用于生物学,指同一种族的生物体具有相同的特性。在面向对象理论中,多态性的定义是:同一操作作用于不同的类的实例,将产生不同的执行结果,即不同类的对象收到相同的消息时,得到不同的结果。多态性包含编译时的多态性和运行时的多态性两大类。

(1) 编译时的多态性。编译时的多态性是通过重载来实现的。对非虚的成员来说,系统在编译时,根据传递的参数、返回的类型等信息决定实现何种操作。具有运行速度快的特点。

(2) 运行时的多态性。运行时的多态性是指直到系统运行时,才根据实际情况决定实现何种操作。C#中运行时的多态性是通过重写实现的。具有高度灵活和抽象的特点。

重写是指具有继承关系的两个类,如果在基类和派生类中同时声明了名称相同的方法,则视为派生类对基类的重写。根据更改基类成员方法的不同,重写可以分为覆盖性重写和多态性重写两种。

5.3.1 覆盖性重写

覆盖性重写是指在派生类中替换基类的成员。如果在基类中定义了一个方法、字段或属性,则在派生类中使用 new 关键字创建该方法、字段或属性的新定义。new 关键字放置在要替换的类成员的返回类型之前。比较常用的是对方法的重写,一般格式为:

```
[访问修饰符] new 返回值类型 方法名([参数列表]);
```

【例 5-3】创建一个控制台应用程序,定义一个类 Person,该类包含方法 GetInfo。Student 继承了基类 Person,并将 GetInfo 方法重写,重写后方法实现了返回值"学生李四"。在主程序中实例化 Student 类,调用 GetInfo 方法输出结果。(源代码\ch05\5-3)

```
public class Preson    //定义 Person 类
{
public string GetInfo()
{
return "张三";
}
}
class Student:Preson    //派生 Student 类
{
public new string GetInfo()    //重写 GetInfo 方法
{
return "学生李四";
}
}
class Program
{
static void Main(string[] args)
```

```
{
Student s = new Student();
Console.WriteLine(s.GetInfo());
Console.ReadLine();
}
}
```

运行上述程序，结果如图 5-3 所示。

【案例剖析】

在本例中，Student 类继承了 Person 类，并对 Person 类的 GetInfo 方法进行重写，因此输出的结果为重写后的方法返回值。

图 5-3　覆盖性重写

 在进行覆盖性重写时，需要在派生类的方法名加上 new 关键字，如果没有则编译器将会发出警告提示。

5.3.2　多态性重写

多态性重写是指基类成员使用 virtual 修饰符定义虚成员，派生类使用 override 修饰符重写基类的虚成员。

1. 虚方法

虚方法是 C#中用于实现多态(polymorphism)的机制，其核心理念就是通过基类访问派生类定义的方法。在设计一个基类的时候，如果发现一个方法需要在派生类里有不同的表现，那么它就应该是虚的。

在默认情况下，C#方法为非虚方法。如果某个方法被声明为虚方法，则继承该方法的任何类都可以实现它自己的版本。若要使方法成为虚方法，必须在方法的返回值前加上了 virtual 修饰符。虚方法的声明格式如下：

```
[访问修饰符] virtual 返回值类型 方法名(参数列表)
{
//方法体
}
```

例如，定义虚方法 Calculate，代码如下：

```
public virtual int Calculate(int x, int y)
{
return x + y;
}
```

2. override 重写虚方法

基类中定义了虚方法，派生类可以使用 override 关键字重写基类的虚方法，或使用 new 关键字隐藏基类中的虚方法。如果 override 关键字和 new 关键字均未指定，编译器将发出警告，并且派生类中的方法将隐藏基类中的方法。使用 override 重写虚方法的一般格式如下：

```
[访问修饰符] override 返回值类型 方法名(参数列表)
```

```
{
//方法体
}
```

例如,重写上述虚方法 Calculate,代码如下:

```
public override int Calculate(int x, int y)
{
return x * y;
}
```

> **注意**
> 使用 virtual 和 override 组合实现多态性重写时应注意以下几点。
> (1) 重写方法和派生类虚方法具有相同的声明可访问性,相同的返回类型,即重写声明不能更改所对应的虚拟方法的可访问性和返回类型。
> (2) 基类的方法是抽象方法或虚方法才能被重写。
> (3) 字段不能是虚拟的,只有方法、属性、事件和索引器才可以是虚拟的。
> (4) 派生类对象即使被强制转换为基类对象,所引用的仍然是派生类的成员。

3. 重载和重写的区别

重载和重写在面向对象编程中非常有用,合理利用重写和重载可以设计一个结构清晰而简洁的类。重载和重写都实现了多态性,但是它们之间却有很大区别,对于初学者,很容易将它们搞混。下面举出一些它们之间重要的区别。

(1) 重载实现了编译时的多态性,重写实现了运行时的多态性。
(2) 重载发生在一个类内,重写发生在具有继承关系的类内。
(3) 重载要求方法名相同,必须具有不同的参数列表,返回值类型可以相同也可以不同;重写要求访问修饰符、方法名、参数列表必须完全与被重写的方法的相同。

【例 5-4】创建一个控制台应用程序,定义类 A、B、C 和 D 四个类,使类 B 继承类 A,类 C 继承类 B,类 D 继承类 A。类 A 包含一个虚方法用于输出字符串"输出 A",类 B 重写虚方法用于输出字符串"输出 B",类 D 使用 new 关键字隐藏类 A 虚方法,用于输出字符串"输出 D"。最后在主程序中定义类 A 的对象 a、b、c 和 d,它们的实例类分别为 A、B、C 和 D,实例化类 D 的对象 d2,分别输出它们调用方法的值。(源代码\ch05\5-4)

```
class A
{
public virtual void Output()    //使用关键字 virtual,说明这是一个虚拟函数
{
Console.WriteLine("输出 A");
}
}
class B : A    //B 继承 A
{
public override void Output ()    //使用关键字 override,说明重新实现了虚函数
{
Console.WriteLine("输出 B");
}
}
class C : B    //C 继承 B
```

```
}
}
class D : A    //D继承A
{
public new void Output ()      //使用关键字new，隐藏类A的虚方法
{
Console.WriteLine("输出 D");
}
}
class program
{
static void Main()
{
A a=new A();      //实例化类A对象a
A b=new B();      //定义类A的对象b，这个A就是b的申明类，B是b的实例类
A c=new C();      //定义类A的对象c，这个A就是c的申明类，C是c的实例类
A d=new D();      //定义类A的对象d，这个A就是d的申明类，D是d的实例类
a. Output ();
b. Output ();
c. Output ();
d. Output ();
D d2 = new D();
d2. Output ();
Console.ReadLine();
}
}
```

运行上述程序，结果如图5-4所示。

【案例剖析】

本例需要注意的地方在于，调用 Output 方法时究竟输出什么值。当执行 a.Output 时，先检查申明类 A 是虚拟方法，转去检查实例类 A，就为本身，执行实例类 A 中的方法输出结果"输出 A"；当执行 b.Output 时，先检查申明类 A 是虚拟

图 5-4 重载和重写

方法，转去检查实例类 B，有重载的，执行实例类 B 中的方法输出结果"输出 B"；当执行 c.Output 时先检查申明类 A 是虚拟方法，转去检查实例类 C，无重载的，转去检查类 C 的父类 B，有重载的，执行父类 B 中的 Output 方法输出结果"输出 B"；当执行 d.Output 时先检查申明类 A 是虚拟方法，转去检查实例类 D，无重载的(这个地方要注意了，虽然 D 里有实现 Output()，但没有使用 override 关键字，所以不会被认为是重载)，转去检查类 D 的父类 A，就为本身，执行父类 A 中的 Output 方法输出结果"输出 A"；当执行 d2.Output 时，执行 D 类里的 Output()，输出结果"输出 D"。

注意

一般函数在编译时就静态地编译到了执行文件中，其相对地址在程序运行期间是不发生变化的，也就是写死了的。而虚函数在编译期间是不被静态编译的，它的相对地址是不确定的，它会根据运行时期对象实例来动态判断要调用的函数，其中那个申明时定义的类叫申明类，那个执行时实例化的类叫实例类。如"A b=new B();"，A是申明类，B是实例类。

5.4 接 口

C#中的类不支持多重继承,但是客观世界出现多重继承的情况又比较多。为了避免传统的多重继承给程序带来的复杂性等问题,同时保证多重继承带给程序员的诸多好处,提出了接口概念,通过接口可以实现多重继承的功能。接口、委托和事件都是 C#的一种数据类型,属于引用类型,接口可以在命名空间中定义。

5.4.1 接口的概念及声明

1. 接口的概念

接口是接口或者类之间交互时遵守的一个显式定义。接口是类之间交互内容的一个抽象,把类之间需要交互的内容抽象出来定义成接口,可以更好地控制类之间的逻辑交互。可见接口内容的抽象好坏关系到整个程序的逻辑质量;另外可以在任何时候通过开发附加接口和实现来添加新的功能。接口具有以下几个特点。

(1) 接口类似于抽象基类,实现接口的任何非抽象类型都必须实现接口的所有成员。
(2) 接口不能直接被实例化。
(3) 接口可以包含事件、索引器、方法和属性。
(4) 接口不包含方法的实现。
(5) 类和结构可实现多个接口。
(6) 接口自身可实现多个接口。

2. 接口的声明

在 C#中,声明接口使用 interface 关键字,一般形式如下:

```
[访问修饰符] interfasce 接口名[:基接口列表]
{
//接口成员
}
```

接口名为了与类区分,建议使用大写字母 I 开头;基接口列表可省略,表示接口也具有继承性,可以继承多个基接口,基接口之间用逗号隔开。

接口成员可以包含事件、索引器、方法和属性,并且一定是公开的。所以在接口内声明方法时,不需要加上修饰符,如果加上诸如 public 修饰符,编译器会报错。

接口只包含成员定义,不包含成员的实现,成员的实现需要在继承的类或者结构中实现;接口不包含字段;实现接口的类必须严格按其定义来实现接口的每个方面;接口本身一旦被发布就不能再更改,对已发布的接口进行更改会破坏现有的代码。

例如,声明接口 Person,Student 接口继承 Person,代码如下:

```
interface IPerson                //定义接口
{
string Name { get; set; }     //定义 Name 属性
char Sex { get; set; }        //定义 Sex 属性
```

```
    void Answer();                  //定义问题方法
}
interface IStudent : IPerson        //定义接口并继承 IPerson 接口
{
    string StudentID { get; set; }  //扩展基接口属性
    new void Answer();              //重写 Answer 方法
}
```

5.4.2 接口的实现

接口主要用来定义一个抽象规则，必须要有类或结构继承所定义的接口并实现它的所有定义，否则定义的接口就毫无意义。

例如，要实现上面的 IStudent 接口，可使用如下代码：

```
class Student : IStudent
{
    //声明私有字段
    string studentID;
    string name;
    char sex;
    //封装私有字段，从而实现从接口继承的属性成员
    public string StudentID
    {
        get { return studentID; }
        set { studentID = value; }
    }
    public string Name
    {
        get { return name; }
        set { name = value; }
    }
    public char Sex
    {
        get { return sex; }
        set { sex = value; }
    }
    //实现从接口继承的方法成员
    public void Answer()
    {
        string s = "学号：" + StudentID;
        s += "姓名：" + Name;
        s += "性别：" + Sex.ToString();
        Console.WriteLine(s);
    }
}
```

【例 5-5】创建一个控制台应用程序，声明一个接口 IStudent，包含 StudentID、Name、Sex 属性和 Answer 方法，再声明一个 Student 类继承接口 IStudent，调用方法 Answer 用来输出属性的值。(源代码\ch05\5-5)

```
interface Istudent                  //定义接口
{
    string StudentID { get; set; }  //定义 Id 属性
    string Name { get; set; }       //定义 Name 属性
```

```
    char Sex { get; set; }      //定义 Sex 属性
    void Answer();               //定义 Answer 方法
}
class Program:Istudent
{
//声明私有字段
string _ID;
string _name;
char _sex;
//封装私有字段,从而实现从接口继承的属性成员
public string StudentID
{
get { return _ID; }
set { _ID = value; }
}
public string Name
{
get { return _name; }
set { _name = value; }
}
public char Sex
{
get { return _sex; }
set { _sex = value; }
}
//实现从接口继承的方法成员
public void Answer()
{
string s = "学号: " + StudentID+"\t";
s += "姓名: " + Name+"\t";
s += "性别: " + Sex.ToString();
Console.WriteLine(s);
}
static void Main(string[] args)
{
Program a = new Program();
a.StudentID = "2017";
a.Name = "张三";
a.Sex = '男';
Istudent a1= a ;
a1.Answer();
Console.ReadLine();
}
}
```

运行上述程序,结果如图 5-5 所示。

5.4.3 继承多个接口

一个接口可以同时继承多个基接口的定义,一个类或结构也可以同时继承多个接口的定义。当类

图 5-5 接口的实现

继承的多个接口中存在同名的成员时,在实现时为了区分是从哪个接口继承来的,C#建议使用显式实现接口的方法,即使用接口名称和一个句点命名该类成员,其语法格式如下:

接口名.接口成员名

显式实现的成员不能带任何访问修饰符，也不能通过类的实现来引用或调用，必须通过所属的接口来调用或引用。

例如，声明接口 IMyOne 和 IMyTwo，两个接口都具有同名的 Add 方法，MyClass 类实现了 IMyOne 和 IMyTwo 接口。代码如下：

```
interface IMyOne
{
int Add();
}
interface IMyTwo
{
int Add();
}
class MyClass : IMyOne,IMyTwo
{
int IMyOne.Add()
{
int x = 1;
int y = 2;
return x + y;
}
int IMyTwo.Add()
{
int x = 10;
int y = 20;
int z = 30;
return x + y + z;
}
}
```

【例 5-6】创建一个控制台应用程序，声明 3 个接口 IPerson、IStudent 和 ITeacher，Istudent 和 ITeacher 继承 IPerson。使用 Program 继承这 3 个接口，并实现它们的属性和方法。(源代码\ch05\5-6)

```
interface IPerson
{
string Name { get; set; }
string Sex { get; set; }
}
interface IStudent:IPerson
{
void Output();
}
interface ITeacher:IPerson
{
void Output();
}
class Program:IPerson,ITeacher,IStudent
{
string name = "";
string sex = "";
```

```
public string Name { get => name; set => name = value; }
public string Sex { get => sex; set => sex = value; }
void IStudent.Output()      //显式实现接口 IStudent
{
Console.WriteLine("学生: " + Name + " " + Sex);
}
void ITeacher.Output()      //显式实现接口 ITeacher
{
Console.WriteLine("老师: " + Name + " " + Sex);
}
static void Main(string[] args)
{
Program a1 = new Program();
Program a2 = new Program();
a1.Name = "张三";
a2.Name = "李四";
a1.Sex = "男";
a2.Sex = "女";
IStudent s = a1;
s.Output();
ITeacher t = a2;
t.Output();
Console.ReadLine();
}
}
```

运行上述程序，结果如图 5-6 所示。

图 5-6　继承多个接口

5.5　抽象类与抽象方法

面向对象编程思想试图模拟现实中的类和对象的关系。有时候一个类不与具体的事件相联系，而只是表达一种抽象的概念，仅仅是作为其派生类的一个基类，这样的类就是抽象类。在声明抽象类时，只需要在 class 关键字前加上 abstract 关键字。

多态性重写了基类的方法，派生类基本是完全替换了基类的虚方法代码，感觉基类的方法代码好像没什么用。为了少做这种无用功，C#提供了抽象类和接口。

5.5.1　抽象类

抽象类表示一种抽象的概念，主要用于抽象某类事物的共同特性，即作为基类存在，被其派生类继承并重写。抽象类具有以下几个特点。

(1) 抽象类只能作为其他类的基类，虽然可以有自己的构造函数，但是它不能直接被实例化，即对抽象类不能使用 new 操作符。

(2) 抽象类可以被继承，派生类可以重写基类的成员，并且必须要实现此抽象类中的全部抽象成员。

(3) 抽象类可以包含抽象成员，也可以包含非抽象成员，并且允许抽象类中不包含抽象成员。

(4) 抽象类如果含有抽象的变量或值，则它们要么是 null 类型，要么包含了对非抽象类的实例的引用。

(5) 抽象成员必须包含在抽象类中并且不能为 private 类型，在派生类中使用 override 来重写抽象成员，抽象类不能被密封。

抽象类在定义时只需要在 class 关键字前加上 abstract 修饰符。抽象类的定义格式如下：

```
abstract class ClassOne
{
//类成员
}
```

抽象类可以包含抽象的成员，如抽象属性和抽象方法，也可以包含非抽象成员，甚至可以包含虚方法。

5.5.2 抽象方法

类的方法返回值前添加 abstract 修饰符后就构成了抽象方法。抽象方法不提供方法的实现，即没有方法体，它必须是一个空方法，以分号结尾，而将方法实现留给继承它的类。派生类从抽象类中继承一个抽象方法时，派生类必须重写该方法。抽象方法一般形式如下：

```
[访问修饰符] abstract 返回值类型 方法名([参数列表]);
```

其中，访问修饰符不能为 private 类型。

例如，下列程序段演示了抽象类及抽象成员：

```
public abstract class Shape              //定义抽象类
{
public abstract double GetArea();        //定义抽象方法
public abstract double GetGirth();       //定义抽象方法
}
public class Circle : Shape              //实体类继承抽象类
{
const double PI = 3.14;                  //定义常量 PI
int _r;
public Circle(int UserR)                 //定义构造函数，初始化半径 r 值
{
_r = UserR;
}
public override double GetArea()         //重写抽象方法
{
return PI * _r * _r;
}
public override double GetGirth()        //重写抽象方法
{
return PI * 2 * _r;
}
}
```

其中 Shape 为抽象类，GetArea()和 GetGirth()为抽象方法，Circle 为实体类继承了 Shape 类，并重写(override)了 GetArea()和 GetGirth()抽象方法。

当一个实体类继承自一个抽象类时，它必须要实现此抽象类中的全部抽象成员。由此可以看出，如果要实现抽象方法，则派生类必须使用 new 或 override 关键字进行修饰。

抽象方法声明只是以一个分号结束，并且在签名后没有大括号。

5.5.3 抽象类与接口

接口和抽象类比较类似，接口成员与抽象类的抽象成员声明过程和使用过程比较一致。两者都不能在声明时创建具体的可执行代码，而需要在子类中将接口成员或者抽象类的抽象成员实例化。两者之间的异同点如下。

1．相同点

接口和抽象类有如下相同点。

(1) 接口和抽象类都可以包含可以由子类继承的抽象成员。
(2) 接口和抽象类都不能直接实例化。

2．不同点

接口和抽象类有如下不同之处。

(1) 抽象类除拥有抽象成员之外，还可以拥有非抽象成员；而接口所有的成员都是抽象的。
(2) 抽象类的成员可以是 public 或 internal 类型，而接口成员一般都是公有的。
(3) 抽象类中可以包含构造函数、析构函数、静态成员和常量，而接口不能包含这些成员。
(4) C#只支持单继承，即子类只能继承一个父类，而一个子类却能够继承多个接口。

5.6 委 托

委托是对方法的封装。事件通过委托引发 EventHandler 用作基础委托类型的事件。委托(delegate)使程序员可以将方法的引用封装在委托的对象内，然后将该委托对象传递给可调用所引用方法的代码中，而不必在编译时知道将调用哪个方法。委托是面向对象的，并且是安全的。

委托声明定义一种类型，它用一组特定的参数以及返回类型封装方法。对于静态方法，委托对象封装时要调用该方法。对于实例方法，委托对象要同时封装一个实例和该实例上的一个方法。如果您有一个委托对象和一组适当的参数，则可以用这些参数调用该委托。

委托不知道或不关心自己引用的对象或类，任何对象都可以，只是方法的参数类型和返回类型必须与委托的参数类型和返回类型相匹配。这使得委托完全适合"匿名"使用。

5.6.1 委托的声明

委托是一种数据类型，包括指定每个方法必须提供的返回类型和参数。定义委托的语法为：

```
[访问修饰符] delegate 返回类型 委托名 ( [形参列表] );
```

例如：声明委托 MyDele，代码如下：

```
delegate int MyDele(int x , int y );
```

由此可见，声明委托和声明方法相似，只是没有实现方法。委托的语法以分号结尾，更像是在接口中定义操作。可选的形参表用于指定委托的参数，而返回类型则指定委托的返回类型。

当下面每个条件都为真，方法才能被封装在委托类型中。
(1) 它们具有相同的参数数目，并且类型相同，顺序相同，参数修饰符也相同。
(2) 它们的返回类型相同。

5.6.2 实例化委托

实例化委托意味着使其指向(或引用)某个方法。声明委托后，需要对其进行实例化才能被调用。

要实例化委托，就要调用该委托的构造函数，并将要与该委托相关联的方法及其对象名称作为它的参数进行传递。委托实例一旦被实例化，它将始终引用同一目标对象和方法。

例如，已有与上述定义的 MyDele 委托相匹配的方法 Sum，实例化 MyDele 委托，代码如下：

```
MyDele DeleObj = new MyDele(Sum);
```

5.6.3 调用委托

C#为调用委托提供了专门的语法。当调用非空的、调用列表仅包含一个进入点的委托实例时，它调用列表中的方法，委托调用所使用的参数和返回的值均与该方法的对应项相同。调用委托与调用方法相似。唯一的区别在于不是调用委托的实现，而是调用与委托相关联的方法的实现代码。

在对委托进行了声明之后，就可以使用委托了。在 C#中使用委托同使用一个普通的引用数据类型一样，首先需要使用 new 运算符创建一个委托实例对象，然后把委托指向要引用的方法，最后就可以在程序中像调用方法一样应用委托的实例对象调用它指向的方法。

【例 5-7】创建一个控制台应用程序，声明一个 MyDele 委托和 Sum 方法，将 Sum 方法

封装在委托对象内,实例化委托输出结果。(源代码\ch05\5-7)

```
class Program
{
    delegate int MyDele(int x, int y);    //定义 MyDele 委托
    static void Main(string[] args)
    {
        int Sum(int x, int y)              //声明与 MyDele 委托匹配的方法
        {
            return x + y;
        }
        MyDele DeleObj = new MyDele(Sum);  //实例化委托,并将 Sum 方法指向委托
        int Result = DeleObj(1, 2);        //调用委托方法
        Console.WriteLine("x+y={0}", Result);
        Console.ReadLine();
    }
}
```

运行上述程序,结果如图 5-7 所示。

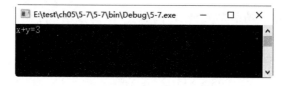

图 5-7 调用委托

　　一旦声明了委托类型,委托对象必须使用 new 关键字来创建,且与一个特定的方法有关。当创建委托时,传递到 new 语句的参数就像方法调用一样书写,但是不带有参数。

5.7 事　　件

Windows 操作系统中处处是事件,通过事件处理来响应用户的请求。例如,鼠标按下、鼠标释放、键盘键按下等。

事件是对象发送的消息,以发信号通知操作的发生。操作可能是由用户交互(如鼠标单击)引起的,也可能是由某些其他的程序逻辑触发的。C#中的事件允许一个对象将发生的事件或修改通知其他对象,将发生的事件通知其他对象的对象称为发布者。订阅事件的对象称为订阅者。一个事件可以有一个或多个订阅者。事件的发布者也可以是该事件的订阅者。

5.7.1 定义事件

C#的事件借助委托的帮助,使用委托调用已经订阅事件的对象中的方法,当发布者引发事件时,很可能调用多个委托(根据订阅者的数量决定)。定义事件的语法格式为:

```
[访问修饰符] event 委托名 事件名;
```

例如：定义事件 Click，代码如下：

```
public event Del Click;
```

定义事件时，发布者首先定义委托，然后根据委托定义事件。

5.7.2 订阅事件

订阅事件只是添加一个委托，事件引发时该委托将调用一个方法。订阅事件的操作符为："+="和"-="，分别用于将事件处理程序添加到所涉及的事件或从该事件中移除事件处理程序。

5.7.3 触发事件

要通知订阅某个事件的所有对象(即订阅者)，需要触发该事件。触发该事件与调用方法相似。

【例 5-8】创建一个控制台应用程序，声明一个委托，根据委托定义一个事件，用来演示数字改变来触发事件。(源代码\ch05\5-8)

```
public class EventTest
{
private int value;
public delegate void NumManipulationHandler();   //定义委托 NumManipulationHandler
public event NumManipulationHandler ChangeNum;   //根据委托定义事件 ChangeNum，
//当数字改变时触发
protected virtual void OnNumChanged()            //定义虚方法 OnNumChanged
{
if (ChangeNum != null)
{
ChangeNum();
}
else
{
Console.WriteLine("数字发生改变,事件被触发");
}
}
public EventTest(int n)
{
SetValue(n);
}
public void SetValue(int n)
{
if (value != n)
{
value = n;
```

```
        OnNumChanged();    //数字变化,先赋值再调用 OnNumChanged 方法
    }
  }
}
public class MainClass
{
  public static void Main()
  {
    EventTest e = new EventTest(1);
    e.SetValue(2);
    e.SetValue(3);
    Console.ReadKey();
  }
}
```

运行上述程序,结果如图 5-8 所示。

【案例剖析】

本例是个简单的事件触发程序,通过声明委托,定义委托事件,实例化委托,并将 EventTest 方法指向委托,通过判断数字的变化来触发事件并输出结果。

图 5-8 触发事件

5.8 大神解惑

小白:继承是如何实现的?

大神:基类是对派生类的抽象,派生类是对基类的具体化,是基类定义的延续。如果类或结构在继承基类的同时也派生于接口,则用逗号分隔基类和接口。如果在类定义中没有指定基类,C#编译器就默认 System.Object 是基类。

小白:派生类中的构造函数都有哪些情况?

大神:派生类中构造函数分为两种情况:无参数的构造函数和带参数的构造函数。在基类中添加一个无参数的构造函数来替换默认的构造函数,那么它可以隐式地被派生类继承。如果基类中定义了带有参数的构造函数,则此构造函数必须被继承且在派生类中实现构造函数。同时提供将参数传递给基类构造函数的途径,以保证在基类进行初始化时能获得必需的数据,在实现构造函数时使用 base 关键字。

小白:抽象类怎么使用?

大神:有时候基类并不与具体的事物相联系,而是只表达一种抽象的概念用以为它的派生类提供一个公共的界面,为此 C#中引入了抽象类(abstract class)的概念。抽象类不能实例化,而抽象方法没有执行代码,必须在非抽象的派生类中重写。显然,抽象方法也是虚拟的(但不需要提供 virtual 关键字,如果提供了该关键字,就会产生一个语法错误)。如果类包含抽象方法,那么该类也必须声明是抽象的。抽象类和抽象方法都用 abstract 来声明。

5.9 跟我学上机

练习 1：编写程序，定义公共基类 Person，由 Person 类派生出 Student 类和 Worker 类，通过成员继承和方法的重写，实现多态性。最终输出学生信息：姓名、性别、学校、成绩；员工信息：姓名、性别、部门、工资。

练习 2：编写程序，定义基类点类，拥有计算面积方法，从点类派生矩形类和圆类，通过调用面积计算方法，输出矩形和圆的面积。

练习 3：编写程序，声明一个 IShape 形状接口，具有一个 GetArea 方法定义，创建三角形类 Triangle 实现接口，并通过调用 GetArea 方法计算三角形面积。

第 6 章
特殊的类——集合与泛型

在 C#中,数组是引用类型的变量,是最常用的类型之一。数组是有序数据的集合。数组中的每一个元素都属于同一个数据类型。用数组名和下标可以唯一地确定数组中的元素;集合中可以存储多个数据。C#中常用的集合包括 ArrayList 集合和 Hashtable(哈希表)。

而泛型是通过将类型作为参数来实现在同一则代码中操作多种数据类型。泛型编程是一种编程范式,它利用"参数化类型"将类型抽象化,从而实现更为灵活的复用。使用泛型类型可以最大限度地重用代码、保护类型的安全以及提高性能。本章对数组集合和泛型进行详细讲解。

本章目标(已掌握的在方框中打钩)

- ☐ 了解数组基本概念。
- ☐ 掌握一维数组和二维数组的使用。
- ☐ 掌握数组的各种操作。
- ☐ 掌握 ArrayList 集合类的使用及操作。
- ☐ 掌握 Hashtable 的使用及操作。
- ☐ 了解什么是泛型以及泛型的类型参数 T。
- ☐ 掌握泛型的使用。
- ☐ 掌握泛型接口的使用。
- ☐ 掌握如何使用泛型方法。

6.1 数组概述

前面所使用的变量都是一次存放一个数据。这些变量在程序处理中可以改变它们的值。它们虽然非常有用，但是在遇到处理较大信息量的程序设计时，会使程序变得复杂。由于许多大型程序需要处理的信息和数据都是非常庞大的，对于这些数据虽然可以用基本数据类型即简单变量名的方法处理，但这样会增加编程的工作量，降低编程效率，并且这些数据常常存在一定的联系。因此，程序设计语言往往需要构造新的数据表达以适应大型数据处理的需要。处理这类问题采用数组来解决会使程序非常简单。

1. 数组的相关概念

在实际应用中，往往会遇到具有相同属性又与位置有关的一批数据。例如，40 个学生的数学成绩，对于这些数据当然可以用声明 M1，M2，…，M40 等变量来分别代表每个学生的数学成绩，其中 M1 代表第 1 个学生的成绩，M2 代表第 2 个学生的成绩，……，M40 代表第 40 个学生的成绩，其中 M1 中的 1 表示其所在的位置序号。这里的 M1，M2，…，M40 通常称为下标变量。显然，如果用简单变量来处理这些数据会很麻烦，而用一批具有相同名字、不同下标的下标变量来表示同一属性的一组数据，不仅很方便，而且能更清楚地表示它们之间的关系。

数组是具有相同数据类型的变量集合，这些变量都可以通过索引进行访问。数组中的变量称为数组的元素，数组能够容纳元素的数量称为数组的长度。数组中的每个元素都具有唯一的索引(或称为下标)与其相对应，在 C#中数组的索引从零开始。

2. 数组的组成部分

数组是通过指定数组的元素类型、数组的秩(维数)及数组的每个维数的上限和下限来定义的。因此，定义一个数组应该包括以下几个部分：元素类型、数组的维数、每个维数的上下限。

C#中的数组属于引用类型，也就是说在数组变量中存放的是对数组的引用，真正的数组元素数据存放在另一块内存区域中。通过 new 运算符创建数组并将数组元素初始化为它们的默认值。数组可以分为一维数组、二维数组、多维数组等。由于多维数组不在本书的知识范畴内，下面详细讲解一维数组和二维数组。

6.2 一维数组的声明和使用

一维数组是最简单也是最常用的数组类型。下面对一维数组的定义方法和使用进行详细的讲解。

6.2.1 一维数组的定义

1. 一维数组的声明

在 C#中，声明一维数组的方式是在类型名称后添加一对方括号。声明语法如下：

```
数据类型[] 数组名
```

例如，声明一个字符串数组 StrArray：

```
String[] StrArray;
```

2. 创建数组

上述语句只是声明了一个数组对象，并没有实际创建数组。在 C#中，使用 new 关键字创建数组对象。创建数组语法如下：

```
数组名=new 数据类型[数组大小];
```

例如，下列语句对已声明的 StrArray 数组对象创建一个由 8 个字符串组成的数组：

```
StrArray=new String[8];
```

此数组包含 StrArray[0]~StrArray[7]这 8 个元素。new 运算符用于创建数组并将数组元素初始化为它们的默认值，上述语句，所有数组元素都初始化为空字符串。常用基本数据类型被初始化的默认值如表 6-1 所示。

表 6-1 常用基本数据类型初始化默认值

类　　型	默认值	类　　型	默认值
数值类型(int、float、double 等)	0	字符串类型(string)	null(空值)
字符类型(char)	' '(空格)	布尔类型(bool)	false

通常会在声明数组的同时并创建数组，如上述所示声明、创建数组的实例可用下面的表达方式：

```
String[] StrArray=new String[8];
```

3. 初始化数组

1）不包含 new 运算符的数组初始化

C#中提供了不使用 new 运算符初始化数据的快捷方式，其语法格式如下：

```
数据类型[] 数组名={初值表};
```

其中，初值表中的数据用逗号分隔。

例如，创建一个字符串数组 StuName，并对其初始化：

```
String[] StuName={"Jack","Tom","Luch","Mary"};
```

StuName 数组的长度由初值表的个数决定，其长度为 4，元素 StuName[0]的值为 Jack，元素 StuName[1]的值为 Tom，元素 StuName[2]的值为 Luch，元素 StuName[2]的值为 Mary。

上述情况下，只能是声明数组和赋值同时进行，如果分开便是错误。例如，下面的语句便是错误的：

```
String[] StuName;
StuName={"Jack","Tom","Luch","Mary"};    //该语句是错误的
```

2) 包含 new 运算符的数组初始化

C#中提供了创建数组的同时初始化数组的简捷方法，只需将初始值放在大括号"{}"内即可，其语法格式如下：

数据类型[] 数组名=new 数据类型[]{初值表};

其中，初值表中的数据用逗号分隔。

例如，下列语句创建一个长度为 4 的整型数组，其中每个数组元素被初值表中的数据初始化，程序代码如下：

```
int[] MyArray=new int[4]{0,1,2,3};
```

上述语句中的数组长度还可以省略，长度由初始化值的个数来决定，修改后的语句如下：

```
int[] MyArray=new int[]{0,1,2,3};
```

数组的初值个数一定要与数组长度相符合，否则将会出现语法错误。例如：

```
int [ ] a= new int[5]{1,2,3,4,5};    //正确，指定值个数等于数组元素个数
int [ ] a= new int[4]{1,2,3,4,5};    //错误，指定值个数多于数组元素个数
int [ ] a= new int[6]{1,2,3,4,5};    //错误，指定值个数少于数组元素个数
```

6.2.2 一维数组的使用

一维数组在 C#中使用非常广泛。一维数组的常用操作主要有：为数组元素赋值和读取数组元素的值，即对数组元素的读写操作。

1. 数组元素赋值

访问数组元素可以像访问变量一样，数组元素的表示方式为：

数组名[下标]

C#数组从 0 开始建立索引，即数组元素的最小下标值为 0，最大下标值为数组长度减 1。
例如，定义长度为 3 的整型数组 myArray，并赋初值 2、4、6。

```
int[] MyArray=new int[3]{2,4,6};
```

执行后，数组元素排列顺序及引用如图 6-1 所示。

如果更改数组某个元素的值，只需要直接为该元素重新赋值，同前面所述的普通变量赋值一样。例如：将已定义数组 MyArray 的第二个元素 MyArray[1]的值更改为 12，只需执行如下语句：

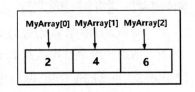

图 6-1 数组元素排列顺序及引用

```
MyArray[1]=12;    //为数组元素 MyArray[1]重新赋值为 12
```

注意 在上述例子中，方括号的意义是不同的，在实例化数组语句中的"int[3]"表示数组包含多少个元素，而"MyArray [1]"则是表示数组中的第几个元素。

2. 读取数组元素的数据

数组元素和普通变量的使用一样，不但可以将数组变量的值赋值给数组元素，还可以将数组元素的值赋值给一个变量。

例如，将已定义数组 MyArray 的数组元素 MyArray[2]的值赋值给变量 MyVar。

```
int MyVar;                //声明整型变量 MyVar
MyVar= MyArray[2];        //将 MyArray[2]的值 6 赋值给 MyVar,此时 MyVar 的值为 6
```

【例 6-1】创建一个控制台应用程序，声明一个含有 10 个整数的数组，使用 for 循环为数组中的元素赋值，并输出它们。(源代码\ch06\6-1)

```
class Program
{
static void Main(string[] args)
{
int[] n = new int[10];        //n 是一个带有 10 个整数的数组
int i;
for (i = 0; i < 10; i++)      //初始化数组 n 中的元素,并输出它们
{
n[i] = i + 1;
Console.WriteLine(n[i]);
}
Console.ReadLine();
}
}
```

运行上述程序，结果如图 6-2 所示。

图 6-2　数组元素赋值

6.3　二维数组的声明和使用

C#语言除了支持一维数组之外，还支持二维、三维等多维数组。下面介绍二维数组。二维数组在实际应用中也较为广泛。

6.3.1　二维数组的定义

1. 二维数组的声明

二维数组是由行和列组成的二维表格。二维数组的声明语法如下：

```
数据类型[,] 数组名称;
```

例如,声明整型二维数组 TwoArray,代码如下:

```
int[,] TwoArray;
```

2. 二维数组的创建

创建二维数组的语法如下:

```
数组名=new 数据类型[行数,列数];
```

例如,对已声明的 TwoArray 数组对象创建一个由 3 行 4 列组成的数组。

```
TwoArray=new int[3,4];
```

此数组包含 TwoArray[0,0]~TwoArray[2,3]这 12 个元素。把数组按 3 行 4 列的形式排列后的效果如表 6-2 所示。

表 6-2 二维数组元素

twoArray[0,0]	twoArray[0,1]	twoArray[0,2]	twoArray[0,3]
twoArray[1,0]	twoArray[1,1]	twoArray[1,2]	twoArray[1,3]
twoArray[2,0]	twoArray[2,1]	twoArray[2,2]	twoArray[2,3]

3. 二维数组的初始化

二维数组的初始化有两种形式,可以通过 new 运算符创建并将数组元素初始化为它们的值。

例如,定义一个 3 行 2 列的整型二维数组 TwoArray,同时使用 new 运算符对其进行初始化,代码如下:

```
int[,] TwoArray=new int[3,2]{{1,2},{2,4},{4,7}};
```

也可以在初始化数组时,不指定行数和列数,而是使用编译器根据初始值的数量来自动计算数组的行数和列数。

例如,定义一个字符串类型的二维数组 StrArray,定义时不指定行数和列数,然后使用 new 运算符对其进行初始化,代码如下:

```
string[,] StrArray=new string[,]{{2,3,4},{4,5,7},{9,8,7}};
```

6.3.2 二维数组的使用

二维数组的数组元素赋值和读取数组元素操作同一维数组相似,在此不再赘述。二维数组使用时会经常需要获取行数和列数,C#为用户提供了获取行数 Rank 属性和获取列数 GetUpperBound 方法。

1. 数组的 Rank 属性

在实际应用中,我们会经常使用数组的行数,C#中数组定义以后,可以通过 Rank 属性来获取数组的行数。

Rank 属性的使用语法为:

数组名.Rank

例如，定义二维数组 IntArr，获取其行数，代码如下：

```
int[,] IntArr=new int[6,7];        //定义二维数组
int rows=IntArr.Rank;              //获取数组行数,rows 的值为 6
```

2. 数组的 GetUpperBound 方法

C#提供的 GetUpperBound 方法可以获取数组维度的上限下标。
GetUpperBound 方法的使用语法为：

数组名.GetUpperBound(维度下标);

例如，对于上例已定义数组 IntArr，获取每个维度的列数，代码如下：

```
IntArr.GetUpperBound(0)+1;    //获取第一个维度上限下标加 1,结果行数为 6
IntArr.GetUpperBound(1)+1;    //获取第二个维度上限下标加 1,结果列数为 7
IntArr.GetUpperBound(2)+1;    //错误,该数组为二维数组,维度下标为 1
```

【例 6-2】创建一个控制台应用程序，声明一个二维数组，输出它的行数与列数，再使用 for 循环输出它每一个元素值。(源代码\ch06\6-2)

```
class Program
{
static void Main(string[] args)
{
int[,] arr = new int[2, 3] { { 1, 2, 3 }, { 4, 5, 6 } };
string s;
Console.WriteLine("数组的行数为: " + arr.Rank);
Console.WriteLine("数组的列数为: " + (arr.GetUpperBound(1) + 1));
Console.WriteLine("二维数组的元素为: ");
for (int i = 0; i < arr.Rank; i++)
{
s = null;
for (int j = 0; j < arr.GetUpperBound(arr.Rank - 1) + 1; j++)
{    //循环输出二维数组中的每个元素
s += arr[i, j] + " ";
}
Console.WriteLine(s);
}
Console.ReadLine();
}
}
```

运行上述程序，结果如图 6-3 所示。

图 6-3 输出数组行数、列数及元素值

6.4 数组的基本操作

C#中数组的使用非常广泛。数组是由 Array 类派生出来的，并且 Array 类提供了各种方法对数组进行各种操作。对数组的操作主要包括查找、遍历、排序、插入、合并、拆分等。

6.4.1 遍历数组

所谓"遍历"是指依次访问数组中所有元素。使用 for 语句可以实现数组的遍历，在例 6-1、例 6-2 中的一维、二维数组便是使用 for 语句进行数组的遍历，但在实际应用中，使用 foreach 语句访问数组中的每个元素不需要确切地知道每个元素的索引号。

foreach 循环语句的格式为：

```
foreach(类型名称 变量名称 in 数组名称)
{
循环体语句序列;
}
```

语句中的"变量名称"是一个循环变量。在循环中，该变量依次获取数组中各元素的值。因此，对于依次获取数组中各元素值的操作，使用这种循环语句就很方便。要注意，"变量名称"的类型必须与数组的类型一致。

例如，希望将 A 数组中所有元素以上例的格式输出，可以使用如下代码：

```
string StrArray = "";
foreach (int i in A)
{
StrArray = StrArray + i.ToString() + ",";
}
Console.WriteLine(StrArray);
```

foreach 语句遍历数组虽然很方便，但其功能受一定的限制。例如，如果想为数组各元素依次有规律赋值，foreach 循环将无能为力。

【例 6-3】创建一个控制台应用程序，声明一个含有 10 个整数的一维数组，使用 foreach 对数组进行遍历并输出。(源代码\ch06\6-3)

```
class Program
{
static void Main(string[] args)
{
string StrArray = "";
int[] arr = new int[10] { 1, 3, 5, 7, 9, 2, 4, 6, 8, 10 };
Console.WriteLine("一维数组遍历结果：");
foreach (int i in arr)
{
StrArray = StrArray + i.ToString() + "   ";
}
Console.WriteLine(StrArray);
Console.ReadLine();
}
}
```

运行上述程序，结果如图 6-4 所示。

6.4.2 数组 Array 类的常用操作

数组是由 Array 类派生出来的，因此 Array 类提供的操作方法对于数组同样适应。下面详细介绍 Array 类的常用操作。Array 类的常用方法如表 6-3 所示。

图 6-4 数组遍历结果

表 6-3 Array 类的常用方法

方法名	描述
Clear	将 Array 中的一系列元素设置为零、false 或 null，具体取决于元素类型
Copy	从第一个元素或指定的源索引开始，复制 Array 中的一系列元素，将它们粘贴到另一 Array 中
CopyTo	将当前一维 Array 的所有元素复制到指定的一维 Array 中(从指定的目标 Array 索引开始)
IndexOf	搜索指定的对象，并返回整个一维 Array 中第一个匹配项的索引
LastIndexof	搜索指定的对象，并返回整个一维 Array 中最后一个匹配项的索引
Sort	对一维 Array 对象中的元素进行排序
Reverse	反转一维 Array 或部分 Array 中元素的顺序

1. Clone 与 CopyTo 方法

克隆(Clone)与拷贝(CopyTo)方法均可以实现数组之间的数据复制。
Clone 方法的语法格式为：

```
目标数组名称=(数组类型名称)源数组名称.Clone();
```

例如：

```
int[ ] a = new int[5]{10,8,6,4,2};      //声明并初始化数组 a，该数组将作为源数组
int[ ] b;                                //声明数组 b，该数组将作为目标数组
b = (int[ ])a.Clone();                   //使用 Clone 方法
```

使用克隆方法时，将得到一个与源数组一模一样的数组，且目标数组不需要再实例化。
CopyTo 方法的语法格式为：

```
源数组名称.CopyTo (目标数组名称,起始位置);
```

例如：

```
int[ ] a = new int[5]{6,7,8,9,10};     //声明并初始化数组 a，该数组将作为源数组
int[ ] b = new int[10]{1,2,3,4,5,1,2,3,4,5};    //声明并初始化数组 b，该数组将作为
//目标数组
a.CopyTo(b, 5);      //使用数组的拷贝方法
```

数组的 CopyTo 方法与 Clone 方法有如下两点主要的区别。
(1) CopyTo 方法在向目标数组复制数据之前，目标数组必须实例化(可以不初始化元素值)，否则将产生错误。而使用 Clone 方法时，目标数组不必进行初始化。
(2) CopyTo 方法需要指定从目标数组的什么位置开始进行复制，而 Clone 方法不需要。利用"起始位置"参数，可以将一个元素较少的数组元素值合并到一个元素较多的数组中，如

上例中就是将数组 a 中的各元素值 6、7、8、9、10 合并到数组 b 中，得到数组 b 为{1，2，3，4，5，6，7，8，9，10}。

2. Array.Sort(排序)方法

使用数组的 Sort 方法可以将数组中的元素按升序重新排列。
Sort 方法的语法格式为：

```
Array.Sort(数组名称);
```

例如：

```
int[ ] a = new int[5] {10,8,6,4,2};
Array.Sort(a);
```

排序后数组 a 中各元素值的排列顺序为：2，4，6，8，10。

3. Array.Reverse(反转)方法

数组的 Reverse(反转)方法，顾名思义是用于数组元素排列顺序反转的方法。将该方法与 Sort 方法结合，可以实现降序排序。
Reverse 方法的语法格式为：

```
Array.Reverse(数组名称,起始位置,反转范围);
```

其中，"起始位置"是指从第几个数组元素开始进行反转；"反转范围"是指有多少数组元素参与反转操作。

例如：

```
int[ ] a = new int[5] {10,8,6,4,2};
Array.Reverse(a, 0, 5);    //参与反转各元素值为10, 8, 6, 4, 2
Array.Reverse(a, 0, a.Length-1);    //参与反转各元素值为8, 6, 4, 2, 10, 最后一个元
//素不参加反转
Array.Sort(a);    //按升序排序, 2, 4, 6, 8, 10
Array.Reverse(a, 0, a.Length);    //反转数组 a 的所有元素, 实现降序排列：10, 8, 6,
//4, 2
```

【例 6-4】创建一个控制台应用程序，定义一个长度为 10 的一维数组 a 并赋值，然后将 a 数组克隆到 b 数组中，对 b 数组降序排序，输出排序前与排序后的结果。(源代码\ch06\6-4)

```
class Program
{
static void Main(string[] args)
{
string StrArray1 = null;
string StrArray2 = null;
int[] a = new int[5] { 3, 9, 7, 5, 11 };  //声明并初始化数组 a, 该数组将作为源数组
int[] b;                    //声明数组 b, 该数组将作为目标数组
b=(int[])a.Clone();         //使用数组的拷贝方法
foreach (int i in a)
{
StrArray1 = StrArray1 + i.ToString() + "  ";
}
Array.Sort(b);              //对数组 b 按升序排序
Array.Reverse(b, 0, 5);     //对数组 b 按降序排序
foreach(int j in b)
{
```

```
StrArray2 = StrArray2 + j.ToString() + "   ";
        }
        Console.WriteLine("排序前: "+StrArray1+"\n"+"排序后: "+ StrArray2);
        Console.ReadLine();
     }
}
```

运行上述程序，结果如图 6-5 所示。

图 6-5 数组排序前和排序后

6.5 ArrayList 集合

在数据个数确定的情况下，可以采用数组来存储处理这些数据。在实际应用中，很多时候数据的个数是不能确定的，解决这类问题，采用数组显然已经无能为力了。C#语言提供的 ArrayList 集合类，可以在程序运行时动态地改变存储长度，ArrayList 相当于动态数组。

6.5.1 ArrayList 概述

ArrayList 类相当于一种高级的动态一维数组，它位于 System.Collections 命名空间下，可以动态地添加和删除元素。可以将 ArrayList 看作是扩充了功能的数组，但它并不等同于数组。ArrayList 类的容量可以根据需要动态扩展。使用 ArrayList 提供的方法可以添加、插入或移除一个范围内的元素。使用 ArrayList 类时，必须先导入 System.Collections 命名空间，即在 C#程序的头部执行如下代码：

```
using System.Collections;
```

C#语言的 System.Collections 命名空间包含常用的类、接口和结构，如图 6-6 所示。

1. ArrayList 的声明与创建

C#语言提供了以下 3 种方法创建 ArrayList。

(1) 不指定大小，使用默认的大小来初始化内部的数组，格式如下。

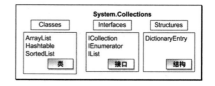

图 6-6 System.Collections 命名空间

```
ArrayList 标识符=new ArrayList();
```

标识符表示创建的 ArrayList 对象名称，遵循变量的命名规则。例如，创建的一个名称为 MyArrayList 的 ArrayList 对象，代码格式如下：

```
ArrayList MyArrayList=new ArrayList();
```

(2) 用指定的大小初始化内部的数组，格式如下：

```
ArrayList 标识符=new ArrayList(长度);
```

其中，长度表示 ArrayList 容量的大小，取值为大于零的整数。例如，创建一个长度为 10、名称为 MyArrayList2 的 ArrayList 对象，代码格式如下：

```
ArrayList MyArrayList2=new ArrayList(10);
```

（3）用一个 ICollection 对象来构造，并将该集合的元素添加到 ArrayList 中。语法格式如下：

```
ArrayList 标识符=new ArrayList(集合对象);
```

上述创建 ArrayList 对象的方法表示从指定集合复制的元素并且具有与所复制的元素数相同的初始容量。该用法中的集合对象比较常用的是数组。

例如，已创建整型一维数组 arr，并赋初值 1，2，3，4，5，声明 ArrayList 类的对象 MyList，并将该一维数组元素复制到该对象中，代码如下：

```
int[] arr = new int[] { 1, 2, 3, 4, 5 };
ArrayList MyList = new ArrayList(arr);
```

2. ArrayList 元素的添加与访问

1) ArrayList 元素的添加

为 ArrayList 元素赋值同数组元素赋值方法完全不同。为 ArrayList 元素赋值可以通过其 Add 或 Insert 两种方法来实现。

(1) Add 方法的表示形式如下：

```
ArrayList 对象名.Add(值);
```

该语句表示在 ArrayList 对象的尾部添加元素。其中，"值"可以是 C#中的任何一种类型的常量或变量。例如，向已经创建的 ArrayList 对象 MyList 添加一个元素值 8，代码如下：

```
MyList.Add(8);
```

(2) Insert 方法的表示形式如下：

```
ArrayList 对象名.Insert(位置索引,值);
```

该语句表示在 ArrayList 对象的指定位置索引处添加元素。其中，"位置索引"是指元素在 ArrayList 对象中的位置索引，索引位置从 0 开始，依次排列；"值"可以是 C#中的任何一种类型的常量或变量。例如，已经创建的 ArrayList 对象 MyList，在下标为 3 的位置添加一个元素值 8，代码如下：

```
MyList.Insert(3,8);
```

2) ArrayList 元素的访问

ArrayList 对象元素的访问同一维数组元素的访问方法相同，即可以通过下标索引的方法进行，访问 ArrayList 元素的方式为：

```
ArrayList 对象名[下标];
```

例如，已经创建且赋值的 ArrayList 对象 MyList，将 MyList 的第 1 个元素值赋值给整型变量 MyVariable，代码如下：

```
MyVariable=MyList[0];
```

3) ArrayList 元素的遍历访问

ArrayList 集合的遍历与数组类似，都可以使用循环语句 while、do...while、for、foreach 语句。

例如，将"张三"的个人信息录入，存储在 MyList 集合中，并输出，代码如下：

```
string Result="";
ArrayList MyList = new ArrayList(4);
MyList.Add("张三");
MyList.Add("男");
MyList.Add("20");
MyList.Add("X市X街");
foreach (string Element in MyList)
{
Result += Element + " ";
}
Console.WriteLine(Result);
Console.ReadLine();
```

6.5.2 ArrayList 的操作

ArrayList 集合应用非常广泛。C#语言针对该集合提供了很多属性和方法。例如，获取元素个数的属性 Count、增加/删除方法 Add/Remove 等。

1. ArrayList 的常用属性

通过获取 ArrayList 的一些属性可以更方便地操作 ArrayList。C#语言为开发者提供了 ArrayList 的一些常用属性，如表 6-4 所示。

表 6-4 ArrayList 常用属性及说明

属　　性	说　　明
Capacity	获取或设置 ArrayList 可包含的元素数
Count	获取 ArrayList 中实际包含的元素数
IsFixedSize	获取一个值，该值指示 ArrayList 是否具有固定大小
IsReadOnly	获取一个值，该值指示 ArrayList 是否为只读
IsSynchronized	获取一个值，该值指示是否同步对 ArrayList 的访问(线程安全)
Item	获取或设置指定索引处的元素
SyncRoot	获取可用于同步 ArrayList 访问的对象

对于 Capacity 和 Count 属性，初次接触 ArrayList 时，很容易将这两个属性搞混。Capacity 表示的是在初始化时指定的长度；Count 表示 ArrayList 赋值的元素的个数。例如，创建一个长度为 10 的 ArrayList 对象 MyList，并通过 Add 方法增加两个元素"A"和"B"，输出 Capacity 和 Count 属性的值，代码如下：

```
ArrayList MyList = new ArrayList(10);
MyList.Add("A");
MyList.Add("B");
Console.WriteLine("Capacity is " + MyList.Capacity + ",Count is " + MyList.Count);
```

```
Console.ReadLine();
```

上述代码的运行结果是：Capacity is 10,Count is 2。

2. ArrayList 的常用方法

ArrayList 的方法非常之多，在此只介绍常用的一些方法及其说明，如表 6-5 所示。

表 6-5 ArrayList 常用方法

方法	说明
Add	将对象添加到 ArrayList 的结尾处
AddRange	将集合中的某些元素添加到 ArrayList 的末尾
Insert	将元素插入 ArrayList 的指定索引处
InsertRange	将集合中的某些元素插入 ArrayList 的指定索引处
CopyTo	将 ArrayList 或它的一部分复制到一维数组中
Clear	从 ArrayList 中移除所有元素
Remove	从 ArrayList 中移除特定对象的第一个匹配项
RemoveAt	移除 ArrayList 的指定索引处的元素
RemoveRange	从 ArrayList 中移除一定范围的元素
Contains	确定某元素是否在 ArrayList 中
IndexOf	返回 ArrayList 或它的一部分中某个值的第一个匹配项的从零开始的索引
LastIndexOf	返回 ArrayList 或它的一部分中某个值的最后一个匹配项的从零开始的索引
Sort	对 ArrayList 或它的一部分中的元素进行排序
Reverse	将 ArrayList 或它的一部分中元素的顺序反转

1）增加元素

ArrayList 增加元素的方法在前面已经介绍了 Add 和 Insert 方法。在此介绍 AddRange 和 InsertRange 方法的使用。AddRange 和 InsertRange 方法可以将另一集合中的某些元素增加或插入到 ArrayList 中。例如，将 MyAL 中的元素追加到 MyAL2 中，然后再执行在第 2 个位置处将 MyAL 插入到 MyAL2 中，代码如下：

```
ArrayList MyAL = new ArrayList();
MyAL.Add("The");
MyAL.Add("quick");
MyAL.Add("brown");
MyAL.Add("fox");
ArrayList MyAL2 = new ArrayList();
MyAL2.AddRange(MyAL);              //使用增加范围方法将 MyAL 元素增加到 MyAL2 末尾
MyAL2.InsertRange(MyAL,2);         //使用插入范围方法将 MyAL 元素插入到 MyAL2 第 2 个位置
```

2）删除元素

ArrayList 对于元素的删除提供了 Clear、Remove、RemoveAt、RemoveRange 这 4 种方法。

(1) Clear 方法表示从 ArrayList 中移除所有的元素。例如，将 MyAL 的所有元素删除，代码如下：

```
MyAL.Clear();
```

(2) Remove 方法表示从 ArrayList 中移除特定对象的第一个匹配项。例如，将 MyAL 中与 "fox"匹配的元素移除，代码如下：

```
MyAL. Remove("fox");
```

(3) RemoveAt 方法表示从 ArrayList 中移除指定索引处的元素。例如，将 MyAL 中索引为 2 的元素移除，代码如下：

```
MyAL.RemoveAt(2);
```

(4) RemoveRange 方法表示从 ArrayList 中移除一定范围的元素。例如，将 MyAL 中的元素，从索引为 1 的开始移除 2 个，代码如下：

```
MyAL.RemoveRange(1,2);
```

3) 查找元素

在 ArrayList 集合中查找时，可以使用 ArrayList 类提供的 Contains 方法。Contains 方法用来确定指定元素是否在 ArrayList 集合中，如果找到返回 true，否则返回 false。例如，查找 "fox"是否在 MyAL 中，代码如下：

```
MyAL.Contains("fox");
```

运行结果为：true。

4) 排序和反转 ArrayList 元素

ArrayList 集合提供了对元素的排序及反转，使用方法与一维数组相同，请参阅一维数组的使用方法。

【例 6-5】创建一个控制台应用程序，声明一个 ArrayList 数组，并添加元素，输出它可包含以及实际包含的元素数，然后对数组进行升序排序操作，输出排序前和排序后的结果。(源代码\ch06\6-5)

```
class Program
{
static void Main(string[] args)
{
ArrayList MyAL = new ArrayList();
MyAL.Add(15);
MyAL.Add(18);
MyAL.Add(25);
MyAL.Add(37);
MyAL.Add(17);
MyAL.Add(1);
MyAL.Add(5);
MyAL.Add(10);
Console.WriteLine("Capacity: {0} ", MyAL.Capacity);
Console.WriteLine("Count: {0}", MyAL.Count);
Console.WriteLine("排序前为: ");
foreach (int i in MyAL)
{
Console.Write(i + " ");
}
Console.WriteLine();
```

```
Console.WriteLine("升序排序后为: ");
MyAL.Sort();
foreach (int i in MyAL)
{
Console.Write(i + " ");
}
Console.ReadLine();
}
}
```

运行上述程序，结果如图 6-7 所示。

6.5.3　Array 与 ArrayList 的区别

数组 Array 类与 ArrayList 类是许多刚接触 C#语言的人比较困惑的。这两个对象是比较有用的，而且在很多地方都是适用的。它们之间有相似的地方，但是区别也很多。以下是它们之间的主要区别。

图 6-7　数组升序排序

(1) 数组 Array 类可以支持一维、二维和多维，而 ArrayList 类相当于一维数组，不支持多维数组。

(2) 数组存储的元素类型必须一致，而 ArrayList 可以存储不同类型的元素。

(3) 数组 Array 类在创建时必须指定大小且是固定的，不能随意更改，ArrayList 创建时可以不指定大小，使用过程中容量可以根据需要自动扩充。

(4) 数组 Array 和 ArrayList 创建时语法格式不同。

(5) 数组 Array 对象在获得元素个数时通过数组的 Length 属性，ArrayList 对象在获得元素个数时通过集合的 Count 属性。

(6) 数组为元素赋值时可以通过创建时初始化值或给单个元素赋值，ArrayList 对象只能通过 Add、Insert 等方法为元素赋值。

虽然数组和 ArrayList 对象之间有很多区别，但是它们之间还是可以互相转化的。例如，可以在创建 ArrayList 对象时，把数组元素添加到 ArrayList 中；也可以通过 ArrayList 的 CopyTo 方法将 ArrayList 对象元素复制到数组中，代码如下：

```
ArrayList MyList=new ArrayList(5);     //创建 ArrayList 类型对象 MyList
MyList.Add(1);     //增加元素值 1
MyList.Add(2);     //增加元素值 2
int[] Result=new int[MyList.Count];     //创建长度为 MyList 元素个数的数组 Result
MyList.CopyTo(Result);     //将 MyList 的元素值复制到数组 Result 中
```

6.6　HashTable 集合

在 C#语言中，哈希表是一个键(Key)/值(Value)对的集合，每一个元素都是这样一个键/值对。这里的键类似于普通意义上的下标，唯一确定一个值(Value)。

6.6.1　HashTable 概述

HashTable 通常称为哈希表，它表示键/值对的集合。在.NET Framework 中，HashTable 是

System.Collections 命名空间提供的一个容器,因此使用时和 ArrayList 相似,必须先导入该命名空间。HashTable 用于处理和表现类似 key/value 的键值对,其中 key 通常可用来快速查找,同时 key 要区分大小写、不能为空且具有唯一性;value 用于存储对应于 key 的值且可以为空。HashTable 中 key/value 键值对均为 object 类型,所以 HashTable 可以支持任何类型的 key/value 键值对。HashTable 的每个元素都是一个存储在 DictionaryEntry 对象中的键/值对。

1. HashTable 的声明与创建

创建 HashTable 对象的方法有很多种,在此介绍两种比较常用的方法。

(1) 使用默认的初始容量、加载因子、哈希代码提供程序和比较器来创建 HashTable 空对象,语法格式如下:

```
HashTable 对象名=new HashTable();
```

(2) 使用指定的初始容量、默认的加载因子、哈希代码提供程序和比较器来创建 HashTable 空对象,语法格式如下:

```
HashTable 对象名=new HashTable(元素个数);
```

例如,创建一个名为 MyHT 容纳 10 个元素的 HashTable 对象,代码如下:

```
HashTable MyHT= new HashTable(10);
```

2. HashTable 元素的添加与访问

1) 添加 HashTable 元素

向 HashTable 中添加元素的方法与 ArrayList 很相似,都是通过 Add 方法实现的。不过 HashTable 不再支持 Insert 等方法。Add 方法添加元素的格式如下:

```
HashTable 对象名.Add(键,值);
```

键表示要添加的元素的键,可以是任意类型;Value 表示要添加的元素的值,可以是任意类型,甚至可以为空。

例如,向 MyHT 对象添加键/值对:"id"/"HW001","name"/"Jack","sex"/"男",代码如下:

```
MyHT.Add("id","HW001");
MyHT.Add("name","Jack");
MyHT.Add("sex","男");
```

2) 访问 HashTable 元素

在 HashTable 中访问元素只能通过键来访问值,即将键作为下标来访问值元素。访问形式如下:

```
哈希表对象名[键名];
```

例如,访问 MyHT 中键为 id 的值元素,表示为:MyHT["id"]。

3) 遍历 HashTable 元素

HashTable 的遍历与数组类似,都可以使用循环语句 while、do…while、for、foreach 语句。需要注意的是,由于 HashTable 中的元素是一个键/值对,因此需要使用 DictionaryEntry

类型来进行遍历。DictionaryEntry 类型表示一个键/值对的集合。

【例 6-6】创建一个控制台应用程序，创建一个 HashTable 对象，并使用 Add 方法向哈希表中添加 3 个元素，然后使用 foreach 遍历哈希表的各个键/值对，并输出。(源代码\ch06\6-6)

```
class Program
{
static void Main(string[] args)
{
Hashtable HT = new Hashtable();
HT.Add("id", "HW001");
HT.Add("name", "Jack");
HT.Add("sex", "男");
foreach (DictionaryEntry dicEntry in HT)
{
Console.WriteLine(dicEntry.Key + " " + dicEntry.Value + " ");
}
Console.ReadLine();
}
}
```

运行上述程序，结果如图 6-8 所示。

6.6.2 HashTable 的操作

C#语言针对 HashTable 也提供了很多属性和方法。例如，获取元素个数的属性 Count、增加/删除方法 Add/Remove 等。

图 6-8 遍历哈希表元素

1. HashTable 的常用属性

通过获取 HashTable 的一些属性可以更方便地操作 HashTable。C#语言为开发者提供了 HashTable 的一些常用属性，如表 6-6 所示。

表 6-6 HashTable 常用属性及其说明

属　　性	说　　明
Count	获取包含在 HashTable 中的键/值对的数目
IsFixedSize	获取一个值，该值指示 HashTable 是否具有固定大小
IsReadOnly	获取一个值，该值指示 HashTable 是否为只读
IsSynchronized	获取一个值，该值指示是否同步对 HashTable 的访问(线程安全)
Item	获取或设置与指定的键相关联的值
SyncRoot	获取可用于同步 HashTable 访问的对象
Keys	获取包含 HashTable 中的键的 ICollection
Values	获取包含 HashTable 中的值的 ICollection

2. HashTable 的常用方法

HashTable 的方法非常之多，在此只介绍常用的一些方法及其说明，如表 6-7 所示。

表 6-7　HashTable 的常用方法及其说明

方　法	说　明
Add	将带有指定键和值的元素添加到 HashTable 中
CopyTo	将 HashTable 元素复制到一维 Array 实例中的指定索引位置
Clear	从 HashTable 中移除所有元素
Remove	从 HashTable 中移除带有指定键的元素
Contains	确定 HashTable 是否包含特定键
ContainsKey	确定 HashTable 是否包含特定键
ContainsValue	确定 HashTable 是否包含特定值

1) HashTable 元素的增加

Add 方法的使用前面已经介绍。

2) HashTable 元素的删除

Clear 方法表示将 HashTable 中所有元素都删除。例如，清除 MyHT 中所有的元素，代码如下：

```
MyHT.Clear();
```

Remove 方法表示将 HashTable 中指定键的元素删除。例如，清除 MyHT 中键值为 id 的元素，代码如下：

```
MyHT.Remove ("id");
```

3) HashTable 元素的查找

Contains 方法和 ContainsKey 方法一样，表示 HashTable 中是否包含特定键，找到返回 true，找不到返回 false。例如，在 MyHT 中查找键为 sex 的元素，代码如下：

```
MyHT.Contains("sex");
MyHT.ContainsKey ("sex");
```

ContainsValue 方法表示 HashTable 中是否包含特定值，找到则返回 true，找不到则返回 false。例如，在 MyHT 中查找值为男的元素，代码如下：

```
MyHT.ContainsValue ("男");
```

6.7　泛　　型

泛型是 C#6.0 版本 C#语言和公共语言运行库(CLR)中的一个实用功能。泛型将类型参数的概念引入.NET Framework 中。使用泛型类型可以最大限度地重用代码、保护类型的安全以及提高性能。

6.7.1 泛型概述

1. 泛型的概念

泛型(generic)，是指将类型参数化以达到代码复用、提高软件开发工作效率的一种数据类型。

C#是一种强类型的程序设计语言，不管是在使用对象时还是定义对象时，首先要考虑的问题就是数据类型，只有数据类型相同，操作才能成功。有时，代码的功能完全相同，只是数据类型有所变化，C#语言这种"强类型"的局限性，需要将代码重复书写以完成操作。为此，C#提供了一种更加抽象的数据类型——泛型，以克服类型的局限性，再也无须针对诸如浮点数、整数、字符、字符串等数据重复编写几乎完全相同的代码。

声明泛型数据类型时，不需要指定要处理的数据的类型，只讨论抽象的数据操作，如排序、查找、比较等，不能进行具体的操作，如：不能将两个泛型数据进行加法、减法等运算操作。在实际引用这种泛型数据类型时，先确定要处理的数据类型，再执行相应的操作。因此，泛型是一种"泛泛而谈"的数据类型。

2. 泛型的特点

泛型最显著的特点是：可重用性、高效率和类型安全。

1) 可重用性

在定义泛型类型时，可以不指明数据类型的这种特性使得代码的重用性大大提高。例如，现有交换两个数的方法 Swap，如果将该方法的参数定义为泛型，那么，在使用 Swap 方法时，传递的实参可以是整数、浮点数、字符串等数据类型，而无须再根据要比较的类型不同，再定义多个 Swap 方法，从而提高了代码的重用性。

2) 高效率

使用泛型编程，程序的执行效率较高。为了实现通用化操作，C#中的值类型与引用类型间的转换，是通过在类型与通用基类型 Object 之间进行强制转换来实现的，势必要进行装箱和拆箱操作，大大降低了程序的效率。例如，非泛型集合类 ArrayList，无须进行修改即可用来存储任何引用或值类型，但是程序的执行效率却十分低下。下面通过一段代码来解释该问题：

```
ArrayList ListScore = new ArrayList();    //实例化 ArrayList
ListScore.Add(88);    //增加一项
int score=(int) listScore[0];    //读取第一项，并赋给整型变量
```

ArrayList 集合虽然很容易实现存取各种类型数据，但这种方便是需要付出代价的。添加到 ArrayList 中的任何引用或值类型都将隐式地向上强制转换为 Object。如果项是值类型，则必须在将其添加到列表中时进行装箱操作，在检索时进行取消装箱操作。强制转换以及装箱和取消装箱操作都会降低性能；在必须对大型集合进行循环访问的情况下，装箱和取消装箱的影响非常明显。

泛型在定义时并没有指明数据类型，而是在使用时才定义数据类型，因此即时编译器在编译时直接生成使用时指定的类型，不再进行装箱和拆箱的操作，大大提高了程序效率。

3) 类型安全

泛型的另一个特性是类型安全。还以非泛型集合类 ArrayList 为例，阐述类型安全的特

点。可以向 ArrayList 集合类中添加任意类型的元素，ArrayList 将把所有项都强制转换为 Object，所以在编译时无法防止客户端提供不能成功转换的代码。

例如，向 ArrayList 集合类中添加一个整数、一个字符串和一个 MyClass 类型的对象，遍历元素，并将结果输出，代码如下：

```
class MyClass
{ }
class Program
{
static void Main(string[] args)
{
ArrayList list = new ArrayList();      //实例化 ArrayList
list.Add(12);                          //添加整型
list.Add("张三");                       //添加字符串类型
list.Add(new MyClass());               //添加 MyClass 类型
foreach (int i in list)
{
Console.WriteLine(i);
}
}
}
```

上述代码没有任何语法错误，但是编译时会出现异常"指定的转换无效"，因为并非集合中的所有对象都能转换为 int 类型。

如果采用泛型集合，泛型集合对它所存储的对象做了类型的约束，不是它所允许存储的类型是无法添加到泛型集合中的，因此泛型的类型是安全的。

3. 泛型的定义和使用

泛型最常见的用途是创建集合类，也可以创建自己的泛型接口、泛型类、泛型方法、泛型结构、泛型事件和泛型委托。本书主要介绍泛型集合的使用以及自定义泛型接口、泛型类、泛型方法。

1) 泛型的定义

泛型的定义也非常简单，无论是要定义泛型接口、泛型类、泛型方法还是其他泛型类型，只需要在定义非泛型类型的后面，使用一对尖括号<>和泛型占位符即可。例如，定义泛型类 MyClass，代码如下：

```
public class MyClass<T>
{
//类体
}
```

其中，T 是 C#任意合法的标识符。

2) 泛型的使用

使用泛型时，一定要为类型参数指定类型，并且一对尖括号不能省略。

例如，实例化泛型类 MyClass，代码如下：

```
MyClass<string> MyClassObj=new MyClass<string>();
```

3) 泛型的命名约定

如果在程序中对泛型命名规范，区分泛型类型和非泛型类型会有一定帮助。下面是泛型命名约定。

(1) 泛型类型的名称用字母 T 作为前缀。

(2) 如果没有特殊的要求，泛型类型允许使用任意合法标识符替代，对于只使用了一个泛型类型，就可以使用字符 T 作为泛型类型的名称。

(3) 如果泛型类型有特定的要求(例如必须实现一个派生于基类的接口)，或者使用了两个或多个泛型类型，就应给泛型类型使用描述性名称。

6.7.2 泛型集合

在.NET Framework 4.6.1 版本中的 System.Collections.Generic 命名空间中包含有大量的泛型接口和泛型集合类。这些集合类用于替代非泛型集合类。例如，List 集合类用于替代 ArrayList 集合类，Dictionary 集合类用于替代 HashTable 集合类。

1. List<T>泛型集合类

List<T>泛型集合同 ArrayList 非常相似。List<T>泛型集合表示可通过索引访问的对象的强类型列表。提供用于对列表进行搜索、排序和操作的方法。

1) List<T>泛型集合的实例化

实例化 List<T>泛型集合格式如下：

`List<数据类型> 对象名 = new List<数据类型>();`

例如，实例化创建泛型对象 Student，代码如下：

`List<int> Score = new List<int>();`

在决定使用 List<T>泛型集合类还是使用 ArrayList 类(两者具有类似的功能)时，记住 List<T>泛型集合类在大多数情况下执行得更好并且是类型安全的。如果对 List<T>泛型集合类的类型使用引用类型，则两个类的行为是完全相同的。但是，如果对类型使用值类型，则需要考虑实现和装箱问题。建议尽量使用 List<T>泛型集合类。

2) List<T>泛型集合的操作

List<T>泛型集合同 ArrayList 集合的很多属性和方法相同，在此只介绍 List<T>泛型集合特有的方法。List<T>泛型集合新增了大量查找方法，如表 6-8 所示。

表 6-8 List<T>泛型集合的查找方法

方 法 名	说 明
Find	搜索与指定谓词所定义的条件相匹配的元素，并返回整个 List 中的第一个匹配元素
FindAll	检索与指定谓词定义的条件匹配的所有元素
FindIndex	已重载。搜索与指定谓词所定义的条件相匹配的元素，返回 List 或它的一部分中第一个匹配项的从零开始的索引
FindLast	搜索与指定谓词所定义的条件相匹配的元素，并返回整个 List 中的最后一个匹配元素
FindLastIndex	搜索与指定谓词所定义的条件相匹配的元素，返回 List 或它的一部分中最后一个匹配项的从零开始的索引

综上所述，List<T>泛型集合和 ArrayList 类似，只是 List<T>无须类型转换，它们的相同点与不同点如表 6-9 所示。

表 6-9 List<T>与 ArrayList 的区别

异同点	List<T>	ArrayList
不同点	对所保存元素做类型约束	可以增加任何类型
	添加/读取无须拆箱和装箱	添加/读取需要拆箱和装箱
相同点	通过索引访问集合中的元素	
	添加元素方法相同	
	删除元素方法相同	

2. Dictionary<K,V>泛型集合类

泛型集合 List 通过索引获取对象，当对象的位置发生改变时，就无法保证正常获取该对象。在 C#中还有一种泛型集合 Dictionary<K,V>，它具有泛型的全部特性，编译时检查类型约束，获取元素时无需类型转换，它存储数据的方式和哈希表类似，也通过 Key/Value 键/值对保存元素。

1) Dictionary<K,V>的实例化

实例化 Dictionary<K,V>的格式如下：

```
Dictionary<键类型,值类型> 对象名 = new Dictionary<键类型,值类型>();
```

例如，创建字典对象 MyDic，使用学号作为键，学生信息类作为对象，代码如下：

```
Dictionary<string,Student> 对象名 = new Dictionary<string,Student>();
```

2) Dictionary<K,V>的操作

Dictionary<K,V>的操作通常包括读取元素、添加元素、删除元素、查找元素等。Dictionary<K,V>的操作同哈希表相似，在此不再赘述。

例如，为字典对象 MyDic 添加一个元素，代码如下：

```
Student StuOne = new Student();         //实例化 Student
MyDic.Add("S080201",StuOne);            //为字典增加一个键/值对
```

Dictionary<K,V>和 HashTable 有很多相同之处，也有不同之处，具体情况如表 6-10 所示。

表 6-10 Dictionary<K,V>和 HashTable 的区别

异同点	Dictionary<K,V>	HashTable
不同点	对所保存元素做类型约束	可以增加任何类型
	添加/读取无须拆箱和装箱	添加/读取需要拆箱和装箱
相同点	通过 Key 获取 Value	
	添加元素方法相同	
	删除元素方法相同	
	遍历元素方法相同	

6.7.3 泛型接口

泛型接口通常用来为泛型集合类或者表示集合元素的泛型类定义接口。

1. NET Framework 泛型接口

1) 常用泛型接口

对泛型来说,从泛型接口派生可以避免值类型的装箱和拆箱操作。.NET Framework 4.6.1 类库定义了大量的泛型接口,在 System.Collections.Generic 命名空间中的泛型集合类(如 List 和 Dictionary)都是从这些泛型接口派生的。.NET Framework 4.6.1 中常用的泛型接口,如表 6-11 所示。

表 6-11 常用的泛型接口

接 口	说 明
ICollection<(Of <(T)>)>	定义操作泛型集合的方法
IComparer<(Of <(T)>)>	定义类型为比较两个对象而实现的方法
IDictionary<(Of<(TKey,TValue)>)>	表示键/值对的泛型集合
IEnumerable<(Of <(T)>)>	公开枚举数,该枚举数支持在指定类型的集合上进行简单迭代
IEnumerator<(Of <(T)>)>	支持在泛型集合上进行简单迭代
IEqualityComparer<(Of <(T)>)>	定义方法以支持对象的相等比较
IList<(Of <(T)>)>	表示可按照索引单独访问的一组对象

2) 典型的泛型接口 IComparer <T>

List<T>集合实现排序的方法 Sort,使用默认比较器对整个泛型集合中的对象进行排序。如果希望指定某个关键字排序,需要使用带参数的重载形式,其中 Sort(IComparer<(Of<(T)>)>))方式比较常用。该重载形式要求传递实现了 IComparer 接口的对象。IComparer<T>泛型接口,有一个未实现的方法 int Compare(T x,T y),它用于比较两个对象的大小。按照指定的方式比较大小,然后传入 Sort()方法,就能实现这种比较方式的排序。它返回整数,返回值意义如下。

(1) 如果返回值大于 0,则 x>y。

(2) 如果返回值小于 0,则 x<y。

(3) 如果返回值等于 0,则 x=y。

2. 自定义泛型接口

C#语言允许自定义泛型接口,格式如下:

```
[访问修饰符] interface 接口名<类型参数列表>
{
//接口成员
}
```

其中,访问修饰符可以省略,"类型参数列表"表示尚未确定的数据类型,类似于方法中的形参列表,当具有多个类型参数时使用逗号分隔。

例如，定义泛型接口 IMyList，包含一个类型参数 T，代码如下：

```
interface IMyList<T>
{
//接口成员
}
```

6.7.4 泛型类

泛型类封装不是特定于具体数据类型的操作。泛型类最常用于集合，如链接列表、哈希表、堆栈、队列、树等。例如，从集合中添加和移除项的操作方式大体上相同，与所存储数据的类型无关。一般情况下，创建泛型类的过程为：从一个现有的具体类开始，逐一将每个类型更改为类型参数，直至达到通用化和可用性的最佳平衡。

定义泛型类的格式如下：

```
[访问修饰符] class 泛型类名<类型参数列表>[类型参数约束][:基类或接口]
{
//类的成员
}
```

在定义泛型类时，可以对客户端代码能够在实例化类时用于类型参数的类型种类施加限制。如果客户端代码尝试使用某个约束所不允许的类型来实例化类，则会产生编译时错误。这些限制称为约束。约束是使用 where 上下文关键字指定的。常见的类型参数约束及其说明如表 6-12 所示。

表 6-12 常见的类型参数约束及其说明

约 束	说 明
T:结构	类型参数必须是值类型。可以指定除 Nullable 以外的任何值类型
T:类	类型参数必须是引用类型；这一点也适用于任何类、接口、委托或数组类型
T:new()	类型参数必须具有无参数的公共构造函数。当与其他约束一起使用时，new()约束必须最后指定
T:<基类名>	类型参数必须是指定的基类或派生自指定的基类
T:<接口名称>	类型参数必须是指定的接口或实现指定的接口。可以指定多个接口约束。约束接口也可以是泛型的
T:U	为 T 提供的类型参数必须是为 U 提供的参数或派生自为 U 提供的参数。这称为裸类型约束

例如，定义泛型类 MyClass，包含 1 个类型参数，并对参数进行约束，代码如下：

```
class MyClass<T> where T : class
{
}
```

泛型类 MyClass，只能存取 class 类或派生类对象。

创建泛型类时，需要特别注意以下事项。

(1) 将哪些类型通用化为类型参数。通常，能够参数化的类型越多，代码就会变得越灵活，重用性就越好。但是，太多的通用化会使其他开发人员难以阅读或理解代码。

(2) 如果存在约束，应对类型参数应用什么约束。一条有用的规则是，应用尽可能多的约束，但仍使您能够处理必须处理的类型。例如，如果知道泛型类仅用于引用类型，则应用类约束。这可以防止类被意外地用于值类型，并允许用户对 T 使用 as 运算符以及检查空值。

(3) 是否将泛型行为分解为基类和子类。由于泛型类可以作为基类使用，此处适用的设计注意事项与非泛型类相同。

(4) 是否实现一个或多个泛型接口。例如，如果设计一个类，该类将用于创建基于泛型的集合中的项，则可能必须实现一个接口，如 IComparable<(Of <(T>)>)，其中 T 是类的类型。

【例 6-7】创建一个控制台应用程序，定义一个泛型类 Output，包含一个 Output 方法，用于输出对象的值。(源代码\ch06\6-7)

```
class Output<T>
{
public T obj;
public Output(T obj)
{
this.obj = obj;
}
}
class Program
{
static void Main(string[] args)
{
int obj1 = 2017;
Output<int> a = new Output<int>(obj1);
Console.Write(a.obj + ",");
string obj2 = "hello C#!";
Output<string> b = new Output<string>(obj2);
Console.WriteLine(b.obj);
Console.ReadLine();
}
}
```

运行上述程序，结果如图 6-9 所示。

【例 6-8】创建一个控制台应用程序，定义一个泛型接口，约束其参数，定义两个方法，用来演示通过传递不同类型来实现调用不同方法，分别调用相同接口不同类型的实现方法。(源代码\ch06\6-8)

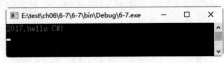

图 6-9　定义泛型类

```
//定义泛型接口，约束参数只能存取 class 类或派生类
public interface Ianimal<T, U> where T : class
{
void a1(T t);
```

```csharp
void a2(U u);
}
//定义实体类
public class Dog1
{
public string Content { get; set; }
}
//定义实体类
public class Cat1
{
public string Content { get; set; }
}
//定义实体类
public class Dog2
{
public string Content { get; set; }
}
//定义实体类
public class Cat2
{
public string Content { get; set; }
}
//实现泛型接口中的方法
public class Say1 : Ianimal<Dog1, Cat1>     //继承并实现接口
{
public void a1(Dog1 D)
{
Console.WriteLine(D.Content);
}
public void a2(Cat1 C)
{
Console.WriteLine(C.Content);
}
}
//实现泛型接口中的方法2
public class Say2 : Ianimal<Dog2, Cat2>     //继承并实现接口
{
public void a1(Dog2 D)
{
Console.WriteLine(D.Content);
}
public void a2(Cat2 C)
{
Console.WriteLine(C.Content);
}
}
class Program
{
static void Main(string[] args)
{
Dog1 D1 = new Dog1();
D1.Content = "Know-WoW";
Cat1 C1 = new Cat1();
C1.Content = "Meow";
Dog2 D2 = new Dog2();
```

```
D2.Content = "汪汪";
Cat2 C2 = new Cat2();
C2.Content = "喵喵";
//通过传递不同的类型实现调用不同的方法,分别调用相同接口不同类型的实现方法
Ianimal<Dog1, Cat1> Is = new Say1();
Is.a2(C1);
Is.a1(D1);
Ianimal<Dog2, Cat2> Is2 = new Say2();
Is2.a2(C2);
Is2.a1(D2);
Console.ReadLine();
}
}
```

运行上述程序,结果如图 6-10 所示。

【案例剖析】

本例通过使用泛型接口,定义泛型类,实现了通过传递不同的类型调用不同方法,以及分别调用相同的接口不同的类型来输出不同的结果。代码虽然很长,但是重要的地方是泛型接口的定义以及泛型接口的继承。

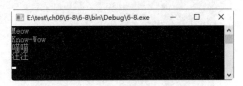

图 6-10　定义泛型接口及其方法

6.7.5　泛型方法

当一个方法具有它自己的类型参数列表时,称其为泛型方法。一般情况下,泛型方法包括两个参数列表,一个泛型类型参数列表和一个形参列表。类型参数可以作为返回类型或形参的类型出现。泛型方法定义格式如下:

```
[访问修饰符] 返回值类型 方法名<类型参数列表>(形式参数列表)
{
//语句
}
```

例如,声明泛型方法 GetInfo,返回字符串类型,类型参数列表 T,代码如下:

```
public string GetInfo<T>()
{
//语句
}
```

泛型方法可以出现在泛型或非泛型类型上。需要注意的是,并不是只要方法属于泛型类型,或者方法的形参的类型是封闭类型的泛型参数,就可以说方法是泛型方法。例如在下面的代码中,只有方法 G 是泛型方法。

```
class A
{
T G<T>(T arg) {...}
}
class Generic<T>
{
T M(T arg) {...}
}
```

【例 6-9】创建一个控制台应用程序，定义一个 Swap 泛型方法，用来交换两个变量的值，输出交换前与交换后的结果。(源代码\ch06\6-9)

```
class Program
{
    static void Swap<T>(ref T x,ref T y)    //定义 Swap 泛型方法，将参数定义为泛型
    {
        T temp;
        temp = x;
        x = y;
        y = temp;
    }
    static void Main(string[] args)
    {
        int a, b;
        char c, d;
        a = 1;
        b = 2;
        c = 'C';
        d = 'D';
        Console.WriteLine("int 型变量交换前的值为：");    //在交换之前显示值
        Console.WriteLine("a = {0}, b = {1}", a, b);
        Console.WriteLine("char 型变量交换前的值为：");
        Console.WriteLine("c = {0}, d = {1}", c, d);
        Swap<int>(ref a,ref b);    //调用 swap 方法，交换变量值
        Swap<char>(ref c,ref d);
        Console.WriteLine("int 型变量交换后的值为：");    //在交换之后显示值
        Console.WriteLine("a = {0}, b = {1}", a, b);
        Console.WriteLine("char 型变量交换后的值为：");
        Console.WriteLine("c = {0}, d = {1}", c, d);
        Console.ReadLine();
    }
}
```

运行上述程序，结果如图 6-11 所示。

【案例剖析】

本例演示了如何定义一个泛型的方法，在使用泛型时，用户可以编写一个可以与任何数据类型一起工作的类或方法，也就是自定义将会出现的类型。作为了解，本例传递参数使用了 ref 关键字，ref 方法参数关键字使方法引用传递到方法的同一个变量。当控制传递回调用方法时，在方法中对参数所做的任何更改都将反映在该变量中。

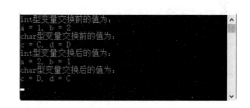

图 6-11 使用泛型方法交换两个变量的值

6.8 大神解惑

小白：在程序中什么情况下使用数组？

大神：很多时候，使用数组可以在很大程度上缩短和简化程序代码，因为可以通过上标和下标值来设计一个循环，可以高效地处理多种情况。

小白：如何理解数组？

大神：简单数组也称之为一维数组，它是数组的最简单形式，可以包含同一类型的多个元素。数组的索引由零开始。具有 n 个元素的数组索引是从 0 至 n-1。同时，数组可以包含任何类型的元素，包括数组类型。但数组中的数据类型必须为相同的数据类型。

小白：如何访问数组中的元素？

大神：数组初始化之后就可以使用索引器访问其中的元素了。那么索引器又是什么呢？索引器可以理解为数组的每个元素编号。对 C#索引器来说，它目前只支持整数类型的参数。索引器的开始标号为 0，最大的索引数为元素个数减 1。

小白：泛型有什么特点？

大神：如果实例化泛型类型的参数相同，那么 JIT 编辑器会重复使用该类型，因此 C#的动态泛型能力避免了静态模板可能导致的代码膨胀的问题；C#泛型类型携带有丰富的元数据，因此 C#的泛型类型可以应用于强大的反射技术；C#的泛型采用"基类、接口、构造器、值类型/引用类型"的约束方式来实现对类型参数的显式约束，提高了类型安全。

6.9 跟我学上机

练习 1：编写程序，定义长度为 10 的数组，计算所有偶数下标元素的和并输出。

练习 2：编写程序，定义长度为 5 的数组 x 和 y 并初始化数组 x，将 x 颠倒顺序存储到数组 y 中，输出 x 和 y。

练习 3：创建一个 ArrayList 对象，利用 Add 方法为其添加元素，在 ArrayList 对象中查找某个元素，将查找结果显示出来。

练习 4：设计程序，定义学生类 Student，包含学号、姓名、性别和成绩属性，使用泛型类 List<T>存储多个学生信息。对泛型集合进行增加、删除、访问和遍历操作。

练习 5：修改练习 4，使用泛型集合 Dictionary<K,V>存储多个学生信息，对泛型集合进行增加、删除、访问和遍历操作。

第 2 篇

核 心 技 术

- 第 7 章　Windows 应用程序开发初步——常用窗体控件
- 第 8 章　Windows 应用程序开发进阶——高级窗体控件
- 第 9 章　文件操作的利器——C#文件流
- 第 10 章　任务同时进行——多线程操作
- 第 11 章　数据查询新模型——语言集成查询 LINQ
- 第 12 章　解决问题的法宝——异常和调试

第 7 章
Windows 应用程序开发初步——常用窗体控件

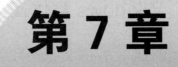

Windows 应用程序的界面是由窗体和控件组成的。窗体是个容器，用于容纳控件，控件是用于输入/输出的图形或文字符号。控件又分为"可视控件"和"非可视控件"。本章介绍 Windows 窗体和一些常用的窗体基本控件。

本章目标(已掌握的在方框中打钩)

- ☐ 了解什么是窗体。
- ☐ 掌握如何添加新窗体。
- ☐ 掌握常用窗体控件的基本属性。
- ☐ 了解什么是文本类控件和消息框。
- ☐ 学会使用文本类控件和消息框。
- ☐ 了解 Windows 应用程序的结构和开发步骤。

7.1 Windows 窗体简介

WinForm 是 .Net 开发平台中对 Windows Form 的一种称谓，即可视化的 Windows 应用程序，它以窗体为最基本单元。在创建 Windows 窗体应用时，Visual Studio 2017 都会自动地创建一个窗体，并把窗体命名为 Form1，并且会作为程序的主窗体，即程序的入口。

7.1.1 WinForm 窗体的概念

在 Windows 系统中，窗体是向用户显示信息的可视图面，也是 Windows 窗体应用的基本单元。用户创建窗体文件时，便会自动生成一个系统定义好的窗体，可以根据需要，通过可视化操作或编程的方法，设置自己的窗体。窗体对象是一个容器类对象，在 Form 类窗体中可以放置其他控件，如按钮、文本框等。用户创建的所有窗体都是由系统的 Form 类提供的，属于 System.Windows.Forms 命名空间。Visual Studio 2017 提供了一个图形化的可视化窗体设计器，可以实现所见即所得的设计效果，可以快速开发窗体应用程序。如图 7-1 所示为一个空白窗体。

图 7-1 空白窗体

7.1.2 窗体的常用属性

窗体的创建与控制台应用程序的创建类似，选择【文件】→【新建】→【项目】命令菜单，如图 7-2 所示。不同的是在弹出的"新建项目"对话框中选择【Windows 窗体应用(.NET Framework)】，如图 7-3 所示。

图 7-2 选择【项目】命令

图 7-3 【新建项目】对话框

窗体拥有一些基本的组成要素，包括图标、标题、位置和背景等，设置这些要素可以通过窗体的【属性】面板进行设置，也可以通过代码实现。但是为了快速开发窗体应用程序，通常都通过【属性】面板进行设置，如图 7-4 所示。

1. 窗体的名称(Name)

每个窗体在程序中都有一个自己的名称，Name 属性用于标识窗体在运行时使用。Name 属性只可以在设计状态下修改，不可以在运行时使用。Name 属性值同变量命名规则相同。

2. 窗体的标题(Text)

Text 属性用于显示窗体的标题，即标题栏中显示的名称。

图 7-4　窗体【属性】面板

3. 窗体的大小(Size)

在窗体的属性中，通过 Size 属性设置窗体的大小。Size 属性设置时，可以给定两个分号隔开的数值，还可以分别设置 Width(宽度)和 Height(高度)属性。

4. 窗体的图标(Icon)

窗体的图标是系统默认的图标。如果想更换窗体的图标，可以在属性栏中设置 Icon 属性。窗体的图标是指在任务栏中表示该窗体的图片以及指定为窗体的控制框显示的图标。图片文件必须为.ico 类型的文件。

5. 窗体的边框样式(FormBorderStyle)

FormBorderStyle 表示要为窗体显示的边框样式。窗体的边框样式确定窗体的外边缘如何显示。其属性的取值及其描述如表 7-1 所示。

表 7-1　FormBorderStyle 属性的取值及其描述

属 性 值	描 述
None	无边框
FixedSingle	固定的单线边框
Fixed3D	固定的三维边框
FixedDialog	固定的对话框样式的粗边框
Sizable	可调整大小的边框。默认为 FormBorderStyle.Sizable
FixedToolWindow	不可调整大小的工具窗口边框。工具窗口不会显示在任务栏中，也不会显示在当用户按 Alt+Tab 时出现的窗口中
SizableToolWindow	可调整大小的工具窗口边框。工具窗口不会显示在任务栏中，也不会显示在当用户按 Alt+Tab 时出现的窗口中

6. 窗体运行时的显示位置(StartPosition)

StartPosition 属性可以设置窗体在运行时显示的起始位置。该属性的取值及其描述如表 7-2 所示。

表 7-2　StartPosition 属性的取值及其描述

属 性 值	描　　述
Manual	窗体的位置由 Location 属性确定
CenterScreen	窗体在当前显示窗口中居中，其尺寸在窗体大小中指定
WindowsDefaultLocation	窗体定位在 Windows 默认位置，其尺寸在窗体大小中指定
WindowsDefaultBounds	窗体定位在 Windows 默认位置，其边界也由 Windows 默认决定
CenterParent	窗体在其父窗体中居中

7．设置窗体的背景图像(BackgroundImage)

为使窗体设计更加美观，通常会设置窗体的背景。可以通过 BackColor 设置背景颜色，可以通过 BackgroundImage 设置背景图像。Windows 窗体控件不支持带有半透明或透明颜色的图像作为背景图像。

7.1.3　窗体的常用事件

Windows 操作系统中处处是事件，如鼠标按下、鼠标释放、键盘键按下等。系统通过用户触发的事件做出相应的响应——事件驱动机制。C#的 WinForms 应用程序也是采用事件驱动机制。窗体的常用事件及其描述如表 7-3 所示。

表 7-3　窗体的常用事件及其描述

事　件	描　　述
Load	窗体加载时事件
MouseClick	在窗体中单击鼠标触发该事件
MouseDoubleClick	在窗体中双击鼠标触发该事件
MouseMove	在窗体中移动鼠标触发该事件
KeyDown	键盘键按下时触发该事件
KeyUp	键盘键释放时触发该事件

生成事件的方法：选择控件，在【属性】窗口中单击 ⚡ 按钮，选择所需事件，双击生成事件处理方法，编写相应代码。

> **注意**　双击选择的控件，生成控件的默认事件处理方法。例如，双击窗体，会产生 Load 事件。

7.1.4　添加和删除窗体

Windows 应用程序，一般都有多个窗体。下面介绍如何添加和删除窗体。

1. 添加窗体

新建 Windows 窗体应用，如果要向项目中添加一个新窗体，可以在项目名称上单击鼠标右键，在弹出的快捷菜单中选择【添加】→【Windows 窗体】或者【添加】→【新建项】命令，如图 7-5 所示。

选择【新建项】或者【Windows 窗体】命令后，都会打开【添加新项-WindowsFormsAPP】对话框，如图 7-6 所示。

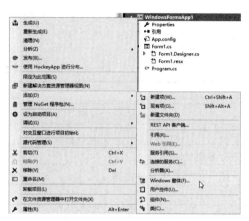

图 7-5　添加窗体命令　　　　　　　　图 7-6　【添加新项-WindowsFormsAPP】对话框

选择【Windows 窗体】选项，输入窗体名称后，单击【添加】按钮，即可向项目中添加一个新的窗体。

2. 删除窗体

删除窗体的方法非常简单，只需要在删除的窗体名称上单击鼠标右键，在弹出的快捷菜单中选择【删除】命令，即可将窗体删除，如图 7-7 所示。

3. 设置启动窗体

本节不涉及多窗体间的调用，但是向项目添加了多个窗体以后，程序运行时，只有一个入

图 7-7　删除窗体操作

口，即只运行一个窗体，如果要调试程序，必须要设置先运行的窗体。设置项目的启动窗体是在 Program.cs 文件中设置的，在 Program.cs 文件中的 Main 方法中改变 Run 方法的参数，即可实现设置启动窗体。

例如，将 MainForm 窗体设置为项目的启动窗体，将 Main 方法中 Run 方法 new 关键字后的窗体更改为 MainForm，代码如下：

```
Application.Run(new MainForm());
```

7.2 常用 Windows 窗体控件

控件是用于输入/输出信息的图形或文字符号，也是窗体的重要组成元素。合理设置和使用控件不但可以提高程序的美观度，还能提高程序开发效率。

7.2.1 控件的分类和作用

在 Visual Studio 2017 开发环境中，常用控件可以分为文本类控件、选择类控件、分组控件、菜单控件以及状态栏控件。几类常用控件的作用如表 7-4 所示。

表 7-4 常用控件的作用

控件分类	作　用
文本类控件	可以在控件上显示文本
选择类控件	主要为用户提供选择的项目
分组控件	使用分组控件可以将窗体中的其他控件进行分组处理
菜单控件	为系统制作功能菜单，将应用程序命令分组，使它们更容易访问
工具栏控件	提供了主菜单中常用的相关工具
状态栏控件	用于显示窗体上的对象的相关信息，或者可以显示应用程序的信息

在使用控件的过程中，可以通过控件默认的名称调用。为了保证程序的规范化，一般都不使用默认名称，会对控件重新命名。给控件命名时必须保持良好的习惯，并且对控件的命名应该做到见名知义。这样可以方便代码的交流和维护；不影响编码的效率，不与大众习惯冲突；使代码更加美观、阅读更方便；使代码的逻辑更清晰、更易于理解。控件命名使用驼峰(Camel)命名法，首先书写控件名称简写，后面是描述控件动作或功能的英文单词，英文单词可以是一个，也可以是多个，每个英文单词的首写字母大写。

7.2.2 添加控件

当需要在窗体上添加一个控件时，可以通过"在窗体上绘制控件""将控件拖曳到窗体上"两种常用方法。

1. 在窗体上绘制控件

在工具箱中单击要添加到窗体的控件，然后在窗体上拖动出相应大小的矩形框，如图 7-8 所示。释放鼠标左键窗体上就会生成一个大小相对应的控件，如图 7-9 所示。

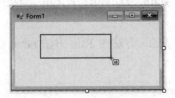

图 7-8 绘制控件尺寸

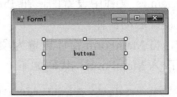

图 7-9 绘制完成

2. 将控件拖曳到窗体上

在工具箱中单击所需的控件,按住鼠标左键不放,将控件拖曳到窗体合适的位置,如图 7-10 所示,释放鼠标左键控件以其默认大小添加到窗体,如图 7-11 所示。

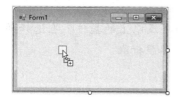 

图 7-10 拖动控件　　　　　　　　　图 7-11 控件添加完成

在工具箱中双击所需控件,窗体上会出现一个系统默认大小的所选控件。

7.2.3 排列控件

将控件添加到窗体之后,控件的位置及大小可能都不合适,可以通过 Visual Studio 2017 开发工具提供的布局工具栏快速方便地调整。

1. 选择控件

操作控件时,首先要选择控件,选择控件可以通过以下 4 种方法。
(1) 单击选择一个控件。
(2) 按住 Ctrl 键或 Shift 键,单击控件,可以选择多个控件。
(3) 按住鼠标左键拖动,形成矩形窗口,窗口内的控件将会被选择。
(4) 在【属性】窗口的【对象名称】名称栏中选择相应控件。

2. 调整控件的尺寸与位置

(1) 控件的尺寸与位置调整可以通过属性栏设置。通过宽度 Width 和高度 Height 精确地调整控件的尺寸;通过 Location 属性调整控件的位置。
(2) 选中控件,通过鼠标调整控件的尺寸手柄。利用尺寸手柄调整控件大小,方法同调整窗口大小相同。
(3) 通过键盘调整控件尺寸和位置。
键盘调整控件尺寸:Ctrl+Shift+方向箭头(↑↓←→)组合键调整控件尺寸。
键盘调整控件位置:Ctrl+方向箭头(↑↓←→)组合键移动控件位置。

3. 对齐控件

选定一组需要对齐的控件,可以通过【格式】菜单下相应的选项命令或者布局工具栏。

布局工具栏如图 7-12 所示。

图 7-12　布局工具栏

> 布局工具栏中的大部分命令，要求选择两个及以上的控件。在选择的过程中第一个选择的控件(尺寸手柄为空心矩形)将作为参照标准。

7.2.4　删除控件

删除控件的方法非常简单，可以在控件上单击鼠标右键，在弹出的快捷菜单中选择【删除】命令进行删除，如图 7-13 所示。或者选择控件，然后按 Delete 键。

图 7-13　删除控件

7.3　文本类控件和消息框

C#提供的控件非常之多，但是每一个控件都是一个对象，只要掌握学习技巧，灵活使用控件也不是难事。既然控件是对象，那么对象就具有一定的属性和提供一定的功能，并具有对某些预定义的外部动作进行响应的事件。因此，掌握一个控件，就要求掌握控件的常用属性和提供的常用方法，以及对外部动作响应的常用事件。

文本类控件主要包括标签控件(Label 控件)、按钮控件(Button 控件)、文本框控件和有格式文本控件(RichTextBox)。

7.3.1　标签(Label)控件

标签(Label)控件主要用于显示用户不能编辑的文本，标识窗体上的对象。例如，给文本框、列表框等添加描述信息。也可以通过编写代码来设置要显示的文本信息，通常有注释的功能。

C#中的大部分控件都具有名称 Name、标题 Text、尺寸 Size、位置 Location、背景颜色 BackColor、前景颜色 ForeColor、是否能用 Enabled、是否可见 Visible、Font 字体等属性，窗体部分已做介绍，并且使用这些属性非常简单。因此，以后再介绍控件时不再对这些属性做讲解。

Label 控件的常用属性如表 7-5 所示。

表 7-5 Label 控件的常用属性

属　　性	说　　明
Dock	控件在窗体中的对齐方式。大部分控件也具有该属性，它的作用是将控件停靠在窗体的边缘(上、下、左、右)或填充窗体，控件的尺寸都会适应窗体尺寸
BorderStyle	边框样式。BorderStyle 属性用于获取或设置控件的边框样式。属性有以下 3 种取值：None 表示无边框，FixedSingle 表示单行边框，Fixed3D 表示三维边框
AutoSize	根据内容自动调整标签。该属性的默认值为 True，即 Label 标签调整其宽度以显示它的所有内容。当属性值设置为 False 时，Label 标签的尺寸按照用户指定的大小

标签控件常用于文本说明，相对简单，很少用到方法和对标签控件的事件编写代码。

7.3.2 按钮(Button)控件

按钮(Button)控件允许用户通过单击来执行操作。Button 按钮控件有两种显示方法：一种显示文本；另一种可以显示为图像。当该按钮被单击时，它看起来像是被按下，然后被释放。

Button 控件的常用属性如表 7-6 所示。

表 7-6 Button 控件的常用属性

属　　性	说　　明
Image	按钮设置为图像。按钮可以显示为文本，也可以显示为图像。Image 属性用于设置或获取按钮上显示图像
FlatStyle	按钮外观。FlatStyle 属性用于获取或设置按钮控件的平面样式外观。该属性有以下几种取值：Flat 表示该控件以平面显示，Popup 表示该控件以平面显示，直到鼠标指针移动到该控件为止，此时该控件外观为三维，Standard 表示该控件外观为三维，System 表示该控件的外观是由用户的操作系统决定的

Button 控件非常简单，一般很少用到控件提供的方法，常用事件是 Click(单击)。

如果希望按 Enter 键，即可执行按钮的单击事件，可以将窗体的 AcceptButton 属性设置为该按钮；如果希望按 Esc 键，即可执行按钮的单击事件，可以将窗体的 CancelButton 属性设置为该按钮。

【例 7-1】创建一个 Windows 窗体应用，窗体包含两个按钮控件和一个标签控件。程序运行后，单击【中文】按钮，标签中显示"早上好"，单击【英文】按钮，标签中显示 Good Morning。(源代码\ch07\7-1)

窗体中各对象的初始属性设置如表 7-7 所示。

表 7-7 各对象的初始属性设置

控 件	属 性	值	说 明
Form1	Name	Regrad	窗体在程序中使用的名称
	Text	问候语	窗体标题名称
label1	Name	lblShow	标签 1 在程序中使用的名称
	Text	空	标签 1 在初始状态下不显示任何内容
button1～button2	Name	btnChinese、btnEnglish	按钮 1~2 控件在程序中使用的名称
	Text	中文、英文	按钮 1~2 显示的内容

事件代码如下：

```csharp
public partial class Regard : Form
{
public Regard()
{
InitializeComponent();
}
private void btnChinese_Click(object sender, EventArgs e)
{
lblShow.Text = "早上好";
}
private void btnEnglish_Click(object sender, EventArgs e)
{
lblShow.Text = "Good Morning";
}
}
```

运行上述程序，结果如图 7-14、图 7-15 所示。

图 7-14 单击【中文】按钮

图 7-15 单击【英文】按钮

【案例剖析】

本例主要涉及标签控件 Text 属性的使用和 Button 按钮的 Click 事件。为按钮 1 添加 Click

事件方向，将标签的 Text 属性改为"早上好"，为按钮 2 添加 Click 事件方向，将标签的 Text 属性改为 Good Morning。

7.3.3 文本框(TextBox)控件

文本框控件(TextBox)用于获取用户输入的数据或者显示文本，运行时用户可以编辑，也可以设置为只读。

1. TextBox 控件的常用属性

TextBox 控件的常用属性如表 7-8 所示。

表 7-8 TextBox 控件的常用属性

属　　性	说　　明
ReadOnly	只读型文本。当此属性设置为 true 时，用户不能在运行时更改控件的内容，仍可以在代码中设置 Text 属性的值。当此属性设置为 false 时，用户可以编辑控件的内容
PasswordChar	PasswordChar 属性将文本框的该属性设置为指定字符，以该字符显示你所输入的内容
MultiLine	将文本框的 MultiLine 属性设置为 True，则为多行文本框，否则为单行文本
MaxLength	MaxLength 用于获取或设置用户可在文本框控件中键入或粘贴的最大字符数。当设置为 0 时，表示可容纳任意多个输入字符，最大值为 32767。若将其设置为正整数，则这一数值就是可容纳的最多字符数
ScrollBars	获取或设置哪些滚动条应出现在多行 TextBox 控件中。有以下几种取值：None 表示不显示任何滚动条，Horizontal 表示只显示水平滚动条，Vertical 表示只显示垂直滚动条，Both 表示同时显示水平滚动条和垂直滚动条
WordWrap	WordWrap 指示多行文本框控件在必要时是否自动换行到下一行的开始。如果多行文本框控件可换行，则为 true；如果当用户键入的内容超过了控件的右边缘时，文本框控件自动水平滚动，则为 false。默认值为 true
SelectedText	SelectedText 用于标识用户选中的文本内容，该属性为字符串类型
SelectionStart	SelectionStart 属性设置或获取被选择文本的开始位置，属性值为 Int 类型，位置从 0 开始
SelectionLength	SelectionLength 属性用于设置或获取被选择文本的长度，属性值为 Int 类型

注意　　SelectedText、SelectionStart 和 SelectionLength 属性只能通过编写代码进行更改，无法在属性栏中操作。

2. TextBox 控件的常用方法

TextBox 控件的常用方法如表 7-9 所示。

表 7-9 TextBox 控件的常用方法

方 法	说 明
Clear()	用于清除控件的内容，使用格式为：文本框控件名.Clear()
Copy()	可以将文本框中的当前选定内容复制到"剪贴板"。使用格式为：文本框控件名.Copy()
Cut()	可以将文本框中的当前选定内容移动到"剪贴板"。使用格式为：文本框控件名.Cut()
Paste()	可以用剪贴板的内容替换文本框中的当前选定内容。使用格式为：文本框控件名.Paste()

3. 文本框控件(TextBox)的常用事件

文本框控件主要用作输入和显示，常用事件是 TextChanged，表示当文本框中的文本发生更改时，触发该事件。

【例 7-2】设计 Windows 应用程序，要求将一个人的姓名、电话、通信地址作为输入项，输入相应信息，单击【提交】按钮，在文本框显示这个人的联系信息。(源代码\ch07\7-2)

窗体中各对象的初始属性设置如表 7-10 所示。

表 7-10 各对象的初始属性设置

控 件	属 性	值	说 明
label1～label3	Name	label1、label2、label3	标签 1~3 在程序中使用的名称
	Text	姓名：、电话：、通讯地址：	标签 1~3 在初始状态下显示的内容
textBoxt1～textBox3	Name	txtName、txtPhone、txtAddress	文本框 1~3 在程序中使用的名称
textBox4	Name	txtInfo	文本框 4 控件在程序中使用的名称
	MultiLine	True	文本框支持多行文本
	Enabled	Fasle	使文本框不能编辑和选择
button1	Name	btnSubmit	按钮 1 在程序中使用的名称
	Text	提交	按钮 1 上显示的内容

事件代码如下：

```csharp
public partial class Form1 : Form
{
public Form1()
{
InitializeComponent();
}
private void Form1_Load(object sender, EventArgs e)
{
this.Text = "个人联系信息";
}
private void btnSubmit_Click(object sender, EventArgs e)
{
```

```
string ResultInfo;
ResultInfo = "姓名: " + txtName.Text + "\r\n";
ResultInfo += "电话: " + txtPhone.Text + "\r\n";
ResultInfo += "通讯地址: " + txtAddress.Text + "\r\n";
txtInfo.Text = ResultInfo;
}
}
```

运行上述程序，结果如图 7-16 所示。

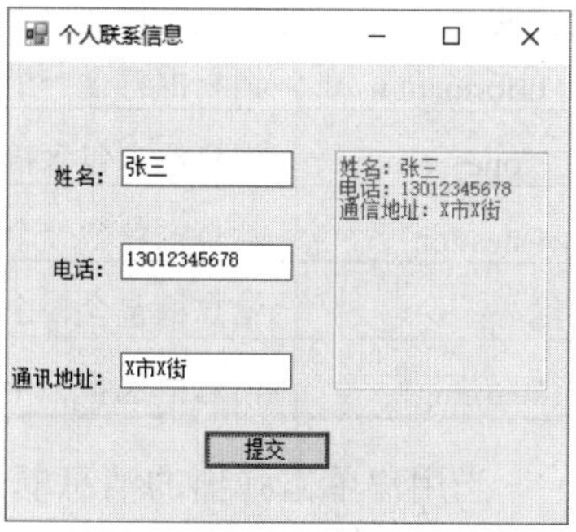

【案例剖析】

首先定义字符串型变量 ResultInfo，用于存储输入的信息，通过文本框的 Text 属性获取用户的输入，并赋值给变量 ResultInfo，并将该变量值赋值给结果文本框的 Text 属性。将上述功能代码编写在按钮 Click 事件中。

7.3.4 消息框(MessageBox)

消息框是一种预制的模式对话框，用于向用户显示文本消息。消息框(MessageBox)能根据编程需要，在应用软件使

图 7-16 个人联系信息

用过程中弹出可包含文本、按钮和符号的消息框。通过调用 MessageBox 类的静态 Show 方法来显示消息框。MessageBox 类的 Show 方法有若干使用组合，以下格式为典型应用：

`MessageBox.Show(String,String,MessageBoxButtons,MessageBoxIcon)`

该格式显示具有指定文本、标题、按钮和图标的消息框，参数说明如下。

(1) String。必选项，字符串类型，表示消息框的正文。

(2) String。可选项，字符串类型，表示消息框的标题。

(3) MessageBoxButtons。可选项，消息框的按钮设置，默认为只显示【确定】按钮。MessageBoxButtons 为枚举类型，其枚举值的使用说明如表 7-11 所示。

表 7-11 MessageBoxButtons 枚举值的使用说明

枚 举 值	说 明
AbortRetryIgnore	消息框包含"中止""重试"和"忽略"
OK	消息框包含"确定"按钮
OKCancel	消息框包含"确定"和"取消"按钮
RetryCancel	消息框包含"重试"和"取消"按钮
YesNo	消息框包含"是"和"否"按钮
YesNoCancel	消息框包含"是""否"和"取消"按钮

(4) MessageBoxIcon：可选项，枚举指定消息框包含的图标样式，默认为不显示任何图标。MessageBoxIcon 枚举值的使用说明如表 7-12 所示。

表 7-12 MessageBoxIcon 枚举值的使用说明

枚举值	说明
Asterisk	消息框包含一个符号，该符号是由一个圆圈及其中的小写字母组成的
Error	消息框包含一个符号，该符号是由一个红色背景的圆圈及其中的白色组成的
Exclamation	消息框包含一个符号，该符号是由一个黄色背景的三角形及其中的一个感叹号组成的
Hand	消息框包含一个符号，该符号是由一个红色背景的圆圈及其中的白色组成的
Information	消息框包含一个符号，该符号是由一个圆圈及其中的小写字母组成的
None	消息框未包含符号
Question	消息框包含一个符号，该符号是由一个圆圈及其中的一个问号组成的
Stop	消息框包含一个符号，该符号是由一个红色背景的圆圈及其中的白色组成的
Warning	消息框包含一个符号，该符号是由一个黄色背景的三角形及其中的一个感叹号组成的

当用户单击弹出的消息框的某个按钮时，系统会自动返回一个 DialogResult 枚举类型值，使用这个值可进一步完善程序的编程操作。Show 方法的返回值及其说明如表 7-13 所示。

表 7-13 Show 方法返回值

返回值	说明
None	从对话框返回了 Nothing。这表明有模式对话框继续运行
OK	通常从标签为"确定"的按钮发送
Cancel	通常从标签为"取消"的按钮发送
Abort	通常从标签为"中止"的按钮发送
Retry	通常从标签为"重试"的按钮发送
Ignore	通常从标签为"忽略"的按钮发送
Yes	通常从标签为"是"的按钮发送
No	通常从标签为"否"的按钮发送

【例 7-3】完善例 7-2，要求姓名、电话和通信地址输入不能为空，并且电话必须为数字。当姓名、电话或通讯地址为空、输入非数字型电话时，弹出警告对话框。(源代码\ch07\7-3)

```
public partial class Form1 : Form
{
public Form1()
{
InitializeComponent();
}
private void Form1_Load(object sender, EventArgs e)
{
this.Text = "个人联系信息";
}
private void btnSubmit_Click(object sender, EventArgs e)
{
```

```csharp
string ResultInfo;
string name = txtName.Text;
string phone = txtPhone.Text;
string address = txtAddress.Text;
if (name != "")
{
ResultInfo = "姓名：" + name + "\r\n";
}
else
{
MessageBox.Show("姓名不能为空", "错误", MessageBoxButtons.OK,
MessageBoxIcon.Error);
return;   //结束单击事件，终止程序的运行
}
if (phone != "")
{
ResultInfo += "电话：" + phone + "\r\n";
}
else
{
MessageBox.Show("电话不能为空", "错误", MessageBoxButtons.OK,
MessageBoxIcon.Error);
return;   //结束单击事件，终止程序的运行
}
if (address != "")
{
ResultInfo += "通讯地址：" + address + "\r\n";
}
else
{
MessageBox.Show("通讯地址不能为空", "错误", MessageBoxButtons.OK,
MessageBoxIcon.Error);
return;   //结束单击事件，终止程序的运行
}
bool IsNum = true;    //判断是否为数字
//以下循环实现对电话号码是否为数字的判断
for (int i = 0; i < phone.Length; i++)
{
if (!(char.IsDigit(phone[i])))
{
IsNum = false;
break;
}
}
if (!IsNum)
{
MessageBox.Show("电话号码必须为数字", "错误", MessageBoxButtons.OK,
MessageBoxIcon.Error);
return;   //结束单击事件，终止程序的运行
}
txtInfo.Text = ResultInfo;
}
}
```

运行上述程序，结果如图 7-17～图 7-20 所示。

图 7-17　姓名不能为空

图 7-18　电话不能为空

图 7-19　通讯地址不能为空

图 7-20　电话号码必须为数字

【案例剖析】

本例是在例 7-2 的基础上做的修改，使用了 if...else 语句来判断条件是否符合，如不符合用 MessageBox 消息框弹出错误提示。如果符合，则将输出的个人信息储存到已声明好的对应变量中去。

7.4　Windows 应用程序的结构和开发步骤

Windows 应用程序和控制台应用程序的基本结构基本一样，程序的执行总是从 Main()方法开始，主函数 Main()必须在一个类中。但 Windows 应用程序使用图形界面，一般有一个窗口(Form)，采用事件驱动方式工作。

7.4.1　Windows 应用程序的结构

一个标准的 Windows 窗体应用程序由窗体、控件及其事件所组成。当为应用程序设计用户的界面时，通常创建一个从 Form 派生的类。然后可以添加控件、设置属性、创建事件处理程序以及向窗体添加编程逻辑。

添加到窗体的每个组件(如文本框、按钮、标签等)都称为控件。Windows 窗体编程的一个重要方面就是控件编程。一般情况下，控件都是有自己的属性、方法以及它所特定的事件。控件编程的关键就是了解这些属性、方法和事件的用法。

事件是 Windows 应用程序的重要组成部分。Windows 应用程序是通过事件驱动的，整个程序的运行过程都离不开事件和事件处理。程序的编制也以事件处理为核心。

而在应用程序结束时，需要调用 Dispose()方法。当不再需要某个控件时，调用此方法。通常使用 Dispose()方法来及时释放大量的资源并移除对其他对象的引用，以便于它们可以由垃圾回收器进行回收。一般来说，在使用向导生成应用程序时，会自动为用户添加 Dispose()方法。

7.4.2　Windows 应用程序开发步骤

一般而言，编写一个 Windows 应用程序包含以下几个步骤。
(1) 创建和显示作为应用程序的主入口点的窗体。
(2) 向窗体添加编程所需要的控件。
(3) 设置控件的属性。
(4) 为控件编写事件处理程序。
(5) 关闭窗体，执行 Dispose()方法。

7.5　大 神 解 惑

小白：Windows 应用程序与控制台应用程序有什么不同？

大神：从表面上看：控制台应用程序运行时是在 DOS 环境下，或者模拟 DOS 环境运行的程序，运行时一般会启动一个提示符窗口。而应用程序是 Windows 环境下的窗口程序，运行时一般会启动一个窗口画面。实质上它们的 PE 文件结构不同，编译器会根据用户选择去构建生成的 EXE 文件的 PE 结构。

小白：什么是事件驱动？

大神：当对象有相关的事件发生时(如按下鼠标键)，对象产生一条特定的标识事件发生的消息，消息被送入消息队列，或不进入队列而直接发送给处理对象，主程序负责组织消息队列，将消息发送给相应的处理程序，使相应的处理程序执行相应的动作，做完相应的处理后将控制权交还给主程序。

7.6　跟我学上机

练习 1：设计一个应用程序，通过文本框输入一个人的基本信息，并对其进行输入验证，如果输入不合法，弹出提示对话框。

练习 2：模仿 Windows 系统的计算器，设计界面，完成简易型计算器，即具有"加、减、乘、除"运算功能。

练习 3：设计应用程序，将窗体标题设置为"我的第一个窗体"，运行时居于屏幕中央，没有最大化和最小化按钮，窗体大小不可调整。

第 8 章
Windows 应用程序开发进阶——高级窗体控件

Windows 应用程序是由窗体和控件组成的。通过使用控件可以高效地开发 Windows 应用程序。熟练掌握控件是合理、有效地进行程序开发的重要前提。本章详细介绍常用的高级窗体控件的使用。

本章目标(已掌握的在方框中打钩)

- ☐ 了解什么是菜单与工具栏控件。
- ☐ 掌握如何使用菜单与工具栏控件。
- ☐ 了解什么是列表视图和树视图控件。
- ☐ 掌握如何使用列表视图和树视图控件。
- ☐ 了解什么是选项卡控件。
- ☐ 掌握如何使用选项卡控件。
- ☐ 了解什么是通用对话框控件。
- ☐ 掌握如何使用通用对话框控件。
- ☐ 了解什么是 MDI 窗体。
- ☐ 掌握如何使用 MDI 窗体。

8.1 菜单与工具栏控件

在 Windows 环境下，几乎所有的应用程序都通过菜单和工具栏实现各种操作。下面对菜单和工具栏控件进行详细讲解。

8.1.1 菜单控件

在设计应用程序时，当操作比较简单时，一般通过控件来执行，而当操作复杂时，可利用菜单把有关的应用程序组织在一起，通过单击特定的菜单项执行特定的任务。菜单可以分为下拉菜单(MenuStrip)和快捷菜单(ContextMenuStrip)两类。

1. 下拉菜单(MenuStrip)

下拉式菜单由菜单栏、菜单标题和菜单项 3 部分组成。
(1) 菜单栏。菜单栏在窗体标题下方，包含每个菜单标题。
(2) 菜单标题。菜单标题又称为主菜单，包括命令列表或子菜单名等若干选择项。
(3) 菜单项。菜单项又称为子菜单，可以逐级下拉。菜单项可以是命令、选项、分隔条或子菜单标题。每个菜单项都是一个控件，有自己的属性和事件。

创建菜单的具体操作方法如下。

step 01 将 MenuStrip 添加到窗体，此时窗体的上方出现一个空菜单栏，并提示输入主菜单标题，如图 8-1 所示。

step 02 在输入框中输入主菜单标题，输入&符号被认为热键的标记，如(&F)，将会把 F 键作为该主菜单的热键。

step 03 添加主菜单后，可以在主菜单下方白色区域直接输入菜单名称，也可以单击鼠标右键，选择【插入】子菜单命令，如图 8-2 所示，选择菜单项的控件类型。

图 8-1 MenuStrip 控件

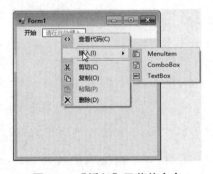

图 8-2 【插入】子菜单命令

step 04 如果子菜单中还有下级菜单，可以再按上述方法在子菜单项的右侧继续添加。

菜单项的控件类型为：菜单项 MenuItem、组合框 ComboBox、分隔符 Separator、文本框 TextBox。菜单项 MenuItem 和分隔符 Separator 比较常用。

> 注意：在子菜单空白区域输入"-"号可以直接创建分隔条；输入"&"符号作为执行标识。

下拉菜单(MenuStrip)一般情况下只需要使用 Click 事件。常用属性及说明如表 8-1 所示。

表 8-1 常用属性及说明

取 值	说 明
Enabled	通过 Enabled 属性，可以在运行时启用或禁用控件
Image	获取或设置显示在菜单项上的图像
ShortcutKeys	给菜单项指定一个快捷键
Show ShortcutKeys	指示是否在该菜单项上显示其快捷键
ShortcutKeyDisplayString	给菜单项的快捷键自定义一段描述信息
ToolTipText	在鼠标移动到菜单项时显示的提示信息

2. 快捷菜单(ContextMenuStrip)

快捷(级联)菜单——ContextMenuStrip 是比较常见的一种菜单，在其作用范围内，单击鼠标右键，即可弹出。创建快捷菜单方法和下拉菜单一样，属性事件及方法也相同，不再赘述。

创建快捷菜单之后，并不会在窗体中出现，并且单击右键也不会执行该菜单，必须让菜单与窗体或可见控件相关联。操作方法：选择希望单击右键弹出快捷菜单的对象，将该对象的 ContextMenuStrip 属性设置为快捷菜单对象即可。

【例 8-1】创建一个 Windows 应用程序，使用 MenuStrip 控件创建一个"编辑"菜单，包含子菜单剪切、复制、粘贴。(源文件\ch08\8-1)

具体操作步骤如下。

step 01 创建 Windows 应用程序，从工具箱中双击 MenuStrip 控件添加到窗体中，如图 8-1 所示。

step 02 在文本框中输入"编辑(&E)"就会产生"编辑(E)"，此处"&"将会被识别为确认快捷键字符，可使用 Alt+E 组合键打开。紧接着在【编辑】菜单下创建子菜单剪切(T)、复制(C)、粘贴(P)，如图 8-3 所示。

创建完毕后，运行结果如图 8-4 所示。

图 8-3 菜单创建过程

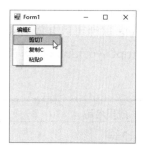

图 8-4 【编辑】菜单

8.1.2 工具栏(toolStrip)控件

工具栏在应用程序中表现为直观、快捷。它可以快速地执行和菜单项相同的命令，它一般由多个按钮排列组成。

1. 添加工具栏

将工具栏控件拖动到窗体中，在窗体中显示一个空白的工具栏，右边有一个带向下箭头的图标，单击该箭头可对工具栏添加项目，有 8 个类别可供添加，如图 8-5 所示。

(1) Button：工具按钮，是最常见的控件。

(2) Label：文本标签。

(3) SplitButton：一个左侧标准按钮和右侧下拉按钮的组合。它可以通过右侧下拉按钮所显示的列表选择一个左侧显示的按钮。

(4) DropDownButton：与 SplitButton 极其相似。它们之间的区别在于单击 SplitButton 左侧按钮时不会弹出下拉列表，而单击 DropDownButton 左侧按钮时会弹出下拉列表。两者的子菜单设置十分相近。

图 8-5　工具栏控件

(5) Separator：分隔线，用于对 ToolStrip 上的其他项进行分组。

(6) ComboBox：组合框。

(7) TextBox：文本框。

(8) ProgressBar：进度条。

2. 常用属性和事件

1) Items 属性

Items 属性可以获取属于 ToolStrip 的所有项，该属性为集合类型，下标 0 代表第 1 个类别项目，Count 属性代表集合的个数。

2) LayoutStyle 属性

LayoutStyle 属性可以获取或设置一个值，该值指示 ToolStrip 如何对项集合进行布局。该属性为 ToolStripLayoutStyle 枚举类型，枚举值及其说明如表 8-2 所示。

表 8-2　枚举值及其说明

成员名称	说　　明
StackWithOverflow	指定项按自动方式进行布局
HorizontalStackWithOverflow	指定项按水平方向进行布局且必要时会溢出
VerticalStackWithOverflow	指定项按垂直方向进行布局，在控件中居中且必要时会溢出
Flow	根据需要指定项按水平方向或垂直方向排列
Table	指定项的布局方式为左对齐

注意　工具栏中的每个类别项目都是一个控件，都可以有自己的属性和事件。

工具栏一般情况下只需要对各个类别项使用 Click 事件。

8.2 列表视图和树视图控件

除了上述控件外，在编写 WinForm 程序时，还会用到列表视图和树视图等控件。下面对列表视图和树视图控件进行详细讲解。

8.2.1 列表视图控件(ListView)

列表视图控件 ListView 显示带图标的项的列表，可以显示大图标、小图标和数据。可以实现类似于 Windows 操作系统的【查看】菜单选项的显示效果，如图 8-6 所示。

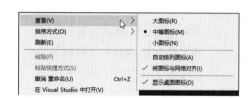

图 8-6　【查看】菜单选项

1．常用属性

(1) View 属性用于获取或设置项在控件中的显示方式，属性为 View 枚举类型，枚举值及其说明如表 8-3 所示。

表 8-3　枚举值及其说明

成员名称	说　　明
LargeIcon	每个项都显示为一个最大化图标，在它的下面有一个标签，相当于"缩略图"效果
Details	每个项显示在不同的行上，并带有关于列中所排列的各项的进一步信息。最左边的列包含一个小图标和标签，后面的列包含应用程序指定的子项。列显示一个标头，它可以显示列的标题。用户可以在运行时调整各列的大小。相当于"详细信息"效果
SmallIcon	每个项都显示为一个小图标，在它的右边带一个标签。相当于"图标"效果
List	每个项都显示为一个小图标，在它的右边带一个标签。各项排列在列中，没有列标头。相当于"列表"效果
Tile	每个项都显示为一个完整大小的图标，在它的右边带项标签和子项信息。显示的子项信息由应用程序指定。此视图仅在下面的平台上受支持：Windows XP 和 Windows Server 2003 系列。在之前的操作系统上，此值被忽略，并且 ListView 控件在 LargeIcon 视图中显示。相当于"平铺"效果

(2) SmallImageList 属性获取或设置 ImageList 对象，当项在控件中显示为小图标 SmallIcon 时使用。

(3) LargeImageList 属性获取或设置 ImageList 对象，当项在控件中显示为大图标 LargeIcon 时使用。

(4) ShowGroups 确定是否以分组形式显示项。

(5) Items 属性可以获取包含控件中所有项的集合。该集合对象还具有自己的属性和方法，常用属性及其说明如表 8-4 所示。

表 8-4 Items 集合对象的常用属性及其说明

属　　性	说　　明
SubItems	Items 属性的某项所包含的子项集合，该属性为集合类型，它还具有 Text、Name 常用属性
Text	项的标题
Group	该项所属的组
ImageIndex	该项显示的图像索引，只有控件的 SmallImageList 属性或 LargeImageList 属性设置了 ImageList，该项才启用
ImageKey	该项显示的图像名称，它与 ImageIndex 属性互相排斥，二者只能选其一

(6) Groups 属性获取分配给控件的 ListViewGroup 对象的集合。ListView 分组功能可以创建逻辑相关的 ListView 项的可视化组。每个组均由下面带有一条水平线的文本标题和分配给该组的项组成。该属性为集合类型，该集合对象还具有自己的属性和方法，常用属性及其说明如表 8-5 所示。

表 8-5 Groups 集合对象的常用属性及其说明

属　　性	说　　明
Header	组的文本标题
HeaderAlignment	可以将标题文字与控件进行左对齐、右对齐或居中对齐
Name	组的名称

只有将 ListView 控件的 View 属性设置为 List 以外的值，才会显示分配给 ListView 控件的所有组。

(7) Columns 属性可以获取控件中显示的所有列标题的集合。该集合对象还具有自己的属性和方法，常用属性及其说明如表 8-6 所示。

表 8-6 Columns 集合对象的常用属性及其说明

属　　性	说　　明
Text	项的标题
Name	列的名称
TextAlign	文本对齐方式
ImageIndex	该项显示的图像索引，只有控件的 SmallImageList 属性或 LargeImageList 属性设置了 ImageList，该项才启用
ImageKey	该项显示的图像名称，它与 ImageIndex 属性互相排斥，二者只能选其一

只有当 ListView 控件的 View 属性设置为 Details 时，该项才会显示；如果 ListView 控件没有任何指定的列标题并且 View 属性被设置为 Details，则 ListView 控件将不显示任何项。

2. Items 属性的常用方法

1) Add 方法

ListView 控件的 Items 属性拥有 Add 方法。使用 Add 方法可以向控件中添加新项,其语法格式如下:

```
public virtual ListViewItem Add(string text,int imageIndex);
```

text 为添加项的文本,imageIndex 为该项显示的图像索引。添加项的返回值将会被添加到 ListViewItem 集合中。

2) RemoveAt 方法和 Clear 方法

ListView 控件的 Items 属性拥有 RemoveAt 和 Clear 方法,使用这两种方法可以移除控件中的项。不同的是,RemoveAt 方法可以移除指定项,而 Clear 方法将会移除列表中的所有项。

使用 RemoveAt 方法的语法格式如下:

```
public virtual void RemoveAt(int index);
```

index 为从零开始的索引,类似于集合下标。

使用 Clear 方法的语法格式如下:

```
public virtual void Clear();
```

【例 8-2】创建一个 Windows 应用程序,在窗体中添加 3 个 button 按钮,它们的 text 属性分别为添加、移除、清空;一个 textbox,一个 ListView 控件,要求实现 listview 的添加、删除、清空功能。(源代码\ch08\8-2)

```csharp
public partial class Form1 : Form
{
public Form1()
{
InitializeComponent();
}
private void button1_Click(object sender, EventArgs e)
{
if(textBox1.Text=="")    //判断文本框是否有内容,没有就弹出警告
{
MessageBox.Show("内容不得为空");
}
else
{
listView1.Items.Add(textBox1.Text.Trim());
}
}
private void button2_Click(object sender, EventArgs e)
{
if(listView1.SelectedItems.Count==0)    //判断是否选择内容
{
MessageBox.Show("请选择想要删除的内容");
}
else
{
```

```
listView1.Items.RemoveAt(listView1.SelectedItems[0].Index);    //删除所选内容
listView1.SelectedItems.Clear();    //取消控件选择
}
}
private void button3_Click(object sender, EventArgs e)
{
if (listView1.Items.Count == 0)    //判断ListView中是否存在内容，没有就会警告
{
MessageBox.Show("内容为空");
}
else
{
listView1.Items.Clear();    //清空内容
}
}
}
```

运行上述程序，结果如图 8-7～图 8-9 所示。

图 8-7 listview 添加

图 8-8 listview 删除

图 8-9 listview 清空

【案例剖析】

本例演示了 listview 控件 item 属性的添加、删除、清空功能。可以看出，这些功能与集合的元素添加、删除、清空在使用方法上非常类似。

3. Group 集合常用方法

1) Add 方法

Group 集合同样有 Add 方法，使用 Add 方法可以将指定的 ListViewGroup 添加到集合。其语法如下：

```
public int Add(ListViewGroup group);
```

group 为添加到集合中的 ListViewGroup，返回值为该组在集合中的索引，如果集合中已存在该组，则为-1。

例如，向控件 listView1 添加一个分组，排列方式为左对齐，语法如下：

```
listView1.Groups.Add(new ListViewGroup("分组", HorizontalAlignment.Left));
```

2) RemoveAt 方法和 Clear 方法

RemoveAt 方法用于移除集合中指定索引位置的组，其语法如下：

```
public void RemoveAt(int index);
```

index 为要移除 ListViewGroup 集合中的索引。

Clear 方法是将集合中所有组进行移除操作，其语法如下：

```
public void Clear();
```

例如，移除 listView1 集合中所有组，语法如下：

```
listView1.Groups.Clear();
```

【例 8-3】创建一个 Windows 应用程序，在窗口中添加一个 listview 控件，将 View 属性设置为 SmallIcon。使用 Group 集合 Add 方法创建两个组，分别为姓名和性别，左对齐。使用 Items 属性 Add 方法添加 4 项，设置 Group 属性进行分组。(源代码\ch08\8-3)

```
public partial class Form1 : Form
{
public Form1()
{
InitializeComponent();
}
private void Form1_Load(object sender, EventArgs e)
{
listView1.View = View.SmallIcon;    //设置View属性
listView1.Groups.Add(new ListViewGroup("姓名", HorizontalAlignment.Left));
//建立两个组
listView1.Groups.Add(new ListViewGroup("性别", HorizontalAlignment.Left));
listView1.Items.Add("张三");    //添加项目
listView1.Items.Add("李四");
listView1.Items.Add("18");
listView1.Items.Add("19");
listView1.Items[0].Group = listView1.Groups[0];    //将索引为0和1的项添加到1分组
listView1.Items[1].Group = listView1.Groups[0];
listView1.Items[2].Group = listView1.Groups[1];    //将索引为2和3的项添加到2分组
listView1.Items[3].Group = listView1.Groups[1];
}
}
```

运行上述程序，结果如图 8-10 所示。

【案例剖析】

本例演示了如何使用 Group 集合将 Items 属性中的项进行分组，在分组时使用索引方式区分每个项，与数组集合的下标非常类似。

图 8-10 Group 集合示例

4. ListView 控件图标添加与平铺视图

1) 为 ListView 控件项添加图标

使用 ImageList 控件可以为 ListView 控件中的项添加图标。ListView 拥有 SmallImageList、LargeImageList 和 StateImageList 属性，通过它们可以设置指定图像列表或一组附加图标的显示。

【例 8-4】创建一个 Windows 应用程序，在窗口添加 ListView 控件、ImageList 控件。设置 ListView 控件的 LargeImageList 和 SmallImageList 属性为控件 ImageList。通过代码为 ImageList 控件添加图像，使得 ListView 中的项能够显示图像。(源代码\ch08\8-4)

```
public partial class Form1 : Form
{
public Form1()
{
InitializeComponent();
}
private void Form1_Load(object sender, EventArgs e)
{
listView1.LargeImageList = imageList1;    //设置 ListView1 的 LargeImageList 和
//SmallImageList 属性
listView1.SmallImageList = imageList1;
imageList1.ImageSize = new Size(36, 35);    //设置 imageList1 控件图标尺寸
imageList1.Images.Add((Image.FromFile("1.jpg")));    //向 imageList1 中添加两个图标
imageList1.Images.Add((Image.FromFile("1.jpg")));
listView1.Items.Add("C#");    //向 listView1 中添加两项
listView1.Items.Add("C");
listView1.Items[0].ImageIndex = 0;    //设置 listView1 中项的图标索引
listView1.Items[1].ImageIndex = 1;
}
}
```

运行上述程序，结果如图 8-11 所示。

【案例剖析】

本例演示了如何为 ListView 控件中的项添加图标。图像的设置可以在代码中实现，也可以在窗体中 ImageList 控件上的三角展开项设置，也可以在【属性】窗口中 Images 属性旁的省略号按钮中设置。如果在代码中为 ImageList 添加图标，它的路径如果在程序目录下(\bin\Debug)，可以直接使用图片名称，否则要写绝对路径，如 E:\test\ch08\8-4。

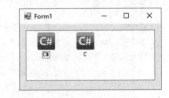

图 8-11　为 ListView 项添加图标

2) 在 ListView 控件中启用平铺视图

结合分组功能或者插入标记功能可以在 ListView 控件中启用平铺视图，这样做的好处是能够在图形信息和文本信息之间提供一种视觉平衡。启动平铺视图需要将 View 属性设置为 Tile，通过对 TileSize 属性的设置来调节平铺的大小。

【例 8-5】创建一个 Windows 应用程序，在窗体中添加 ListView 控件、ImageList 控件，启用平铺视图，为 ListView 中的项添加图标，实现项的平铺。(源代码\ch08\8-5)

```
public partial class Form1 : Form
{
public Form1()
{
InitializeComponent();
}
private void Form1_Load(object sender, EventArgs e)
{
listView1.View = View.Tile;    //设置 listview1 控件的 View 属性
listView1.TileSize = new Size(100, 50);    //设置 listview1 控件的属性 TileSize，
```

```
//设置平铺的宽为100，高为50
listView1.LargeImageList = imageList1;
imageList1.Images.Add((Image.FromFile("1.jpg")));    //添加图片
imageList1.Images.Add((Image.FromFile("2.jpg")));
listView1.Items.Add("C#4.0");
listView1.Items.Add("C#6.0");
listView1.Items.Add("C");
listView1.Items[0].ImageIndex = 0;
listView1.Items[1].ImageIndex = 0;
listView1.Items[2].ImageIndex = 1;
    }
}
```

运行上述程序，结果如图 8-12 所示。

【案例剖析】

本例演示的是对 ListView 控件中的项启用平铺视图。在启用了平铺属性后，设置好平铺的尺寸，只需要对 ListView 中的项一一对应它们的图标索引就可以完成平铺的操作。

图 8-12　平铺视图

8.2.2　树视图控件(TreeView)

树控件 TreeView 为用户显示节点层次结构，就像在 Windows 操作系统的 Windows 资源管理器功能的左窗格中显示文件和文件夹一样。

树视图中的各个节点可能包含其他节点，被包含的节点称为子节点。可以按展开或折叠的方式显示父节点。TreeNode 类表示 TreeView 的节点。TreeNodeCollection 类表示 TreeNode 对象的集合。

1．常用属性

TreeView 控件常用属性及其说明如表 8-7 所示。

表 8-7　TreeView 控件常用属性及其说明

属　性	说　明
Nodes	获取分配给树视图控件的树节点集合。该属性的类型是 TreeNodeCollection。使用 Add、Remove 和 RemoveAt 方法能够在树节点集合中添加和移除各个树节点；使用 Level 属性获取节点的深度，根结点深度为 0，依次类推
SelectedNode	获取或设置当前在树视图控件中选定的树节点。如果当前未选定任何 TreeNode，SelectedNode 属性则为空引用。当选定节点的父节点或任何祖先节点以编程方式或通过用户的操作折叠时，折叠的节点将成为选定的节点
SelectedValue	获取选定节点的值

2. Nodes 属性常用方法

1) Add 方法

使用 Nodes 属性的 Add 方法能够向控件中添加节点，其语法如下：

```
public virtual int Add(TreeNode node);
```

node 为添加到集合中的 TreeNode，它的返回值为添加到树节点集合中的 TreeNode 由 0 开始的索引值。

【例 8-6】创建一个 Windows 应用程序，向窗口中添加 TreeView 控件，通过使用 Nodes 属性的 Add 方法添加父节点与子节点。(源代码\ch08\8-6)

```
public partial class Form1 : Form
{
public Form1()
{
InitializeComponent();
}
private void Form1_Load(object sender, EventArgs e)
{
TreeNode f1 = treeView1.Nodes.Add("姓名");     //建立3个父节点
TreeNode f2 = treeView1.Nodes.Add("学院");
TreeNode f3 = treeView1.Nodes.Add("班级");
TreeNode z1 = new TreeNode("张三");    //建立子节点
TreeNode z2 = new TreeNode("李四");
f1.Nodes.Add(z1);    //将子节点添加到f1父节点中
f1.Nodes.Add(z2);
TreeNode z3 = new TreeNode("信息工程");    //建立子节点
TreeNode z4 = new TreeNode("语言文化");
f2.Nodes.Add(z3);    //将子节点添加到f2父节点中
f2.Nodes.Add(z4);
TreeNode z5 = new TreeNode("计算机2班");    //建立子节点
TreeNode z6 = new TreeNode("外语系3班");
f3.Nodes.Add(z5);    //将子节点添加到f3父节点中
f3.Nodes.Add(z6);
}
}
```

运行上述程序，结果如图 8-13 所示。

【案例剖析】

本例演示了如何添加节点，分别创建父节点与子节点，再通过 Add 方法将子节点分门别类地添加给它们所属的父节点。

2) Remove 方法

使用 Nodes 属性的 Remove 方法能够将树节点集合中的指定节点移除，其语法如下：

图 8-13　Add 方法

```
public void Remove(TreeNode node);
```

node 为要移除的节点 TreeNode。

【例 8-7】创建一个 Windows 应用程序，在窗体中添加 button 控件，修改例 8-6，使用 Nodes 属性的 Remove 方法移除选中的子节点。(源代码\ch08\8-7)

```csharp
public partial class Form1 : Form
{
public Form1()
{
InitializeComponent();
}
private void Form1_Load(object sender, EventArgs e)
{
TreeNode f1 = treeView1.Nodes.Add("姓名");    //建立 3 个父节点
TreeNode f2 = treeView1.Nodes.Add("学院");
TreeNode f3 = treeView1.Nodes.Add("班级");
TreeNode z1 = new TreeNode("张三");    //建立子节点
TreeNode z2 = new TreeNode("李四");
f1.Nodes.Add(z1);    //将子节点添加到 f1 父节点中
f1.Nodes.Add(z2);
TreeNode z3 = new TreeNode("信息工程");    //建立子节点
TreeNode z4 = new TreeNode("语言文化");
f2.Nodes.Add(z3);    //将子节点添加到 f2 父节点中
f2.Nodes.Add(z4);
TreeNode z5 = new TreeNode("计算机 2 班");    //建立子节点
TreeNode z6 = new TreeNode("外语系 3 班");
f3.Nodes.Add(z5);    //将子节点添加到 f3 父节点中
f3.Nodes.Add(z6);
}
private void button1_Click(object sender, EventArgs e)
{
if (treeView1.SelectedNode.Text == "姓名" || treeView1.SelectedNode.Text == "学院" ||
treeView1.SelectedNode.Text == "班级")
{
MessageBox.Show("请选择子节点进行删除");
}
else
{
treeView1.Nodes.Remove(treeView1.SelectedNode);
}
}
}
```

运行上述程序，结果如图 8-14、图 8-15 所示。

图 8-14　删除前子节点

图 8-15　删除后子节点

【案例剖析】

本案例演示的是 Nodes 属性的 Remove 方法，通过修改例 8-6 对子节点增加删除功能，该方法与之前学到的集合、ListView 控件移除方法类似。

3. 常用事件

TreeView 控件常用事件及说明如表 8-8 所示。

表 8-8　TreeView 控件常用事件及其说明

事　件	说　明
AfterCollapse	在折叠树节点后发生
AfterExpand	在展开树节点后发生
AfterSelect	在选定树节点后发生
BeforeCollapse	在折叠树节点前发生
BeforeExpand	在展开树节点前发生
BeforeSelect	在选定树节点前发生

【例 8-8】创建一个 Windows 应用程序，在窗体中添加 TreeView 和 Label 控件，在 TreeView 控件的 AfterSelect 事件中获取被选中节点的文本并显示在标签中。(源代码\ch08\8-8)

```csharp
public partial class Form1 : Form
{
public Form1()
{
InitializeComponent();
}
private void Form1_Load(object sender, EventArgs e)
{
TreeNode f1 = treeView1.Nodes.Add("姓名");    //建立3个父节点
TreeNode f2 = treeView1.Nodes.Add("学院");
TreeNode f3 = treeView1.Nodes.Add("班级");
TreeNode z1 = new TreeNode("张三");    //建立子节点
TreeNode z2 = new TreeNode("李四");
f1.Nodes.Add(z1);    //将子节点添加到f1父节点中
f1.Nodes.Add(z2);
TreeNode z3 = new TreeNode("信息工程");    //建立子节点
TreeNode z4 = new TreeNode("语言文化");
f2.Nodes.Add(z3);    //将子节点添加到f2父节点中
f2.Nodes.Add(z4);
TreeNode z5 = new TreeNode("计算机2班");    //建立子节点
TreeNode z6 = new TreeNode("外语系3班");
f3.Nodes.Add(z5);    //将子节点添加到f3父节点中
f3.Nodes.Add(z6);
}
private void treeView1_AfterSelect(object sender, TreeViewEventArgs e)
{
label1.Text = "被选中的节点为：" + e.Node.Text;    //获取被选中节点的内容
}
}
```

运行上述程序，结果如图 8-16 所示。

【案例剖析】

本例演示了 AfterSelect 事件，当树节点被选中之后就会触发 AfterSelect 事件，通过 Label 控件可以得到事件触发后所获得的返回文本。

4．树控件节点的图标设置

使用 ImageList 与 ListView 控件结合可以使得 ListView 中的项拥有图标。同样地，通过 ImageList 控件与 TreeView 控件相结合能够在每个节点的左侧拥有自己的图标。它的操作步骤如下。

图 8-16　AfterSelect 事件

(1) 将 TreeView 控件的 ImageList 属性设置为 ImageList 控件，设置代码如下：

```
treeView1.ImageList=imageList1;
```

(2) 通过结合 ImageList 控件，将 TreeView 控件节点的 ImageIndex 属性索引设置成所要显示的图标，设置 SelectedImageIndex 属性索引为想要显示的图标，设置代码如下：

```
treeView1.ImageIndex=0;
treeView1.SelectedImageIndex=1;
```

【例 8-9】创建一个 Windows 应用程序，在窗体中添加 TreeView 控件和 ImageList 控件，设置 ImageIndex 属性和 SelectedImageIndex 属性，使节点在正常和被选中状态下拥有图标显示。(源代码\ch08\8-9)

```
public partial class Form1 : Form
{
public Form1()
{
InitializeComponent();
}
private void Form1_Load(object sender, EventArgs e)
{
TreeNode f1 = treeView1.Nodes.Add("姓名");    //建立 3 个父节点
TreeNode f2 = treeView1.Nodes.Add("学院");
TreeNode f3 = treeView1.Nodes.Add("班级");
TreeNode z1 = new TreeNode("张三");    //建立子节点
TreeNode z2 = new TreeNode("李四");
f1.Nodes.Add(z1);    //将子节点添加到 f1 父节点中
f1.Nodes.Add(z2);
TreeNode z3 = new TreeNode("信息工程");    //建立子节点
TreeNode z4 = new TreeNode("语言文化");
f2.Nodes.Add(z3);    //将子节点添加到 f2 父节点中
f2.Nodes.Add(z4);
TreeNode z5 = new TreeNode("计算机 2 班");    //建立子节点
TreeNode z6 = new TreeNode("外语系 3 班");
f3.Nodes.Add(z5);    //将子节点添加到 f3 父节点中
f3.Nodes.Add(z6);
imageList1.Images.Add((Image.FromFile("1.jpg")));    //添加图标
imageList1.Images.Add((Image.FromFile("2.jpg")));
```

```
treeView1.ImageList = imageList1;
treeView1.ImageIndex = 0;            //设置 ImageIndex 属性显示的图标
treeView1.SelectedImageIndex = 1;    //设置 SelectedImageIndex 属性显示的图标
}
}
```

运行上述程序，结果如图 8-17 所示。

【案例剖析】

本例演示了如何为 TreeView 控件中的节点添加图标，与 ListView 相同，也是通过和 ImageList 控件相结合，设置 ImageIndex 和 SelectedImageIndex 属性的索引来为节点添加图标。在为 ImageList 控件添加图像时注意其路径。

图 8-17　为 TreeView 控件节点添加图标

8.3　选项卡控件(TabControl)

选项卡控件(TabControl)可以添加多个选项卡，然后在选项卡中添加控件。选项卡控件可以把窗体设计成多页，使窗体的功能划分为多个部分。对于一个窗体的内容较多且有分类效果，特别适合使用选项卡控件。

1．常用属性

选项卡控件(TabControl)常用属性及其说明如表 8-9 所示。

表 8-9　选项卡控件常用属性及其说明

属　　性	说　　明
Appearance	获取或设置控件选项卡的可视外观。属性值为 TabAppearance 枚举类型，枚举值 Normal 表示该选项卡具有选项卡的标准外观；Buttons 表示选项卡具有三维按钮的外观。FlatButtons 表示选项卡具有平面按钮的外观
SelectedIndex	获取或设置当前选定的选项卡页的索引。0 代表第 1 个选项卡页面，依次类推
SelectedTab	获取或设置当前选定的选项卡页
TabCount	获取选项卡条中选项卡的数目
TabPages	获取该选项卡控件中选项卡页的集合，通过 TabPages 集合编辑器添加删除选项卡页

【例 8-10】创建一个 Windows 应用程序，在窗体中添加一个 TabControl 控件和 ImageList 控件，设置 Appearance 属性，使得选项卡拥有三维按钮外观。(源代码\ch08\8-10)

```
public partial class Form1 : Form
{
public Form1()
{
InitializeComponent();
}
private void Form1_Load(object sender, EventArgs e)
```

```
{
tabControl1.ImageList = imageList1;
tabPage1.ImageIndex = 0;    //设置选项卡的图标
tabPage2.ImageIndex = 0;
tabControl1.Appearance = TabAppearance.Buttons;   //将 Appearance 属性设置为
//Buttons，使得选项卡具有三维按钮外观
}
}
```

运行上述程序，结果如图 8-18 所示。

【案例剖析】

本例演示了通过设置 TabControl 控件的 Appearance 属性，使得选项卡具有三维按钮的外观。

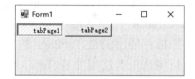

图 8-18 设置三维按钮外观

2. 常用方法

1) Add 方法

使用 TabPage 的 Control 属性 Add 方法能够在选项卡中添加控件，而若想新增选项卡则需要使用 TabPages 属性 Add 方法。

使用 TabPage 的 Control 属性 Add 方法可将指定控件添加到控件的集合中，其语法如下：

```
public virtual void Add(Control value);
```

value 是将要添加到控件集合中的控件。

一般情况下，TabControl 包含有两个选项卡，使用 TabPages 属性 Add 方法可将 TabPage 添加到集合中，其语法如下：

```
public void Add(TabPage value);
```

value 为将要添加的选项卡 TabPage。

【例 8-11】创建一个 Windows 应用程序，向窗体中添加一个 TabControl 控件和一个 ImageList 控件，为 tabPage2 添加一个按钮控件"测试"，然后使用 Add 方法增加一个新的选项卡 tabPage3。(源代码\ch08\8-11)

```
public partial class Form1 : Form
{
public Form1()
{
InitializeComponent();
}
private void Form1_Load(object sender, EventArgs e)
{
tabControl1.ImageList = imageList1;
tabPage1.ImageIndex = 0;    //设置选项卡的图标
tabPage2.ImageIndex = 0;
tabControl1.Appearance = TabAppearance.Buttons;   //将 Appearance 属性设置为
//Buttons，使得选项卡具有三维按钮外观
Button b = new Button();    //实例化一个 button 按钮
b.Text = "测试";
tabPage1.Controls.Add(b);   //使用 Controls 属性 Add 方法将按钮添加到 tabPage1 中
string tp3 = "tabPage3";    //新的选项卡名称
```

```
TabPage t = new TabPage(tp3);      //实例化 tabPage
tabControl1.TabPages.Add(t);       //使用 TabPages 属性的 Add 方法添加新的选项卡
tabControl1.SizeMode=TabSizeMode.Fixed;    //设置选项卡的尺寸为 Fixed
    }
}
```

运行上述程序，结果如图 8-19 所示。

【案例剖析】

本例演示了如何为 tabPage 添加控件以及如何为 TabControl 控件新增选项卡，需要注意的是为 tabPage 添加控件使用的是 TabPage 的 Control 属性 Add 方法，而新增选项卡使用的是 TabControl 控件的 TabPages 属性 Add 方法，两者要区别开。

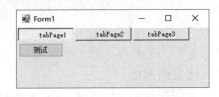

图 8-19 Add 方法

2) Remove 方法

使用 TabPages 属性的 Remove 方法可以将集合中的选项卡进行移除操作，其语法如下：

```
public void Remove(TabPage value);
```

其中 value 是要移除的选项卡且不能为空。

【例 8-12】创建一个 Windows 应用程序，在窗体中添加一个 TabControl 控件，两个 button 控件，button1 实现添加选项卡功能，button2 实现删除指定选项卡功能。(源代码\ch08\8-12)

```
public partial class Form1 : Form
{
public Form1()
{
InitializeComponent();
}
private void Form1_Load(object sender, EventArgs e)
{
tabControl1.ImageList = imageList1;
tabPage1.ImageIndex = 0;    //设置选项卡的图标
tabPage2.ImageIndex = 0;
tabControl1.Appearance = TabAppearance.Buttons;    //将 Appearance 属性设置为
//Buttons，使得选项卡具有三维按钮外观
}
private void button1_Click(object sender, EventArgs e)
{
string tp = "tabPage"+(tabControl1.TabCount+1).ToString();    //新的选项卡名称
TabPage t = new TabPage(tp);      //实例化 tabPage
tabControl1.TabPages.Add(t);      //使用 TabPages 属性的 Add 方法添加新的选项卡
tabControl1.SizeMode = TabSizeMode.Fixed;    //设置选项卡的尺寸为 Fixed
}
private void button2_Click(object sender, EventArgs e)
{
if (tabControl1.SelectedIndex == 0)    //判断是否选择选项卡
{
MessageBox.Show("请选择需要删除的选项卡");
}
else
```

```
{
    tabControl1.TabPages.Remove(tabControl1.SelectedTab);    //将选择的选项卡删除
}
}
}
```

运行上述程序，结果如图 8-20、图 8-21 所示。

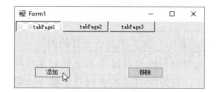

图 8-20　增加选项卡

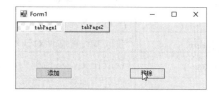

图 8-21　删除选项卡

【案例剖析】

本例演示的是使用 Button 控件对 TabControl 控件进行增加选项卡和删除选项卡的操作。增加操作代码使用的是 TabPages 属性的 Add 方法，而删除操作代码使用的是 TabPages 的 Remove 方法，选项卡的第一条默认不能被删除。

3) Clear 方法

删除所有选项卡操作可使用 TabPages 属性的 Clear 方法，使用此方法能够将集合中所有选项卡进行移除，其语法如下：

```
public virtual void Clear();
```

例如，删除 tabControl1 中所有选项卡，代码如下：

```
tabControl1.TabPages.Clear();
```

8.4　通用对话框控件

通用对话框控件是一种 ActiveX 控件，是可以用来做如打开、保存、字体等通用对话框的操作。下面对 C#常用的通用对话框进行讲解。

8.4.1　打开文件对话框(OpenFileDialog)

打开文件对话框(OpenFileDialog)，顾名思义，是通过路径选择，打开某种文件的对话框。

1. 常用的基本属性

打开文件对话框(OpenFileDialog)常用属性及其说明如表 8-10 所示。

表 8-10　打开文件对话框(OpenFileDialog)常用属性及其说明

属　性	说　明
InitialDirectory	获取或设置文件对话框显示的初始目录
RestoreDirectory	设置对话框在关闭前是否还原当前目录(InitialDirectory 目录)，默认为 false
Filter	获取或设置当前文件名筛选器字符串，例如，"文本文件(*.txt)|*.txt|所有文件(*.*)|*.*"
FilterIndex	获取或设置文件对话框中当前选定筛选器的索引，索引项是从 1 开始的
FileName	获取在文件对话框中选定打开的文件的完整路径或设置显示在文件对话框中的文件名。注意，如果是多选(Multiselect)的话，获取的将是在选择对话框中排第一位的文件名，不论你的选择顺序
FileNames	获取对话框中所有选定文件的完整路径
SafeFileName	获取在文件对话框中选定的文件名
SafeFileNames	获取对话框中所有选定文件的文件名
Multiselect	设置是否允许选择多个文件，默认为 false
Title	获取或设置文件对话框标题，默认值为"打开"
CheckFileExists	在对话框返回之前，如果用户指定的文件不存在，对话框是否显示警告，默认为 true
CheckPathExists	在对话框返回之前，如果用户指定的路径不存在，对话框是否显示警告，默认为 true
ShowHelp	设置文件对话框中是否显示"帮助"按钮，默认为 false
DereferenceLinks	设置是否返回快捷方式引用的 exe 文件的位置，默认为 true
ShowReadOnly	设置文件对话框是否包含只读复选框，默认为 false
ReadOnlyChecked	设置是否选定只读复选框，默认为 false，需要 ShowReadOnly 属性=true

2. 常用方法

(1) ShowDialog()方法，用来弹出对话框。

(2) OpenFile()方法，用来打开用户选定的具有只读权限的文件。

3. 常用事件

(1) FileOk，当用户单击文件对话框中的【打开】或【保存】按钮时发生。

(2) HelpRequest，当用户单击通用对话框中【帮助】按钮时发生。

【例 8-13】创建一个 Windows 应用程序，在窗体中添加 OpenFileDialog 和一个 Button 控件，用于演示打开对话框的基本用法。(源代码\ch08\8-13)

```
public partial class Form1 : Form
{
public Form1()
{
InitializeComponent();
}
private void button1_Click(object sender, EventArgs e)
{
OpenFileDialog op = new OpenFileDialog();
op.InitialDirectory = @"E:\";   //对话框初始路径
op.Filter = "C#文件(*.cs)|*.cs|文本文件(*.txt)|*.txt|所有文件(*.*)|*.*";
op.FilterIndex = 2;    //默认就选择在文本文件(*.txt)过滤条件上
```

```
op.DereferenceLinks = false;    //返回快捷方式的路径而不是快捷方式映射的文件的路径
op.Title = "打开对话框实例";
op.RestoreDirectory = true;     //每次打开都回到InitialDirectory设置的初始路径
op.ShowHelp = true;     //对话框"帮助"按钮
op.ShowReadOnly = true;     //对话框"只读打开"的复选框
op.ReadOnlyChecked = true;      //默认"只读打开"复选框勾选
op.HelpRequest += new EventHandler(op_HelpRequest);    //注册帮助按钮的事件
if (op.ShowDialog() == DialogResult.OK)
{
string filePath = op.FileName;    //文件路径
string fileName = op.SafeFileName;   //文件名
}
}
private void op_HelpRequest(object sender, EventArgs e)    //帮助说明内容
{
MessageBox.Show("这是帮助说明");
}
}
```

运行上述程序,结果如图 8-22 所示。

图 8-22　打开文件对话框

【案例剖析】

本例演示了打开文件对话框的功能,代码中涉及许多基本属性的设置以及 ShowDialog 方法获取选中文件的路径以及文件名,通过设置【帮助】按钮属性以及触发帮助事件来弹出帮助说明的具体内容。

8.4.2　保存文件对话框(SaveFileDialog)

保存文件对话框(SaveFileDialog)与平时使用 Windows 相关软件的保存功能相同,通过打开一个保存对话框供用户进行保存文件的相关操作。

1. 常用基本属性

保存文件对话框(SaveFileDialog)常用的基本属性及其说明如表 8-11 所示。

表 8-11 保存文件对话框(SaveFileDialog)常用属性及其说明

属 性	说 明
InitialDirectory	获取或设置文件对话框显示的初始目录
RestoreDirectory	设置对话框在关闭前是否还原当前目录(InitialDirectory 目录)，默认为 false
Filter	获取或设置当前文件名筛选器字符串，例如，"文本文件(*.txt)|*.txt|所有文件(*.*)|*.*"
FilterIndex	获取或设置文件对话框中当前选定筛选器的索引，索引项是从 1 开始的
FileName	获取在文件对话框中选定保存文件的完整路径或设置显示在文件对话框中要保存的文件名
Title	获取或设置文件对话框标题，默认值为"另存为"
AddExtension	设置如果用户省略扩展名，对话框是否自动在文件名中添加扩展名，默认为 true
DefaultExt	获取或设置默认文件扩展名
CheckFileExists	在对话框返回之前，如果用户指定的文件不存在，对话框是否显示警告，默认为 false，与 openFileDialog 相反
CheckPathExists	在对话框返回之前，如果用户指定的路径不存在，对话框是否显示警告，默认为 false，与 openFileDialog 相反
OverwritePrompt	在对话框返回之前，如果用户指定保存的文件名已存在，对话框是否显示警告，默认为 true
CreatePrompt	在保存文件时，如果用户指定的文件不存在，对话框是否提示"用户允许创建该文件"，默认为 false
ShowHelp	设置文件对话框中是否显示【帮助】按钮，默认为 false
DereferenceLinks	设置是否返回快捷方式引用的 exe 文件的位置，默认为 true

2. 常用方法

ShowDialog()方法，用来弹出文件对话框。

3. 常用事件

(1) FileOK，当用户单击文件对话框中的【打开】或【保存】按钮时发生。

(2) HelpRequest，当用户单击通用对话框中的【帮助】按钮时发生，前提是 ShowHelp 属性要设置为 true。

【例 8-14】创建一个 Windows 应用程序，在窗体中添加一个 SaveFileDialog 和一个 Button 控件，用于演示保存文件对话框的基本用法。(源代码\ch08\8-14)

```
public partial class Form1 : Form
{
public Form1()
{
InitializeComponent();
}
private void button1_Click(object sender, EventArgs e)
```

```
{
SaveFileDialog s = new SaveFileDialog();
s.InitialDirectory = @"E:\";    //对话框初始路径
s.FileName = "测试.txt";    //默认保存的文件名
s.Filter = "C#文件(*.cs)|*.cs|文本文件(*.txt)|*.txt|所有文件(*.*)|*.*";
s.FilterIndex = 2;    //默认就选择在文本文件(*.txt)过滤条件上
s.DefaultExt = ".xml";    //默认保存类型,如果过滤条件选"所有文件(*.*)"且保存名没写后
//缀,则补充上该默认值
s.DereferenceLinks = false;    //返回快捷方式的路径而不是快捷方式映射的文件的路径
s.Title = "保存对话框";
s.RestoreDirectory = true;    //每次打开都回到InitialDirectory设置的初始路径
s.ShowHelp = true;    //对话框"帮助"按钮
s.HelpRequest += new EventHandler(s_HelpRequest);    //注册帮助按钮的事件
if (s.ShowDialog() == DialogResult.OK)
{
string filePath = s.FileName;    //文件路径
}
}
private void s_HelpRequest(object sender, EventArgs e)    //帮助说明内容
{
MessageBox.Show("这是帮助说明");
}
}
```

运行上述程序,结果如图 8-23 所示

图 8-23 保存文件对话框

【案例剖析】

本例演示了如何通过编写代码使用保存文件对话框(SaveFileDialog)控件,使用此控件与打开文件对话框的使用方法十分相像,通过设置对话框初始打开路径、默认保存文件名以及保存类型、帮助说明按钮等来完成保存文件对话框代码的编写。

8.4.3 选择目录对话框(FolderBrowserDialog)

选择目录对话框(FolderBrowserDialog)是应用程序中经常用到的。它能让用户选择一个系统中的特定的文件目录,在安装程序以及媒体播放器中有大量的运用。

1. 常用基本属性

选择目录对话框(FolderBrowserDialog)常用的基本属性及其说明如表 8-12 所示。

表 8-12 选择目录对话框(FolderBrowserDialog)常用的基本属性及其说明

属 性	说 明
Description	获取或设置对话框中在树视图控件上显示的说明文本
RootFolder	获取或设置从其开始浏览的根文件夹，该属性返回的是 SpecialFolder 类型的数据
SelectedPath	获取或设置用户选定的目录的完整路径
ShowNewFolderButton	设置是否显示【新建文件夹】按钮在文件夹浏览对话框中(默认为 true)

2. 常用方法

ShowDialog()方法，用于弹出对话框。

【例 8-15】创建一个 Windows 应用程序，在窗体中添加 FolderBrowserDialog 和 Button 控件，用于演示选择目录对话框的基本用法。(源代码\ch08\8-15)

```
public partial class Form1 : Form
{
public Form1()
{
InitializeComponent();
}
private void button1_Click(object sender, EventArgs e)
{
FolderBrowserDialog fb = new FolderBrowserDialog();
fb.RootFolder = Environment.SpecialFolder.Desktop;     //设置默认根目录是桌面
fb.Description = "请选择文件的目录:";       //设置对话框说明
if (fb.ShowDialog() == DialogResult.OK)
{
string filePath = fb.SelectedPath;
}
}
}
```

运行上述程序，结果如图 8-24 所示。

图 8-24 选择目录对话框

【案例剖析】

本例演示了选择目录对话框控件的基本用法，首先实例化 FolderBrowserDialog 对象，设置对话框打开时的默认根目录，并为对话框设置相应的说明文字，最后将选中文件的路径返回值赋给变量 string。

8.5 多文档编程(MDI 窗体)

在实际应用中，经常会有这类窗体，所有的窗体共享菜单和工具栏，并且文档窗体都显示在主窗体内，不能移出主窗体，随着主窗体的关闭而关闭。例如，Visual Studio 2017 开发工具就是一个多文档窗体，创建的各类文档窗体都显示在主窗体内。这类窗体称为多文档界面(MDIMulitple-Document Interface)。

MDI 窗体的应用非常广泛。例如，某公司的进存销管理系统软件，需要输入客户和货品数据、发出订单以及跟踪订单。这些窗体必须链接或者从属于一个界面，并且必须能够同时处理多个文件。这样，就需要建立 MDI 窗体以解决这些需求。在 C#语言中，提供了为实现MDI 程序设计的很多功能。

1. MDI 窗体的概念

在 MDI 窗体中，窗体之间存在"父子"关系，起到容器作用的窗体被称为"父窗体"，可放在父窗体的其他窗体被称为"子窗体"或者"MDI 子窗体"。当 MDI 应用程序启动时，首先会显示父窗体，所有的子窗体都在父窗体中打开，在父窗体中可以在任何时候打开多个子窗体。每个应用程序只能有一个父窗体，其他子窗体不能移出父窗体的框架区域。

2. MDI 窗体的设置

将普通窗体变为 MDI 窗体，其实就是将窗体设置为 MDI 父窗体或子窗体。一个 MDI 窗体应用程序，只能设置一个 MDI 父窗体，其他窗体设置为 MDI 子窗体。

1) 设置 MDI 父窗体

如果将某个窗体设置为父窗体，只需要在【属性】面板中，将 IsMdiContainer 属性设置为 True 或通过编程代码语句进行设置。具体语句格式如下：

```
this.IsMdiContainer = true ;
```

2) 设置 MDI 子窗体

如果要将某个窗体设置为子窗体，首先必须含有一个父窗体，然后在工程中新建Windows 窗体，通过窗体的 MdiParent 属性来确定，具体实现语句如下：

```
窗体对象名称. MdiParent=MDI 父窗体名称;
```

例如，将 MainForm 窗体设置为 MDI 父窗体，ChildForm 窗体设置为 MDI 子窗体，在MainForm 窗体的 Load 事件键入如下代码：

```
this.IsMdiContainer = true ;
ChildForm frmCF = new ChildForm();
frmCF.MdiParent = this;
```

【例 8-16】 创建一个 Windows 应用程序，在 Form1 窗体中添加一个 Button 控件，再为 Form1 添加 3 个子窗体，并在 Form1 中打开它们。(源代码\ch08\8-16)

```csharp
public partial class Form1 : Form
{
public Form1()
{
InitializeComponent();
}
private void Form1_Load(object sender, EventArgs e)
{
this.IsMdiContainer = true;
}
private void button1_Click(object sender, EventArgs e)
{
Form2 form2 = new Form2();
form2.MdiParent = this;
form2.Show();
Form3 form3 = new Form3();
form3.MdiParent = this;
form3.Show();
Form4 form4 = new Form4();
form4.MdiParent = this;
form4.Show();
}
}
```

运行上述程序，结果如图 8-25 所示。

【案例剖析】

本例演示了如何设置 MDI 窗体，在设置子窗体时首先要在工程中添加 Windows 窗体，作为 MDI 父窗体的子窗体，然后再通过代码设置父窗体并把子窗体添加进去。

3. MDI 子窗体的排列

一个父窗体内允许同时打开多个子窗体，如果不对子窗体进行排列，界面会变得混乱，而且不方便操作。C# 语言针对 MDI 窗体提供的 LayoutMdi 方法，专门用于排列多文档窗体父窗体中的子窗体位置，其语法格式如下：

图 8-25 MDI 窗体

```
LayoutMdi(Value);
```

其中，value 定义子窗体的布局，为 MdiLayout 枚举类型，取值及其说明如表 8-13 所示。

表 8-13 MdiLayout 枚举类型取值及说明

成员名称	说 明
Cascade	所有 MDI 子窗口均层叠在 MDI 父窗体的工作区内
TileHorizontal	所有 MDI 子窗口均水平平铺在 MDI 父窗体的工作区内

续表

成员名称	说　明
TileVertical	所有 MDI 子窗口均垂直平铺在 MDI 父窗体的工作区内
ArrangeIcons	所有 MDI 子图标均排列在 MDI 父窗体的工作区内

【例 8-17】创建一个 Windows 应用程序，设置 Form1 为 MDI 父窗体，添加 3 个窗体作为子窗体并排列平铺布局，在 Form1 中打开它们。(源代码\ch08\8-17)

```csharp
public partial class Form1 : Form
{
public Form1()
{
InitializeComponent();
}
private void Form1_Load(object sender, EventArgs e)
{
this.IsMdiContainer = true;         //将当前窗体设置为父窗体
Form2 ParentObj1 = new Form2();     //创建窗体对象
ParentObj1.MdiParent = this;        //将窗体设置为当前父窗体的子窗体
ParentObj1.Show();   //显示窗体
Form3 ParentObj2 = new Form3();
ParentObj2.MdiParent = this;
ParentObj2.Show();
Form4 ParentObj3 = new Form4();
ParentObj3.MdiParent = this;
ParentObj3.Show();
this.LayoutMdi(MdiLayout.TileHorizontal);    //设置窗体平铺
}
}
```

运行上述程序，结果如图 8-26 所示。

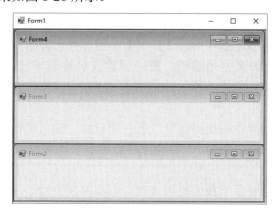

图 8-26　MDI 平铺效果

【案例剖析】

本例演示了如何将 MDI 窗体设置为平铺的效果，如果不加设定，那么 MDI 窗体会默认堆叠排列，而"this.LayoutMdi(MdiLayout.TileHorizontal);"实现了平铺效果，其他排列效果的设置方法类似于平铺设置代码。

8.6 大神解惑

小白：ActiveX 控件和.NET 控件的主要区别是什么？

大神：.NET 控件是.NET 程序集，允许任何 Visual Studio 语言使用它们，而 ActiveX 控件常常在设计和运行期间显示自己。

小白：MDI 父窗体和子窗体的关系及特征是什么？

大神：MDI 应用程序的界面是由父窗口和子窗口组成的，父窗口或称为 MDI 窗体子窗口的容器；子窗口或称为文档窗口显示各自的文档，所有子窗口都有相同的功能。所有子窗体均显示在 MDI 父窗体的工作区中，用户可以改变、移动子窗体的大小，但被限制在 MDI 窗体中。当最小化子窗体时，它的图标将显示于 MDI 窗体上而不是在任务栏中。当最小化 MDI 父窗体时，所有子窗体也被最小化，只有 MDI 父窗体的图标出现在任务栏中。当最大化一个子窗体时，所有子窗体都被最大化，当前子窗体的标题与 MDI 父窗体的标题一起显示在 MDI 父窗体的标题栏上。MDI 父窗体和子窗体都有各自的菜单，当子窗体加载时覆盖 MDI 父窗体的菜单。

小白：创建 MDI 应用程序的过程是什么，以及父窗体是如何显示子窗体的？

大神：由于父窗体是 MDI 应用程序的基础，因此要创建一个 MDI 应用程序，首先要为应用程序创建一个父窗体，用来显示子窗体。然后再创建 MDI 子窗体，利用代码把这些子窗体载入到父窗体中显示。过程如下：①创建一个 Windows 应用程序；②设置该程序中的窗体属性 IsMdiparents 为 True；③添加一个新项 Windows 窗体；④编写代码。

8.7 跟我学上机

练习 1：编写程序，实现对学生信息的管理，程序包含以下几个功能。

(1) 添加学校或班级信息。直接单击【添加】按钮，弹出警告信息；输入名称后，单击该【添加】按钮，如果选择的类型是学校，直接创建该名称的学校；如果选择班级，假定学校不存在或没有选择班级所在的学校，弹出警告信息，否则在所选的学校中创建名称指定的班级。

(2) 添加学生信息。如果没有选择该学生所在的班级，弹出警告信息；如果输入的成绩为非数字，弹出警告信息；输入正确后，将会在所选班级中创建该学生。依照该方法添加学生信息。

(3) 如果在树控件中选择了学校或班级节点，右侧的列表框显示"没有选择学生"；如果选择了学生，右侧列表框显示该学生的详细信息。

练习 2：设计程序，利用 TabControl 控件和输入选择类控件，实现个人基本信息的输入，TabPage1 为基本信息，TabPage2 为个人爱好。

第 9 章
文件操作的利器
——C#文件流

文件管理是操作系统的一个重要组成部分,无论是哪一种操作系统,无论是什么版本的操作系统,它们都必须实现文件的存储、读取、修改、分类、复制、移动、删除等操作。C#中与文件、文件夹及文件操作有关的类都位于 System.IO 命名空间下。

本章目标(已掌握的在方框中打钩)

- ☐ 了解什么是 System.IO 命名空间。
- ☐ 掌握 FileInfo 类和 DirectoryInfo 类的使用。
- ☐ 掌握文件相关操作。
- ☐ 掌握文件夹相关操作。
- ☐ 了解什么是流。
- ☐ 掌握文件流类的使用。
- ☐ 掌握文本文件的读写操作。
- ☐ 掌握二进制文件的读写操作。
- ☐ 掌握内存流文件的读写操作。

9.1 文 件

软件开发的过程中，经常会需要存储应用程序配置等数据。如果采用数组等变量，数据只是在程序运行时存在，随着程序的终止，变量的内容也随之丢失；如果采用数据库，虽然文件不会丢失，但是操作复杂性太大，不是理想选择。文件中的内容可以永久地存储数据到硬盘或其他设备上，且操作较简单。文件的持久性数据特性可以方便地存储应用程序配置等数据，以便在程序下一次运行时使用。

9.1.1 System.IO 命名空间

早期的编程语言，对文件的读写操作使用 IO 语句或标准的 I/O 库，但是 C#语言引入了抽象的概念：流。流不仅可以表示文件流，还可以表示内存流、网络流等。本章主要讲解文件流，其他流会在后面章节讲述。C#中与文件、文件夹及文件操作有关的输入/输出类都位于 System.IO 命名空间下。System.IO 命名空间中的类及其说明如表 9-1 所示。

表 9-1 System.IO 命名空间中的类及其说明

类	说 明
BinaryReader	用特定的编码将基元数据类型读作二进制值
BinaryWriter	以二进制形式将基元类型写入流，并支持用特定的编码写入字符串
BufferedStream	给另一流上的读写操作添加一个缓冲层。无法继承此类
Directory	公开用于创建、移动和枚举通过目录和子目录的静态方法。无法继承此类
DirectoryInfo	公开用于创建、移动和枚举目录和子目录的实例方法。无法继承此类
DirectoryNotFoundException	当找不到文件或目录的一部分时所引发的异常
DriveInfo	提供对有关驱动器的信息的访问
DriveNotFoundException	当尝试访问的驱动器或共享不可用时引发的异常
EndOfStreamException	读操作试图超出流的末尾时引发的异常
ErrorEventArgs	为 Error 事件提供数据
File	提供用于创建、复制、删除、移动和打开文件的静态方法，并协助创建 FileStream 对象
FileFormatException	应该符合一定文件格式规范的输入文件或数据流的格式不正确时引发的异常
FileInfo	提供创建、复制、删除、移动和打开文件的实例方法，并且帮助创建 FileStream 对象。无法继承此类
FileLoadException	当找到托管程序集却不能加载它时引发的异常
FileNotFoundException	试图访问磁盘上不存在的文件失败时引发的异常
FileStream	公开以文件为主的 Stream，既支持同步读写操作，也支持异步读写操作

续表

类	说 明
FileSystemEventArgs	提供目录事件的数据：Changed、Created、Deleted
FileSystemInfo	为 FileInfo 和 DirectoryInfo 对象提供基类
FileSystemWatcher	侦听文件系统更改通知，并在目录或目录中的文件发生更改时引发事件
InternalBufferOverflowException	内部缓冲区溢出时引发的异常
InvalidDataException	在数据流的格式无效时引发的异常
IODescriptionAttribute	设置可视化设计器在引用事件、扩展程序或属性时可显示的说明
IOException	发生 I/O 错误时引发的异常
MemoryStream	创建其支持存储区为内存的流
Path	对包含文件或目录路径信息的 String 实例执行操作。这些操作是以跨平台的方式执行的
PathTooLongException	当路径名或文件名超过系统定义的最大长度时引发的异常
PipeException	当命名管道内出现错误时引发
RenamedEventArgs	为 Renamed 事件提供数据
Stream	提供字节序列的一般视图
StreamReader	实现一个 TextReader，使其以一种特定的编码从字节流中读取字符
StreamWriter	实现一个 TextWriter，使其以一种特定的编码向流中写入字符
StringReader	实现从字符串进行读取的 TextReader
StringWriter	实现一个用于将信息写入字符串的 TextWriter。该信息存储在基础 StringBuilder 中
TextReader	表示可读取连续字符系列的读取器
TextWriter	表示可以编写一个有序字符系列的编写器。该类为抽象类
UnmanagedMemoryStream	提供从托管代码访问非托管内存块的能力

System.IO 命名空间下的类提供了非常强大的功能。熟练掌握这些类对编程有很大的帮助。本书只对常用的类——File、Directory、Path、StreamReader、StreamWriter、Binary Reader、BinaryWriter 作深入讲解。FileInfo、DirectoryInfo 类和 File、Directory 的操作非常相似，最大的区别在于 File、Directory 是静态类，使用时不需要实例化，而 FileInfo、DirectoryInfo 是非静态类，使用时必须要初始化。

文件或文件夹都是靠路径定位的，因此操作文件或文件夹都难免与文件路径打交道。描述路径有两种方式：绝对路径和相对路径。例如，以 E:\c#\chapter9 路径为例，E:\c#\chapter9 路径表示为绝对路径，如果程序当前的工作路径在 E:\c#下，还可以使用相对路径表示，直接用 chapter9 表示路径即可。

众所周知，"\" 在 C#语言中有特殊意义，用于表示转义字符，因此路径在 C#中的表示形式可以采用下述两种方法之一。

方法一：路径的分隔符使用 "\\" 表示。例如，"E:\\c#\\chapter9"。

方法二：在路径前加上 "@" 前导符，表示这里的 "\" 不是转义字符，而是字符 "\"，例如，@"E:\c#\chapter9"。

9.1.2 文件类 File 的使用

文件是一些具有永久存储及特定顺序的字节组成的一个有序的、具有名称的集合，文件是存储数据的重要单元。用户对文件的操作通常有创建、复制、删除、移动、打开和追加到文件。C#中的静态文件类 File 提供了这些操作功能。

File 类没有提供属性成员，常用的方法及其描述如表 9-2 所示。

表 9-2 File 类常用方法及其描述

静态方法	描述
Move	将指定文件移到新位置，并提供指定新文件名的选项
Delete	删除指定的文件。如果指定的文件不存在，则不引发异常
Create	在指定路径中创建或覆盖文件
Copy	将现有文件复制到新文件
CreateText	创建或打开一个文件用于写入 UTF-8 编码的文本
OpenText	打开现有 UTF-8 编码文本文件以进行读取
Open	打开指定路径上的 FileStream
OpenRead	打开现有文件以进行读取
OpenWrite	打开现有文件以进行写入
Exists	确定指定的文件是否存在
AppendAllText	将指定的字符串追加到文件中，如果文件还不存在则创建该文件
AppendText	创建一个 StreamWriter，它将 UTF-8 编码文本追加到现有文件
WriteAllBytes	创建一个新文件，写入指定的字节数组并关闭该文件。如果目标文件存在则覆盖该文件
WriteAllLines	创建一个新文件，写入指定的字符串并关闭文件。如果目标文件已存在，则覆盖该文件
WriteAllText	创建一个新文件，在文件中写入内容并关闭文件。如果目标文件已存在，则覆盖该文件

注意　File 类中所有方法都为静态方法，相比执行一个操作时，它的效率比 FileInfo 类中的方法会更高。

【例 9-1】创建一个 Windows 应用程序，在窗体中添加一个 Button 控件和一个 TextBox 控件，使用 File 类在 TextBox 中输入需要创建的文件路径和它的名称，通过单击 Button 实现创建。(源代码\ch09\9-1)

```
public partial class Form1 : Form
{
public Form1()
{
InitializeComponent();
}
private void button1_Click(object sender, EventArgs e)
{
```

```
if (textBox1.Text == "")      //文件名称不能为空
{
MessageBox.Show("文件名称不得为空");
}
else
{
if(File.Exists(textBox1.Text))    //使用 Exists 方法判断文件是否已存在
{
MessageBox.Show("该文件已存在，请重新命名");
}
else
{
File.Create(textBox1.Text);    //使用 Create 方法创建文件
}
}
}
}
```

运行上述程序，结果如图 9-1 所示。

【案例剖析】

本例通过使用 if...else 循环嵌套语句来实现如何创建一个文件的过程，使用 if 判断文件的名称以及是否已经存在此文件，在确保无误的情况下，再进行文件的生成创建。

图 9-1 创建文件

 在编写代码时要使用 System.IO 命名空间，也就是在 using 引用处书写 "using System.IO"。同时在创建文件的时候一定要注意路径书写的正确与否，否则会出现错误。

9.1.3 文件夹 Directory 类的使用

为了便于管理文件，一般不会将文件直接放在磁盘根目录，而是创建具有层次关系的文件夹或称目录。对于文件夹的常用操作主要包括新建、复制、移动和删除等。C#中的静态文件夹类 Directory 提供了这些操作功能。

Directory 类没有提供属性成员，常用的方法如表 9-3 所示。

表 9-3 Directory 类常用方法及其描述

静态方法	描述
CreateDirectory	创建指定路径中的所有目录
Delete	删除指定的目录
Exists	确定给定路径是否引用磁盘上的现有目录
Move	将文件或目录及其内容移到新位置
GetDirectories	获取指定目录中子目录的名称
GetFiles	返回指定目录中的文件的名称.

例如，假设 e:\aa 文件夹存在将其删除，并创建 e:\bb 文件夹，窗体的 Load 事件代码如下：

```
string Path1 = @"e:\aa";
string Path2 = @"e:\bb";
if(Directory.Exists(Path1))
{
Directory.Delete(Path1);
}
Directory.CreateDirectory(Path2);
```

【例 9-2】创建一个 Windows 应用程序，在窗体中添加一个 Button 控件和一个 TextBox 控件，使用 Directory 类在 TextBox 中输入需要创建的文件夹路径和它的名称，通过单击 Button 实现创建。(源代码\ch09\9-2)

```
public partial class Form1 : Form
{
public Form1()
{
InitializeComponent();
}
private void button1_Click(object sender, EventArgs e)
{
if(textBox1.Text=="")    //检查是否输入名称
{
MessageBox.Show("请输入文件夹名称");
}
else
{
if(Directory.Exists(textBox1.Text))
{
MessageBox.Show("该文件夹已存在，请重新输入");   //检查是否重名
}
else
{
Directory.CreateDirectory(textBox1.Text);   //使用 CreateDirectory 方法创建文件夹
}
}
}
```

运行上述程序，结果如图 9-2 所示。

【案例剖析】

本例使用 if…else 循环嵌套语句实现创建一个文件夹的操作，通过 if 语句块来判断输入是否为空以及将要创建的文件夹是否已经存在，如果条件满足，则完成文件夹的创建。

图 9-2 创建文件夹

注意：在进行文件夹的创建操作时，确保文件夹路径是书写无误的，否则将会发生异常。

9.1.4　FileInfo 类和 DirectoryInfo 类的使用

1. FileInfo 类

FileInfo 类是一个实例类，使用方法类似于 File 类，它对应某一个文件进行操作，方法大部分为实例方法，它的操作有可能是调用的 File 中对应的静态方法。如果是对一个文件进行大量的操作，建议使用 FileInfo 类。

FileInfo 类的常用属性及其说明如表 9-4 所示。

表 9-4　FileInfo 类的常用属性及其说明

属　　性	说　　明
CreationTime	获取或设置当前 FileSystemInfo 对象的创建时间
Directory	获取父目录的实例
DirectoryName	获取文件的完整路径
Exists	指定当前文件是否存在
Length	获取当前文件的大小(字节)
IsReadOnly	获取或设置当前文件是否为只读
Name	获取文件的名称
Extension	获取表示文件拓展名部分的字符串
FullName	获取目录或文件的完整目录
LastAccessTime	获取或设置上次访问当前文件或目录的时间
LastWriteTime	获取当前文件的大小

当对某个对象进行重复操作时，使用 FileInfo 类会更加适合。

【例 9-3】创建一个 Windows 应用程序，在窗体中添加一个 Button 控件和一个 TextBox 控件，使用 FileInfo 类在 TextBox 中输入需要创建的文件路径和它的名称，通过单击 Button 实现创建。(源代码\ch09\9-3)

```
public partial class Form1 : Form
{
public Form1()
{
InitializeComponent();
}
private void button1_Click(object sender, EventArgs e)
{
if (textBox1.Text == "")    //文件名称不能为空
{
MessageBox.Show("文件名称不得为空");
}
else
```

```
{
FileInfo f = new FileInfo(textBox1.Text);    //实例化 FileInfo 对象
if (f.Exists)    //使用 Exists 方法判断文件是否已存在
{
MessageBox.Show("该文件已存在，请重新命名");
}
else
{
f.Create();    //使用 Create 方法创建文件
}
}
}
}
```

运行上述程序，结果如图 9-3 所示。

【案例剖析】

本例使用 if…else 循环嵌套语句，通过 if 语句块来判断文件名是否为空以及将创建的文件是否重名，如果无误，则完成创建。

图 9-3　FileInfo 类的使用

2. DirectoryInfo 类

DirectoryInfo 类用于典型操作，如复制、移动、重命名、创建和删除目录，类似于 Directory 类。如果打算多次重用某个对象，可考虑使用 DirectoryInfo 的实例方法，而不是 Directory 类的相应静态方法，因为并不总是需要安全检查。在接受路径的成员中，路径可以是指文件或仅是目录。指定路径也可以是相对路径或者服务器和共享名称的统一命名约定(UNC)路径。

 在接受路径作为输入字符串的成员中，路径必须是格式良好的，否则将引发异常。

DirectoryInfo 类的常用属性及其说明如表 9-5 所示。

表 9-5　DirectoryInfo 类的常用属性及其说明

属　　性	说　　明
CreationTime	获取或设置当前文件或目录的创建时间
Exists	获取指示目录是否存在的值
Extension	获取表示文件扩展名部分的字符串
FullName	获取目录或文件的完整目录
LastAccessTime	获取或设置上次访问当前文件或目录的时间
LastWriteTime	获取或设置上次写入当前文件或目录的时间
Name	获取此 DirectoryInfo 实例的名称
Parent	获取指定子目录的父目录
Root	获取路径的根部分

【例 9-4】创建一个 Windows 应用程序，在窗体中添加一个 Button 控件和一个 TextBox 控件，使用 DirectoryInfo 类在 TextBox 中输入需要创建的文件夹路径和它的名称，通过单击 Button 实现创建。(源代码\ch09\9-4)

```
public partial class Form1 : Form
{
public Form1()
{
InitializeComponent();
}
private void button1_Click(object sender, EventArgs e)
{
if (textBox1.Text == "")     //检查是否输入名称
{
MessageBox.Show("请输入文件夹名称");
}
else
{
DirectoryInfo d = new DirectoryInfo(textBox1.Text);   //实例化 DirectoryInfo
//类对象
if (d.Exists)
{
MessageBox.Show("该文件夹已存在，请重新输入");    //检查是否重名
}
else
{
d.Create();    //使用 Create 方法创建文件夹
}
}
}
}
```

运行上述程序，结果如图 9-4 所示。

【案例剖析】

本例使用 if...else 循环嵌套语句，通过 if 语句块来判断文件夹名称是否为空以及将创建的文件夹是否重名，如果无误，则完成创建。

图 9-4　DirectoryInfo 类的使用

9.1.5　文件与文件夹的相关操作

文件与文件夹都存在类似判断是否存在、创建、移动、删除等操作。下面对这些基本的操作进行详细讲解。

1．Exists 方法判断是否存在

File 类的 Exists 方法用于判断指定的文件是否存在。例如，判断 E 盘是否存在 test.doc 文件，代码如下：

```
File.Exists("E:\\test.doc");
```

FileInfo 类的 Exists 方法用于判断指定的文件是否存在。例如，判断 E 盘是否存在 test.doc 文件，代码如下：

```
FileInfo f = new FileInfo("E:\\test.doc");
if(f.Exists)
{
MessageBox.Show("存在");
}
```

Directory 类的 Exists 方法用于判断指定文件夹是否存在。例如，判断 E 盘是否存在 test 文件夹，代码如下：

```
Directory.Exists("E:\\test");
```

DirectoryInfo 类的 Exists 方法用于判断指定文件夹是否存在。例如，判断 E 盘是否存在 test 文件夹，代码如下：

```
DirectoryInfo d = new DirectoryInfo("E:\\test");
if (d.Exists)
{
MessageBox.Show("存在");
}
```

> **注意** 路径不得为空，否则会出现异常。

2. 创建

File 类的 Create 方法可用于创建文件。例如，在 E 盘创建一个 test.doc 文件，代码如下：

```
File.Create("E:\\test.doc");
```

FileInfo 类的 Create 方法可用于创建文件。例如，在 E 盘创建一个 test.doc 文件，代码如下：

```
FileInfo f = new FileInfo("E:\\test.doc");
f.Create();
```

Directory 类的 CreateDirectory 方法用于创建文件夹。例如，在 E 盘创建一个 test 文件夹，代码如下：

```
Directory.CreateDirectory("E:\\test");
```

DirectoryInfo 类的 Create 方法用于创建文件夹。例如，在 E 盘创建一个 test 文件夹，代码如下：

```
DirectoryInfo d = new DirectoryInfo("E:\\test");
d.Create();
```

3. 复制或移动

File 类的 Copy 方法用于将指定路径下的文件复制到指定的其他路径。例如，将 E 盘的 test.doc 文件复制到 D 盘，代码如下：

```
File.Copy("E:\\test.doc", "D:\\test.doc");
```

File 类的 Move 方法用于将指定路径下的文件移动到指定的其他路径。例如，将 E 盘的 test.doc 文件移动到 D 盘，代码如下：

```
File.Move("E:\\test.doc", "D:\\test.doc");
```

如果在移动过程中指定路径已存在同名文件，则会触发异常。

FileInfo 类的 CopyTo 方法用于将指定路径下的文件复制到指定的其他路径，如果该路径下已存在此文件，则将其替换。例如，将 E 盘的 test.doc 文件复制到 D 盘，代码如下：

```
FileInfo f = new FileInfo("E:\\test.doc");
f.CopyTo("D:\\test.doc", true);
```

FileInfo 类的 MoveTo 方法用于将指定路径下的文件移动到指定的其他路径。例如，将 E 盘的 test.doc 文件移动到 D 盘，代码如下：

```
FileInfo f = new FileInfo("E:\\test.doc");
f.MoveTo("D:\\test.doc");
```

Directory 类的 Move 方法用于将指定路径下的文件或目录以及其内容移动到指定的其他路径。例如，将 E 盘的 test 文件夹移动到 E 盘下的"测试"文件夹中，代码如下：

```
Directory.Move("E:\\test", "E:\\测试\\test");
```

DirectoryInfo 类的 MoveTo 方法用于将指定路径下的文件或目录以及其内容移动到指定的其他路径。例如，将 E 盘的 test 文件夹移动到 E 盘下的"测试"文件夹中，代码如下：

```
DirectoryInfo d = new DirectoryInfo("E:\\test");
d.MoveTo("D:\\测试\\test");
```

Directory 类的 Move 方法和 DirectoryInfo 类的 MoveTo 方法在移动时只能在相同的此盘根目录下，比如 E 盘文件夹只能移动到 E 盘下某个文件夹中。

4．删除

File 类的 Delete 方法可用于删除指定路径下的文件。例如，删除 E 盘下的 test.doc 文件，代码如下：

```
File.Delete("E:\\test.doc");
```

FileInfo 类的 Delete 方法可用于删除指定路径下的文件。例如，删除 E 盘下的 test.doc 文件，代码如下：

```
FileInfo f = new FileInfo("E:\\test.doc");
f.Delete();
```

Directory 类的 Delete 方法可用于删除指定路径下的文件夹。例如，删除 E 盘下的 test 文件夹，代码如下：

```
Directory.Delete("E:\\test");
```

DirectoryInfo 类的 Delete 方法可用于永久性删除指定路径下的文件。例如，删除 E 盘下的 test 文件夹，代码如下：

```
DirectoryInfo d = new DirectoryInfo("E:\\test");
d.Delete();
```

5. 获取文件基本信息

FileInfo 类通过用它自身的属性来获取文件的各项基本信息。

【例 9-5】创建一个 Windows 应用程序，在窗体中添加一个 OpenFileDialog 控件、一个 Button 控件和一个 Label 控件用于获取选中文件的信息。(源代码\ch09\9-5)

```
public partial class Form1 : Form
{
public Form1()
{
InitializeComponent();
}
private void button1_Click(object sender, EventArgs e)
{
if(openFileDialog1.ShowDialog()==DialogResult.OK)
{
string ct, la, lw, n, fn, dn, ir;
long l;
label1.Text = openFileDialog1.FileName;
FileInfo f = new FileInfo(label1.Text);    //实例化
n = f.Name;    //获取文件名
ct = f.CreationTime.ToShortDateString();    //获取创建时间
la = f.LastAccessTime.ToShortDateString();    //获取上次文件访问时间
lw = f.LastWriteTime.ToShortDateString();    //获取上次写入文件时间
fn = f.FullName;    //获取文件完整目录
dn = f.DirectoryName;    //获取文件完整路径
ir = f.IsReadOnly.ToString();    //获取文件是否为只读
l = f.Length;    //获取文件的长度
MessageBox.Show("此文件基本信息为: \n 文件名: " + n + "\n 创建时间: " + ct + "\n 上次访问文件时间: " + la + "\n 上次写入文件时间: " + lw + "\n 文件完整目录: " + fn + "\n 是否只读: " + ir + "\n 文件长度: " + l);
}
}
}
```

运行上述程序，结果如图 9-5 和图 9-6 所示。

图 9-5　所要获取的文件

图 9-6　所获取文件的基本信息

【案例剖析】

本例用于演示使用 FileInfo 类如何获取一个文件的基本信息。首先实例化一个 FileInfo 对象通过 OpenFileDialog 所打开的文件以获取文件的路径并显示在 Label 控件上，然后通过定义变量的形式，分别获得此文件的基本信息，最后再将它们显示在 MessageBox 中。

Directory 类提供了 GetFileSystemInfos 方法用于获取指定目录中所有的子文件夹以及文件。

【例 9-6】创建一个 Windows 应用程序，在窗体中添加一个 Button 控件、一个 Label 控件、一个 FolderBrowserDialog 控件和一个 ListView 控件，用于获取指定文件夹中子文件夹以及文件的信息。(源代码\ch09\9-6)

```csharp
public partial class Form1 : Form
{
public Form1()
{
InitializeComponent();
}
private void button1_Click(object sender, EventArgs e)
{
listView1.Items.Clear();    //清空 listView1
if (folderBrowserDialog1.ShowDialog() == DialogResult.OK)
{
label1.Text = folderBrowserDialog1.SelectedPath;
DirectoryInfo d = new DirectoryInfo(label1.Text);    //实例化 DirectoryInfo
FileSystemInfo[] f = d.GetFileSystemInfos();    //获取指定文件夹中子文件夹和文件
foreach (FileSystemInfo fs in f)
{
if (fs is DirectoryInfo)    //判断遍历出的是否为文件夹
{
//实例化 DirectoryInfo 并获取文件夹名
DirectoryInfo di = new DirectoryInfo(fs.FullName);
listView1.Items.Add(di.Name);    //获取名称并添加到 listView1 中
//获取路径
listView1.Items[listView1.Items.Count - 1].SubItems.Add(di.FullName);
listView1.Items[listView1.Items.Count - 1].SubItems.Add(di.CreationTime.ToShortDateString());    //获取创建时间
}
else
{
FileInfo fi = new FileInfo(fs.FullName);    //实例化 FileInfo 并获取文件名
listView1.Items.Add(fi.Name);    //获取名称
//获取路径
listView1.Items[listView1.Items.Count - 1].SubItems.Add(fi.FullName);
listView1.Items[listView1.Items.Count - 1].SubItems.Add(fi.CreationTime.ToShortDateString());    //获取创建时间
}
}
}
}
}
```

运行上述程序，结果如图 9-7 所示。

【案例剖析】

本例演示了通过 Directory 类的 GetFileSystemInfos 方法来遍历指定的文件夹，获取它的子文件夹以及文件。通过 FolderBrowserDialog 控件选择指定的文件夹，首先实例化 DirectoryInfo 对象，使用 GetFileSystemInfos 方法获取指定文件夹中子文件夹和文件，利用 Foreach 语句进行遍历，通过 if…else 分别输出子文件夹以及文件。

图 9-7　文件夹遍历

 仅依靠上述代码运行后结果并不能如图 9-7 所显示的一样。需要通过对 ListView 控件进行设置，以往都是通过代码对控件的属性进行设置，这里比较简便的方法是通过控件右上方三角展开项对 ListView 列集合进行编辑，也就是设置 ListView 的"列标题"：名称、路径和创建日期，创建过程如图 9-8 所示。

图 9-8　编辑 ListView 列集合

9.2　数　据　流

通常可以把流比喻成管道，即数据传递时的通道。对流可以执行读写操作。按照流储存的位置可以包括打开的硬盘文件——文件流；网络中的数据——网络流；内存中创建的内存流。

9.2.1　流操作介绍

所谓流就如同生活中使用的管道。例如，生活中的自来水，一头是个水塔，另一头是水龙头，水是通过管道从水塔中取水。.NET Framework 使用流来进行文件流的读写、网络数据的交换和内存流的存储操作。可以将流认为是一组连续的数据，包含开头和结尾，并且可以用其中的游标指示流中的当前位置。

1. 流的操作

流中包含的数据可能来自内容、文件或网络套接字。对流的操作包括以下 3 种。

(1) 读取。将数据从流传输到数据结果(如字符串或字节数组)中。

(2) 写入。将数据从数据源传输到流中。

(3) 查找。查找和修改在流中的位置。

2. 流的分类

在.NET Framework 中，流由抽象基类 Stream 来表示，该类不能实例化，但可以被继承，由 Stream 类派生出的常用类包括：二进制读取流 BinaryReader、二进制写入流 BinaryWriter、文本文件读取流 StreamReader、文本文件写入流 StreamWriter、缓冲流 BufferedStream、文件流 FileStream、内存流 MemoryStream 和网络流 NetworkStream。

流的类型尽管很多，但在处理文件的输入/输出(I/O)操作时，最重要的类型为文件流 FileStream。

9.2.2 文件流类

FileStream 类用来创建一个文件流，并可以打开和关闭指定的硬盘文件。FileStream 继承于抽象类 Stream。文件流可以分只读流、只写流和读写流。读写操作可以指定为同步或异步操作。FileStream 对输入/输出进行缓冲，从而提高性能。

1. FileStream 类的常用属性

FileStream 类的常用属性及其说明如表 9-6 所示。

表 9-6 FileStream 类的常用属性及其说明

名 称	说 明
CanRead	获取一个值，该值指示当前流是否支持读取
CanSeek	获取一个值，该值指示当前流是否支持查找
CanTimeout	获取一个值，该值确定当前流是否可以超时
CanWrite	获取一个值，该值指示当前流是否支持写入
IsAsync	获取一个值，该值指示 FileStream 是异步还是同步打开的
Length	获取用字节表示的流长度(重写 Stream….Length)
Name	获取传递给构造函数的 FileStream 的名称
Position	获取或设置此流的当前位置(重写 Stream…..Position)
ReadTimeout	获取或设置一个值(以毫秒为单位)，该值确定流在超时前尝试读取多长时间
WriteTimeout	获取或设置一个值(以毫秒为单位)，该值确定流在超时前尝试写入多长时间

2. FileStream 类的常用方法

FileStream 类的常用方法及其说明如表 9-7 所示。

表 9-7 FileStream 类的常用方法及其说明

名 称	说 明
BeginRead	开始异步读
BeginWrite	开始异步写
Close	关闭当前流并释放与之关联的所有资源(如套接字和文件句柄)
EndRead	等待挂起的异步读取完成
EndWrite	结束异步写入，在 I/O 操作完成之前一直阻止
Lock	允许读取访问的同时防止其他进程更改 FileStream
Read	从流中读取字节块并将该数据写入给定缓冲区中
ReadByte	从文件中读取一个字节，并将读取位置提升一个字节
Seek	将该流的当前位置设置为给定值
SetLength	将该流的长度设置为给定值
Unlock	允许其他进程访问以前锁定的某个文件的全部或部分
Write	使用从缓冲区读取的数据将字节块写入该流
WriteByte	将一个字节写入文件流的当前位置

3. 创建 FileStream 类对象

FileStream 类提供实例化对象的构造函数非常多，下面就 3 种常用的实例化对象方法进行讲述。

1) 使用指定文件路径和文件打开方法实例化对象

通过指定文件路径和打开方法实例化 FileStream 类对象，构造函数的格式如下：

```
FileStream(string path,FileMode mode)
```

其中，各参数说明如下。

path：当前 FileStream 对象将封装的文件的相对路径或绝对路径。

mode：确定如何打开或创建文件。

FileMode 枚举类型值及其说明如表 9-8 所示。

表 9-8 FileMode 枚举类型值及其说明

名 称	说 明
CreateNew	指定操作系统应创建新文件
Create	指定操作系统应创建新文件。如果文件已存在，它将被覆盖
Open	指定操作系统应打开现有文件。打开文件的能力取决于 FileAccess 所指定的值
OpenOrCreate	指定操作系统应打开文件(如果文件存在)；否则，应创建新文件
Truncate	指定操作系统应打开现有文件。文件一旦打开，就将被截断为零字节大小
Append	打开现有文件并查找到文件尾，或创建新文件。FileMode.Append 只能同 FileAccess.Write 一起使用

2) 使用指定文件路径、文件打开方法和访问文件的方式实例化对象

通过指定文件路径、文件打开方法和访问文件的方式实例化 FileStream 类对象，构造函数的格式如下：

```
FileStream(string path,FileMode mode,FileAccess access)
```

其中，各参数说明如下。

path：当前 FileStream 对象将封装的文件的相对路径或绝对路径。

mode：确定如何打开或创建文件。

access：确定 FileStream 对象访问文件的方式。

FileAccess 枚举类型的取值及其说明如表 9-9 所示。

表 9-9　FileAccess 枚举类型值及其说明

名　称	说　明
Read	对文件的读访问。可从文件中读取数据。同 Write 组合即构成读写访问权
Write	对文件的写访问。可将数据写入文件。同 Read 组合即构成读/写访问权
ReadWrite	对文件的读访问和写访问。可从文件读取数据和将数据写入文件

3) 使用指定文件路径、文件打开方法、访问文件的方式和文件共享方式实例化对象

通过指定文件路径、文件打开方法、访问文件的方式和文件共享方式实例化 FileStream 类对象，构造函数的格式如下：

```
FileStream(string path,FileMode mode,FileAccess access,FileShare share)
```

其中，各参数说明如下。

path：当前 FileStream 对象将封装的文件的相对路径或绝对路径。

mode：FileMode 常数，确定如何打开或创建文件。

access：确定 FileStream 对象访问文件的方式。

share：确定文件如何由进程共享。

FileShare 枚举类型的取值及其说明如表 9-10 所示。

表 9-10　FileShare 枚举类型的取值及其说明

名　称	说　明
None	谢绝共享当前文件。文件关闭前，打开该文件的任何请求(由此进程或另一进程发出的请求)都将失败
Read	允许随后打开文件读取。如果未指定此标志，则文件关闭前，任何打开该文件以进行读取的请求(由此进程或另一进程发出的请求)都将失败。但是，即使指定了此标志，仍可能需要附加权限才能够访问该文件
Write	允许随后打开文件写入。如果未指定此标志，则文件关闭前，任何打开该文件以进行写入的请求(由此进程或另一进过程发出的请求)都将失败。但是，即使指定了此标志，仍可能需要附加权限才能够访问该文件
ReadWrite	允许对打开的文件读取或写入。如果未指定此标志，则文件关闭前，任何打开该文件以进行读取或写入的请求(由此进程或另一进程发出)都将失败。但是，即使指定了此标志，仍可能需要附加权限才能够访问该文件

续表

名 称	说 明
Delete	允许随后删除文件
Inheritable	使文件句柄可由子进程继承。Win32 不直接支持此功能

例如，实例化 FileStream 类对象 fstream 打开 test.doc 文件并进行读写访问，代码如下：

```
FileStream fstream = new FileStream("Test.cs",
FileMode.OpenOrCreate,FileAccess.ReadWrite,
FileShare.None);
```

注意

进行操作的文件位置必须在程序运行目录下，否则就要向构造函数传递绝对路径。

9.3 文本文件的读写操作

文本文件是一种典型的顺序文件，它是指以 ASCII 码方式(也称文本方式)存储的文件，其文件的逻辑结构又属于流式文件。文本文件中除了存储文件有效字符信息(包括能用 ASCII 码字符表示的回车、换行等信息)外，不能存储其他任何信息。因此，文本文件不能存储声音、动画、图像、视频等信息。

在 C#语言中，文本文件的读取与写入主要是通过 StreamReader 类和 StreamWriter 类实现。

9.3.1 StreamReader 类

StreamReader 类是专门用来处理文本文件的读取类。它可以方便地以一种特定的编码从字节流中读取字符。

1. StreamReader 类的常用方法

StreamReader 类提供了许多用于读取和浏览字符数据的方法，如表 9-11 所示。

表 9-11 StreamReader 类常用方法及其说明

名 称	说 明
Close	关闭 StreamReader 对象和基础流，并释放与读取器关联的所有系统资源
Read	读取输入流中的下一个字符或下一组字符
ReadBlock	从当前流中读取最大 count 的字符并从 index 开始将该数据写入 buffer
ReadLine	从当前流中读取一行字符并将数据作为字符串返回
ReadToEnd	从流的当前位置到末尾读取流

2. 创建 StreamReader 类实例

创建 StreamReader 类对象提供了多种构造函数，下面就 3 种常用方法进行详细说明。

(1) 用指定的流初始化 StreamReader 类的新实例：

```
StreamReader(Stream stream)
```

(2) 用指定的文件名初始化 StreamReader 类的新实例：

```
StreamReader(string path)
```

(3) 用指定的流或文件名，并指定字符编码初始化 StreamReader 类的新实例：

```
StreamReader(Stream stream,Encoding encoding)      //使用流和字符编码
StreamReader(string path,Encoding encoding)        //使用文件名和字符编码
```

Encoding 类型为枚举类型。

例如，读取"E:\test.doc"内容，并在 RichTextBox 控件中显示，代码如下：

```
StreamReader SR=new StreamReader(@"e:\test.doc",Encoding.Default);
rtxShow.Text = SR.ReadToEnd();
SR.Close();
```

9.3.2 StreamWriter 类

StreamWriter 类是专门用来处理文本文件的类，可以方便地向文本文件中写入字符串。

1. StreamWriter 类的常用方法

StreamWriter 类常用方法及其说明如表 9-12 所示。

表 9-12 StreamWriter 类常用方法及其说明

名 称	说 明
Close	关闭 StreamWriter 对象和基础流
Write	向相关联的流中写入字符
WriteLine	向相关联的流中写入字符，后跟换行符

2. 创建

创建 StreamWriter 类实例常用构造函数同 StreamReader 类非常相似，这里只介绍用文件名和指定编码方式创建实例，它区别于 StreamReader 类，格式如下：

```
StreamWriter(string path,bool append,Encoding encoding)
```

如果希望使用文件名和编码参数来创建 StreamWriter 类实例，必须使用上述格式。其中，append 参数确定是否将数据追加到文件。如果该文件存在，并且 append 为 false，则该文件被覆盖。如果该文件存在，并且 append 为 true，则数据被追加到该文件中。否则，将创建新文件。
例如，将 RichTextBox 控件中显示的文本，保存在"E:\out.txt"文件中，代码如下：

```
StreamWriter SW = new StreamWriter(@"e:\out.txt", true, Encoding.Default);
SW.WriteLine(rtxShow.Text);
SW.Close();
```

【例 9-7】创建一个 Windows 应用程序，使用 SaveFileDialog 控件、OpenFileDialog 控件、TextBox 控件以及 Button 控件演示文本文件的读写操作。(源代码\ch09\9-7)

```csharp
public partial class Form1 : Form
{
public Form1()
{
InitializeComponent();
}
private void button1_Click(object sender, EventArgs e)
{
if(textBox1.Text=="")
{
MessageBox.Show("请输入写入内容！");
}
else
{
saveFileDialog1.Filter = "文本文件(*.txt)|*.txt";    //设置文件保存格式
if(saveFileDialog1.ShowDialog()==DialogResult.OK)
{
//实例化StreamWriter对象，文件名为"另存为"对话框中输入的名称
StreamWriter w = new StreamWriter(saveFileDialog1.FileName, true);
w.WriteLine(textBox1.Text);    //写入内容
w.Close();    //关闭写入流
textBox1.Clear();
}
}
}
private void button2_Click(object sender, EventArgs e)
{
openFileDialog1.Filter = "文本文件(*.txt)|*.txt";    //设置文件打开格式
if(openFileDialog1.ShowDialog()==DialogResult.OK)
{
//实例化StreamReader对象，文件名为"打开"对话框所选文件名
StreamReader r = new StreamReader(openFileDialog1.FileName);
textBox1.Text = r.ReadToEnd();    //使用ReadToEnd方法读取内容
r.Close();    //关闭读取流
}
}
}
```

运行上述程序，结果如图 9-9 所示。

【案例剖析】

本例演示了文本文件简单的读写操作。通过 SaveFileDialog 控件将 TextBox 控件中的内容写入到文本文件中，然后通过 OpenFileDialog 打开写入的文本文件，并将文件的内容读取出来并显示在 TextBox 控件中。

图 9-9 读写操作演示

9.4 读写二进制文件

通常将非文本文件称为二进制文件。图形文件及文字处理程序等计算机程序都属于二进制文件。

在 C#语言中，二进制文件的读取与写入主要是通过 BinaryReader 类和 BinaryWriter 类实现的。

9.4.1 BinaryReader 类

BinaryReader 类是专门用来处理二进制文件的读取类。它可以方便地用特定的编码将基元数据类型读作二进制值。

1. BinaryReader 类的常用方法

BinaryReader 类提供的常用方法及其说明如表 9-13 所示。

表 9-13　BinaryReader 类常用方法及其说明

名　　称	说　　明
Close	关闭当前阅读器及基础流
PeekChar	返回下一个可用的字符，如果没有可用字符或者流不支持查找时为-1
Read	从基础流中读取字符
Read7BitEncodedInt	以压缩格式读入 32 位整数
ReadBoolean	从当前流中读取 Boolean 值
ReadByte	从当前流中读取下一个字节
ReadBytes	从当前流中将 count 个字节读入字节数组
ReadChar	从当前流中读取下一个字符
ReadChars	从当前流中读取 count 个字符，以字符数组的形式返回数据
ReadDecimal	从当前流中读取十进制数值
ReadDouble	从当前流中读取 8 字节浮点值
ReadInt16	从当前流中读取 2 字节有符号整数
ReadInt32	从当前流中读取 4 字节有符号整数
ReadInt64	从当前流中读取 8 字节有符号整数
ReadSByte	从此流中读取一个有符号字节
ReadSingle	从当前流中读取 4 字节浮点值
ReadString	从当前流中读取一个字符串。字符串有长度前缀，一次 7 位地被编码为整数
ReadUInt16	使用 Little-Endian 编码从当前流中读取 2 字节无符号整数

续表

名　称	说　明
ReadUInt32	从当前流中读取 4 字节无符号整数
ReadUInt64	从当前流中读取 8 字节无符号整数

2. 创建 BinaryReader 类实例

创建 BinaryReader 类对象需要借助 FileStream 创建的文件流，构造方法有以下两种。
(1) 用指定的流初始化 BinaryReader 类的新实例：

```
BinaryReader(Stream input)
```

(2) 用指定的流和字符编码初始化 BinaryReader 类的新实例：

```
BinaryReader(Stream input,Encoding encoding)
```

9.4.2　BinaryWriter 类

BinaryWriter 类是专门用来处理二进制文件的写入类。它可以方便地以二进制形式将基元类型写入流，并支持用特定的编码写入字符串。

1. BinaryWriter 类的常用方法

BinaryWriter 类提供的常用方法及其说明如表 9-14 所示。

表 9-14　BinaryWriter 类常用方法及其说明

名　称	说　明
Close	关闭当前的 BinaryWriter 和基础流
Seek	设置当前流中的位置
Write	已重载。将值写入当前流

2. 创建类实例

创建 BinaryWriter 类对象与创建 BinaryReader 类对象相似，不再赘述。

【例 9-8】创建一个 Windows 应用程序，使用 SaveFileDialog 控件、OpenFileDialog 控件、TextBox 控件以及 Button 控件演示二进制文件的读写操作。(源代码\ch09\9-8)

```
public partial class Form1 : Form
{
public Form1()
{
InitializeComponent();
}
private void button1_Click(object sender, EventArgs e)
{
```

```
if (textBox1.Text == "")
{
MessageBox.Show("请输入写入内容！");
}
else
{
saveFileDialog1.Filter = "二进制文件(*.bmp)|*.bmp";    //设置文件保存格式
if (saveFileDialog1.ShowDialog() == DialogResult.OK)
{
//实例化 FileStream 对象，文件名为"另存为"对话框中输入的名称
FileStream f = new FileStream(saveFileDialog1.FileName,
FileMode.OpenOrCreate,FileAccess.ReadWrite);
BinaryWriter w = new BinaryWriter(f);     //实例化 BinaryWriter 二进制写入流对象
w.Write(textBox1.Text);     //写入内容
w.Close();     //关闭二进制写入流
f.Close();     //关闭文件流
textBox1.Clear();
}
}
}
private void button2_Click(object sender, EventArgs e)
{
openFileDialog1.Filter = "二进制文件(*.bmp)|*.bmp";    //设置文件打开格式
if (openFileDialog1.ShowDialog() == DialogResult.OK)
{
//实例化 StreamReader 对象，文件名为"打开"对话框所选文件名
FileStream f = new
FileStream(openFileDialog1.FileName,FileMode.Open,FileAccess.Read);
BinaryReader r = new BinaryReader(f);     //实例化 BinaryReader 二进制写入流对象
if(r.BaseStream.Position < r.BaseStream.Length)     //判断不超出流的结尾
{
textBox1.Text = Convert.ToString(r.ReadUInt32());     //用二进制方式读取文件内容
}
r.Close();     //关闭读取流
f.Close();     //关闭文件流
}
}
}
```

运行上述程序，结果如图 9-10 和图 9-11 所示。

图 9-10　二进制文件写入操作

图 9-11　二进制文件读取操作

【案例剖析】

本例演示了二进制文件简单的读写操作。通过 SaveFileDialog 控件将 TextBox 控件中的内容写入到二进制文件中，然后通过 OpenFileDialog 打开写入的二进制文件，并将文件的内容读取出来并显示在 TextBox 控件中。在代码中可以发现，二进制在读写操作时与文本文件是不同的。二进制文件需要通过 FileStream 实例化的对象来实例化二进制写入流对象，在读取的时候则需要转换为二进制的内容。

9.5 读写内存流

MemoryStream 类主要用于操作内存中的数据。比如，网络中传输数据时可以用流的形式，当我们收到这些流数据时就可以声明 MemoryStream 类来存储并且处理它们。

MemoryStream 类用于向内存而不是磁盘读写数据。MemoryStream 封装以无符号字节数组形式存储的数据，该数组在创建 MemoryStream 对象时被初始化，或者该数组可创建为空数组。可在内存中直接访问这些封装的数据。内存流可降低应用程序中对临时缓冲区和临时文件的需要。MemoryStream 类的常用方法及其说明如表 9-15 所示。

表 9-15 MemoryStream 类的常用方法及其说明

名 称	说 明
Read	读取 MemoryStream 流对象，将值写入缓存区
ReadByte	从 MemoryStream 流中读取一个字节
Write	将值从缓存区写入 MemoryStream 流对象
WriteByte	从缓存区写入 MemoytStream 流对象一个字节

【例 9-9】创建一个 Windows 应用窗体，在窗体中添加一个 PictureBox 控件和一个 Button 控件用于演示内存流文件的读写操作。(源代码\ch09\9-9)

```
public partial class Form1 : Form
{
public Form1()
{
InitializeComponent();
}
private void button1_Click(object sender, EventArgs e)
{
//实例化一个打开文件对话框
OpenFileDialog op = new OpenFileDialog();
//设置文件的类型
op.Filter = "JPG 图片|*.jpg|GIF 图片|*.gif";
//如果用户单击了打开按钮，选择了正确的图片路径则进行如下操作
if (op.ShowDialog() == DialogResult.OK)
{
//实例化一个文件流
FileStream f = new FileStream(op.FileName, FileMode.Open);
```

```
//把文件读取到字节数组
byte[] data = new byte[f.Length];
f.Read(data, 0, data.Length);
f.Close();
//实例化一个内存流并把从文件流中读取的字节数组放到内存流中去
MemoryStream ms = new MemoryStream(data);
//设置图片框 pictureBox1 中的图片
this.pictureBox1.Image = Image.FromStream(ms);
        }
    }
}
```

运行上述程序，结果如图 9-12 所示。

【案例剖析】

本例演示的是内存流文件的读取操作。内存流文件在写入时，通过 FileStream 类实例化一个文件流对象，再将文件流对象内容读取到一个 byte 类型字节组中，最后把此 byte 类型字节组放入到 MemoryStream 类实例化内存流对象中，通过这种方式的转换最后将写入的文件在 PictureBox 控件中读取出来。

图 9-12 内存流文件读取

9.6 大神解惑

小白：如何复制、移动、重命名、删除文件和目录？

大神：使用 FileInfo 和 DirectoryInfo 类可实现复制、移动、重命名、删除文件和目录。FileInfo 类的相关方法：FileInfo.CopyTo：将现有文件复制到新文件，其重载版本还允许覆盖已存在文件；FileInfo.MoveTo：将指定文件移到新位置，并提供指定新文件名的选项，所以可以用来重命名文件(而不改变位置)；FileInfo.Delete：永久删除文件，如果文件不存在，则不执行任何操作；FileInfo.Replace：使用当前 FileInfo 对象对应文件的内容替换目标文件，而且指定另一个文件名作为被替换文件的备份。DirectoryInfo 类的相关方法：DirectoryInfo.Create：创建指定目录，如果指定路径中有多级目录不存在，该方法会一一创建；DirectoryInfo.CreateSubdirectory：创建当前对象对应的目录的子目录；DirectoryInfo.MoveTo：将目录(及其包含的内容)移动至一个新的目录，也可用来重命名目录；DirectoryInfo.Delete：删除目录(如果它存在的话)。如果要删除一个包含子目录的目录，要使用它的重载版本，以指定递归删除。

小白：什么是流？它与文件有什么关系？

大神：流是抽象的概念，可以把流看作是一种数据的载体，通过它可以实现数据交换和传输。例如文件的操作，输入/输出设备，内部进行通信的管道，Stream 类及其派生类提供这些不同类型的输入和输出的一般视图，这样程序员就不必熟悉操作系统和基础设备的具体细节，也可以对流进行操作。文件在操作时也表现为流，即流是从一些输入中读取到的一系列字节。例如：视频文件是文件之一，你可以在网上点播就播放而不必完全下载后才播放，因为这是流。

9.7 跟我学上机

练习 1：设计程序，实现文件和文件夹的复制、删除功能。
练习 2：设计程序，实现随机显示学生姓名，学生姓名由用户选择从文本文件选择。
练习 3：设计程序，实现图片的读取功能。

第 10 章
任务同时进行
——多线程操作

　　.NET Framework 框架提供了强大的多线程处理功能，借助.NET 框架的类库与支持，在 C#中可以实现线程的创建、启动、暂停、恢复、挂起以及线程同步，完成多线程编程。

本章目标(已掌握的在方框中打钩)

- ☐ 了解什么是进程与线程。
- ☑ 掌握如何创建线程。
- ☐ 掌握如何挂起线程和恢复线程。
- ☑ 掌握如何终止线程。
- ☐ 掌握如何设置线程优先级。
- ☐ 掌握实现线程同步的方法。

10.1 进 程

当一个程序开始运行时,它就是一个进程,进程包括运行中的程序和程序所使用到的内存和系统资源,而一个进程又是由多个线程所组成的。进程是具有一定独立功能的程序关于某个数据集合上的一次运行活动,是系统进行资源分配和调度的一个独立单位。计算机实时运行进程,如图 10-1 所示。

10.1.1 进程简介

在运行于 32 位处理器上的 32 位 Windows 操作系统中,可将一个进程视为一段大小为 4GB(232 字节)的线性内存空间,它起始于 0x00000000,结束于 0xFFFFFFFF。这段内存空间不能被其他进程所访问,所以称为该进程的私有空间。这段空间被平分为两块,2GB 被系统占有,剩下 2GB 被用户占

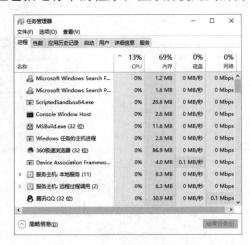

图 10-1 计算机运行进程

有。并且 Windows 是按需为每个进程分配内存的,4GB 是 32 位系统中一个进程所占空间的上限。

10.1.2 进程的基本操作

在 C#中对进程进行操作时需要使用到 Process 类。Process 类位于 System.Diagnostics 命名空间下,使用时需要导入该命名空间。通过 Process 类的属性和方法可以对进程进行相关的操作。

1. Process 类的属性

Process 类的常用属性及其说明如表 10-1 所示。

表 10-1 Process 类的常用属性及其说明

属 性	说 明
ProcessName	获取进程名称
ID	获取进程唯一标示符
Threads	进程中的线程集合
MachineName	获取运行进程的计算机名

2. Process 类的方法

Process 类的常用方法及其说明如表 10-2 所示。

表 10-2　Process 类的常用方法及其说明

方　　法	说　　明
Start	启动进程
Kill	关闭进程
GetCurrentProcess	获取当前的进程
GetProcesses	获取计算机中运行的进程

使用 Start 方法可以启用某个进程。例如，开启一个进程，打开 test.doc 文件，代码如下：

```
Process p;                //实例化一个 Process 对象
p = Process.Start(@"E:\test.doc");    //要开启的进程或要启用的程序，括号内为绝对路径
```

使用 Kill 方法可以关闭某个进程。例如，关闭一个名为 test 的进程，代码如下：

```
Process[] p = Process.GetProcesses();    //获取已开启的所有进程
for (int i = 0; i < p.Length; i++)       //遍历所有查找到的进程
{
//判断此进程是否是要查找的进程
if (p[i].ProcessName.ToString().ToLower() == "test")
{
p[i].Kill();        //结束进程
}
}
```

10.2　线　　程

无论是在单处理器计算机还是多处理器计算机上开发或使用应用程序，都希望应用程序能够为用户提供最好的响应性能，即应用程序能够快速响应用户的操作，要达到这一性能最有效的方式之一就是使用多线程技术。

10.2.1　线程简介

早期的计算机硬件十分复杂，但是操作系统执行的功能却十分简单。那个时候的操作系统在任一时间点只能执行一个任务，也就是同一时间只能执行一个程序。多个任务的执行必须得轮流执行，在系统里面进行排队等候。由于计算机的发展，要求系统功能越来越强大，这个时候出现了分时操作的概念：每个运行的程序占有一定的 CPU 时间，当这个占有时间结束后，在等待队列等待处理器资源的下一个程序就开始投入运行。注意，这里的程序在占有一定的处理器时间后并没有运行完毕，可能需要再一次或多次分配处理器时间。那么从这里可以看出，这样的执行方式显然是多个程序的并行执行，但是在宏观上，用户感觉到多个任务是同时执行的，因此多任务的概念就诞生了。每个运行的程序都有自己的内存空间，自己的堆栈和环境变量设置。

每一个程序对应一个进程，代表着执行一个大的任务，一个进程可以包含一个或多个线程。一个进程可以启动另外一个进程，这个被启动的进程称为子进程。父进程和子进程的执

行只有逻辑上的先后关系，并没有其他关系，即它们的执行是独立的。但是，可能一个大的程序(代表着一个大的任务)，可以分割成很多小任务，为了功能上的需要也有可能是为了加快运行的速度，可能需要同一时间执行多个任务，每个任务分配一个线程来完成。因此，可以看出一个程序同时执行多个任务的能力是通过多线程来实现的。

多任务指的是同一时间执行多个程序的能力，但是实际上在只有一个 CPU 的条件下不可能同时执行两个以上的程序。CPU 在程序之间做高速的切换，使得所有的程序在很短的时间之内可以得到更小的 CPU 时间，这样从用户的角度来看就好像是同时在执行多个程序。多线程相对于操作系统而言，指的是可以同时执行同一个程序的不同部分的能力，每个执行的部分被称为线程。所以在编写应用程序时，必须得很好地设计以避免不同的线程执行时的相互干扰。这样有助于设计出健壮的程序，使得可以在随时需要的时候添加线程。

线程可以被描述为一个微进程，它拥有起点、执行的顺序系列和一个终点。它负责维护自己的堆栈，这些堆栈用于异常处理、优先级调度和其他一些系统重新恢复线程执行时需要的信息。从这个概念看来，好像线程与进程没有任何区别，实际上线程与进程是有区别的：一个完整的进程拥有自己独立的内存空间和数据，但是同一个进程内的线程是共享内存空间和数据的。一个进程对应着一段程序，它是由一些在同一个程序里面独立的、同时运行的线程组成的。由于线程的运行依赖于进程提供的上下文环境，并且使用的是进程的资源，所以线程有时也被称为并行运行在程序里的轻量级进程。

10.2.2 单线程与多线程

1. 单线程

单线程处理是指一个进程中只能有一个线程，其他进程必须等待当前线程执行结束后才能执行。例如，DOS 操作系统就是一个典型的单任务处理，同一时刻只能进行一项操作。其缺点在于系统完成一个很小的任务都必须占用很长时间。这就好比在一间只有一名出纳员的银行办理业务，只安排一个出纳对银行来说会比较省钱，当顾客流量较低时，这名出纳员足以应付。但如果遇到顾客多时，等待办理业务的队伍就越排越长，顾客就会不高兴。这时所发生的正是操作系统中常见的"瓶颈"现象：大量的数据和过于狭窄的信息通道。而最好的解决方案就是安排更多的出纳员，也就是"多线程"策略。

2. 多线程

多线程处理是指将一个进程分为几部分，由多个线程同时独立完成，从而最大限度地利用处理器和用户的时间，提高系统的效率。例如，Windows 操作系统中的复制文件操作，一方面在进行磁盘的读写操作，同时一张纸不停地从一个文件夹飘到另一个文件夹，这个"飘"的动作实际上是一段动画，两个动作是在不同线程中完成的，就像两个动作是同时进行的。

对比单线程，多线程的优点是明显的：执行速度快，同时降低了系统负荷；但缺点也不容忽略，使用多线程的应用程序一般比较复杂，有时甚至会使应用程序的运行速度变得缓慢，因为开发人员必须提供线程的同步(后面会详细讲述)，以保证线程不会并发地请示相同的资源，导致竞争情况的发生。所以要合理地使用多线程处理技术。

10.2.3 线程的基本操作

在 C#中对线程进行操作时，主要用到了 Thread 类，该类位于 System.Threading 命名空间下，使用线程时必须导入该命名空间。线程的基本操作包括线程的创建、启动、暂停、休眠和挂起等操作。

线程 Thread 类主要用于创建并控制线程、设置线程优先级并获取其状态，一个进程可以创建一个或多个线程以执行与该进程关联的部分程序代码。

1. 常用属性

Thread 类常用属性及其说明如表 10-3 所示。

表 10-3 Thread 类常用属性及其说明

属　　性	说　　明
CurrentThread	获取当前正在运行的线程。该属性为静态属性
IsAlive	当前线程的执行状态。如果此线程已启动并且尚未正常终止或中断，则为 true；否则为 false
IsBackground	获取或设置一个值，该值指示某个线程是否为后台线程
IsThreadPoolThread	获取一个值，该值指示线程是否属于托管线程池
ManagedThreadId	获取当前托管线程的唯一标识符
Name	获取或设置线程的名称
Priority	获取或设置一个值，该值指示线程的调度优先级
ThreadState	获取一个值，该值包含当前线程的状态

2. 常用方法

Thread 类常用方法及其说明如表 10-4 所示。

表 10-4 Thread 类常用方法及其说明

方　　法	说　　明
Abort	调用此方法通常会终止线程
Join	阻塞调用线程，直到某个线程终止时为止
Sleep	将当前线程阻塞指定的毫秒数。该方法为静态方法
Start	使线程得以按计划执行
Interrupt	中断处于 WaitSleepJoin 线程状态的线程

10.2.4 创建线程

实例化一个线程对象，常用的方法是将该线程执行的委托方法作为 Thread 构造函数。委拖方法的创建通过 ThreadStart 委托对象创建，语法格式如下：

```
Thread 线程名称 = new Thread(new ThreadStart(方法名))
```

其中，ThreadStart 委托指定的方法名必须是一个没有参数和没有返回值的方法。

例如，创建线程 MyThread，线程执行的方法是 OutMessage，在窗体类内声明线程对象和方法，窗体的 Load 事件中实例化该线程，代码如下：

窗体类文件代码：

```
Thread mythread1;      //声明线程 1
Thread mythread1;      //声明线程 2
void OutMessage1()     //该方法将被封装成 ThreadStart 委托对象，不能有返回值和参数
{
MessageBox.Show("我创建的第 1 个线程！");
}
void OutMessage2()     //该方法将被封装成 ThreadStart 委托对象，不能有返回值和参数
{
MessageBox.Show("我创建的第 2 个线程！");
}
```

窗体的 Load 事件代码：

```
private void Form1_Load(object sender, EventArgs e)
{
Mythread1 = new Thread(new ThreadStart(OutMessage1));
mythread2 = new Thread(new ThreadStart(OutMessage2));
}
```

注意 上述代码只是创建线程对象，并未启动线程。

10.2.5 线程的控制

创建一个线程之后，它会经历一个生命周期，即从创建、暂停、恢复等，直到结束的过程。

1. 线程的启动

使用 ThreadStart 委托创建线程之后，必须启动线程才能工作。启动线程使用 Start 方法，格式如下：

```
线程实例名.Start()
```

2. 线程的休眠(暂停)

1) 用 Sleep 方法暂停线程

采用 Thread 类创建线程，启动线程后，使用静态方法 Sleep 可以让线程暂时休眠一段时间(时间由 Sleep 方法的参数指定，单位为毫秒 ms)，并将其时间片段的剩余部分提供给另一个线程。需要注意的是，一个线程不能对另一个线程调用 Sleep 方法。Sleep 方法的一般格式如下：

```
Thread.Sleep(休眠时间)
```

例如,线程休眠 1 秒,代码如下:

```
Thread.Sleep(1000);
```

线程进入休眠状态时,显示为 WaitSleepJoin,当休眠时间到时,线程会自动唤醒开始工作;如果希望强行将线程唤醒,可用采 Thread 类的 Interrupt 方法。

2) 用 Join 方法暂停线程

Join 方法与 Sleep 方法的区别:使用 Join 方法的线程会中止其他正在运行的线程,即运行的线程进入 WaitSleepJoin 状态,直到 Join 方法的线程执行完毕,等待状态的线程会恢复到 Running 状态。Join 方法有下列 3 种重载形式:

```
格式一:线程对象名.Join()
格式二:线程对象名.Join(等待线程终止的毫秒数)
格式三:线程对象名.Join(TimeSpan 类型时间)
```

> **注意** 使用此方法的线程,请确保线程可以终止。如果线程不终止,则调用方将无限期阻塞。

3. 线程的挂起与恢复

使用 Thread 类的 Suspend 方法和 Resume 方法可实现线程的挂起与恢复。

1) Suspend 方法

Suspend 方法用于线程的挂起,被挂起的线程会暂停,直至被恢复。如果对已挂起的线程进行挂起操作,则不会起到任何作用。

例如,挂起 Mythread 线程,代码如下:

```
Mythread.Suspend();
```

2) Resume 方法

Resume 方法用于恢复被挂起的线程。

例如,恢复 Mythread 线程,代码如下:

```
Mythread.Resume();
```

4. 线程的中断

如果要使用处于休眠状的线程被强行唤醒,可以使用 Interrupt 方法。它会中断处于休眠的线程,将其放回调度队列中。Interrupt 方法的一般格式如下:

```
线程对象名.Interrupt();
```

调用 Interrupt 时,如果一个线程处于 WaitSleepJoin 状态,则将导致在目标线程中引发 ThreadInterruptedException。如果该线程未处于 WaitSleepJoin 状态,则直到该线程进入该状态时才会引发异常。如果该线程始终不阻塞,则它会顺利完成而不被中断。为确保程序的正常运行,请使用异常处理语句。

5. 线程的终止

由于某种原因要永久地终止一个线程，可以调用 Abort 方法。当调用 Abort 方法终止线程时，该线程将从任何状态中唤醒，在调用此方法的线程上引发 ThreadAbortException，以开始终止此线程的过程。一般表示形式如下：

```
线程对象名.Abort();
```

线程终止后，无法通过再次调用 Start()方法启动该线程。如果尝试重新启动该线程，就会引发 ThreadStateException 异常，退出应用程序。

C#中的 Timer 定时器控件采用的就是线程，如果在窗体中添加多个定时器，就相当于增加了多个线程。Interval 属性设置定时器的间隔时间，即线程暂停；启动定时器的 Start 方法，相当于 Thread 类线程的启动；停止定时器的 Stop 方法，相当于 Thread 类线程的终止。

【例 10-1】创建一个控制台应用程序，实例化一个线程对象，要求启动线程后在 Main 函数中循环输出 a 到 g 的字母，委托方法为辅助线程，实现循环输出 1 到 5 的数字。(源代码\ch10\10-1)

```csharp
class Program
{
    static void Main(string[] args)
    {
        Console.WriteLine("主线程开始");
        //实例化 Thread 类，委托方法 ThreadMethod
        Thread t = new Thread(new ThreadStart(ThreadMethod));
        t.Start();         //启动线程
        Thread.Sleep(3000);    //休眠 3 秒
        t.Resume();    //恢复被挂起线程
        for (char i = 'a'; i < 'f'; i++)
        {
            Console.WriteLine("主线程：{0}", i);
            Thread.Sleep(100);
        }
        t.Join();     //主线程等待辅助线程结束
        Console.WriteLine("主线程结束");
        Console.ReadLine();
    }
    static void ThreadMethod()
    {
        Thread.CurrentThread.Suspend();     //挂起当前线程
        Console.WriteLine("辅助线程开始...");
        for (int i = 1; i < 6; i++)
        {
            Console.WriteLine("辅助线程：{0}", i);
            Thread.Sleep(200);
        }
        Console.WriteLine("辅助线程结束");
    }
}
```

运行上述程序，结果如图 10-2 所示。

【案例剖析】

本例演示了线程的基本操作方法。在 Main 函数中相当于编写的是主线程，主线程中先实例化一个 Thread 类对象，委托方法为 ThreadMethod，此方法为辅助线程。线程启动后，在 DOS 窗口会发现当输出主线程开始后并没有立即输出循环体中的内容，而是等待 3 秒后才开始执行循环体，这是因为启动线程后先是使用 Sleep 方法让线程休眠 3 秒，而后使用 Resume 方法恢复了被挂起的线程，最后进入循环，在 DOS 窗口输出循环体内容，在主线程循环体运行结束后，使用 Join 方法暂停主线程，等待辅助线程输出完毕后再继续恢复运行状态，才会有 DOS 窗口中"辅助线程结束"早于"主线程结束"的结果。

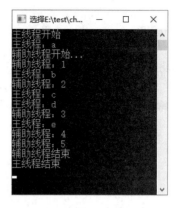

图 10-2　线程

10.2.6　线程优先级

正常情况下，按照程序的执行顺序，先启动的进程先执行。但是某些情况下，希望个别进程优先执行，可以通过设置进程的优先级完成。每个线程都有一个分配的优先级。在运行库内创建的线程最初被分配 Normal 优先级，而在运行库外创建的线程在进入运行库时将保留其先前的优先级。可以通过访问线程的 Priority 属性来获取和设置其优先级。线程的 Priority 属性为 ThreadPriority 枚举类型，取值及其说明如表 10-5 所示。

表 10-5　ThreadPriority 枚举类型取值及其说明

成　员	说　明
AboveNormal	安排在优先级为 Highest(最高)的线程之后，以及优先级为 Normal(普通)的线程之前
BelowNormal	安排在优先级为 Normal(普通)的线程之后，以及优先级为 Lowest(最低)的线程之前
Highest	安排在任何其他优先级的线程之前
Lowest	安排在任何其他优先级的线程之后
Normal	安排在优先级为 AboveNormal 的线程之后，以及在优先级为 BelowNormal 的线程之前。默认情况下，线程的优先级为 Normal(普通)

例如，设置 MyThread1 线程的优先级为最高，代码如下：

```
MyThread1.Priority = ThreadPriority.Highest;
```

根据线程的优先级调度线程的执行。用于确定线程执行顺序的调度算法随操作系统的不同而不同。操作系统也可以在用户界面的焦点在前台和后台之间移动时动态地调整线程的优先级。一个线程的优先级不影响该线程的状态；该线程的状态在操作系统可以调度该线程之前必须为 Running。

访问 Windows 窗体控件本质上不是线程安全的。如果有两个或多个线程操作某一控件的状态，则可能会迫使该控件进入一种不一致的状态。还可能出现其他与线程相关的 bug，包括争用情况和死锁。确保以线程安全方式访问控件非常重要。

在以非线程安全方式访问控件时，.NET Framework 能检测这个问题。在调试器中运行应用程序时，如果创建某控件的线程之外的其他线程试图调用该控件，则调试器会引发 InvalidOperationException 异常，显示以下消息："从不是创建控件名称的线程访问它。"

可以通过将控件类提供的 CheckForIllegalCrossThreadCalls 属性的值设置为 false 来禁用此异常。一般情况下，如果希望使用线程来操纵控件时，都要禁用此异常。

【例 10-2】创建一个 Windows 应用程序，在窗体中添加 2 个进度条 progressBar1～progressBar2，使用线程控件进度条，实现进度不一的两条进度条同时工作。(源代码\ch10\10-2)

```csharp
public partial class Form1 : Form
{
public Form1()
{
InitializeComponent();
}
Thread MyThread1;    //声明线程1
Thread MyThread2;    //声明线程2
void GetProgress2()  //线程2方法
{
while (progressBar1.Value < 100)
{
progressBar1.PerformStep();
if (progressBar2.Value >= 100)
{
if (MyThread1.IsAlive)
{
MyThread1.Abort();   //终止线程1
}
else
{
if (progressBar1.Value >= 100)
{
progressBar1.Value = 0;       //进度条1进入下一轮进度加载
}
}
Thread.Sleep(50);    //线程休眠
}
}
void GetProgress1()    //线程1方法
{
while (progressBar2.Value < 100)
{
progressBar2.PerformStep();
if (progressBar2.Value >= 100) //判断进度条2是否完成
{
MessageBox.Show("进度完成");
if (MyThread2.IsAlive)
{
MyThread2.Abort();//终止线程2
}
}
Thread.Sleep(50);    //线程休眠
}
}
private void Form1_Load(object sender, EventArgs e)
{
progressBar1.Step = 10;    //设置进度条1的增量属性
progressBar2.Step = 1;     //设置进度条2的增量属性
```

```
CheckForIllegalCrossThreadCalls = false;    //禁用不安全线程的检测
MyThread1 = new Thread(new ThreadStart(GetProgress1));
MyThread2 = new Thread(new ThreadStart(GetProgress2));
MyThread1.Priority = ThreadPriority.Lowest;    //安排在任何其他优先级的线程之后
MyThread1.Start();
MyThread2.Start();
}
}
```

运行上述程序，结果如图 10-3 和图 10-4 所示。

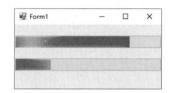

图 10-3　进度条自增

图 10-4　进度完成

【案例剖析】

本例演示了线程的优先级。首先在窗体类内导入 using System.Threading 命名空间声明，声明 2 个线程对象以及 2 个线程对象执行的方法。线程执行的方法分别实现对进度条 1 和进度条 2 的操作，以 Step 属性区分它们的进度，并且线程 1 的方法优先级低于线程 2 方法，如果进度条 2 的 Value 值没有到达最大值 100，那么进度条 1 完成后再重新开始；如果进度条 2 完成，则使用 Abort 方法终止 2 个线程。在窗体的加载事件中实例化线程并启动，CheckForIllegalCrossThreadCalls 属性设置为 False，以禁用非安全线程异常。

10.3　多线程同步

在多线程编程中，当多个线程共享数据和资源时，由于根据中央线程调度机制，线程将在没有警告的情况下中断和继续，因此多线程处理存在资源共享和同步问题。

10.3.1　多线程同步概述

如果多个线程同时要访问一个资源，可能出现"死锁"或其他错误。线程出现死锁的条件是互相等待释放某些资源，但是随着执行该阻塞等待，它们不会释放其他线程需要用来解除阻塞的资源。在资源得到释放之前，线程不会有任何进度，但是因为它们没有进度，资源就永远不会被释放，于是线程就锁住了，形成了"死锁"。

多个线程可能会试图同时访问某个对象。在多个线程同时争相访问某个对象的同时，如果一个线程修改了资源，有些线程可能会收到无效状态。例如，如果某个线程读取对象的字段，同时另一线程正在修改该字段，则第一个线程可能会收到无效的字段状态。这种情况称为竞用情况。

.NET Framework 的 CLR 提供了 3 种方法来完成对共享资源诸如全局变量域、特定的代码段、静态的和实例化的方法和域进行同步访问。

1．代码域同步

使用 Monitor 类可以同步静态/实例化的方法的全部代码或者部分代码段。不支持静态域的同步。在实例化的方法中，this 指针用于同步；而在静态的方法中，类用于同步。Lock 关键字提供了与 Monitoy.Enter 和 Monitoy.Exit 同样的功能。

2．手工同步

使用不同的同步类(诸如 WaitHandle、Mutex、ReaderWriterLock、ManualResetEvent、AutoResetEvent 和 Interlocked 等)创建自己的同步机制。这种同步方式要求用户手动地为不同的域和方法同步。这种同步方式也可以用于进程间的同步和对共享资源的等待而造成的死锁解除。

3．上下文同步

使用 SynchronizationAttribute 为 ContextBoundObject 对象创建简单的、自动的同步。这种同步方式仅用于实例化的方法和域的同步。所有在同一个上下文域的对象共享同一个锁。

下面重点讲述 Lock、Mutex 和 Monitor 实现线程的同步。

10.3.2 用 Lock 语句实现互斥线程

lock 关键字可以用来确保代码块完成运行，而不会被其他线程中断。这是通过在代码块运行期间为给定对象获取互斥锁来实现的。lock 关键字提供了同步，确保每次只有一个线程访问方法或代码。因此，只要开始执行 lock 锁定的方法，其他调用该方法的线程就必须等待，除非前一调用者已执行完毕。lock 关键字实现线程同步的语法格式如下：

```
lock(obj)
{
范围
}
```

其中，obj 必须为引用类型，即对象。

例如：

```
private Object thisLock = new Object();
lock(thisLock)
{
//要运行的代码块
}
```

通常，最好避免锁定 public 类型或锁定不受应用程序控制的对象实例。例如，如果该实例可以被公开访问，则 lock(this)可能会有问题，因为不受控制的代码也可能会锁定该对象。这可能导致死锁，即两个或更多个线程等待释放同一对象。出于同样的原因，锁定公共数据类型(相比于对象)也可能导致问题。锁定字符串尤其危险，因为字符串被公共语言运行库(CLR)"暂留"。这意味着整个程序中任何给定字符串都只有一个实例，就是这同一个对象表示了所有运行的应用程序域的所有线程中的该文本。因此，只要在应用程序进程中的任何位置处具有相同内容的字符串上放置了锁，就将锁定应用程序中该字符串的所有实例。因此，最好锁定不会被暂留的私有或受保护成员。某些类提供专门用于锁定的成员。例如，Array 类型提供 SyncRoot。许多集合类型也提供 SyncRoot。

【例 10-3】创建一个控制台应用程序，定义一个 lockthread 方法，用于演示 lock 语句锁定线程。(源代码\ch10\10-3)

```
class Program
{
void lockthread()    //定义lockthread方法
{
lock(this)
{
Console.WriteLine("Lock 实例");
}
}
static void Main(string[] args)
{
Program p = new Program();    //实例化对象
p.lockthread();    //调用lock锁定线程的方法
}
}
```

运行上述程序，结果如图 10-5 所示。

【案例剖析】

本例演示了 lock 语句的用法。使用 lock 语句时首先要定义一个方法，用于书写 lock 语句块。在本例中首先定义了一个 lockthread 方法。在此方法中包含一个 lock 语句块，用于输出"Lock 实例"字样，相当于一个线程在运行，最后在 Main 函数中调用此方法实现 lock 锁定线程。

图 10-5　lock 演示

10.3.3　用 Monitor 类实现互斥线程

在给定的时间和指定的代码段只能被一个线程访问，Monitor 类非常适合于这种情况的线程同步。这个类中的方法都是静态的，所以不需要实例化这个类。这些静态的方法提供了一种机制用来同步对象的访问从而避免死锁和维护数据的一致性，如表 10-6 所示。

表 10-6　Monitor 类的主要方法

名　称	说　明
Enter	在指定对象上获取排他锁
TryEnter	试图获取指定对象的排他锁
Exit	释放指定对象上的排他锁
Wait	释放对象上的锁并阻塞当前线程，直到它重新获取该锁
Pulse	通知等待队列中的线程锁定对象状态的更改
PulseAll	通知所有的等待线程对象状态的更改

通过对指定对象的加锁和解锁可以同步代码段的访问。Monitor.Enter、Monitor.TryEnter 和 Monitor.Exit 用来对指定对象的加锁和解锁。一旦获取(调用了 Monitor.Enter)指定对象(代码段)的锁，其他的线程都不能获取该锁。

例如，线程 X 获得了一个对象锁，这个对象锁是可以释放的(调用 Monitor.Exit(object)或者 Monitor.Wait)。当这个对象锁被释放后，Monitor.Pulse 方法和 Monitor.PulseAll 方法通知就绪队列的下一个线程进行和其他所有就绪队列的线程将有机会获取排他锁。线程 X 释放了锁而线程 Y 获得了锁，同时调用 Monitor.Wait 的线程 X 进入等待队列。当从当前锁定对象的线程(线程 Y)受到了 Pulse 或 PulseAll，等待队列的线程就进入就绪队列。线程 X 重新得到对象锁时，Monitor.Wait 才返回。如果拥有锁的线程(线程 Y)不调用 Pulse 或 PulseAll，方法可能被不确定地锁定。对每一个同步的对象，需要有当前拥有锁的线程的指针，就绪队列和等待队列(包含需要被通知锁定对象的状态变化的线程)的指针。

当两个线程同时调用 Monitor.Enter 时，无论这两个线程调用 Monitor.Enter 是多么地接近，实际上肯定有一个在前，一个在后，因此永远只会有一个获得对象锁。既然 Monitor.Enter 是原子操作，那么 CPU 是不可能偏好一个线程而不喜欢另外一个线程的。为了获取更好的性能，应该延迟后一个线程的获取锁调用和立即释放前一个线程的对象锁。对于 private 和 internal 的对象，加锁是可行的，但是对于 external 对象有可能导致死锁，因为不相关的代码可能因为不同的目的而对同一个对象加锁。

如果要对一段代码加锁，最好的方法是在 try 语句里面加入设置锁的语句，而将 Monitor.Exit 放在 finally 语句里面。对于整个代码段的加锁，可以使用 MethodImplAttribute(在 System.Runtime.CompilerServices 命名空间)类在其构造器中设置同步值。这是一种可以替代的方法，当加锁的方法返回时，锁也就被释放了。如果需要很快释放锁，你可以使用 Monitor 类和 C#中 lock 关键字代替上述的方法。

【例 10-4】创建一个控制台应用程序，定义一个 lockthread 方法，用于演示 Monitor 类线程同步。(源代码\ch10\10-4)

```
class Program
{
void lockthread()
{
Monitor.Enter(this);    //锁定线程
Console.WriteLine("Monitor 线程同步实例");
Console.ReadLine();
Monitor.Exit(this);    //释放线程
}
static void Main(string[] args)
{
Program p = new Program();
p.lockthread();    //调用锁定线程方法
}
}
```

运行上述程序，结果如图 10-6 所示。

【案例剖析】

本例演示了使用 Monitor 类同步线程。Monitor 类与 lock 语句用法十分相似。从这两个例子上来看，似乎使用 lock 语句会使得代码更加简单，但是实际上 Monitor 类与 lock 相比有较好的控制能力。比如，它可使用 Wait 方法使某个运行中的线程进入等待，或者使用 Pulse 方法来对等待中的线程进行通知等。

图 10-6 Monitor 类同步线程

10.3.4 用 Mutex 类实现互斥线程

Mutex 类是另外一种完成线程间和跨进程同步的方法，它同时也提供进程间的同步。它允许一个线程独占共享资源的同时阻止其他线程和进程的访问。Mutex 的名字就很好地说明了它的所有者对资源的排他性的占有。一旦一个线程拥有了 Mutex，想得到 Mutex 的其他线程都将挂起直到占有线程释放它。

Mutex 类常用方法及其说明如表 10-7 所示。

表 10-7　Mutex 类常用方法及其说明

方　　法	说　　明
Close	在派生类中被重写时，释放由当前 WaitHandle 持有的所有资源
OpenExisting	打开现有的已命名互斥体
ReleaseMutex	释放 Mutex 一次
SignalAndWait	原子操作的形式，向一个 WaitHandle 发出信号并等待另一个
WaitAll	等待指定数组中的所有元素都收到信号
WaitAny	等待指定数组中的任一元素收到信号
Waitone	当在派生类中重写时，阻止当前线程，直到当前的 WaitHandle 收到信号

Mutex.ReleaseMutex 方法用于释放 Mutex，一个线程可以多次调用 Wait 方法来请求同一个 Mutex，但是在释放 Mutex 时必须调用同样次数的 Mutex.ReleaseMutex。如果没有线程占有 Mutex，那么 Mutex 的状态就变为 Signaled，否则为 nosignaled。一旦 Mutex 的状态变为 Signaled，等待队列的下一个线程将会得到 Mutex。

一个线程可以通过调用 WaitHandle.WaitOne 或 WaitHandle.WaitAny 或 WaitHandle.WaitAll 得到 Mutex 的拥有权。如果 Mutex 不属于任何线程，上述调用将使得线程拥有 Mutex，WaitOne 会立即返回。如果有其他的线程拥有 Mutex，WaitOne 将陷入无限期的等待直到获取 Mutex。你可以在 WaitOne 方法中指定参数即等待的时间而避免无限期的等待 Mutex。调用 Close 作用于 Mutex 将释放拥有，一旦 Mutex 被创建，你可以通过 GetHandle 方法获得 Mutex 的句柄给 WaitHandle.WaitAny 或 WaitHandle.WaitAll 方法使用。

在使用 Mutex 类实例化对象时有两种方法：

```
public virtual bool WaitOne()
```

阻止当前线程，直到当前 System.Threading.WaitHandle 收到信号获取互斥锁：

```
public void ReleaseMutex()
```

释放 System.Threading.Mutex 一次。

【例 10-5】创建一个控制台应用程序，定义一个 lockthread 方法，用于演示 Mutex 类线程同步。(源代码\ch10\10-5)

```
class Program
{
void lockthread()
{
Mutex m = new Mutex(false);    //实例化 Mutex 对象
m.WaitOne();    //阻止当前线程
Console.WriteLine("Mutex 类线程同步实例");
Console.ReadLine();
m.ReleaseMutex();    //释放 Mutex 对象
}
static void Main(string[] args)
```

```
{
Program p = new Program();     //实例化对象
p.lockthread();    //调用lockthread方法
}
}
```

运行上述程序,结果如图10-7所示。

【案例剖析】

本例演示了 Mutex 类的线程同步。首先实例化 Mutex 类对象,在实例化时与以往实例化对象不同的是有一个 bool 参数,此参数指定了创建该对象的线程是否希望立即获得其所有权,在一个资源得到保护的类中创建 Mutex 对象常将此参数设置为 false。此例中 lockthread 方法中先用 Mutex 类对象的 WaitOne 方法阻止当前线程,然后调用 Mutex 类对象的 ReleaseMutex 方法释放当前线程。

图 10-7 Mutex 类线程同步

10.4 线 程 池

在前面的章节里详细介绍了平时用到的大多数多线程的例子,但在实际开发中使用的线程往往是大量的和更为复杂的,这时,每次都创建线程、启动线程。从性能上来讲,这样做并不理想(因为每使用一个线程就要创建一个,需要占用系统开销);从操作上来讲,每次都要启动,比较麻烦。为此,引入了线程池的概念。

使用线程池可以减少在创建和销毁线程上所花的时间以及系统资源的开销,而且使用线程池可以有效地避免因为系统创建大量线程而导致消耗完系统内存以及"过度切换"。

线程池是一种多线程处理形式,处理过程中将任务添加到队列,然后在创建线程后自动启动这些任务。线程池线程都是后台线程。每个线程都使用默认堆栈大小,以默认的优先级运行,并处于多线程单元中。如果某个线程在托管代码中空闲(如正在等待某个事件),则线程池将插入另一个辅助线程来使所有处理器保持繁忙。如果所有线程池线程都始终保持繁忙,但队列中包含挂起的工作,则线程池将在一段时间之后创建另一个辅助线程。但线程的数目永远不会超过最大值。超过最大值的其他线程可以排队,但它们要等到其他线程完成后才启动。

当处理单个任务时间较短或者需要处理的任务数量比较大的时候要考虑使用线程池。System.Threading.ThreadPool 类实现了线程池。ThreadPool 类是一个静态类,它提供了管理线程池的一系列方法。ThreadPool.QueueUserWorkItem 方法在线程池中创建一个线程池线程来执行指定的方法(用委托 WaitCallback 来表示),并将该线程排入线程池的队列等待执行。QueueUserWorkItem 方法的原型为:

```
public static Boolean QueueUserWorkItem(WaitCallback wc, Object state);
public static Boolean QueueUserWorkItem(WaitCallback wc);
```

这些方法将"工作项"(和可选状态数据)排列到线程池的线程中,并立即返回。工作项只是一种方法(由 wc 参数标识),它被调用并传递给单个参数,即状态(状态数据)。没有状态参数的 QueueUserWorkItem 版本将 null 传递给回调方法。线程池中的某些线程将调用 System.Threading.WaitCallback 委托表示的回调方法来处理该工作项。回调方法必须与 System.Threading.WaitCallback 委托类型相匹配。WaitCallback 定义如下:

```
public delegate void WaitCallback(Object state);
```

线程池最多管理线程数量=处理器数×250。也就是说，如果您的机器为 2 个 2 核 CPU，那么 CLR 线程池的容量默认上限便是 1000。通过线程池创建的线程默认为后台线程，优先级默认为 Normal。

【例 10-6】创建一个控制台应用程序，使用 ThreadPool.QueueUserWorkItem 方法在线程池中创建两个线程池用于执行两个任务：计算变量 x 的 6 次方和计算变量 x 的 6 次方根。(源代码\ch10\10-6)

```
class Program
{
static double n1 = 1;
static double n2 = 1;
public static void Main()
{
//获取线程池的最大线程数和维护的最小空闲线程数
int maxThreadNum, portThreadNum, minThreadNum;
ThreadPool.GetMaxThreads(out maxThreadNum, out portThreadNum);
ThreadPool.GetMinThreads(out minThreadNum, out portThreadNum);
Console.WriteLine("最大线程数：{0}", maxThreadNum);
Console.WriteLine("最小空闲线程数：{0}", minThreadNum);
int x = 1230;
//启动第一个任务：计算 x 的 6 次方
Console.WriteLine("启动第一个任务：计算{0}的 6 次方。", x);
ThreadPool.QueueUserWorkItem(new WaitCallback(TaskProc1), x);
//启动第二个任务：计算 x 的 6 次方根
Console.WriteLine("启动第二个任务：计算{0}的 6 次方根。", x);
ThreadPool.QueueUserWorkItem(new WaitCallback(TaskProc2), x);
//等待，直到两个数值都完成计算
while (n1 == 1 || n2 == 1) ;
//输出计算结果
Console.WriteLine("{0},{1}", n1, n2);
Console.ReadLine();
}
static void TaskProc1(object i)    // 启动第一个任务：计算 x 的 6 次方
{
n1 = Math.Pow(Convert.ToDouble(i), 6);
}
static void TaskProc2(object j)    // 启动第二个任务：计算 x 的 6 次方根
{
n2 = Math.Pow(Convert.ToDouble(j), 1.0 / 6.0);
}
}
```

运行上述程序，结果如图 10-8 所示。

【案例剖析】

本例演示了使用 ThreadPool.QueueUserWorkItem 方法在线程池中创建线程池用于执行指定的任务。在 Main 函数中首先获取到了线程池中线程所维护的最大和最小的线程数。接着使用 ThreadPool.QueueUserWorkItem 方法分别

图 10-8　线程池

创建了两个线程池，通过调用 TaskProc1 和 TaskProc2 方法来计算变量 x 的 6 次方和 6 次方根。在 TaskProc1 和 TaskProc2 方法中使用到了 VS2017 自带的 Math.Pow 方法，详细可参考 MSND 参考手册。

10.5 大神解惑

小白：进程和线程的区别是什么？

大神：进程是 Process，线程是 Thread，线程可以说是小于进程。一个进程至少有一个线程，也可以有多个线程。进程是具有一定独立功能的程序关于某个数据集合上的一次运行活动，进程是系统进行资源分配和调度的一个独立单位。线程是进程的一个实体，是 CPU 调度和分派的基本单位，它是比进程更小的能独立运行的基本单位。线程自己基本上不拥有系统资源，只拥有一点在运行中必不可少的资源(如程序计数器，一组寄存器和栈)，但是它可与同属一个进程的其他的线程共享进程所拥有的全部资源。

小白：什么是多线程？

大神：简单地说，多线程是指程序中包含多个执行流，即在一个程序中可以同时运行多个不同的线程来执行不同的任务，也就是说允许单个程序创建多个并行执行的线程来完成各自的任务。

小白：多线程的好处是什么？

大神：可以提高 CPU 的利用率。在多线程程序中，一个线程必须等待的时候，CPU 可以运行其他的线程而不是等待，这样就大大提高了程序的效率。

小白：多线程有缺点吗？

大神：线程也是程序，所以线程需要占用内存，线程越多占用内存也越多；多线程需要协调和管理，所以需要 CPU 时间跟踪线程；线程之间对共享资源的访问会相互影响，必须解决竞用共享资源的问题；线程太多会导致控制太复杂，最终可能造成很多 Bug。

10.6 跟我学上机

练习 1：尝试将有关线程控件进度条的例 10-2，改用定时器控件实现的程序。比较两种方法有无区别。

练习 2：编写程序，演示利用 Lock 关键字实现线程同步。

练习 3：编写程序，演示利用 Monitor 类实现线程同步。

练习 4：尝试使用多线程编写一个打怪物小游戏，该程序拥有怪物类和人类，怪物与人分别拥有血量属性，人类拥有姓名属性，物理攻击和法术攻击的方法，在主程序中调用两种方法，使人类用物理攻击和法术攻击击打怪物，并实时输出怪物血量，直至血量为 0。

第11章
数据查询新模型——语言集成查询LINQ

LINQ 是一项突破性的创新,它在对象领域和数据领域之间架起了一座桥梁。其全称是 Language Integrated Query(语言集成查询),是指将"查询功能和语言"结合起来。从而为我们提供一种统一的方式,让我们能在 C#或 VB.NET 语言中直接查询和操作各种数据。

本章目标(已掌握的在方框中打钩)

☐ 了解什么是 LINQ 查询。
☑ 了解 LINQ 查询操作的步骤。
☐ 了解 LINQ 和泛型类型。
☐ 了解 LINQ 查询都有什么基本操作。
☐ 掌握 LINQ 查询的基本操作。

11.1 LINQ 简介

LINQ 是 Language Integrated Query 的简称，它是集成在.NET 编程语言中的一种特性。LINQ 已经成为编程语言的一个组成部分，在编写程序时可以得到很好的编译时语法检查，丰富的元数据，智能感知，静态类型等强类型语言的好处。并且它同时还使得查询可以方便地对内存中的信息进行查询而不仅仅只是外部数据源，在任何源代码文件中，要使用 LINQ 查询功能，必须引用 System.Linq 命名空间。

LINQ 定义了一组标准查询操作符用于在所有基于.NET 平台的编程语言中更加直接地声明跨越、过滤和投射操作的统一方式。标准查询操作符允许查询作用于所有基于 IEnumerable<T>接口的源，并且它还允许适合于目标域或技术的第三方特定域操作符来扩大标准查询操作符集。更重要的是，第三方操作符可以用它们自己的提供附加服务的实现来自由地替换标准查询操作符。根据 LINQ 模式的习俗，这些查询喜欢采用与标准查询操作符相同的语言集成和工具支持。

11.1.1 隐式类型化变量(var)

在使用或编写 LINQ 查询语句时，可以使用 var 修饰符来指示编译器推断并分配类型，隐式类型的本地变量是强类型变量(就好像用户已经声明该类型一样)，但由编译器确定类型，而不必在声明并初始化变量时显式指定类型，代码格式如下：

```
var i = 10; //隐式类型
int i = 10; //显式类型
```

11.1.2 查询操作简介

在使用 LINQ 时，所有的查询操作都是由下面 3 个不同的部分组成。
(1) 获取数据源。
(2) 创建查询。
(3) 执行查询。
LINQ 的查询表达式关键字分别有 from、select、where、orderby、group、join 等。
from：指定要查找的数据源以及范围变量，多个 from 子句则表示从多个数据源中查找数据。
select：指定查询要返回的目标数据，可以指定任何类型，甚至是匿名类型。
where：指定元素的筛选条件，多个 where 子句则表示了并列关系，必须全部都满足才能入选。
orderby：指定元素的排序字段和排序方式，当有多个排序字段时，由字段顺序确定主次关系，可以指定升序和降序两种排序方式。
group：指定元素的分组字段。
join：指定多个数据源的关联方式。
完整的 LINQ 查询操作如图 11-1 所示。

【例 11-1】创建一个控制台应用程序，定义一个整数数组，用于演示 LINQ 的查询操作。(源代码\ch11\11-1)

```
class Program
{
static void Main(string[] args)
{
//数据源
int[] numbers = new int[7] { 2, 3, 4, 5, 6, 7, 8 };
//创建查询
var numQuery =
from num in numbers
where (num % 2) == 0
select num;
//执行查询
foreach (int num in numQuery)
{
Console.WriteLine("{0,1} ", num);
}
Console.ReadLine();
}
}
```

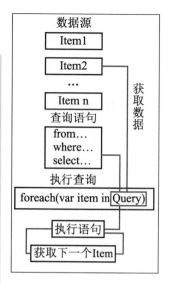

11-1 完整的 LINQ 查询操作

运行上述程序，结果如图 11-2 所示。

【案例剖析】

本例用于演示 LINQ 的简单查询操作。首先在 Main 函数中定义一个数组 numbers 作为查询的数据源，然后创建一个查询，此查询的书写方式与 SQL 语句的书写方法刚好是相反的，此查询的目的是筛选出能被 2 整除的数，最后使用 foreach 循环输出结果。

图 11-2 LINQ 查询

11.1.3 数据源

在例 11-1 中，由于数据源是数组，因此它隐式支持泛型 IEnumerable<T>接口。这一事实意味着该数据源可以用 LINQ 进行查询。查询在 foreach 语句中执行，因此，foreach 需要 IEnumerable 或 IEnumerable<T>。支持 IEnumerable<T>或派生接口(如泛型 IQueryable<T>)的类型称为可查询类型。

11.1.4 查询

查询指定要从数据源中检索的信息。查询还可以指定在返回这些信息之前如何对其进行排序、分组和结构化。查询存储在查询变量中，并用查询表达式进行初始化。为使编写查询的工作变得更加容易，C#引入了新的查询语法。

在例 11-1 中的查询从整数数组中返回所有偶数。该查询表达式包含 3 个子句：from、where 和 select。(如果熟悉 SQL，会注意到这些子句的顺序与 SQL 中的顺序相反)from 子句指定数据源，where 子句应用筛选器，select 子句指定返回的元素的类型。需要注意的是，在

LINQ 中，查询变量本身不执行任何操作并且不返回任何数据。它只是存储在以后某个时刻执行查询时为生成结果而必需的信息。

11.1.5 执行查询

1. 延迟执行

查询变量本身只存储查询命令。查询的实际执行将推迟到在 foreach 语句中循环访问查询变量之后进行。此概念称为延迟执行，例如：

```
foreach (int num in numQuery)
{
Console.Write("{0,1} ", num);
}
```

foreach 语句是检索查询结果的地方。例如，在上一个查询中，迭代变量 num 保存了返回的序列中的每个值(一次保存一个值)。

由于查询变量本身从不保存查询结果，因此可以根据需要随意执行查询。例如，可以通过一个单独的应用程序持续更新数据库。在应用程序中，可以创建一个检索最新数据的查询，并可以按某一时间间隔反复执行该查询以便每次检索不同的结果。

2. 强制立即执行

对一系列源元素执行聚合函数的查询必须首先循环访问这些元素。Count、Max、Average 和 First 就属于此类查询。由于查询本身必须使用 foreach 以便返回结果，因此这些查询在执行时不使用显式 foreach 语句。另外还要注意，这些类型的查询返回单个值，而不是 IEnumerable 集合。例如，下面的查询返回源数组中偶数的计数：

```
var evenNumQuery =
from num in numbers
where (num % 2) == 0
select num;
int evenNumCount = evenNumQuery.Count();
```

若要强制立即执行任意查询并缓存其结果，可以调用 ToList 或 ToArray 方法。
ToList 使用方法如下：

```
List<int> numQuery=
(from num in numbers
where (num % 2) == 0
select num).ToList();
```

ToArray 使用方法如下：

```
var numQuery =
(from num in numbers
where (num % 2) == 0
select num).ToArray();
```

此外，还可以通过在紧跟查询表达式之后的位置放置一个 foreach 循环来强制执行查询。

但是，通过调用 ToList 或 ToArray，也可以将所有数据缓存在单个集合对象中。

11.2　LINQ 和泛型类型

LINQ 查询基于.NET Framework 2.0 版中引入的泛型类型。无须深入了解泛型即可开始编写查询。但是，首先需要了解以下 2 个基本概念。

(1) 创建泛型集合类(如 List<T>)的实例时，需将 T 替换为列表将包含的对象类型。例如，字符串列表表示为 List<string>，Customer 对象列表表示为 List<Customer>。泛型列表属于强类型，与将其元素存储为 Object 的集合相比，泛型列表具备更多优势。如果尝试将 Customer 添加到 List<string>，则会在编译时收到错误。泛型集合易于使用的原因是不必执行运行时类型转换。

(2) IEnumerable<T>是一个接口，通过该接口，可以使用 foreach 语句来枚举泛型集合类。泛型集合类支持 IEnumerable<T>，就像非泛型集合类(如 ArrayList)支持 IEnumerable 一样。

11.2.1　LINQ 查询中的 IEnumerable 变量

LINQ 查询变量类型化为 IEnumerable<T>或派生类型，如 IQueryable<T>。看到类型化为 IEnumerable<Customer>的查询变量时，这只意味着执行查询时，该查询将生成包含零个或多个 Customer 对象的序列。

例如，定义一个 LINQ 查询变量，类型化为 IEnumerable<Customer>，代码如下：

```
IEnumerable<Customer> customerQuery =
from cust in customers
where cust.City == "London"
select cust;
foreach (Customer customer in customerQuery)
{
Console.WriteLine(customer.LastName + ", " + customer.FirstName);
}
```

11.2.2　通过编译器处理泛型类型声明

在编写 LINQ 查询时，可以使用 var 关键字来避免使用泛型语法。var 关键字指示编译器通过查看在 from 子句中指定的数据源来推断查询变量的类型。

例如，使用 var 关键字查询游览城市为 London 的顾客 LastName 和 FirstName：

```
var customerQuery =
from cust in customers
where cust.City == "London"
select cust;
foreach(var customer in customerQuery)
{
Console.WriteLine(customer.LastName + ", " + customer.FirstName);
}
```

变量的类型明显或显式指定嵌套泛型类型(如由组查询生成的那些类型)并不重要时，var 关键字很有用。但是通常情况下如果使用 var，这可能使他人更难以理解代码。

11.3 基本 LINQ 查询操作

在使用 LINQ 查询语句时需要用到一些常用的查询表达式和执行查询时相关的基本操作。下面主要对 LINQ 查询表达式和一些执行查询的基本操作进行详细讲解。

11.3.1 获取数据源

在 LINQ 查询中，第一步是指定数据源。和大多数编程语言相同，在使用 C#时也必须先声明变量，然后才能使用它。在 LINQ 查询中，先使用 from 子句引入数据源和范围变量。

例如，使用 from 子句引入数据源 customers 和范围变量 cust，代码如下：

```
var queryAllCustomers = from cust in customers
select cust;
```

范围变量就像 foreach 循环中的迭代变量，但查询表达式中不会真正发生迭代。当执行查询时，范围变量将充当对 customers 中每个连续的元素的引用。

11.3.2 筛选

筛选中最常见的查询操作是以布尔表达式的形式应用筛选器。筛选器使查询仅返回表达式为 true 的元素。并且将通过使用 where 子句生成结果。筛选器实际指定要从源序列排除哪些元素。

例如，筛选出地址在 London 的顾客，代码如下：

```
var queryLondonCustomers = from cust in customers
where cust.City == "London"
select cust;
```

在筛选时，也可以使用逻辑 AND 和 OR 运算符，在 where 子句中根据需要应用尽可能多的筛选器表达式。

例如，使用逻辑 AND 筛选出地址在 London 并且顾客名为 Devon 的顾客，代码如下：

```
var queryLondonCustomers = from cust in customers
where cust.City == "London" && cust.Name == "Devon"
select cust;
```

例如，使用逻辑 OR 筛选出来自 London 或 Paris 的顾客，代码如下：

```
var queryLondonCustomers = from cust in customers
where cust.City == "London" || cust.City == "Paris"
select cust;
```

11.3.3 排序

对返回的数据进行排序通常很方便。使用 orderby 子句可根据要排序类型的默认比较器，对返回序列中的元素进行排序。

例如，基于 Name 属性，可将下列查询扩展为对结果进行升序排序。由于 Name 是字符串，默认比较器将按字母顺序从 A 到 Z 进行排序，代码如下：

```
var queryLondonCustomers3 =
from cust in customers
where cust.City == "London"
orderby cust.Name ascending
select cust;
```

> **注意** orderby…ascending 语句为升序排序，若要对结果进行从 Z 到 A 的逆序排序，请使用 orderby…descending 子句。

【例 11-2】创建一个控制台应用程序，使用 orderby 子句对数组 arr 进行降序排序，并将排序结果输出。(源代码\ch11\11-2)

```
class Program
{
static void Main(string[] args)
{
//定义数组
int[] arr= { 8, 50, 37, 9, 57, 54, 1, 10, 15, 6, 7, 35, 25, 58, 41 };
//创建查询query1
var query1 =
from val in arr
orderby val
select val;
Console.WriteLine("升序数组: ");
//执行查询并输出查询结果
foreach (var item in query1)
{
Console.Write("{0}   ", item);
}
Console.WriteLine();
//创建查询query2
var query2 =
from val in arr
orderby val descending
select val;
Console.WriteLine("降序数组: ");
//执行查询并输出查询结果
foreach (var item in query2)
{
Console.Write("{0}   ", item);
```

```
}
Console.ReadLine();
}
}
```

运行上述程序，结果如图 11-3 所示。

图 11-3　orderby 排序

【案例剖析】

本例演示了 LINQ 查询中使用 orderby 子句对查询结果进行升序和降序的排序操作。首先定义数据源数组 arr，创建查询 query1，并使用 orderby 子句对查询出的 val 进行升序排序，然后使用 foreach 循环输出排序结果。接着创建一个查询 query2，使用 orderby 子句对查询出的 val 进行降序排序，最后用 foreach 循环输出结果。

11.3.4　分组

group 子句用于对根据用户指定的键所获得的结果进行分组。

例如，可指定按 City 对结果进行分组，使来自 London 或 Paris 的所有客户位于单独的组内，代码如下：

```
var queryCustomersByCity =
from cust in customers
group cust by cust.City;
foreach (var customerGroup in queryCustomersByCity)
{
Console.WriteLine(customerGroup.Key);
foreach (Customer customer in customerGroup)
{
Console.WriteLine("    {0}", customer.Name);
}
}
```

在这种情况下，cust.City 是键。

> **注意**：使用 group 子句结束查询时，结果将以列表的形式列出。列表中的每个元素都是具有 Key 成员的对象，列表中的元素根据该键被分组。在循环访问生成组序列的查询时，必须使用嵌套 foreach 循环。外层循环访问每个组，内层循环访问每个组的成员。

如果必须引用某个组操作的结果，可使用 into 关键字创建能被进一步查询的标识符。

例如，下列查询仅返回包含两个以上客户的组：

```
var custQuery =
from cust in customers
group cust by cust.City into custGroup
where custGroup.Count() > 2
orderby custGroup.Key
select custGroup;
```

【例 11-3】创建一个控制台应用程序，定义数组 man，包含人名、年龄与性别，使用 LINQ 查询语句的 group 子句对数组进行分组，分组依据为性别，输出分组结果。(源代码 \ch11\11-3)

```
class Program
{
static void Main(string[] args)
{
//定义数组 man
var man = new[]
{
new{name="张三",age="15",sex="男"},
new{name="李四",age="17",sex="男"},
new{name="王五",age="19",sex="女"},
new{name="张丹",age="18",sex="女"},
};
//创建查询 query
var query = from s in man
group s by s.sex;    //使用性别进行分组
//执行查询并输出
foreach(var grp in query)
{
//输出分组依据
Console.WriteLine(grp.Key);
//输出每组成员
foreach (var m in grp)
{
Console.WriteLine(m);
}
}
Console.ReadLine();
}
}
```

运行上述程序，结果如图 11-4 所示。

图 11-4 group 子句

【案例剖析】

本例演示了 LINQ 查询语句的 group 子句是如何进行数组分组的。首先定义一个 man 数组，它包含人物的姓名、年龄及性别，接着创建查询 query，对数组通过性别进行分组，最后执行查询，按照性别的分组依据对数组 man 进行分组输出。这里需要注意的是外循环 foreach 是为了输出分组的依据 Key，也就是 sex："男"和"女"。

11.3.5 联接

join 子句实现联接操作，将来自不同源序列，并且在对象模型中没有直接关系的元素相关联，唯一的要求就是每个源中的元素需要共享某个可以进行比较以判断是否相等的值。

join 子句可以实现 3 种类型的联接：内部联接、分组联接、左外部联接。

1. 内联接

内联接 join 子句的使用语法如下：

```
join element in datasource on exp1 equals exp2
```

datasource：表示数据源，它是联接要使用的第二个数据集。

element：表示存储 datasource 中元素的本地变量。

exp1 和 exp2：表示两个表达式，它们具有相同的数据类型，可以用 equals 进行比较，如果 exp1 和 exp2 相等，则当前元素将添加到查询结果中。

【例 11-4】创建一个控制台应用程序，使用 LINQ 查询语句的 join 内联接子句，定义两个数组 arr1 和 arr2，如果 arr1 数组中的元素加 1 得到的结果与 arr2 数组中的元素除以 1 得到的结果相等，则将它们添加到查询结果中。(源代码\ch11\11-4)

```
class Program
{
static void Main(string[] args)
{
//定义数组 arr1 和 arr2
int[] arr1 = { 1, 3, 5, 7, 9 };
int[] arr2 = { 2, 4, 6, 8, 10, 12 };
//创建查询，val+1 与 val/1 相等就添加到查询结果中
var query =
from val1 in arr1
join val2 in arr2 on val1 + 1 equals val2 / 1
select new { VAL1 = val1, VAL2 = val2 };
foreach (var val in query)
{
Console.WriteLine(val);
}
Console.ReadLine();
}
}
```

运行上述程序，结果如图 11-5 所示。

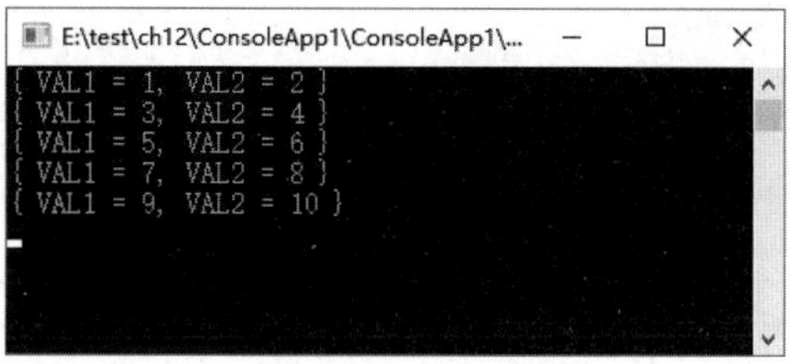

图 11-5　内联接

【案例剖析】

本例用于演示 join 子句的内联接。首先定义了两个数组 arr1 和 arr2，创建查询时使用 join 子句的内联接，判断 val1 加 1 的结果与 val2 除以 1 的结果是否相等，将相等的元素保存到查询结果中，最后输出。

2. 分组联接

分组联接 join 子句的使用语法如下：

```
join element in datasource on exp1 equals exp2 into grpname
```

into 关键字：表示将这些数据分组并保存到 grpname 中。

grpname：是保存一组数据的集合。

> **注意**　分组联接产生分层的数据结果，它将第一个集合中的每一个元素与第二个集合中的一组相关元素进行配对。值得注意的是，即使第一个集合中的元素在第二个集合中没有配对的元素，也会为它产生一个空的分组对象。

【例 11-5】 创建一个控制台应用程序，使用 LINQ 查询语句的 join 分组联接子句，定义两个数组 arr1 和 arr2，如果 arr1 数组中的元素加 1 得到的结果与 arr2 数组中的元素除以 1 得到的结果相等，则将它们保存到 grpName 集合中。(源代码\ch11\11-5)

```
class Program
{
static void Main(string[] args)
{
//定义数组 arr1 和 arr2
int[] arr1 = { 1, 3, 5, 7, 9 };
int[] arr2 = { 2, 4, 6, 8, 10, 12 };
//创建查询，val+1 与 val/1 相等就添加到 grpName 集合中
var query =
from val1 in arr1
join val2 in arr2 on val1 + 1 equals val2 / 1 into grpName
select new { VAL1 = val1, VAL2 = grpName };
foreach (var val in query)
{
Console.Write("{0}:", val.VAL1);
foreach(var obj in val.VAL2)
{
```

```
Console.Write("{0} ",obj);
}
Console.WriteLine();
}
Console.ReadLine();
}
```

运行上述程序，结果如图11-6所示。

图 11-6　分组连接

【案例剖析】

本例演示了 join 子句的分组连接。首先定义了两个数组 arr1 和 arr2，创建查询时使用 join 子句的分组联接，判断 val1 加 1 的结果与 val2 除以 1 的结果是否相等，将相等的元素保存到 grpName 集合中，最后输出。

3. 左外部联接

左外部联接 join 子句的使用语法同分组联接：

```
join element in datasource on exp1 equals exp2 into grpname
```

左外部联接返回的是第一个集合元素的所有元素，无论它在第二个集合中有没有相关元素。在 LINQ 中，是通过对分组联接的结果调用 DefaultEmpty() 来执行左外部联接。它的语法格式如下：

```
var query14 =
from val1 in intarray1
join element in datasource on exp1 equals exp2 into grpname
from grp in grpName.DefaultIfEmpty()
select new { VAL1 = val1 , VAL2 = grp};
```

【例 11-6】创建一个控制台应用程序，使用 LINQ 查询语句的 join 左外部联接子句，定义两个数组 arr1 和 arr2，如果 arr1 数组中的元素加 1 得到的结果与 arr2 数组中的元素除以 1 得到的结果相等，则将它们保存到 grpName 集合中。(源代码\ch11\11-6)

```
class Program
{
static void Main(string[] args)
{
//定义数组 arr1 和 arr2
int[] arr1 = { 1, 3, 5, 7, 9 };
int[] arr2 = { 2, 4, 6, 8, 10, 12 };
//创建查询，val+1 与 val/1 相等就添加到 grpName 集合中
```

```
var query =
from val1 in arr1
join val2 in arr2 on val1 + 1 equals val2 / 1 into grpName
from grp in grpName.DefaultIfEmpty()
select new { VAL1 = val1, VAL2 = grp };
foreach (var val in query)
{
Console.WriteLine(val);
}
Console.ReadLine();
}
}
```

运行上述程序,结果如图 11-7 所示。

【案例剖析】

本例演示了 join 子句的左外部联接。首先定义了两个数组 arr1 和 arr2,创建查询时使用 join 子句的左外部联接,判断 val1 加 1 的结果与 val2 除以 1 的结果是否相等,将相等的元素保存到 grpName 集合中,最后输出。

图 11-7 左外部联接

11.4 大神解惑

小白:orderby 子句在使用时有哪些注意点?

大神:orderby 子句在使用时需要注意以下几点。

(1) 对查询出来的结果集进行升序或降序排列。

(2) 可以指定多个键,以便执行一个或多个次要排序操作。

(3) 默认排序顺序为升序。

小白:使用 where 筛选子句时需要注意什么?

大神:where 子句在使用时需要注意以下几点。

(1) 一个查询表达式可以包含多个 where 子句。

(2) where 子句是一种筛选机制。除了不能是第一个或最后一个子句外,它几乎可以放在查询表达式中的任何位置。where 子句可以出现在 group 子句的前面或后面,具体情况取决于是必须在对源元素进行分组之前还是分组之后来筛选源元素。

(3) 如果指定的谓词对于数据源中的元素无效,则会发生编译时错误。这是 Linq 提供的强类型检查的一个优点。

(4) 编译时,where 关键字会被转换为对 where 标准查询运算符方法的调用。

11.5 跟我学上机

练习 1：编写程序，使用 LINQ 查询，对数组 A 中的成员进行筛选，筛选条件为年龄大于 60 岁。

练习 2：编写程序，使用 LINQ 查询，定义数组 B，实现对数组 B 的元素排序。

练习 3：编写程序，使用 LINQ 查询，定义数组 C，实现对数组 C 中成员进行分组，分组依据为人物所在城市。

练习 4：编写程序，使用 LINQ 查询，练习 3 种基本联接。

在 C#语言中，只要程序存在错误，不论是什么原因造成的，.NET Framework 都会引发异常，因此异常是 C#语言中重要的概念。编写程序的过程中出现错误也是十分常见的。无论多么资深的程序员，也无法保证一次编写成功。因此，程序的调试工作就必不可少。

本章目标(已掌握的在方框中打钩)

- ☐ 了解什么是异常。
- ☐ 掌握 try…catch 异常处理语句的使用。
- ☐ 掌握 finally 语句的使用。
- ☐ 学会使用 throw 关键字抛出异常。
- ☐ 了解程序的错误分类。
- ☐ 掌握如何设置断点。
- ☐ 了解程序调试过程中反馈的各种信息。

12.1 异常处理

C#语言的异常处理机制，可将程序在运行期间产生的错误报告给程序员，并正常退出运行，不会出现死机等中断程序运行的现象。调试技术是指在运行程序之前，找出程序中出现的错误语句，目的是在造成后果之前就消灭程序错误。

12.1.1 异常处理的概念

一个优秀的程序员，在编写程序时，不仅要关心代码正常控制流程，同时也应该把握现实世界中可能发生的不可预期的事件(来自系统的、如内存不够、磁盘出错、数据库无法使用等；来自用户的，如用户的非法输入等)，而这些事件最终将导致程序的错误运行或无法运行。对这些事件的处理方法称为异常处理。它是.NET Framework 提供的一种处理机制，可以防止程序处于非正常状态，并可根据不同类型的错误来执行不同的处理方法。

异常具有以下几个特点。

(1) 在应用程序遇到异常情况(如被零除情况或内存不足警告)时，就会产生异常；发生异常时，控制流立即跳转到关联的异常处理程序(如果存在)，如果给定异常没有异常处理程序，则程序将停止执行，并显示一条错误信息。

(2) 可能导致异常的操作通过 try 关键字来执行，异常发生后，异常处理程序执行 catch 关键字定义的代码块。

(3) 程序可以使用 throw 关键字显式地引发异常。

(4) 异常对象包含有关错误的详细信息，其中包括调用堆栈的状态以及有关错误的文本说明。

(5) 不管是否引发异常，finally 块中的代码也会执行，从而使程序可以释放资源。

异常处理理论上有以下两种基本模型。

一种称为"终止模型"。在这种模型中，将假设错误非常关键，以致程序无法返回到异常发生的地方继续执行。一旦异常被抛出，就表明错误已无法挽回，也不能回来继续执行。

另一种称为"恢复模型"。这种异常处理程序的工作是修正错误，然后重新尝试修正出问题的方法，并认为第二次能成功。

在 C#中，异常的抛出有两种情况。一是程序在运行时在遇到非正常条件时自动抛出异常。例如，一个整数除法操作，会抛出 System.DivideByZeroException 异常(当分母为零时)。二是使用关键字 throw 显式地抛出异常，又称为人工强制抛出异常。

在.NET 类库中，提供了针对各种异常情形设计的异常类，这些类包含了异常的相关信息。配合异常处理语句，应用程序能够轻易地避免程序执行时可能中断应用程序的各种错误。.NET 框架中，异常用 Exception 派生的类表示。此类标识异常的类型，并包含详细描述异常的属性。公共异常类及其说明如表 12-1 所示。

表 12-1 公共异常类及其说明

异 常 类	说 明
System.OutOfMemoryException	当试图通过 new 来分配内存而失败时抛出
System.StackOverflowException	当执行栈被太多未完成的方法调用耗尽时抛出；典型情况是指非常深和很大的递归
System.NullReferenceException	当 null 引用在造成引用的对象被需要的情况下使用时抛出
System.TypeInitializationException	当一个静态构造函数抛出异常，且没有 catch 语句来俘获时抛出
System.InvalidCastException	当一个从基本类型或接口到一个派生类型的转换在运行时失败时抛出
System.ArrayTypeMismatchException	当因为存储元素的实例类型与数组的实际类型不匹配而造成向一个数组存储失败时抛出
System.IndexOutOfRangeException	当试图通过一个比零小或者超出数组边界的标签来索引一个数组时抛出
System.MulticastNotSupportedException	当试图合并两个非空代表失败时抛出；因为代表类型没有 void 返回类型
System.ArithmeticException	一个异常的基类，它在算术操作时发生
System.DivideByZeroException	当试图用整数类型数据除以零时抛出
System.OverflowException	当 checked 中的一个算术操作溢出时抛出

如果不希望程序因出现异常而被系统中断或退出的话，建立相应的异常处理就显得至关重要。C#语言提供了 3 种异常处理语句：try…catch、finally 和 throw 语句。

12.1.2 典型的 try…catch 异常处理语句

try…catch 语句是异常处理中典型的应用，try…catch 的定义格式如下：

```
try
{
//可能引发异常的代码
}
catch[异常类名 异常变量名]
{
//对于try部分发生异常，则执行该部分代码
}
```

其中，try 后面大括号部分代码中放置的是可能引发异常的代码，try 对这部分代码进行监控；catch 后面的大括号{}中代码则放置处理错误的程序代码，即处理发生的异常；异常类名部分为可选项，异常类名必须是从 System.Exception 或 System.Exception 派生的类型，常用公开异常类可参照表 12-1。

try…catch 语句的执行过程如下。

(1) 程序执行到 try 语句块时，如果没有异常，程序继续向下执行。

(2) 如果在执行 try 的过程中，异常发生了，执行 catch 处理语句。

> 注意：catch 语句如果异常类型省略，默认捕获的是公共语言运行时(CLR)的异常类对象；如果异常类型没有省略，捕获的是指定的异常类对象。

【例 12-1】创建一个控制台应用程序，使用 try…catch 语句，如果发生异常，返回异常的内容，否则返回空字符串。(源代码\ch12\12-1)

```
class Program
{
    static void Main(string[] args)
    {
        int m = 0;
        try
        {
            int i = 10 / m;
        }
        //除数不能为零异常类
        catch (DivideByZeroException ex)
        {
            Console.WriteLine("错误:" + ex.Message.ToString());
        }
        Console.WriteLine("离开了 try...catch 语句");
        Console.ReadLine();
    }
}
```

运行上述程序，结果如图 12-1 所示。

【案例剖析】

本例演示了 try…catch 语句对程序运行中的异常进行处理。首先定义 int 变量，在 try 语句块中编写代码，编写代码令被除数除以除数为零的语句，在 catch 语句中抛出异常状态，当运行程序时，执行 try 语句块中的语句，出现异常则执行 catch 语句块，显示出异常的结果。

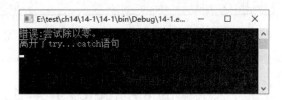

图 12-1 try…catch 语句

12.1.3 使用 finally 块

在 try…catch 语句中，只有捕获到了异常，才会执行 catch 语句块中的代码。但还有一些比较特殊的情况，如文件关闭、数据库操作中锁的释放等，这些应该是无论是否发生异常都应该执行的事件，否则会造成系统资源的占用和不必要的浪费。类似这些无论是否捕获异常都必须执行的代码，可用 finally 关键字定义。它常常与 try…catch 语句搭配使用，构成典型的 try…catch…finally 语句格式。

【例 12-2】创建一个控制台应用程序，对例 12-1 进行修改，使用 try…catch…finally 的语句格式。(源代码\ch12\12-2)

```
class Program
{
```

```
static void Main(string[] args)
{
    int m = 0;
    try
    {
        int i = 10 / m;
    }
    //除数不能为零异常类
    catch (DivideByZeroException ex)
    {
        Console.WriteLine("错误:" + ex.Message.ToString());
    }
    finally
    {
        Console.WriteLine("finally 块内的代码总是会执行");
    }
    Console.WriteLine("离开了 try...catch...finally 语句");
    Console.ReadLine();
}
```

运行上述程序，结果如图 12-2 所示。

【案例剖析】

本例演示了 try…catch…finally 语句对于异常的处理操作。同例 12-2 首先定义 int 变量，在 try 语句块中编写代码，编写代码令被除数除以除数为零的语句，在 catch 语句中抛出异常状态，当运行程序时，执行 try 语句块中的

图 12-2　try…catch…finally 语句

语句，出现异常则执行 catch 语句块，显示出异常的结果。而 finally 语句块用于展示无论异常是否被捕获都必须执行的语句块。

　　　　finally 语句无论程序是否发生异常总是会执行。

12.1.4　使用 throw 关键字显式抛出异常

前面所捕获到的异常，都是当遇到错误时，系统自己报错，自动通知运行环境异常的发生。但是有时还可以在代码中手动地告知运行环境什么时候发生异常，以及发生什么样的异常。C#语言中用 throw 关键字抛出一个异常，语法格式如下：

```
throw [异常对象]
```

当 throw 省略异常对象时，它只能用在 catch 语句中。在此情况下，该语句会再次引发当前正由 catch 语句处理的异常。

当 throw 语句带有异常对象时，只能抛出 System.Exception 类或其子类的对象，这里可以用一个适当的字符串参数对异常的情况加以说明，该字符串的内容可以通过异常对象的 Message 属性进行访问。

显式抛出异常不但能够让程序员更方便地控制何时抛出何种类型的异常，还可以让内部 catch 块重新向外部 try 块中抛出异常(再次抛出异常)，使得内部 catch 块中的正确执行不至于终止。

当使用 throw 抛出异常时，可以单独使用，不一定将其置于 try…catch…的结构之中。

【例 12-3】创建一个控制台应用程序，编写程序，用于检测方法的参数是否为空，并使用 throw 关键字抛出异常。(源代码\ch12\12-3)

```csharp
class Program
{
//定义一个方法，用于检测参数是否为空
static void CheckString(string s)
{
if (s == "")
{
//抛出异常
throw new ArgumentNullException();
}
}
static void Main()
{
Console.WriteLine("输出结果为：");
//初始化变量，调用CheckString方法
try
{
string s = "";
CheckString(s);
}
catch (ArgumentNullException e)
{
Console.WriteLine(e.Message);
}
Console.ReadLine();
}
}
```

运行上述程序，结果如图 12-3 所示。

【案例剖析】

本例演示了如何与 try…catch…结合使用 throw 关键字抛出异常。首先定义一个 CheckString 的方法，该方法是为了检测传入参数是否为空，判断为空时则抛出异常 ArgumentNullException，接着在 try 语句块中调用 CheckString 方法，在 catch 中处理错误异常。

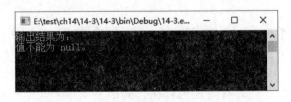

图 12-3　使用 throw 关键字抛出异常

异常处理原理就像滤水器，try 部分的代码始终被监测，会占用计算机大量资源，导致程序效率降低，因此不要滥用异常处理程序。一般用于文件操作、数据库操作等。

12.2 程序调试

在软件开发过程中,程序出现错误是十分常见的,不论多么资深的程序员,也无法保证一次编写成功。因此,程序的调试工作就必不可少。Visual Studio 2017 提供了完善的程序错误调试功能,可以帮助程序员快速地发现和定位程序中的错误,并进行修正。

12.2.1 程序错误分类

在编写程序时,经常会遇到各种各样的错误(bug),这些错误中有些是容易发现和解决的,有些则比较隐蔽甚至很难发现。可以将程序中的错误归纳为 3 类:语法错误、运行期间错误和逻辑错误。

1. 语法错误

语法错误应该是 3 种错误中最容易发现也是最容易解决的一类错误。它是指在程序设计过程中出现不符合 C#语法规则的程序代码。例如,单词的拼写错误、不合法的书写格式、缺少分号、括号不匹配等。这类错误 Visual Studio 2017 编辑器能够自动指出,并会用波浪线在错误代码的下方标记出来。只要将鼠标停留在带有此标记的代码上,就会显示出其错误信息,同时该消息也会显示在下方的任务列表中,告知用户错误的位置和原因描述,这种错误通常在编译时便可发现。如图 12-4 所示,为当前上下文中不存在名称 MessageBox 错误提示。

2. 运行期间错误

程序能通过编译,但当用户输入不正确信息时,程序收到的数据不是希望的。比如,用户输入不正确的信息,在年龄中输入非数字等,这些都将在程序运行时引发异常,虽然系统也会提示错误或警告,但程序会不正常终止甚至造成死机现象,如图 12-5 所示。处理这种运行错误的办法,就是在程序中加入异常处理,来捕获并处理运行阶段的异常错误。

图 12-4　语法错误提示

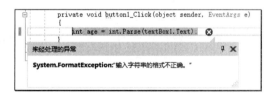

图 12-5　运行期间错误

3. 逻辑错误

逻辑错误是由于人为因素导致的错误,这种错误会导致程序代码产生错误结果,但一般都不会引起程序本身的异常。逻辑错误通常是最不容易发现的,同时也是最难解决的,常常是由于其推理和设计算法本身的错误造成的。对于这种错误的处理,必须重新检查程序的流程是否正确以及算法是否与要求相符。有时可能需要逐步地调试分析,甚至还要适当地添加专门的调试分析代码来查找其出错的原因和位置。

12.2.2 基本调试概念——断点

一个优秀的开发工具必须具备完善的调试功能。在编写程序的过程中发生错误是在所难免的。功能强大的调试器可以帮助程序员在程序开发中检查程序的语法和逻辑等是否正确。在调试模式下，开发人员可以仔细观察程序运行的具体情况，分析变量、对象在运行期间的值和属性等。

1. 断点

断点(breakpoint)是在程序中设置的一个位置，程序执行到此位置时中断(或暂停)。断点的作用是在进行程序调试时，当程序执行到设置了断点的语句时会暂停程序的运行，称程序处于中断模式。进入中断模式并不会终止或结束程序的执行，执行可以在任何时候继续。断点供开发人员检查断点位置处程序元素的运行情况，这样有助于定位产生不正确输出或出错的代码段。设置了断点的代码行最左端会出现一个红色的圆点，并且该代码行也显现红色背景。可以在一个程序中设置多个断点。设置断点的方法有以下 3 种。

(1) 在要设置断点的行最左边的灰色空白处单击鼠标左键，如图 12-6 所示。

(2) 选择要设置断点的代码行，选择【调试】→【窗口】→【断点】菜单命令或按 F9 键，如图 12-7 所示。

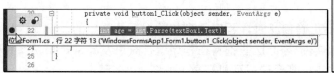

图 12-6　单击鼠标左键设置断点　　　　图 12-7　设置断点

删除断点的方法可以分为 3 种。

(1) 单击设置了断点的代码行左侧的红色圆点，如图 12-8 所示。

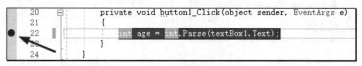

图 12-8　单击红色圆点

(2) 在设置了断点的代码行左侧的红色圆点上右击，在弹出的快捷菜单中选择【删除断点】命令，如图 12-9 所示。

(3) 选择设置了断点的代码行，选择【调试】→【切换断点】命令或按 F9 键，如图 12-10 所示。

图 12-9　选择【删除断点】命令

图 12-10　选择【切换断点】命令

2. 调试程序

调试程序时，首先添加断点，然后再使用"逐过程"或"逐语句"进行调试。

调试程序的具体步骤如下。

(1) 将编写好的代码置于代码编辑区，在代码的适当位置增加断点。

(2) 进行代码调试。选择【调试】→【逐过程】(或按 F10 键)或者【逐语句】(或按 F11 键)菜单命令，如图 12-11 所示，就可对程序进行不同方式的调试。不断按 F10 键或 F11 键就对整个程序进行调试。

例如，在下述程序代码中，由于有除 0 异常，所以当执行到语句"y = 1 / x;"时，会提示异常警告框，如图 12-12 所示，由此可以知道异常发生的位置及异常产生的原因。

图 12-11　调试菜单命令

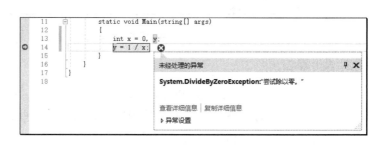
图 12-12　代码调试

(3) 如果想修改出现的异常，选择【调试】→【停止调试】菜单命令，如图 12-13 所示，回到程序编辑状态修改程序代码。

以上是程序调试的一种方法，除此之外，还可以通过选择【调试】→【窗口】菜单命令来设置代码调试编译环境，如图 12-14 所示，显示调试过程中程序的各种对象运行时的情况，以便程序员获得修改代码的目标。

图 12-13　选择【停止调试】命令

图 12-14　选择【窗口】命令

12.2.3 程序调试信息

Visual Studio 2017 调试器的另一个重要功能是提供程序在不同执行阶段的信息。.NET 框架提供了许多调试窗口，通过这些窗口可以得到正在调试的程序的特定信息。下面分别介绍这些调试窗口。

程序代码编辑好以后，根据需要对代码进行调试和编译。在编译和调试过程中，可利用如下几种窗口进行不同途径的调试和编译工作。

1.【输出】窗口

当编译一个解决方案时，如程序中出现异常，则调试器将在【输出】窗口显示相关的错误、警告或成功的信息。调试器可以中断程序的运行，并允许程序员手动调试代码，输出窗口，如图 12-15 所示。

图 12-15 【输出】窗口

2. 命令窗口

命令窗口用于直接在 Visual Studio 2017 开发环境中，绕过菜单而快速执行 Visual Studio 2017 的命令，或执行那些不在任何菜单中出现的命令，这些命令主要用于调试过程。例如，估计表达式的值等，即利用该窗口在调试程序时可以查看改变变量的值。选择【视图】→【其他窗口】→【命令窗口】命令，如图 12-16 所示。

打开命令窗口，可在此窗口输入命令，如图 12-17 所示。当用户在命令行提示符后面输入命令的第一个字母后，VS.NET 智能提示功能就会自动启动，显示列出以字母开头的所有可用命令，这时，用户只需要用鼠标单击选择需要的命令，即可自动完成命令的输入。如果用户用键盘进行选择，则选中需要的命令后，需按 Enter 键，该命令才会出现在命令提示符之后。当用户键入或选定了所需的命令之后，按 Enter 键，该命令即可被执行。例如，图 12-17 中的第一个命令：open，当按 Enter 键之后，【打开文件】对话框就会被打开并显示。

3. 监视窗口

监视窗口仅在中断模式(调试)状态下可用。在该窗口中可以查看代码中的任意变量，可以在代码中选中某变量表达式，并把它拖到该窗口中，也可双击该窗口中"名称"栏的一个空行，然后在选中的行中键入将要输入的表达式，此时"值"栏中显示表达式的运算结果，但不能编辑常量表达式，如图 12-18 所示。

图 12-16 选择【命令窗口】命令

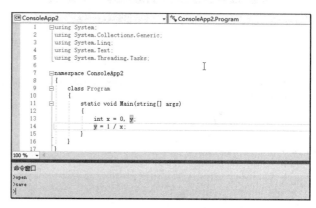

图 12-17 命令窗口

图 12-18 监视窗口

4.【局部变量】窗口

【局部变量】窗口又叫本地窗口,它显示局部变量的名称、值和类型,如图 12-19 所示。默认情况下包含当前执行过程的方法。要改变窗口中提示的信息,则双击某个信息,然后输入新值。但是与监视窗口不同的是:【局部变量】窗口会自动显示当前区块中所有的变量值,不需(也不能)手动把变量拖放至该窗口。激活【局部变量】窗口:选择【调试】→【窗口】→【局部变量】菜单命令,如图 12-20 所示。

图 12-19 【局部变量】窗口

图 12-20 选择【局部变量】命令

5.【反汇编】窗口

在调试过程中,【反汇编】窗口将显示每一行源代码所产生的机器代码(汇编码),从中可查看源代码的存储地址以及相应行数的组合体代码的源代码,如图 12-21 所示。激活反汇编窗口:选择【调试】→【窗口】→【反汇编】菜单命令,如图 12-22 所示。

图 12-21 【反汇编】窗口　　　　图 12-22 选择【反汇编】命令

【例 12-4】创建一个 Windows 应用程序，向窗体中添加 1 个标签控件 label1、3 个文本框 textBox1～textBox3，1 个按钮 button1，适当调整对象的大小和位置。编写程序，使用 try…catch 语句对用户输入是否合法进行捕获异常，实现四则运算的简易计算器。(源代码 \ch12\12-4)

```
public partial class Form1 : Form
{
public Form1()
{
InitializeComponent();
}
private void Form1_Load(object sender, EventArgs e)
{
//设置 comboBox1 不可编辑属性
comboBox1.DropDownStyle = ComboBoxStyle.DropDownList;
//设置 comboBox1 默认选项为 "+"
comboBox1.SelectedIndex = 0;
//设置 textBox3 不可编辑
textBox3.Enabled = false;
}
private void button1_Click(object sender, EventArgs e)
{
int DataFirst, DataSencond, Result, OP;
try
{
DataFirst = int.Parse(textBox1.Text);
DataSencond = int.Parse(textBox2.Text);
OP = comboBox1.SelectedIndex;
//判断组合框选项，进行不同计算
switch (OP)
{
case 0:
Result = DataFirst + DataSencond;
break;
case 1:
Result = DataFirst - DataSencond;
```

```
break;
case 2:
Result = DataFirst * DataSencond;
break;
default:
Result = DataFirst / DataSencond;
break;
}
textBox3.Text = Result.ToString();
}
catch (Exception ex)
{
MessageBox.Show(ex.Message);      //弹出异常信息对话框
}
}
}
```

运行上述程序，结果如图 12-23 和图 12-24 所示。

图 12-23　程序运行界面

图 12-24　异常提示

【案例剖析】

首先定义整型变量 DataFirst、DataSecond、Result、OP 分别用于存储用户输入的第一个数、第二个数、两个数运算的结果以及用户选择的运算符的下标位置，其次通过 try...catch 语句对用户输入是否合法进行捕获异常。在 try 部分进行捕获变量转换是否成功以及被除数是否为 0，catch 部分显示捕获到的异常。通过 switch 语句判断用户选择的运算符，然后进行相应的计算，最后将运算结果显示在结果文本框中。

12.3　大神解惑

小白：什么是异常？异常处理的基本过程是什么？

大神：异常总的来分，可以分成两种。一是人为捕捉到的异常；二是由系统捕捉到的异常。

人为捕捉异常，可以用 try-catch-finally 块去处理。try 是要监控的代码段。catch 是指一旦捕获到异常所进行的处理，如输出日志等。finally 是指无论是否有异常，都会执行的代码块，一般用来释放资源等。

小白：异常处理语句有什么特点？

大神：异常处理语句有以下几个特点。

(1) 在应用程序遇到异常情况(如被零除情况或内存不足警告)时，就会产生异常。

(2) 如果给定异常没有异常处理程序，则程序将停止执行，并显示一条错误信息。

(3) 可能导致异常的操作通过 try 关键字来执行。

(4) 异常处理程序是在异常发生时执行的代码块。在 C# 中，catch 关键字用于定义异常处理程序。

(5) 程序可以使用 throw 关键字显式地引发异常。

(6) 异常对象包含有关错误的详细信息，其中包括调用堆栈的状态以及有关错误的文本说明。

(7) 即使引发了异常，finally 块中的代码也会执行，从而使程序可以释放资源。

小白：什么是断点？断点的作用是什么？

大神：断点是源代码中自动进入中断模式的一个标记，它们可以配置为：

(1) 在遇到断点时，立即进入中断模式。

(2) 在遇到断点时，如果布尔表达式的值为 true，就进入中断模式。

(3) 遇到某断点一定的次数后，进入中断模式。

(4) 在遇到断点时，如果自从上次遇到断点以来变量的值发生了变化，就进入中断模式。

断点的作用为：一个程序出错了，大致猜出可能在某处会出错，就在那里下一个断点。调试程序，执行到那里，程序会停下来，这时可以检查各种变量的值，然后按步调试运行，观察程序的流向及各个变量的变化，便于快速排错。

12.4 跟我学上机

练习 1：编写程序，实现除法运算，使用 try…catch 捕获异常。

练习 2：设计程序，在文本框中输入学生的成绩，并存入长度为 10 的整型数组中，实现对数组界限异常的处理。

练习 3：设计程序，输入数据，计算其自然对数，如果输入的数小于零(即负数的情况)，请给出异常；如果输入数字为 0，请给出异常；如果输入的不是数字，抛出一个有数字标识的自定义异常。

第 3 篇

高级应用

- 第 13 章　C#的数据库编程——ADO.NET 操作数据库
- 第 14 章　设计图形界面设计——GDI+技术
- 第 15 章　融入互联网时代——开发网络应用程序
- 第 16 章　注册表技术——在 C#中操作注册表
- 第 17 章　互动式报表——水晶报表
- 第 18 章　程序开发收尾工作——应用程序打包

第13章 C#的数据库编程——ADO.NET操作数据库

通过前面章节的学习，细心的读者会发现，所有的数据都是在程序运行的时候可以输入和保存，一旦程序关闭，再重新运行时，所有录入的数据完全消失。有些数据录入之后，希望永远保存，下次运行程序时，可以继续使用，存储这些数据首选数据库作为存储工具。微软的 SQL Server 数据库与 C#语言之间可谓无缝连接。.NET Framework 框架提供的 ADO.NET 技术，使程序语言可以操纵数据库，实现程序设计语言与数据库的连接，对数据库数据进行增加、删除、修改和查询操作。

本章目标(已掌握的在方框中打钩)

- ☐ 了解数据库基本知识。
- ☑ 掌握数据库相关操作。
- ☐ 学会使用 Command 对象对数据库数据进行操作。
- ☑ 学会使用 DataReader 对象对数据检索查询。
- ☐ 学会使用 DataAdapter 对象对数据检索保存。
- ☐ 学会使用 DataSet 对象断开式访问数据库。
- ☐ 掌握如何使用 DataGridView 控件。

13.1 数据库基本知识

数据库(Database)是按照数据结构来组织、存储和管理数据的仓库。数据库技术是管理信息系统、办公自动化系统、决策支持系统等各类信息系统的核心部分。下面对数据库相关知识进行讲解。

13.1.1 数据库基本概念

1. 数据

数据是描述客观事物及其活动的并存储在某一种媒体上、能够识别的物理符号。信息是以数据的形式表示的，数据是信息的载体。分为临时性数据和永久性数据。

2. 数据库

数据库是以一定的组织方式将相关的数据组织在一起存放在计算机外存储器上(有序的仓库)，并能为多个用户共享与应用程序彼此独立的一组相关数据的集合。

3. 数据库管理系统

数据库管理系统(DBMS，database management system，数据库系统的核心)是软件系统。数据库管理系统提供以下的数据语言：数据定义语言(DDL)，负责数据的模式定义与数据的物理存取构建；数据操纵语言(DML)，负责数据的操纵，如查询、删除、增加、修改等；数据控制语言，负责数据完整性、安全性的定义与检查，以及并发控制、故障恢复等。

4. 数据库系统

数据库系统(DBS)包括 5 个部分：硬件系统、数据库集合(DB)、数据库管理系统(DBMS)及相关软件、数据库管理员(DBA，database administrator)和用户(专业用户和最终用户)。

13.1.2 数据库系统的特点

数据库系统的特点包括：数据结构化(是数据库系统与文件系统的根本区别)，共享性高、冗余度低、易于扩充，独立性强(物理独立性和逻辑独立性)，数据由 DBMS 统一管理和控制。三级模式(概念模式、内模式和外模式)和二级映射(外模式/概念模式的映射、概念模式/内模式的映射)构成了数据库系统的内部的抽象结构体系。内模式又称物理模式，给出了数据库的物理存储结构与物理存取方法；概念模式是数据库系统中全局数据逻辑结构的描述，是全体用户的公共数据视图，主要描述数据的概念记录类型以及它们之间的关系，还包括数据间的语义约束；外模式也称子模式或用户模式，它由概念模式推导而出的，在一般 DBMS 中提供相关的外模式描述语言(DDL)。

1. 物理独立性和逻辑独立性

(1) 物理独立性是指当数据的物理结构(包括存储结构、存取方式等)改变时，如存储设备的更换、物理存储的更换、存取方式改变等，应用程序都不用改变。

(2) 逻辑独立性是指数据的逻辑结构改变了，如修改数据模式、增加新的数据类型、改变数据间联系等，用户程序都可以不变。

2．三级模式

(1) 概念模式也称逻辑模式，是对数据库系统中全局数据逻辑结构的描述，是全体用户(应用)公共数据视图。一个数据库只有一个概念模式。

(2) 外模式也称子模式，它是数据库用户能够看见和使用的局部数据的逻辑结构和特征的描述，它是由概念模式推导而来的，是数据库用户的数据视图，是与某一应用有关的数据的逻辑表示。一个概念模式可以有若干个外模式。

(3) 内模式又称物理模式，它给出了数据库物理存储结构与物理存取方法。内模式处于最底层，它反映了数据在计算机物理结构中的实际存储形式，概念模式处于中间层，它反映了设计者的数据全局逻辑要求，而外模式处于最外层，它反映了用户对数据的要求。

3．二级映射

(1) 概念模式到内模式的映射。该映射给出了概念模式中数据的全局逻辑结构到数据的物理存储结构间的对应关系。

(2) 外模式到概念模式的映射。概念模式是一个全局模式，而外模式是用户的局部模式。一个概念模式中可以定义多个外模式，而每个外模式是概念模式的一个基本视图。

数据库的基本结构如图 13-1 所示。

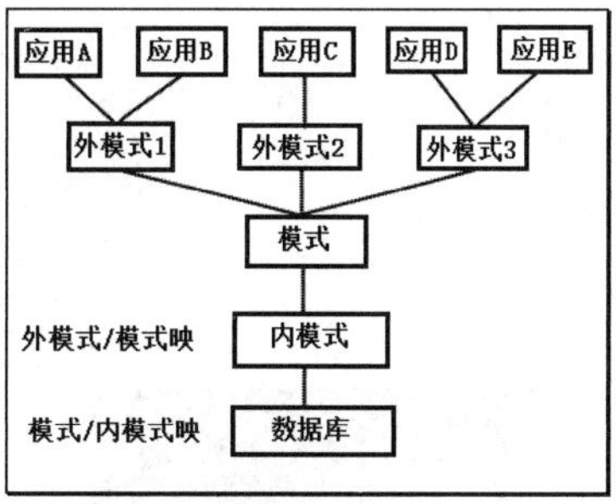

13.1.3 数据模型简介

数据模型是数据相互依存的描述，组织结构满足某一数据特性。任何一个数据库管理系统都是基于某种数据模型，是数据库的核心。

图 13-1 数据库的基本结构

数据模型分为：E-R 模型、层次数据模型、网状数据模型、关系数据模型。在关系模型中包含了关系、元组、属性。属性的取值范围称为域。主关键字(主键)是能唯一标识关系中每一个元组(无重复)的属性或属性集，在任何关系中至少有一个，它可以定义单字段、多字段及自动编号三种关键字。外部关键字(外键)用于连接另一个关系，并且在另一个关系中为主键；候选关键字也能起到唯一标识一个元组的作用，在满足实体约束的条件下，一个关系中应该至少有一个或多个候选关键字。

13.1.4 SQL 语言简介

结构化查询语言(Structured Query Language，SQL)，是一种介于关系代数与关系演算之间的语言，是一种用来与关系数据库管理系统通信的标准计算机语言。其功能包括数据查询、数据操纵、数据定义和数据控制 4 个方面，是一个通用的、功能极强的关系数据库语言。不管是 Oracle、MS SQL、Access、MySQL 或其他公司的数据库，也不管数据库建立在大型主机或个人计算机上，都可以使用 SQL 语言来访问和修改数据库的内容。虽然不同公司的数据库软件多多少少会增加一些专属的 SQL 语法，但大体上，它们还是遵循 ASNI(美国国家标准协会)制定的 SQL 标准。因为 SQL 语言具有易学习及阅读等特性，所以 SQL 逐渐被各种数据库厂商所采用，而成为一种共通的标准查询语言。

13.2 数据库相关操作

数据库主要的用途就是存储数据和数据库的对象，如表、索引等。下面以 Microsoft SQL Server 2016 版本为例，通过使用企业管理器(Microsoft SQL Server Management Studio)来详细讲解数据库的创建和删除等操作。

13.2.1 数据库的创建

使用企业管理器可以对数据库进行创建。创建的基本步骤如下。

step 01 选择【Windows 开始】→Microsoft SQL Server Tools→Microsoft SQL Server Management Studio 菜单命令，如图 13-2 所示，打开企业管理器，如图 13-3 所示。

图 13-2　打开企业管理器操作

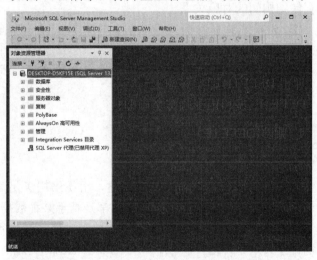

图 13-3　企业管理器界面

step 02 在企业管理器左侧的对象资源管理器中的【数据库】文件夹上右击，在弹出的快捷菜单中选择【新建数据库】命令，如图 13-4 所示。

step 03 打开【新建数据库】对话框，如图 13-5 所示。默认打开界面为【常规】选项卡，在此界面输入新建数据库名称，如 test，输入完毕的同时系统会自行产生一个行数据文件和一个日志文件，用户可自行修改或者添加这些相关的配置。然后单击【所有者】文本框右侧的按钮　　　，设置用户权限，这里选择默认为用户登录系统的账户，最后单击【确定】按钮即可完成创建。

图 13-4　选择【新建数据库】命令

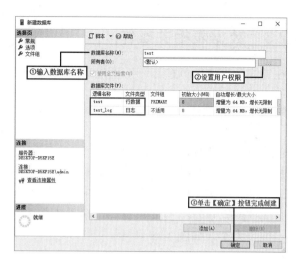

图 13-5　【新建数据库】对话框

> 注意：【选项】和【文件组】选项卡用于定义数据库中的一些选项，显示文本和文件组的统计信息。在新建数据库时采用默认配置。

13.2.2　删除数据库

删除数据库的操作十分简单，在需要删除的数据库上右击，在弹出的快捷菜单中选择【删除】命令，即可完成数据库的删除操作。例如，删除 test 数据库，如图 13-6 所示。

> 注意：如果创建好的数据库需要留作之后进行使用，可通过分离数据库操作完成：在数据库上右击，在弹出的快捷菜单中选择【任务】→【分离】命令，如图 13-7 所示。

图 13-6　删除数据库操作

图 13-7　分离数据库操作

13.2.3 数据表相关操作

在完成数据库的创建后，下面以 test 数据库为例讲解如何在数据库中进行数据表的相关操作。

1. 创建数据表

创建数据表的具体步骤如下。

step 01 单击数据库 test 左侧的+按钮，展开子项目，在子项目中【表】上右击，在弹出的快捷菜单中选择【新建】→【表】命令，如图 13-8 所示。

step 02 打开表结构创建窗口，输入表的列名，设置字段数据类型及长度，设置是否允许为空，如图 13-9 所示。

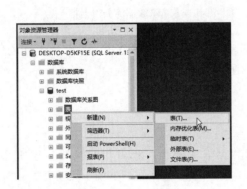
图 13-8　选择【表】命令

图 13-9　创建表结构

step 03 单击工具栏中 按钮，在弹出的【选择名称】对话框中输入数据表的名称，如图 13-10 所示，输入完成后单击【确定】按钮，即可完成数据表的创建。

图 13-10　保存数据表

2. 删除数据表

删除数据表的操作十分简单，只需要在某个表名上右击，在弹出的快捷菜单中选择【删除】命令即可，如图 13-11 所示。

13.2.4 常用 SQL 语句的应用

使用 SQL 语句可对数据库进行查询、插入、更新及删除操作。下面简单介绍这 4 种操作语句。

1. 查询(SELECT)

SELECT 语句用于从表中选取数据。它的返回结果被存储在一个结果表中(称为结果集)。

使用 SELECT 的语法如下：

```
SELECT 列名称 FROM 表名称
SELECT * FROM 表名称
```

图 13-11　删除数据表

注意　　SQL 语句对大小写不敏感。SELECT 等效于 select。

例如，使用 SELECT 语句从表 Persons 中获取名为 lastName 和 FirstName 列的内容，语法如下：

```
SELECT LastName,FirstName FROM Persons
```

Persons 表：

Id	LastName	FirstName	Address	City
1	Adams	John	Oxford Street	London
2	Bush	George	Fifth Avenue	New York
3	Carter	Thomas	Changan Street	Beijing

结果表：

LastName	FirstName
Adams	John
Bush	George
Carter	Thomas

2. 插入(INSERT INTO)

INSERT INTO 语句用于向表格中插入新的行。

使用 INSERT INTO 的语法如下：

```
INSERT INTO 表名称 VALUES (值1, 值2,....)
INSERT INTO table_name (列1, 列2,...) VALUES (值1, 值2,....)
```

例如，向 Persons 表中插入一个新行，语法如下：

```
INSERT INTO Persons VALUES ('Gates', 'Bill', 'Xuanwumen 10', 'Beijing')
```

Persons 表：

LastName	FirstName	Address	City
Carter	Thomas	Changan Street	Beijing

结果表：

LastName	FirstName	Address	City
Carter	Thomas	Changan Street	Beijing
Gates	Bill	Xuanwumen 10	Beijing

例如，在指定的 LastName 和 Address 列中插入数据，语法如下：

```
INSERT INTO Persons (LastName, Address) VALUES ('Wilson', 'Champs-Elysees')
```

结果表：

LastName	FirstName	Address	City
Carter	Thomas	Changan Street	Beijing
Gates	Bill	Xuanwumen 10	Beijing
Wilson		Champs-Elysees	

注意 如果某列定义为不允许为空，那么在插入数据时，此列必须存在合法插入值。

3. 更新(UPDATE)

UPDATE 语句用于修改表中的数据。

使用 UPDATE 的语法如下：

```
UPDATE 表名称 SET 列名称 = 新值
WHERE 列名称 = 某值
```

例如，为表 Persons 中 LastName 是 Wilson 的人添加 FirstName，语法如下：

```
UPDATE Person SET FirstName = 'Fred'
WHERE LastName = 'Wilson'
```

Persons 表：

LastName	FirstName	Address	City
Gates	Bill	Xuanwumen 10	Beijing
Wilson		Champs-Elysees	

结果表：

LastName	FirstName	Address	City
Gates	Bill	Xuanwumen 10	Beijing
Wilson	Fred	Champs-Elysees	

例如，修改 Wilson 的 Address 列，并添加 City 信息，语法如下：

```
UPDATE Person SET Address = 'Zhongshan 23', City = 'Nanjing'
WHERE LastName = 'Wilson'
```

结果表：

LastName	FirstName	Address	City
Gates	Bill	Xuanwumen 10	Beijing
Wilson	Fred	Zhongshan 23	Nanjing

4．删除(DELETE)

DELETE 语句用于删除表中的行。

使用 DELETE 的语法如下：

```
DELETE FROM 表名称
WHERE 列名称 = 值
```

例如，删除表 Persons 中的 Fred Wilson 数据，语法如下：

```
DELETE FROM Person
WHERE LastName = 'Wilson'
```

Persons 表：

LastName	FirstName	Address	City
Gates	Bill	Xuanwumen 10	Beijing
Wilson	Fred	Zhongshan 23	Nanjing

结果表：

LastName	FirstName	Address	City
Gates	Bill	Xuanwumen 10	Beijing

例如，删除 Persons 表中所有行，语法如下：

```
DELETE FROM table_name
```

> **注意**　删除表中所有行并不代表此表也被删除，而是指在不删除表的情况下删除了所有行，这意味着表的结构、属性和索引都是完整的。

13.3 ADO.NET 简介和数据库的访问

ADO.NET 架起了应用程序与数据库之间的桥梁，并提供了大量类的方法实现对数据库数据的增加、删除、修改和查询操作。

13.3.1 ADO.NET 特点

微软的数据访问技术经历了 ODBC(Open Database Connectivity，开放数据库互联)、OLEDB 对象链接和嵌入数据库、DAO(数据访问对象)、RDO 远程数据对象、ADO 引入 ActiveX 数据对象以及今天的 ADO.NET。

ADO.NET 以 ActiveX 数据对象(ADO)为基础，但与依赖于连接的 ADO 不同，ADO.NET 是专门为了对数据存储进行无连接数据访问而设计的。ADO.NET 的作用如图 13-12 所示。ADO.NET 以 XML(扩展标记语言)作为传递和接收数据的格式，与 ADO 相比，它提供了更大的兼容性和灵活性。

ActiveX 是 Microsoft 提出的一组使用 COM(Component Object Model，部件对象模型)使得软件部件在网络环境中进行交互的技术集。它与具体的编程语言无关。作为针对 Internet 应用开发的技术，ActiveX 被广泛应用于 Web 服务

图 13-12 ADO.NET 数据访问技术

器以及客户端的各个方面。同时，ActiveX 技术也被用于方便地创建普通的桌面应用程序。

ADO.NET 具有很多优点，使得数据操作过程变得容易。

(1) 互操作性。用不同工具开发的组件可以通过数据存储进行通信。

(2) 性能。在 ADO.NET 中的数据存储是用 XML 格式传送的，不需要数据类型转换过程，提高了访问的效率；而在早期的 ADO 中，在借助于 COM 组件使用记录集传送数据时，记录集中的数据必须转换为 COM 数据类型。

(3) 标准化。数据统一。

(4) 可编程性。可用多种语言进行编程，是强类型化的编程环境。

13.3.2 ADO.NET 组件及结构

ADO.NET 支持断开式连接和连接式链接两种访问数据库的方式。所谓断开式连接是指应用程序把数据库中感兴趣的数据读入，建立一个副本，数据库应用程序对副本进行操作，必要时将修改的副本存回数据库。所谓连接方式，是应用程序通过 SQL 语句直接对数据库进行增加、删除、修改和查询等操作。

1. ADO.NET 组件及结构

ADO.NET 由两个核心组件构成：DataSet 和.Net Framework 数据提供程序。

1) DataSet

DataSet 是 ADO.NET 的断开式结构的核心组件。DataSet 独立于任何数据源，因此，它可以用于多种不同的数据源，如数据库、XML 数据、Excel、文本文件等数据。

DataSet 是一个或多个 DataTable 对象的集合，这些对象由数据行和数据列以及主键、外

键、约束和有关 DataTable 对象中数据的关系信息组成。

2) .NET Framework 数据提供程序

.NET Framework 数据提供程序由 Connection、Command、DataReader 和 DataAdapter 对象组成。它所采用的访问形式为连接式。ADO.NET 的对象模型如图 13-13 所示。

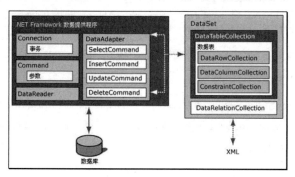

图 13-13 ADO.NET 的对象模型

.NET Framework 数据提供程序提供了多种数据库类型访问的程序，如表 13-1 所示。

表 13-1   .NET 数据提供程序类型

.NET Framework 数据提供程序	说　明
SQL Server .NET 数据提供程序	Microsoft SQL Server 数据源。System.Data.SqlClient 命名空间
OLE DB .NET 数据提供程序	OLE DB 公开的数据源。System.Data.OleDb 命名空间
ODBC .NET 数据提供程序	ODBC 公开的数据源。System.Data.Odbc 命名空间
Oracle .NET 数据提供程序	Oracle 数据源。System.Data.OracleClient 命名空间

2. ADO.NET 组件访问数据库的工作流程

ADO.NET 的两个核心组件提供的对象，实现了应用程序对数据库的访问，根据连接的方式不同，将其分为断开式访问数据库和非断开式访问数据库两种形式。应用程序与数据库之间通信时，各对象的作用及工作流程如图 13-14 所示。

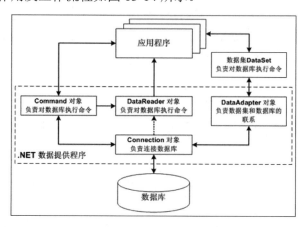

图 13-14 ADO.NET 操作数据库的流程

从图 13-14 中可以发现，Connection 对象提供与数据源的连接；Command 对象使用户能够访问用于返回数据、修改数据、运行存储过程以及发送或检索参数信息的数据库命令；DataReader 从数据源中读取只进且只读的数据流；DataAdapter 提供连接 DataSet 对象和数据源的桥梁；DataAdapter 使用 Command 对象在数据源中执行 SQL 命令，以便将数据加载到 DataSet 中，并使对 DataSet 中数据的更改与数据源保持一致。

本书讲解的 ADO.NET 主要是针对 SQL Server 2016 数据库的连接，因此在使用时，一定要先导入 System.Data.SqlClient 命名空间。连接数据库采用 SqlConnection 类，对数据库执行命令使用 SqlCommand 类，对数据库执行只读命令使用 SqlDataReader 类，数据集与数据库建立连接使用 SqlDataAdapter 类。

当数据源是 SQL Server 数据库时，使用.NET Framework 数据提供程序的对象时，需要导入 System.Data.SqlClient 命名空间，使用 DataSet 对象时需要导入 System.Data 命名空间。

13.3.3 连接数据库

应用程序若要操作数据库中的数据，首先需要与数据建立连接。Connection 对象是一个连接数据库的对象，主要功能是建立与物理数据库的连接。OdbcConnection 对象连接 ODBC 公开的数据库，如 Access、MySQL；OleDbConnection 连接 OLEDB 公开的数据库；OracleConnection 对象连接 Oracle 数据库；SqlConnection 对象连接 SQL Server 数据库。下面以 SqlConnection 对象为例进行讲解。

1. SqlConnection 对象的常用属性与方法

SqlConnection 对象常用的属性及其说明如表 13-2 所示。

表 13-2 SqlConnection 对象常用的属性及其说明

属　性	说　明
ConnectionString	连接字符串
Database	获取当前数据库或连接打开后要使用的数据库的名称
DataSource	获取要连接的 SQL Server 实例的名称
State	连接的数据库是打开还是关闭状态

其中 State 属性为 ConnectionState 枚举类型，枚举取值及其说明如表 13-3 所示。

表 13-3 ConnectionState 枚举取值及其说明

属　性	说　明
Closed	连接处于关闭状态
Open	连接处于打开状态
Connecting	连接对象正在与数据源连接
Executing	连接对象正在执行命令
Fetching	连接对象正在检索数据
Broken	与数据源的连接中断。只有在连接打开之后才可能发生这种情况。可以关闭处于这种状态的连接，然后重新打开

Connection 对象常用的方法及其说明如表 13-4 所示。

表 13-4　Connection 对象常用的方法及其说明

方　　法	说　　明
Open	打开数据库连接
Close	关闭数据库连接
Dispose	释放使用的所有资源

2．连接数据库

在连接 Sql Server 数据库时，其实就是对 SqlConnection 对象进行实例化及初始化连接信息。连接数据库通常包括以下 3 个步骤。

step 01 定义连接字符串。连接字符串就是将数据库的相关信息写成一个字符串，用于初始化 SqlConnection 对象时使用。

定义数据库连接字符串格式如下：

```
Data Source=服务器名;Initial Catalog=数据库名; User ID=用户名;Pwd=密码
```

其中，密码若为空可以将等号后面什么也不写。如果连接的服务器是本机可使用以下 4 项之一代替。

(1) 圆点。

(2) local。

(3) 127.0.0.1。

(4) 本地机器名称代替。

例如，定义连接字符串 MyConString，代码如下：

```
String MyConString=" server=.;Database=test;uid=sa;pwd=sa;";
```

step 02 创建 SqlConnection 实例。在创建时构造函数提供了两种方法，因此创建连接对象时，有以下两种方法：

```
方法一：SqlConnection 对象名 = new SqlConnection(连接字符串);
方法二：SqlConnection 对象名 = new SqlConnection();
对象名.ConnectionString=连接字符串;
```

例如，利用上述声明的 MyConString 字符串创建连接对象 conNothWind，代码如下：

```
SqlConnection conNothWind = new SqlConnection(MyConString);
```

step 03 打开与数据库的连接。

如果希望操作数据库，连接后的数据库必须先打开。使用 Open 方法可以打开数据库，格式如下：

```
SqlConnection 对象名.Open()
```

13.3.4 执行 SQL 语句:Command 对象

当建立与数据源的连接后，就要使用 Command 对象来执行命令对数据源执行查询、更新、删除、添加操作。使用 Command 对象是直接对数据库进行操作的，因此要求数据库一直处于连接状态，即连接式访问。

OdbcCommand 对象可以向 ODBC 公开的数据库发送 Sql 语句；OleDbCommand 对象可以向 OLEDB 公开的数据库发送 Sql 语句；OracleCommand 对象可以向 Oracle 数据库发送 Sql 语句；SqlCommand 对象可以向 SQL Server 数据库发送 Sql 语句。

1. Command 对象的常用属性和方法

Command 对象的常用属性及其说明如表 13-5 所示。

表 13-5　Command 对象的常用属性及其说明

属　性	说　明
CommandText	获取或设置要对数据源执行的 Transact-SQL 语句、表名或存储过程
CommandType	获取或设置一个值，设置 CommandText 属性的类型
Connection	获取或设置 SqlCommand 的此实例使用的 SqlConnection

其中，CommandType 为 CommandType 枚举类型，枚举值及其说明如表 13-6 所示。

表 13-6　CommandType 枚举值及其说明

属　性	说　明
Text	SQL 文本命令
StoredProcedure	存储过程的名称
TableDirect	表的名称

Command 对象的常用方法及其说明如表 13-7 所示。

表 13-7　Command 对象的常用方法及其说明

方　法	说　明
ExecuteNonQuery	执行 SQL 语句，并返回整型的受影响的行数，通常用于执行增加、删除、修改等 SQL 语句
ExecuteReader	执行 SQL 语句，返回包含数据的 DataReader 对象，通常配合 DataReader 对象用于完成只读、只进的查询操作
ExecuteScalar	执行 SQL 语句，返回结果集中的第一行的第一列 Object 类型对象，通常用于查询操作，并配合 SQL 语句的聚合函数，如执行 COUNT(*)

使用表 13-5 中的方法时，一定要先打开数据库连接。

2. 使用 Command 对象的步骤

使用 Command 对象执行 SQL 语句，并用连接方式完成数据库的增加、删除、修改及简单的查询。使用 Command 对象的步骤如下。

1) 创建数据库连接

使用 Connection 对象创建数据库连接，不再赘述。

2) 定义 SQL 语句或存储过程

这里主要介绍定义 SQL 语句。SQL 语句是 string 类型，有时 SQL 语句中出现的条件或更新语句的值是个变量或字符串类型，这时就存在冲突，可以采用下列 3 种方法之一，定义 SQL 语句。

方法一：字符串连接方式。使用运算符 "+" 将字符串连接起来。

例如，定义如下 SQL 语句：

```
string sql="SELECT COUNT(*) FROM Student WHERE LogInId=' + txtLogInPwd + "'" + "AND
LogInPwd='" + txtLogInPwd + "'";
```

方法二：格式化字符串。方法一的单引号和双引号过多，如果 SQL 语句过长，很容易导致单引号和双引号不匹配，比较麻烦，可采用 string 类的 Format 方法，将字符串格式化。

例如，上述 SQL 语句使用定义，代码如下：

```
string sql=string. Format ("SELECT COUNT(*) FROM Student WHERE
LogInId='{0}'AND
LogInPwd='{1}'",txtLogInId, txtLogInPwd);
```

方法三：参数方式。使用参数方式时，将变量值前加@符号，再通过 sqlCommand 对象的 Parameters 集合属性的 AddWithValue 方法为变量命名，并在集合中增加值。

例如，使用参数方式定义 SQL 语句，代码如下：

```
string sql="SELECT COUNT(*) FROM Student WHERE LogInId=@txtLogInId AND
LogInPwd=@txtLogInPwd);
sqlCommand对象.Parameters.AddWithValue(" LogInId ", txtLogInId);
sqlCommand对象.Parameters.AddWithValue(" LogInPwd " txtLogInPwd);
```

3) 创建 lCommand 对象

当数据源 Sql Server 数据库时，需要使用 SqlCommand 类，SqlCommand 类提供了多种重载的构造函数，最为常用的是下列方法，格式如下：

```
SqlCommand(string cmdText,SqlConnection connection)
```

其中，cmdText 为 SQL 语句、表或存储过程。connection 为一个 SqlConnection，它表示到 SQL Server 实例的连接。

【例 13-1】创建一个 Windows 应用程序，在窗体中添加一个 TabControl 控件，tabPage1 为 "添加用户"，tabPage3 为 "修改用户"，tabPage3 为 "删除用户"，在 "添加用户" 页面上添加 1 个分组控件 GroupBox1，在分组控件中添加 2 个标签 label1～label2，2 个文本框 textBox1～textBox2，2 个按钮 button1～button2；"删除用户" 页面上添加 1 个标签 label3，1 个文本框 textBox3，1 个按钮 button1，使用 SqlConnction 对象连接数据库，SqlCommand 对象

执行 SQL 语句，实现对用户表的增加、删除和修改操作。(源代码\ch13\13-1)

```csharp
public partial class Form1 : Form
{
public Form1()
{
InitializeComponent();
}
SqlConnection contest;        //连接数据库对象
SqlCommand cmdLoginOP;        //执行 SQL 命令对象
string cmdString;             //Sql 语句字符串
//判断指定的用户名是否存在，如果存在返回 true，否则返回 false
bool IsExist(string Name)
{
string str = string.Format("select count(*) from Table_2 where Name='{0}'", Name);
cmdLoginOP = new SqlCommand(str, contest);
contest.Open();
int count = Convert.ToInt32(cmdLoginOP.ExecuteScalar());    //查询该用户名的个数
contest.Close();
if (count != 0)
{
return true;
}
return false;
}
//执行 Sql 命令，执行成功返回 true，否则返回 false
bool GetSqlCmd(string CmdStr)
{
cmdLoginOP = new SqlCommand(CmdStr, contest);
contest.Open();
int count = cmdLoginOP.ExecuteNonQuery();    //执行 SQL 命令并返回受影响行数
contest.Close();
if (count != 0)
{
return true;
}
return false;
}
private void Form1_Load(object sender, EventArgs e)
{
string ConString = "server=.;database=test;uid=sa;pwd=sa;";
contest = new SqlConnection(ConString);
}
//选项卡选择页面更改事件执行代码
private void tabControl1_SelectedIndexChanged(object sender, EventArgs e)
{
if (tabControl1.SelectedIndex == 0)
{
gropbox1.Parent = tabControl1.TabPages[0];    //将组中对象放入第 1 个页面
}
if (tabControl1.SelectedIndex == 1)
{
gropbox1.Parent = tabControl1.TabPages[1];    //将组中对象放入第 2 个页面
```

```csharp
    }
}
//保存按钮单击事件执行代码
private void button1_Click(object sender, EventArgs e)
{
    if (textBox1.Text == string.Empty || textBox2.Text == string.Empty)
    {
        MessageBox.Show("用户名和密码不能为空！");
        return; //中止该方法
    }
    string StuName = textBox1.Text.Trim();
    string StuPass = textBox2.Text.Trim();
    if (tabControl1.SelectedIndex == 0)     //组合框内的控件在添加页面
    {
        cmdString = string.Format("insert into Table_2 values('{0}','{1}')",
        StuName, StuPass);
        if (IsExist(StuName))
        {
            MessageBox.Show("对不起，该用户名已经存在");
        }
        else
        {
            if (GetSqlCmd(cmdString))
            {
                MessageBox.Show("添加用户成功！");
                textBox1.Text = "";
                textBox2.Text = "";
                textBox1.Focus();    //获取光标
            }
        }
    }
    if (tabControl1.SelectedIndex == 1)     //组合框内的控件在修改页面
    {
        cmdString = string.Format("update Table_2 set Name='{0}',Pass='{1}' where Name='{0}'",
        StuName, StuPass);
        if (!IsExist(StuName))
        {
            MessageBox.Show("对不起，修改的用户名不存在");
        }
        else
        {
            if (GetSqlCmd(cmdString))
            {
                MessageBox.Show("修改用户成功！");
                textBox1.Text = "";
                textBox2.Text = "";
                textBox1.Focus();    //获取光标
            }
        }
    }
}
//退出按钮单击事件执行代码
private void button2_Click(object sender, EventArgs e)
```

```
{
contest.Dispose();
this.Close();
}
//删除按钮单击事件执行代码
private void button3_Click(object sender, EventArgs e)
{
string StuName = textBox3.Text.Trim();
cmdString = string.Format("delete Table_2 where Name='{0}'", StuName);
if (!IsExist(StuName))
{
MessageBox.Show("对不起,该用户不存在");
}
else
{
if (GetSqlCmd(cmdString))
{
MessageBox.Show("删除用户成功!");
textBox3.Text = "";
textBox3.Focus();    //获取光标
}
}
}
```

运行上述程序,结果如图 13-15～图 13-18 所示。

图 13-15　添加用户　　　图 13-16　修改用户　　　图 13-17　错误提示　　　图 13-18　删除用户

【案例剖析】

本例通过使用 SqlCommand 执行 SQL 命令,演示了数据库的连接和对数据库数据的增加、删除、修改相关操作。在本例中首先定义两个方法即 IsExist 和 GetSqlCmd。IsExist 方法用于查询数据库中用户在 TextBox1 中输入的用户名是否已存在,如果存在则返回 true；GetSqlCmd 方法用于执行相应的 SQL 语句,并返回受影响的行数,为 true 则表示执行成功。在窗体加载时执行连接数据库操作,单击【保存】按钮,首先判断文本框内容是否为空,然后调用相应的 IsExist 和 GetSqlCmd 方法用于判断用户名和执行 SQL 语句的插入与更新操作。单击【删除】按钮时先调用 IsExist 方法判断用户名是否存在,然后调用 GetSqlCmd 方法执行 SQL 语句的删除操作。

13.3.5 读取数据：DataReader 对象

使用 DataReader 对象可以从数据库中检索只读、只向前进的数据流，查询结果在查询执行时返回，大大加快了访问和查看数据的速度，尤其是需要快速访问数据库，又不需要远程存储数据时很方便。该方法一次在内存中存储一行，从而降低了系统的开销，但是 DataReader 不提供对数据的断开式访问。

ODBC 公开的数据库调用 OdbcDataReader 类；OLEDB 公开的数据库调用 OleDbDataReader 类；Oracle 数据库调用 OracleDataReader 类；SQL Server 数据库调用 SqlDataReader 类。

1. DataReader 对象的常用属性及方法

DataReader 对象的常用属性及其说明如表 13-8 所示。

表 13-8 DataReader 对象的常用属性及其说明

属 性	说 明
HasRows	用来表示 SqlDataReader 是否包含数据
FieldCount	用来表示由 SqlDataReader 得到的一行数据中的字段数
IsClosed	用来表示 SqlDataReader 对象是否关闭

DataReader 对象的常用方法及其说明如表 13-9 所示。

表 13-9 DataReader 对象的常用方法及其说明

方 法	说 明
Close	Close 方法不带参数，无返回值，用来关闭 SqlDataReader 对象。由于 SqlDataReader 在执行 SQL 命令时一直要保持同数据库的连接，所以在 SqlDataReader 对象开启的状态下，该对象所对应的 SqlConnection 连接对象不能用来执行其他操作。所以，在使用完 SqlDataReader 对象时，一定要使用 Close 方法关闭该 SqlDataReader 对象，否则不仅会影响到数据库连接的效率，更会阻止其他对象使用 SqlConnection 连接对象来访问数据库
Read	Read()方法会让记录指针指向本结果集中的下一条记录，返回值是 true 或 false。当 SqlCommand 的 ExecuteReader 方法返回 SqlDataReader 对象后，须用 Read 方法来获得第一条记录；如果当前记录已经是最后一条，调用 Read 方法将返回 false。也就是说，只要该方法返回 true，则可以访问当前记录所包含的字段

2. 使用 DataReader 对象的步骤

DataReader 对象配合 Command 对象的 ExecuteReader()方法实现数据库的查询操作。当数据源为 SQL Server 数据库时，使用 SqlDataReader 对象，实现查询的具体步骤如下。

step 01 创建 SqlCommand 对象。请参阅创建 SqlCommand 实例部分。

step 02 创建 SqlDataReader 对象。SqlDataReader 类是抽象类，不能直接实例化，要创

建 SqlDataReader 对象，首先要创建一个 SqlCommand 对象，然后调用 SqlCommand 对象的 ExecuteReader 方法，而不能使用构造函数。格式如下：

```
SqlDataReader 对象名 = SqlCommand 对象.ExecuteReader()
```

例如，创建 SqlDataReader 对象 dtrStudent，已声明 SqlCommand 对象 cmdStudent，代码如下：

```
SqlDataReader dtrStudent = cmdStudent.ExecuteReader();
```

step 03 使用 SqlDataReader 的 Read()方法逐行读取数据，可使 SqlDataReader 前进到下一条记录。SqlDataReader 的默认位置在第一条记录前面。因此，必须调用 Read 来开始访问任何数据，当所有记录读取完成该方法返回 false 值。

step 04 读取某列的数据，Read()方法可以读取某条记录，如果希望获取某列的值，可使用下述两种方法。

方法一：

```
(type)SqlDataReader 对象名[列的索引值]
```

其中，type 指定列的类型；索引值按照列的个数依次排列，从 0 开始。

方法二：

```
(type)dataReader["列名"]
```

其中，type 指定列的类型；列名为 SQL 查询语句指定的列名。

step 05 关闭 SqlDataReader 对象。对于每个关联的 SqlConnection，一次只能打开一个 SqlDataReader，在第一个关闭之前，打开另一个的任何尝试都将失败。类似地，在使用 SqlDataReader 时，关联的 SqlConnection 正忙于为它提供服务，直到调用 Close()方法时为止。为了保证程序的正常使用，使用完 SqlDataReader 对象，一定要使用 Close()方法将其关闭。

综上所述，使用连接式访问数据方式，实现数据库的增加、删除和修改操作流程，如图 13-19 所示；查询数据流程，如图 13-20 所示。

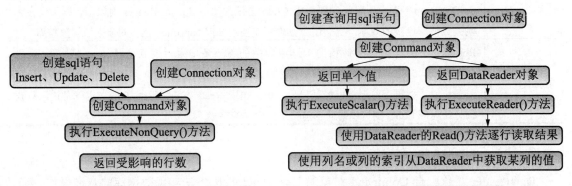

图 13-19　数据的增加、删除和修改操作流程　　　图 13-20　数据的查询操作流程

【例 13-2】创建一个 Windows 应用程序，向窗体中添加 2 个标签 label1～label2，2 个文本框 textBox1～textBox2，1 个按钮 button1，设计一个学生信息查询程序，实现根据输入的姓

名查询学生信息。(源代码\ch13\13-2)

```csharp
public partial class Form1 : Form
{
public Form1()
{
InitializeComponent();
}
private void button1_Click(object sender, EventArgs e)
{
//使用try...catch 语句返回try 代码区异常
try
{
//创建数据库连接并打开
string ConString = "server=.;database=test;uid=sa;pwd=sa;";
SqlConnection ConStudent = new SqlConnection(ConString);
string CmdString = string.Format("select * from Student where StudentName like '%{0}%'",
textBox1.Text.Trim());
SqlCommand cmdStudent = new SqlCommand(CmdString, ConStudent);
ConStudent.Open();
//创建读取对象 SqlDataReader
SqlDataReader dtrStudent = cmdStudent.ExecuteReader();
textBox2.Text = "   学号\t\t姓名\t性别\t专业\r\n";
//使用 HasRows 属性判断数读取的 dtrStudent 对象中是否有数据
if (dtrStudent.HasRows)
{
//从 dtrStudent 中一条一条读取数据
while (dtrStudent.Read())
{
textBox2.Text += string.Format("   {0}\t{1}\t{2}\t{3}\t\r\n",
dtrStudent[0].ToString(), dtrStudent[1].ToString(),
dtrStudent[2].ToString(),
dtrStudent[3].ToString());
}
}
else
{
MessageBox.Show("查无此人！");
}
dtrStudent.Close();
ConStudent.Close();
}
//返回异常
catch (Exception ex)
{
MessageBox.Show(ex.Message);
}
}
}
```

运行上述程序，结果如图 13-21 和图 13-22 所示。

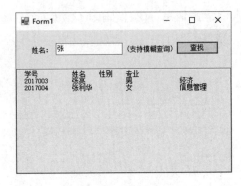

图 13-21　查询所有学生　　　　　　　　图 13-22　模糊查询

【案例剖析】

本例演示了通过 DataReader 读取 SqlCommand 对象中的数据。使用 SqlConnction 对象连接数据库，使用 SqlCommand 对象的 ExecuteReader 方法创建 SqlDataReader 对象。首先通过 HasRows 属性判断是否有记录，如果存在，通过循环语句调用 Read 方法读取记录，并将读取记录的添加到文本框内；否则，提示查找不到的信息。本例中支持模糊查询，在 SQL 语句中使用 like 和%完成。

13.3.6　数据适配器：DataAdapter 对象

DataAdapter 对象实现 DataSet 和数据源之间的连接，能够检索和保存数据。DataAdapter 类包含一组数据库命令和一个数据库连接，它们用来填充 DataSet 对象和更新数据源。每个 DataAdapter 对象都在单个 DataTable 对象和单个结果集之间交换数据。也就是说，DataAdapter 对象是一个双向通道，用来把数据从数据源读到内存的表中，以及把内存中的数据写回到一个数据源中。这两种情况下使用的数据源可能相同，也可能不同，一旦数据载入内存，Windows 窗体应用程序或 ASP.NET 页面执行的客户端更新就可以作用于它们。客户端的更新包括添加新行、删除或更新已有的行。

ODBC 公开的数据库调用 OdbcDataAdapter 类；OLEDB 公开的数据库调用 OleDbDataAdapter 类；Oracle 数据库调用 OracleDataAdapter 类；SQL Server 数据库调用 SqlDataAdapter 类。

1. DataAdapter 对象的常用属性

SqlDataAdapter 对象的常用属性及其说明如表 13-10 所示。

表 13-10　SqlDataAdapter 对象常用的属性及其说明

属　　性	说　　明
SelectCommand	用于从数据源检索数据
InsertCommand	从 DataSet 中把插入的数据行插入到数据库
UpdateCommand	从 DataSet 中把修改的数据行更新到数据库
DeleteCommand	从数据源中删除数据行

使用 DataAdapter 对象在一个 DataAdapter 对象和一个数据源之间交换数据时，可以使用 SqlDataAdapter 的 4 个属性中的某一个指定要执行的操作。

DataAdapter 对象使用 SelectCommand 属性从数据源检索数据时，与 SelectCommand 对象关联的连接对象不需要打开，如果该连接对象在读取操作发生前被关闭了，则打开连接以检索数据，然后关闭它；如果该连接对象在适配器共识时是打开的，则保持打开。

2. DataAdapter 对象的常用方法

1) 填充数据集 Fill 方法

使用 SqlDataAdapter 对象的 Fill 方法可以检索数据库的数据，其作用是首先用于打开一个连接(相当于调用了 SqlConnection 对象的 Open 方法)，接着执行一个查询后，把结果填充到 DataSet 中的表对象里，最后关闭连接(相当于调用了 SqlConnection 对象的 Close 方法)。Fill 方法有多种重载形式，在此仅说明 3 种常用的格式。

格式一：
```
Fill(DataSet dataSet)
```

dataSet：要用记录和架构(如果必要)填充的 DataSet，随后讲述。

格式二：
```
Fill(DataTable dataTable)
```

dataTable：用于表映射的 DataTable 的名称，用该方法填充一个单独的 DataTable 对象。

格式三：
```
Fill(DataSet dataSet,string srcTable)
```

dataSet：要用记录和架构(如果必要)填充的 DataSet。

srcTable：用于表映射的源表的名称。

该方法返回 int 类型，表示已在 DataSet 中成功添加或刷新的行数。

2) 更新数据集 Update 方法

Update 方法为指定 DataSet 中每个已插入、已更新或已删除的行调用相应的 INSERT、UPDATE 或 DELETE 语句。常用的两种格式如下。

格式一：
```
Update(DataSet dataSet)
```

dataSet：用于更新数据源的 DataSet。

格式二：
```
Update(DataTable dataTable)
```

dataTable：用于更新数据源的 DataTable。

注意

该方法返回 int 类型,表示已在 DataSet 中成功添加或刷新的行数。

3. 使用 DataAdapter 对象的步骤

SqlDataAdapter 对象可以架起 SQL SERVER 数据库与 Dataset 对象间的桥梁。使用该对象包括以下几个步骤。

1) 创建 SqlDataAdapter 对象

SqlDataAdapter 构造函数提供了多种重载形式,常用的构造函数格式如下:

```
SqlDataAdapter(string selectCommandText, SqlConnection selectConnection)
```

selectCommandText:字符串类型的 SQL 语句或存储过程。

selectConnection:表示该连接的 SqlConnection 对象。

例如,创建 dadStudent 对象,代码如下:

```
SqlConnection conStudent = new
SqlConnection("server=.database=MySchool;uid=sa;pwd=;");
string cmdString = "select * from Student";
SqlDataAdapter dadStudent = new SqlDataAdapter(cmdString, conStudent);
```

2) 调用 Fill 方法

使用 Fill 方法填充数据集或 UpDate 方法更新数据集。当调用 Fill 方法时,它将向数据存储区传输一条 SQL SELECT 语句。该方法主要用来填充或刷新 DataSet,返回值是影响 DataSet 的行数。

Fill 方法常用定义如下:

```
int Fill(DataSet dataset)
```

dataset:需要更新的 DataSet。

```
int Fill(DataSet dataset,string srcTable)
```

dataset:需要更新的 DataSet。

srcTable:填充 DataSet 的 dataTab。

【例 13-3】创建一个 Windows 应用程序,向窗体中添加 7 个标签 label1~label7,5 个文本框 textBox1~textBox5,2 个组合框 comboBox1~comboBox2,2 个按钮 button1~button2,编写程序实现学生管理系统中添加学生信息模块的相关功能。(源代码\ch13\13-3)

```
public partial class Form1 : Form
{
public Form1()
{
InitializeComponent();
}
SqlConnection conStudent;      //连接对象
SqlCommand cmdStudent;         //执行 SQL 语句对象
SqlDataReader dtrStudent;      //读取数据对象
/// <summary>
///清空所有文本框的内容
```

```csharp
/// </summary>
void ContentClear()
{
    Control.ControlCollection TxtObj = this.Controls;    //获取窗体的控件
    foreach (Control C in TxtObj)
    {
        if (C.GetType().Name == "TextBox")    //判断控件是否为TextBox
        {
            C.Text = string.Empty;    //将所有文本框内容清空
        }
    }
    textBox1.Focus();
}
/// <summary>
///根据班级名称获取班级编号
/// </summary>
/// <param name="className">班级名称</param>
/// <returns></returns>
string GetClassId(string className)
{
    string cmdStr = "select classId from class where className='" + className + "'";
    cmdStudent = new SqlCommand(cmdStr, conStudent);
    conStudent.Open();
    string Id = Convert.ToString(cmdStudent.ExecuteScalar());
    conStudent.Close();
    return Id;
}
/// <summary>
///判断用户编号是否存在
/// </summary>
/// <param name="stuId">学生编号</param>
/// <returns></returns>
bool IsExists(string stuId)
{
    string CmdStr = string.Format("select count(*) from student where stuId='{0}'", stuId);
    cmdStudent = new SqlCommand(CmdStr, conStudent);
    conStudent.Open();
    int Count = Convert.ToInt32(cmdStudent.ExecuteScalar());
    conStudent.Close();
    if (Count == 0)
    {
        return true;
    }
    return false;
}
//【添加】按钮单击事件
private void button1_Click(object sender, EventArgs e)
{
    try
    {
        string Number = textBox1.Text.Trim();    //学号
        string Name = textBox2.Text.Trim();    //姓名
        string Sex = comboBox1.Text;    //性别
        string ClassName = comboBox2.Text;    //班级名称
        float Score = Convert.ToSingle(textBox3.Text.Trim());    //成绩
```

```csharp
string Telephone = textBox4.Text.Trim();       //电话
string Address = textBox5.Text.Trim();         //通讯地址
string cmdStr = string.Format("insert into student 
values('{0}','{1}','{2}','{3}','{4}','{5}','{6}')",
Number, Name, Sex, GetClassId(ClassName), Score, Telephone, Address);
cmdStudent = new SqlCommand(cmdStr, conStudent);
conStudent.Open();
int count = cmdStudent.ExecuteNonQuery();
conStudent.Close();
if (count > 0)
{
MessageBox.Show("添加成功！", "成功", MessageBoxButtons.OK,
MessageBoxIcon.Information);
ContentClear();
}
}
catch (Exception ex)
{
MessageBox.Show(ex.Message);
}
}
private void Form1_Load(object sender, EventArgs e)
{
textBox1.Focus();     //获取光标
//为性别组合框添加选项内容
comboBox1.Items.Add("男");
comboBox1.Items.Add("女");
comboBox1.SelectedIndex = 0;     //默认选择项为第一项
//为班级组合框添加选项内容
try
{
string conStr = "server=.;database=student;uid=sa;pwd=sa;";
conStudent = new SqlConnection(conStr);
string cmdStr = "select className from class";
cmdStudent = new SqlCommand(cmdStr, conStudent);
conStudent.Open();
dtrStudent = cmdStudent.ExecuteReader();
while (dtrStudent.Read())
{
comboBox2.Items.Add(dtrStudent["className"].ToString());
}
comboBox2.SelectedIndex = 0;  //默认选择项为第一项
dtrStudent.Close();  //关闭读取流
conStudent.Close();  //关闭数据库
}
catch (Exception ex)
{
MessageBox.Show(ex.Message);
}
}
//学号文本框失去焦点事件
private void textBox1_Leave(object sender, EventArgs e)
{
string Number = textBox1.Text.Trim();     //学号
if (Number == string.Empty)
{
MessageBox.Show("学号不能为空！", "错误", MessageBoxButtons.OK,
```

```
MessageBoxIcon.Error);
textBox1.Focus();
return;
}
if (!IsExists(Number))
{
MessageBox.Show("学号已经存在！", "错误", MessageBoxButtons.OK,
MessageBoxIcon.Error);
textBox1.SelectAll();
textBox1.Focus();
return;
}
}
//【重置】按钮单击事件
private void button2_Click(object sender, EventArgs e)
{
ContentClear();    //调用清空方法
}
}
```

运行上述程序，结果如图 13-23～图 13-26 所示。

图 13-23　程序运行界面

图 13-24　学号不能为空提示

图 13-25　学号已经存在提示

图 13-26　学生信息添加成功

【案例剖析】

本例演示了 DataAdapter 对象实现和数据源之间的连接，检索和保存数据的功能。本例中主要涉及 SqlConnection 对象连接数据库，SqlCommand 对象执行 SQL 语句，SqlDataReader 对象读取数据。首先在窗体的加载事件中实例化 SqlConnection 对象，通过 SqlDataReader 对象读取班级表中的班级数据，并增加到班级组合框内。定义根据班级名获取班级编号的 GetClassId 方法、判断学号是否存在的 IsExists 方法和清空所有文本框内容的 ContentClear 方法。在学号文本框的 leave 事件中判断学号不能为空和不能重复。使用 SqlCommand 对象的 ExecuteNonQuery 方法执行插入的 SQL 语句，完成将一条学生信息添加到数据库中。

13.4 数据集(DataSet 对象)简介

如果希望在断开数据库连接的情况下，对大批量的大量来自多个数据源的数据进行查询、修改，链接式访问数据库方法已显不足。.NET Framework 提供的数据集 DataSet 对象可以完成该操作。

13.4.1 DataSet 对象简介

DataSet(数据集)是 ADO.NET 的核心组件，位于 System.Data 命名空间。可以把 DataSet 对象简单理解为一个临时数据库，将数据源的数据保存在内存中，它独立于任何数据库，这里的独立是指即使断开数据库，DataSet 中的数据依然不变。正是由于 DataSet，使得程序员在编程序时可以屏蔽数据库之间的差异，从而获得一致的编程模型。数据集工作原理如图 13-27 所示。

DataSet 是一个数据容器对象，从数据库中检索的数据可以存储其中，DataSet 中的数据用 XML 的形式保存。DataSet 对象可以包含一个或多个表对象(DataTable)，以及表之间的关系和约束。DataSet 基本结构如图 13-28 所示。

DataTable 代表内存中的一张表，包含一个列集合(ColumnsCollection)对象，ColumnsCollection 对象代表数据表的各个列。该列集合由多个 DataColumn 对象组成。DataColumn 对象代表 DataTable 对象中的一列，它描述该列的特征和能力的属性，DataColumn 对象有一个名称和类型。

DataTable 对象也包含一个行集合(RowsCollection)对象，RowsCollection 对象含有 DataTable 中的所有数据。RowsCollection 对象由多个 DataRow 对象组成，DataTable 中的实际数据由 DataRow 对象表示，可以修改 DataRow 对象中的数据，该对象不仅维护数据的原始状态，还维护当前状态。DataRow 对象代表 DataTable 对象中的一行，一行中的所有值既可以单独访问，也可以作为一个整体访问。

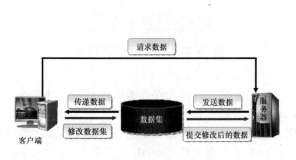

图 13-27 数据集的工作原理

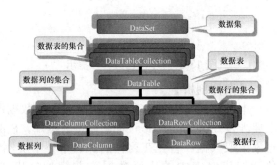

图 13-28 DataSet 基本结构图

13.4.2　DataSet 对象中的常用属性与方法

1. 常用属性

1）表集合 Tables

DataSet 对象中最常用的属性是 Tables，该属性是集合属性，获取包含在 DataSet 中的表的集合。可通过下标或表名访问某个表；Count 属性获取表的个数；Add、Clear、Remove 和 IndexOf 等方法对集合中的表进行增加、清除和查找操作。

2）数据集名称 DataSetName

DataSetName 属性可以获取 DataSet 数据集对象的名称。

2. 常用方法

DataSet 对象的常用方法及其说明如表 13-11 所示。

表 13-11　DataSet 对象的常用方法及其说明

方　　法	说　　明
Clear	通过移除所有表中的所有行来清除任何数据的 DataSet
Clone	复制 DataSet 的结构，包括所有 DataTable 架构、关系和约束。不要复制任何数据
Copy	复制该 DataSet 的结构和数据
Merge	将指定的 DataSet、DataTable 或 DataRow 对象的数组合并到当前的 DataSet 或 DataTable 中

13.4.3　使用 DataSet 对象的步骤

使用 DataSet 对象时，包括下列步骤。

1. 创建 DataSet 对象

DataSet 提供了两种构造函数，即指定数据集名称和不指定数据集名称两种形式，如果不指定名称，则默认被设为 NewDataSet。格式如下：

```
DataSet 对象名称=new DataSet(["数据集名称"])
```

例如，声明 DataSet 对象 dstStudent，数据集名称为 MyDataSet。代码如下：

```
DataSet dstStudent = new DataSet("MyDataSet");
```

2. 填充 DataSet 对象

创建数据集对象后，数据集内是空的，一般常用 DataAdapter 对象的 Fill 方法向数据集内添加数据表。格式如下：

```
DataAdapter 对象.Fill(数据集对象, ["数据表名称字符串"]);
```

例如，已声明的类对象 dadStudent，使用 dadStudent 的 Fill 方法填充 dstStudent 数据集。代码如下：

```
DataSet dstStudent = new DataSet("MyDataSet");
dadStudent.Fill(dstStudent);
```

3. 保存 DataSet 中的数据

使用 SqlDataAdapter 类的 Update 方法可以把数据集中修改过的数据及时地更新到数据库中。调用该方法前，要先实例化 SqlCommandBuilder 对象，该对象能够自动生成 INSERT 命令、UPDATE 命令和 DELETE 命令。这样就不需要设置 SqlDataAdapter 的 InsertCommand、Command 和 Command 属性，直接使用 Update 方法来更新 DataSet、DataTable 或 DataRow 数组即可。创建 SqlCommandBuilder 对象的语法格式如下：

`SqlCommandBuilder 对象名 = new SqlCommandBuilder(SqlDataAdapter 对象);`

Update 方法的重载形式有 5 种，常用的 3 种形式如表 13-12 所示。

表 13-12 Update 方法常用的重载形式

方　法	说　明
Update(DataSet)	用指定数据集更新(增加、删除和修改)数据库
Update(DataTable)	用指定数据表更新(增加、删除和修改)数据库
Update(DataSet, String)	用指定数据集中指定表更新(增加、删除和修改)数据库

4. DataSet 和 DataReader 查询的区别

DataSet 和 DataReader 分别为断开式访问和连接式访问，但它们都可以获取查询数据，那么，应如何在两者之间进行选择呢？通常来说，下列情况适合使用 DataSet 查询。

(1) 操作结果中含有多个分离的表。

(2) 操作来自多个源(如来自多个数据库、XML 文件的混合数据)的数据。

(3) 在系统的各个层之间交换数据，或使用 XML WEB 服务。

(4) 通过缓冲重复使用相同的行集合以提高性能(如排序、搜索或过滤数据)。

(5) 每行执行大量的处理。

(6) 使用 XML 操作(如 XSLT 转换和 XPATH 查询)维护数据。

在应用程序需要以下功能时，则可以使用 DataReader 对象进行查询。

(1) 不需要缓冲数据。

(2) 正在处理的结果集太大而不能全部放入内存中。

(3) 需要迅速地一次性访问数据，采用只向前的只读方式。

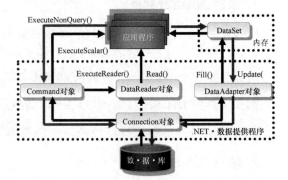

图 13-29 ADO.NET 访问数据库过程

至此，ADO.NET 访问数据库已经讲述完毕。使用 ADO.NET 访问数据库过程，如图 13-29 所示。

13.5 使用 DataGridView 控件显示和操作数据

DataGridView 控件是专门用于以表格形式显示数据的完整解决方案。通常适用于需要频繁执行的任务。使用 DataGridView 控件，可以显示和编辑来自多种不同类型的数据源的表格数据。将数据绑定到 DataGridView 控件非常简单和直观，在大多数情况下，只需要设置 DataSource 属性即可。DataSet 数据集需要配合 DataGridView 控件使用。

DataGridView 控件创建之后，需要对其进行相应设置，该控件较复杂，设置的属性也较多。下面以分类的形式分别介绍。

13.5.1　DataGridView 控件列

1. 列的类型

DataGridView 控件使用多种列类型显示其信息，每列可以按指定的控件显示数据，并使用户能够修改或添加信息。DataGridView 控件列的 6 种类型及其说明如表 13-13 所示。

表 13-13　DataGridView 控件列的 6 种类型及其说明

类　　型	说　　明
DataGridViewTextBoxColumn	列显示为文本框控件。在绑定到数字和字符串时自动生成
DataGridViewCheckBoxColumn	列显示为复选框控件。在绑定到 Boolean 和 CheckState 值类型时自动生成
DataGridViewImageColumn	列显示为图像控件。绑定到字节数组、Image 对象或 Icon 对象时自动生成
DataGridViewButtonColumn	列显示为按钮控件。不会在绑定时自动生成。通常用作未绑定列
DataGridViewComboBoxColumn	列显示为组合框控件。不会在绑定时自动生成。通常手动进行数据绑定
DataGridViewLinkColumn	列显示为链接控件。不会在绑定时自动生成。通常手动进行数据绑定。

2. 添加列的方法

创建 DataGridView 控件之后，添加列的方法分为以下两种。

(1) 根据绑定的数据源自动创建。

当 DataGridView 控件与数据源绑定后，并将 AutoGenerateColumns 属性设置为 true 时(默认值为 true)，会使用与绑定数据源中包含的数据类型相应的默认列类型自动生成列。

注意　使用上述添加列方法时，列会自动与数据源绑定。

(2) 使用 Columns 属性或 DataGridView 任务中的【添加列】选项。

选择属性栏的 Columns 属性或单击 DataGridView 控件右上角的小三角，在弹出的 DataGridView 任务中选择【添加列】选项，如图 11-30 所示。打开【添加列】对话框，如图 11-31 所示，在【添加列】对话框中，输入名称(Name 属性)，选择类型，输入页眉文本(列标头)，即可完成添加列操作。

图 13-30 【添加列】选项

图 13-31 【添加列】对话框

手动创建的列未绑定数据源，必须手动绑定。

3. 设置列的属性

添加列之后，需要对列的属性进行设置。用户在查看 Windows 窗体 DataGridView 控件中显示的数据时，有时需要频繁参考一列或若干列，使这些列在用户滚动时固定位置始终可见。例如，显示包含多列的用户信息表时，始终显示用户名称而使其他列在可视区域以外滚动会很有用。列的常用属性及其说明如表 13-14 所示。

表 13-14 列的常用属性及其说明

属　　性	说　　明
DisplayIndex	相对于当前所显示各列，获取或设置列的显示顺序。在默认情况下，每列的 DisplayIndex 都设置为按递增顺序排列的数字，以反映列的添加顺序。该控件中的各列均具有唯一的 DisplayIndex 值。这些值从 0 开始并以数字顺序递增，并且不跳过任何值。当更改某一列的 DisplayIndex 值时，其他列的 DisplayIndex 值也会更改，以反映新顺序
Frozen	获取或设置一个值，指示当用户水平滚动 DataGridView 控件时，列是否移动。某一列冻结后，该列左侧(对于从右向左书写的语言，为右侧)的所有列也都将冻结。冻结和解冻的列形成两组。如果通过将 AllowUserToOrderColumns 属性设置为 true 来启用了列的重新定位，则用户无法将列从一个组拖动到另一个组
Resizable	获取或设置一个值，指示该列的大小是否可调。在默认情况下，Resizable 属性值是根据 DataGridView.AllowUserToResizeColumns 属性值得出的。如果将 Resizable 显式设置为 True 或 False，将忽略控件值。将 Resizable 设置为 NotSet 可恢复值继承行为
MinimumWidth	获取或设置列的最小宽度(以像素为单位)
HeaderText	设置将在列标题中显示的文本

13.5.2 行高与列宽的设置

DataGridView 默认情况下列不会自动展开以适合列中数据。DataGridView 提供了一系列属性以调整指定行、列或所有行列高度，如表 13-15 所示。

表 13-15　自动调整或设置行高和列宽的属性

属　性	说　明
AutoResizeColumn	是否自动调整指定列的宽度以适应其单元格的内容
AutoResizeColumnHeadersHeight	是否自动调整列标题的高度以适应标题内容
AutoResizeColumns	是否自动调整所有列的宽度以适应其单元格的内容
AutoResizeRow	是否自动调整指定行的高度以适应其单元格的内容
AutoResizeRowHeadersWidth	是否自动调整行标题的宽度以适应标题内容
AutoResizeRows	是否自动调整某些或所有行的高度以适应其内容
RowHeaderWidth	设置包含行标题的列的宽度值

使用上述属性调整高度或宽度时会使用 DataGridViewAutoSizeColumnsMode 枚举，此枚举定义用于指定如何调整列宽的值，如表 13-16 所示。

表 13-16　DataGridViewAutoSizeColumnsMode 成员

成员名称	说　明
AllCells	列宽调整到适合列中所有单元格(包括标头单元格)的内容
AllCellsExceptHeader	列宽调整到适合列中除标头单元格以外所有单元格的内容
ColumnHeader	列宽调整到适合列标头单元格的内容
DisplayedCells	列宽调整到适合位于屏幕上当前显示的指定列的所有单元格(包括标头单元格)的内容
DisplayedCellsExceptHeader	列宽调整到适合位于屏幕上当前显示的行中的列的所有单元格(不包括标头单元格)的内容
Fill	列宽调整到使所有列宽精确填充控件的显示区域，要求使用水平滚动的目的只是保持列宽大于 DataGridViewColumn.MinimumWidth 属性值。相对列宽由相对 DataGridViewColumn.FillWeight 属性值决定
None	列宽不会自动调整

13.5.3 DataGridView 选中单元格时的样式

1. 选择模式

在默认情况下，DataGridView 允许自由选择。用户可以突出显示单元格或单元格组，可以一次突出显示所有单元格(通过单击网格左上角的方块)，还可以突出显示一行或多行(通过在行标题列中单击)。SelectionMode 属性可以指定 DataGridView 控件的选择模式，用户能够通过选择列标题来选择一列或多列。该属性为 DataGridViewSelectionMode 枚举类型，枚举值及其说明如表 13-17 所示。

表 13-17 DataGridViewSelectionMode 枚举成员

成员名称	说 明
CellSelect	选定一个或多个单元格
ColumnHeaderSelect	通过单击列的标头单元格选定此列。单击某个单元格可以单独选定此单元格
FullColumnSelect	通过单击列的标头或该列所包含的单元格选定整个列
FullRowSelect	通过单击行的标头或该行所包含的单元格选定整个行
RowHeaderSelect	单击行的标头单元格选定此行。单击某个单元格可以单独选定此单元格

2. 奇数行样式

AlternatingRowsDefaultCellStyle 属性可以单独对奇数行设置样式。可以使用该属性的 CellStyle 生成器设置奇数行的对齐方式、选择样式和字体等属性，单击 AlternatingRowsDefaultCellStyle 属性右侧的…按钮，可打开 CellStyle 生成器，如图 13-32 所示。

图 13-32 CellStyle 生成器设置奇数行样式

3. 是否允许多选

MultiSelect 属性可以设置或获取单元格、行或列是否允许多选，默认为 true。

13.5.4 编辑 DataGridView 与绑定属性

1. 编辑 DataGridView

在默认情况下，用户可以通过在当前 DataGridView 文本框单元格中键入或按 F2 键来编辑该单元格的内容，如图 13-33 所示。

当满足下面的所有条件时，单元格将进入编辑模式。
(1) 能对基础数据源进行编辑。
(2) DataGridView 控件已启用。
(3) EditMode 属性值不为 EditProgrammatically。
(4) 单元格、行、列和控件的 ReadOnly 属性都设置为 false。

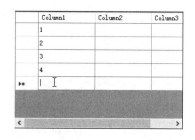

图 13-33　编辑单元格内容

在编辑模式中，用户可以更改单元格的值，并可按 Enter 键提交更改，或按 Esc 键将单元格恢复为其原始值。

可以配置 DataGridView 控件，以使单元格在成为当前单元格时立即进入编辑模式。在此情况下 Enter 键和 Esc 键的行为不变，但在提交或恢复值后单元格保持在编辑模式中。也可以配置控件，以使仅当用户在单元格中键入或仅当用户按 F2 键时，单元格才进入编辑模式。最后，可以防止单元格进入编辑模式，除非调用 BeginEdit 方法。

DataGridView 提供的属性可以设置是否允许用户设置添加和删除行、列，具体属性及其说明如表 13-18 所示。

表 13-18　行、列的编辑属性

属　　性	说　　明
AllowUserToAddRows	是否允许用户添加行
AllowUserToDeleteRows	是否允许用户删除行
AllowUserToResizeColumns	是否允许用户调整列宽
AllowUserToResizeRows	是否允许用户调整行高

2. DataGridView 控件绑定属性

DataGridView 控件绑定数据非常简单，只需要将 DataGridView 控件的 DataSource 属性设置为数据表即可。

例如，将 dgvStudent 控件绑定到 dstMySchool 数据集的第 1 个表，代码如下：

```
dgvStudent. DataSource = dstMySchool.Tables[0];
```

13.5.5　数据集(DataSet)与 DataGridView 的结合使用

1. 在 DataGridView 控件中显示数据

通过 DataGridView 控件可以将数据表的数据显示出来，使用 DataAdapter 查询指定的数据，再通过 Fill 方法填充 DataSet，最后设置 DataGridView 控件的 DataSource 属性为 DataSet 的表格数据即可。

【例 13-4】创建一个 Windows 应用程序，向窗体中添加 DataGridView 控件，将数据表 test 中的数据显示出来。(源代码\ch13\13-4)

```
public partial class Form1 : Form
{
public Form1()
{
```

```
InitializeComponent();
}
private void Form1_Load(object sender, EventArgs e)
{
//实例化 SqlConnection 变量 conn，连接到数据库
string conString = "server=DESKTOP-D5KF15E;database=test;uid=sa;pwd=sa;";
SqlConnection conn = new SqlConnection(conString);
//创建 SqlDataAdapter 对象 s
SqlDataAdapter s = new SqlDataAdapter("Select * from Table_1", conn);
//创建 DataSet 对象 d
DataSet d = new DataSet();
//使用 Fill 方法填充 DataSet
s.Fill(d, "t");
//在 dataGridView1 控件中显示表 t
dataGridView1.DataSource = d.Tables["t"];
}
}
```

运行上述程序，结果如图 13-34 所示。

【案例剖析】

本例演示了如何使用 DataGridView 控件将数据库中的表内容显示出来。首先需要实例化 SqlConnection 变量，用于连接到数据库，接着创建一个 SqlDataAdapter 对象和一个 DataSet 对象，使用 SqlDataAdapter 对象的 Fill 方法填充 DataSet，最后将表 t 显示在 DataGridView 控件中。

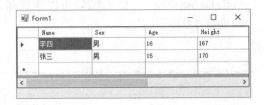

图 13-34　在 DataGridView 控件中显示数据

使用 SQL 数据库连接需要导入命名空间 System.Data.SqlClient。

2. 选中 DataGridView 控件某行时显示不同背景颜色

若想单击选中 DataGridView 控件中某一行的数据时，显示不同的颜色用于区分数据时，可以通过 DataGridView 控件的 SelectionMode 选择模式、ReadOnly 和 SelectionBackColor 属性来实现。

【例 13-5】 创建一个 Windows 应用程序，在窗体中添加一个 DataGridView 控件，通过 SelectionMode 选择模式、ReadOnly 和 SelectionBackColor 属性来实现选中某行时将显示不同背景颜色。(源代码\ch13\13-5)

```
public partial class Form1 : Form
{
public Form1()
{
InitializeComponent();
}
private void Form1_Load(object sender, EventArgs e)
{
//实例化 SqlConnection 变量 conn，连接到数据库
string conString = "server=DESKTOP-D5KF15E;database=test;uid=sa;pwd=sa;";
SqlConnection conn = new SqlConnection(conString);
//创建 SqlDataAdapter 对象 s
```

```
SqlDataAdapter s = new SqlDataAdapter("Select * from Table 1", conn);
//创建 DataSet 对象 d
DataSet d = new DataSet();
//使用 Fill 方法填充 DataSet
s.Fill(d, "t");
//在 dataGridView1 控件中显示表 t
dataGridView1.DataSource = d.Tables["t"];
//设置 SelectionMode 属性,使得控件可以整行选择
dataGridView1.SelectionMode = DataGridViewSelectionMode.FullRowSelect;
//设置控件只读
dataGridView1.ReadOnly = true;
//设置选中行背景色为红色
dataGridView1.DefaultCellStyle.SelectionBackColor = Color.Red;
    }
}
```

运行上述程序,结果如图 13-35 所示。

【案例剖析】

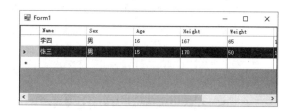

图 13-35 设置选中行背景色

本例演示了当选中 DataGridView 控件中某一行时显示不同背景色以区分数据。首先和例 11-4 一样将数据库 test 中的表填充到 DataSet,用于将表中数据显示在 DataGridView 控件中,然后通过设置 SelectionMode 属性为 FullRowSelect 使得控件能整行选择,设置 ReadOnly 只读,不允许修改,最后设置 SelectionBackColor 属性,使得选中时显示为 Red 背景颜色。

13.6 大神解惑

小白:ADO.NET 具有哪些特点?

大神:在 ADO.NET 中,数据是以 XML 格式存储的,具有较好的互操作性。而且它可以使用 C#、VB.NET 等语言编写程序,并且 ADO.NET 的性能比基于 COM 的 ADO 好。

小白:SqlDataAdapter 对象与 DataSet 对象的区别与联系是什么?

大神:SqlDataAdapter 是 DataSet 和 SQL Server 之间的桥接器,用于检索和保存数据。SqlDataAdapter 通过对数据源使用适当的 Transact-SQL 语句映射 Fill(它可更改 DataSet 中的数据以匹配数据源中的数据)和 Update(它可更改数据源中的数据以匹配 DataSet 中的数据)来提供这一桥接。当 SqlDataAdapter 填充 DataSet 时,它将为返回的数据创建必要的表和列(如果它们尚不存在)。但是,除非 MissingSchemaAction 属性设置为 AddWithKey,否则这个隐式创建的架构中就将不包括主键信息。也可以在使用 FillSchema 为数据集填充数据前,让 SqlDataAdapter 创建 DataSet 的架构(包括主键信息)。SqlDataAdapter 与 SqlConnection 和 SqlCommand 一起使用,以便在连接到 Microsoft SQL Server 数据库时提高性能。SqlDataAdapter 还包括 SelectCommand、InsertCommand、DeleteCommand、UpdateCommand 和 TableMappings 属性,使数据的加载和更新更加方便。

小白:运行程序连接数据库时为什么会出现登录名 sa 无效?

大神:初次使用 SQL Server 2016 数据库需要对 sa 用户进行相关的配置,它的具体配置

步骤如下。

step 01 首先使用"Windows 身份验证"的模式连接数据库引擎，如图 13-36 所示。

step 02 在对象资源管理器中的连接项上右击，在弹出的快捷菜单中选择【属性】命令，如图 13-37 所示。

图 13-36　Windows 身份验证登录模式

图 13-37　选择【属性】命令

step 03 进入服务器属性界面，单击左侧【安全性】选项卡按钮，在【服务器身份验证】一栏中选中【SQL Server 和 Windows 身份验证模式】单选按钮，单击【确定】按钮，如图 13-38 所示。

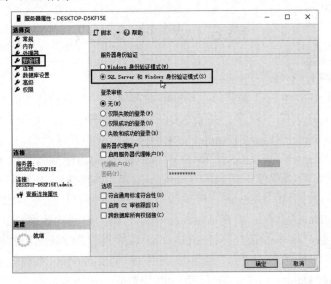

图 13-38　安全性设置

step 04 初次使用登录名 sa，需要对 sa 用户进行相应设置，在对象资源管理器中选择【安全性】→【登录名】选项，会发现 sa 用户图标为红叉状态，如图 13-39 所示。在"sa"用户上单击鼠标右键，在弹出的快捷菜单中选择【属性】命令，如图 13-40 所示。

图 13-39　查看 sa 用户

图 13-40　选择【属性】命令

step 05　进入【登录属性-sa】界面，可以对 sa 设置登录密码，设置完成后，取消勾选【强制实施密码策略】复选框，如图 13-41 所示。单击左侧【状态】选项卡按钮，在登录设置中选中【已启用】单选按钮，如图 13-42 所示，设置完成后单击【确定】按钮。

图 13-41　【常规】选项卡设置　　　　　　图 13-42　【状态】选项卡设置

step 06　设置完以上步骤后，断开数据库连接，使用 SQL Server 身份验证，登录名使用 sa，输入密码，单击【连接】按钮，如图 13-43 所示。连接成功，如图 13-44 所示。

图 13-43　sa 用户登录

图 13-44　连接成功

13.7　跟我学上机

练习 1：设计程序，窗体中包括表示省的组合框和市的组合框，从数据库中查询出省信息，并实现省市的关联操作。

练习 2：设计程序，实现管理系统的登录界面，验证用户名和密码输入是否正确，如果正确启动新窗体，否则提示重新登录。

练习 3：用 DataGridView 控件显示学生信息 Student 表，实现单击列标题，可对该列排序。

在开发某些应用程序时,需要在屏幕上使用颜色和图形对象(直线、曲线、圆形、图像、文本等),这单靠窗体和控件是无法完成的。C#提供的 GDI+(图形设备环境接口)专门用于绘制各类图形图像等。

本章目标(已掌握的在方框中打钩)

☐ 了解什么是 GDI+。
☐ 了解什么是 Graphics 类。
☐ 学会使用 Pen 类与 Brush 类。
☐ 掌握如何绘制直线、矩形、椭圆、圆弧、扇形及多边形。
☐ 掌握如何绘制柱形图、折线图及饼形图。

14.1 GDI+介绍

GDI+(图形设备接口)：Graphics Device Interface Plus，GDI+是.NET Framework 的绘图技术，System.Drawing 命名空间提供了对 GDI+基本图形功能的访问。GDI+为用户提供了以下功能。

(1) 在 C#.NET 中，使用 GDI+处理二维(2D)的图形和图像，它允许程序员用库中的函数编写与显示器、打印机和文件等图形设备交互的应用程序。使用 DirectX 处理三维(3D)的图形图像。

(2) GDI+主要由二维矢量图形、图像处理和版式 3 个部分组成。

(3) GDI+提供了存储基元自身相关信息的类和结构、存储基元绘制方式相关信息的类，以及实际进行绘制的类。

(4) GDI+为使用各种字体、字号和样式来显示文本这种复杂任务提供了大量的其他高级功能。

不管什么图形一般都是由最基本的元素点构成，C#中用坐标轴 x 和 y 来表示点，在绘制图形的时候总是要求给出点信息作为绘图参数。GDI+图形库提供了很多类和结构进行绘图，在此列出几个辅助绘图的常用结构，如表 14-1 所示。

表 14-1 GDI+图形库的常用结构及其说明

类	说明
CharacterRange	指定字符串内字符位置的范围
Color	表示一种 ARGB 颜色(alpha、红色、绿色、蓝色)
Point	表示在二维平面中定义点的、整数 X 和 Y 坐标的有序对
PointF	表示在二维平面中定义点的浮点 x 和 y 坐标的有序对
Rectangle	存储一组整数，共 4 个，表示一个矩形的位置和大小。对于更高级的区域函数，请使用 Region 对象
RectangleF	存储一组浮点数，共 4 个，表示一个矩形的位置和大小。对于更高级的区域函数，请使用 Region 对象
Size	存储一个有序整数对，通常为矩形的宽度和高度
SizeF	存储有序浮点数对，通常为矩形的宽度和高度

例如，创建 Point 点类型，Size 大小类型，Rectangle 类型的区域，代码如下：

```
Point PT = new Point(20, 20);     //声明坐标点，点位置在(20, 20)处
Size S=new Size(50,30);           //指定 size 类型的宽为 50，高为 30
Rectangle Rect = new Rectangle(PT, S);   //声明矩形区域，在 PT 点处，大小为 S
```

创建的这些结构只是在内存中存储了它们的信息，并不会在窗体中绘制这些大小，需要结合 GDI+提供的绘图类进行绘图。

14.2　Graphics 类

C#中绘制图形的过程非常类似手工画图。手工绘制图形的步骤为：首先准备绘图的纸，然后选择笔的种类，最后在纸上绘图。延伸到 GDI+的绘图过程为：由 Graphics 类提供绘图环境(纸)，绘图的笔由 Pen 类或 Brush 类提供，最后利用 Graphics 类提供的绘图方法进行绘制各种图形。

Graphics 类是密封类，不能有派生类。Graphics 类提供了一些方法可以绘制各种图形，例如，它封装了绘制直线、曲线、图形、椭圆、矩形、多边形、图像和文本等方法。

创建 Graphics 类的对象，可以使用下述 3 种方法之一。

(1) 在窗体或控件的 Paint 事件中创建，利用 PaintEventArgs 类的 Graphics 属性来创建。

例如，在容器 Panel 控件的 Paint 事件中，创建 Graphics 类的对象 GP，代码如下：

```
private void PanelGP_Paint(object sender, PaintEventArgs e)
{
Graphics GP = e.Graphics;
}
```

(2) 通过控件或窗体的 CreateGraphics 方法来创建 Graphics 对象。

例如，在窗体的 Load 事件中，通过容器 Panel 控件的 CreateGraphics 方法，创建 Graphics 类的对象 GP，代码如下：

```
private void Form1_Load(object sender, EventArgs e)
{
//声明一个 Graphics 对象
Graphics GP;
//使用 Panel 控件的 CreateGraphics 方法为其创建 Graphics 对象
GP = PanelGP.CreateGraphics();
}
```

(3) 使用 Graphics 类的几个静态方法，来创建 Graphics 对象，常用的是 FromImage 方法，此方法在需要更改已存在的图像时十分有用。

例如，在窗体的 Load 事件中，通过 Graphics 类的 FromImage 静态方法，创建 Graphics 类的对象 GP，代码如下：

```
private void Form1_Load(object sender, EventArgs e)
{
Bitmap BM = new Bitmap(@"E:\PIC1.BMP");    //实例化 Bitmap 类
//通过 FromImage 方法创建 Graphics 对象
Graphics GP = Graphics.FromImage(BM);
}
```

14.3　Pen 类和 Brush 类的使用

在 GDI+中，使用笔对象来呈现图形、文本和图像。笔是 Pen 类的实例，可用于绘制线条和空心形状。画刷是从 Brush 类派生的实例，可用于填充开关或绘制文本。Color 结构可以指定笔和画刷绘图时所使用的颜色。

14.3.1　创建 Pen 类对象

Pen 类主要用于绘制线条，或者线条组合成的其他几何形状。

1. 创建 Pen 类对象

Pen 类提供了 4 种创建笔对象的方法，即提供了 4 种构造函数，如表 14-2 所示。

表 14-2　Pen 类的构造函数及其说明

名　称	说　明
Pen(Brush)	用指定的 Brush 初始化 Pen 类的新实例
Pen(Color)	用指定颜色初始化 Pen 类的新实例
Pen(Brush, Single)	用指定的 Brush 和 Width 初始化 Pen 类的新实例
Pen(Color, Single)	用指定的 Color 和 Width 属性初始化 Pen 类的新实例

通过指定颜色和宽度创建笔对象是最常用的一种方法。

例如，创建一个 Pen 对象，使其颜色为红色，宽度为 2.4，代码如下：

```
Pen MyPen = new Pen(Color.Red, 2.4F);
```

2. Pen 类对象的常用属性

Pen 类的常用属性及其说明如表 14-3 所示。

表 14-3　Pen 类的常用属性及其说明

名　称	说　明
Color	获取或设置此 Pen 的颜色
Width	获取或设置此 Pen 的宽度，以用于绘图的 Graphics 对象为单位
DashStyle	获取或设置用于通过此 Pen 绘制的虚线的样式
StartCap	获取或设置要在通过此 Pen 绘制的直线起点使用的线帽样式
EndCap	获取或设置要在通过此 Pen 绘制的直线终点使用的线帽样式

DashStyle 属性用于设置虚线的样式，取值为枚举类型的 DashStyle，枚举取值及其说明如表 14-4 所示。StartCap 属性、EndCap 属性分别用于设置起点使用的线帽样式和终点使用的线帽样式，取值为枚举类型的 LineCap，枚举取值及其说明如表 14-5 所示。DashStyle 枚举和 LineCap 枚举都位于 System.Drawing.Drawing2D 命名空间下，使用时请先导入该命名空间。

表 14-4　DashStyle 枚举取值及其说明

名　称	说　明
Solid	指定实线
Dash	指定由划线段组成的直线
Dot	指定由点构成的直线

续表

名 称	说　明
DashDot	指定由重复的划线点图案构成的直线
DashDotDot	指定由重复的划线点图案构成的直线
Custom	指定用户定义的自定义划线段样式

表 14-5　LineCap 枚举取值及其说明

成 员 名 称	说　明
Flat	指定平线帽
Square	指定方线帽
Round	指定圆线帽
Triangle	指定三角线帽
NoAnchor	指定没有锚
SquareAnchor	指定方锚头帽
RoundAnchor	指定圆锚头帽
DiamondAnchor	指定菱形锚头帽
ArrowAnchor	指定箭头状锚头帽
Custom	指定自定义线帽
AnchorMask	指定用于检查线帽是否为锚头帽的掩码

例如，将 Pen 对象的起点设置为圆线帽，终点设置为菱形线帽，代码如下：

```
Pen MyPen = new Pen(Color.Red, 2.4F);     //创建红色宽度为2.4的笔对象
MyPen.StartCap = LineCap.Round;    //设置起点线帽
MyPen.EndCap = LineCap.DiamondAnchor;     //设置终点线帽
```

14.3.2　Brush 类的使用

画刷类对象指定填充封闭图形内部的颜色和样式。封闭图形包括矩形、椭圆、扇形、多边形和任意封闭图形。Brush 类是一个抽象基类，不能进行实例化。若要创建一个画笔对象，需要使用从 Brush 派生出的类，如 SolidBrush、TextureBrush 和 LinearGradientBrush 等。

GDI+系统提供了几个预定义画刷类。有几种不同类型的画刷，具体如表 14-6 所示。

表 14-6　画刷类型及说明

名　称	说　明
SolidBrush	定义单色画笔，即用单色填充封闭区域
HatchBrush	纹理画刷是指定样式、指定填充线条的颜色和指定背景颜色的画刷
TextureBrush	纹理画刷使用图像填充封闭曲线的内部
LinearGradientBrush	双色渐变和自定义多色渐变画刷
PathGradientBrush	通过渐变填充对象的内部

下面介绍常用的定义单色画笔 SolidBrush、纹理画刷 HatchBrush、纹理(图像)画刷 TextureBrush。

1. 创建 SolidBrush 画刷对象

SolidBrush 用于定义单色画刷对象的类，位于 System.Drawing 命名空间下，只有 1 种创建方法，格式如下：

```
SolidBrush 画刷对象名=new SolidBrush(颜色)
```

例如，创建 SolidBrush 类画刷 MySB，颜色为绿色，代码如下：

```
SolidBrush MySB = new SolidBrush(Color.Green);
```

【例 14-1】创建一个 Windows 应用程序，在窗体中添加一个 Panel 控件，在它的 Paint 事件中使用 SolidBrush 画刷对象绘制出圆形、椭圆形、正方形。(源代码\ch14\14-1)

```
public partial class Form1 : Form
{
public Form1()
{
InitializeComponent();
}
private void panel1_Paint(object sender, PaintEventArgs e)
{
//创建在容器 Panel 控件的 Paint 事件中，创建 Graphics 类的对象 g
Graphics g = e.Graphics;
//使用 SolidBrush 类创建一个 Brush 对象，设置绘图的颜色为绿色
Brush greenBrush = new SolidBrush(Color.Green);
//设置直径变量
int radius = 60;
//绘制圆，(10, 10)为左上角的坐标，radius 为直径
g.FillEllipse(greenBrush, 10, 10, radius, radius);
Brush redBush = new SolidBrush(Color.Red);
//绘制椭圆，其实圆是椭圆的特殊一种，即两个定点重合，(70, 80)为左上角的坐标
//90 为椭圆的宽度，60 为椭圆的高度
g.FillEllipse(redBush, 70, 80, 90, 60);
//绘制正方形
Brush blueBruch = new SolidBrush(Color.RoyalBlue);
Rectangle r = new Rectangle(150, 10, 50, 70);
//填充 Rectangle
g.FillRectangle(blueBruch, r);
}
}
```

运行上述程序，结果如图 14-1 所示。

【案例剖析】

本例演示了通过创建 SolidBrush 画刷对象来绘制出圆形与正方形。首先在容器 Panel 控件的 Paint 事件中，创建 Graphics 类的对象 g，使用 SolidBrush 类创建一个 Brush 对象 greenBrush，设置绘图的颜色为绿色，定义一个变量 radius 为圆形的半径，然后使用 FillEllipse 方法将圆形填充，椭圆同圆形，不过有些特殊，需要设置宽与高不等。而绘制矩形需要创建一个 Rectangle 类，使用 FillRectangle 方法进行填充。

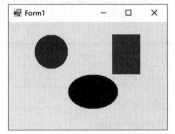

图 14-1 SolidBrush 画刷

使用 Brush 相关的类时需要导入 System.Drawing.Drawing2D 命名空间，此后不再赘述。

2. 创建 HatchBrush 画刷对象

HatchBrush 类提供了一种特定样式的图形，用来制作填满整个封装区域的绘图效果。HatchBrush 类位于 System.Drawing.Drawing2D 命名空间下。HatchBrush 类有两种构造函数，如表 14-7 所示。

表 14-7　HatchBrush 类构造函数

名　　称	说　　明
HatchBrush(HatchStyle, Color)	使用指定的 HatchStyle 枚举和前景色创建 HatchBrush 类的新实例
HatchBrush(HatchStyle, Color, Color)	使用指定的 HatchStyle 枚举、前景色和背景色创建 HatchBrush 类的新实例

其中，HatchStyle 枚举的取值非常多，表 14-8 列举了几个常用的取值。

表 14-8　HatchStyle 枚举的常用取值及其说明

名　　称	说　　明
Horizontal	水平线的图案
Vertical	垂直线的图案
ForwardDiagonal	从左上到右下的对角线的线条图案
BackwardDiagonal	从右上到左下的对角线的线条图案
Cross	指定交叉的水平线和垂直线
DiagonalCross	交叉对角线的图案

例如，创建 HatchBrush 类画刷 MyHB1，水平线图案，前景色为蓝色，画刷 MyHB2，垂直线图案，背景色为红色，前景色为白色，代码如下：

```
HatchBrush MyHB1 = new HatchBrush(HatchStyle.Horizontal, Color.Blue);
HatchBrush MyHB2 = new HatchBrush(HatchStyle.Vertical, Color.Red,
Color.White);
```

【例 14-2】创建一个 Windows 应用程序，在窗体中添加一个 Panel 控件，通过 Panel 控件的 Paint 事件，使用 HatchBrush 画刷对象绘制矩形图示。(源代码\ch14\14-2)

```
public partial class Form1 : Form
{
public Form1()
{
InitializeComponent();
}
private void panel1_Paint(object sender, PaintEventArgs e)
{
```

```
//在容器 Panel 控件的 Paint 事件中，创建 Graphics 类的对象 g
Graphics g = e.Graphics;
//创建 HatchBrush 类，设置 HatchStyle 值，前景色及背景色
HatchBrush h = new HatchBrush(HatchStyle.Vertical, Color.Red, Color.White);
//绘制矩形
Rectangle r = new Rectangle(10, 10, 300, 200);
//填充矩形
g.FillRectangle(h, r);
}
}
```

运行上述程序，结果如图 14-2 所示。

【案例剖析】

本例演示了如何通过 HatchBrush 画刷对象绘制具有特定样式的矩形图案。首先在容器 Panel 控件的 Paint 事件中，创建 Graphics 类的对象 g，然后创建 HatchBrush 类，设置 HatchStyle 值为垂直线图案，前景色以及背景色，最后在 Panel 控件中绘制一个矩形，使用 FillRectangle 对它进行填充。

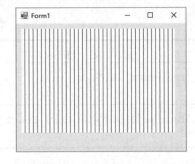

图 14-2　HatchBrush 画刷

3. 创建 LinearGradientBrush 画刷对象

LinearGradientBrush 画刷提供双色渐变的特效。双色渐变是指定两条平行线分别为颜色渐变的开始位置和结束位置，沿着两条平等线的垂直方向，从一种颜色均匀、线性地渐变为另一种颜色。该类位于 System.Drawing.Drawing2D 命名空间下，创建对象的方法非常之多，在此介绍一种常用的方法：

```
LinearGradientBrush 画刷名=new
LinearGradientBrush(point1,point2,color1,color2)
```

其中，point1 表示线性渐变起始点的 Point 结构；point2 表示线性渐变结束点的 Point 结构；color1 表示线性渐变起始色的 Color 结构；color2 表示线性渐变结束色的 Color 结构。

例如，创建 LinearGradientBrush 类画刷对象 LGB，渐变起始点为(50，50)，渐变结束点为(150，150)，渐变起始色为红色，渐变结束色为白色，代码如下。

```
Point PT1 = new Point(50, 50);
Point PT2 = new Point(150, 150);
LinearGradientBrush LGB = new LinearGradientBrush(PT1, PT2, Color.Red,
Color.White);
```

【例 14-3】创建一个 Windows 应用程序，在窗体中添加一个 Button 控件，使用 LinearGradientBrush 画刷对象，实现单击 Button 按钮，在窗体中绘制一个渐变图形。(源代码\ch14\14-3)

```
public partial class Form1 : Form
{
public Form1()
{
InitializeComponent();
}
```

```
private void button1_Click(object sender, EventArgs e)
{
//实例化两个point类,作为渐变图形的起始点和结束点
Point pt1 = new Point(50, 50);
Point pt2 = new Point(200, 200);
//实例化Graphics
Graphics g = this.CreateGraphics();
//实例化LinearGradientBrush,设置起始点和结束点以及渐变色
LinearGradientBrush l = new LinearGradientBrush(pt1, pt2, Color.Black,
Color.AntiqueWhite);
//填充矩形
Rectangle r = new Rectangle(10, 10, 250, 200);
g.FillRectangle(l, r);
}
}
```

运行上述程序,结果如图14-3所示。

【案例剖析】

本例演示了如何通过 LinearGradientBrush 画刷绘制出渐变图形。首先设置 LinearGradientBrush 画刷的渐变参数 Point1 和 Point2,作为渐变图形的起始点和结束点,接着实例化 LinearGradientBrush 对象,并使用 FillRectangle 方法将绘制的矩形进行填充。

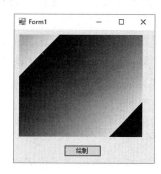

图 14-3　LinearGradientBrush 画刷

4. 创建 TextureBrush 画刷对象

TextureBrush 画刷可以指定图像作为新 TextureBrush 对象。该类位于 System.Drawing.Drawing2D 命名空间下。创建该类对象的方法非常多,在此介绍一种常用的方法:

```
TextureBrush 画刷名=new TextureBrush(图像路径)
```

例如,创建 TextureBrush 类画刷对象 TB,以 "E:\pic\myface.jpg" 图像填充画刷,代码如下:

```
TextureBrush TB = new TextureBrush(@"E:\pic\myface.jpg");
```

 路径前加@表示 "\" 作为路径隔符使用,而非转义字符。

【例 14-4】 创建一个 Windows 应用程序,使用 TextureBrush 画刷对象,通过在窗体的 Paint 对象中编写代码,实现将指定图像填充到窗体中。(源代码\ch14\14-4)

```
public partial class Form1 : Form
{
public Form1()
{
InitializeComponent();
}
private void Form1_Paint(object sender, PaintEventArgs e)
{
```

```
//创建 Graphics 对象
Graphics g = this.CreateGraphics();
//实例化 Bitmap 对象,用于获取图像的路径
Bitmap b = new Bitmap(@"E:\test\ch14\14-4\14-4\bin\Debug\1.jpg");
//实例化 TextureBrush 对象
TextureBrush t = new TextureBrush(b);
//使用 TranslateTransform 方法,令图像从坐标(50,50)开始填充
g.TranslateTransform(50, 50);
g.FillRectangle(t, 0, 0, 150, 150);
    }
}
```

运行上述程序,结果如图 14-4 所示。

【案例剖析】

本例演示了如何使用 TextureBrush 画刷,将指定图像填充到窗体中。与前面例子有所不同的是,本例没有使用 Panel 控件,而是在窗体的 Paint 事件中,实例化 Graphics 对象,通过创建 Bitmap 对象,使其从指定路径获取图像,然后实例化一个 TextureBrush 画刷对象,通过使用 TranslateTransform 方法指定填充的坐标,然后利用 FillRectangle 将图像填充到窗体中去。

图 14-4 TextureBrush 画刷

5. 使用画刷填充图形

Graphics 类提供了很多使用画刷填充封闭图形内容的方法,如表 14-9 所示。

表 14-9 Graphics 类填充图形的方法及其说明

名称	说明
FillEllipse	填充边框所定义的椭圆的内部,该边框由一对坐标、一个宽度和一个高度指定
FillPath	填充 GraphicsPath 的内部
FillPie	填充由一对坐标、宽度、高度以及两条射线指定的椭圆所定义的扇形区的内部
FillPolygon	填充 Point 结构指定的点数组所定义的多边形的内部
FillRectangle	填充由一对坐标、一个宽度和一个高度指定的矩形的内部
FillRectangles	填充由 Rectangle 结构指定的一系列矩形的内部
FillRegion	填充 Region 的内部

【例 14-5】创建一个 Windows 应用程序,向窗体中添加 1 个标签控件 Label1、1 个 Panel 容器控件、1 个组合框 ComboBox1、1 个对话框 OpenFileDialog1,适当调整对象的大小和位置。通过选择组合框中选项,分别使用单色画刷、渐变画刷、纹理画刷和图像画刷填充矩形。(源代码\ch14\14-5)

```
public partial class Form1 : Form
{
public Form1()
{
InitializeComponent();
}
```

```csharp
//声明 Graphics 型对象
Graphics g;
//创建 Rectangle 矩形结构，并指定其大小
Rectangle r = new Rectangle(30, 20, 150, 150);
private void Form1_Load(object sender, EventArgs e)
{
    //初始化 Graphics 对象
    g = panel1.CreateGraphics();
    //设置 comboBox1 控件的 DropDownStyle 属性，只能从下拉列表项中选择
    comboBox1.DropDownStyle = ComboBoxStyle.DropDownList;
}
private void comboBox1_SelectedIndexChanged(object sender, EventArgs e)
{
    //通过下拉列表中项的索引绘制图像
    switch (comboBox1.SelectedIndex)
    {
        case 0:
        {
            //单色画刷
            SolidBrush SB = new SolidBrush(Color.Green);
            g.FillRectangle(SB, r);
            break;
        }
        case 1:
        {
            //纹理画刷
            HatchBrush HB = new HatchBrush(HatchStyle.Cross, Color.Blue, Color.Orange);
            g.FillRectangle(HB, r);
            break;
        }
        case 2:
        {
            //渐变画刷
            LinearGradientBrush LGB = new LinearGradientBrush(new Point(20, 20), new Point(25, 30), Color.Black, Color.Firebrick);
            g.FillRectangle(LGB, r);
            break;
        }
        default:
        {
            //图像画刷，通过打开文件对话框控件，使选择的图像填充到窗体
            openFileDialog1.Filter = "图形图像(*.jpg)|*.jpg|图像(*.gif)|*.gif";
            if (openFileDialog1.ShowDialog() == DialogResult.OK)
            {
                TextureBrush TB = new TextureBrush(Image.FromFile(openFileDialog1.FileName));
                //设置 TranslateTransform 属性使图像从坐标(30，20)开始填充
                g.TranslateTransform(30, 20);
                g.FillRectangle(TB, 0,0,150,150);
            }
            break;
        }
    }
}
```

运行上述程序，结果如图 14-5～图 14-8 所示。

 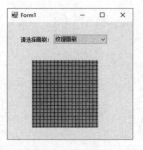 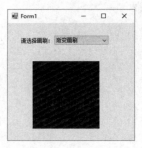 

图 14-5　单色画刷　　　图 14-6　纹理画刷　　　图 14-7　渐变画刷　　　图 14-8　图像画刷

【案例剖析】

首先在窗体类内声明 Graphics 类型对象和 Rectangle 结构对象，利用 Panel 控件的 CreateGraphics 方法初始化对象，根据组合框选择的画刷类型，创建相应的画刷，最后利用 Graphics 对象的 FillRectangle 方法借助画刷填充矩形区域。

14.4　基本绘图

GDI+绘制基本图形的步骤：通过设置笔(Pen 类)的颜色及粗细，调用 Graphics 的方法来绘制图形，对于封闭形状还可以调用刷子(Brush 类)来填充内部。Graphics 类提供的绘图方法如表 14-10 所示。常见的几何图形包括直线、贝塞尔曲线、弧形、矩形、多边形、圆形、椭圆形、扇形等。

表 14-10　Graphics 类的绘图方法及其说明

方法名称	说　明
DrawArc	绘制一段弧线，它表示由一对坐标、宽度和高度指定的椭圆部分
DrawBezier	绘制由 4 个 Point 结构定义的贝塞尔样条
DrawBeziers	用 Point 结构数组绘制一系列贝塞尔样条
DrawClosedCurve	绘制由 Point 结构的数组定义的闭合基数样条
DrawCurve	绘制经过一组指定的 Point 结构的基数样条
DrawEllipse	绘制一个由边框(该边框由一对坐标、高度和宽度指定)定义的椭圆
DrawIcon	在指定坐标处绘制由指定的 Icon 表示的图像
DrawIconUnstretched	绘制指定的 Icon 表示的图像，而不缩放该图像
DrawImage	在指定位置并且按原始大小绘制指定的 Image
DrawImageUnscaled	在由坐标对指定的位置，使用图像的原始物理大小绘制指定的图像
DrawLine	绘制一条连接由坐标对指定的两个点的线条
DrawLines	已重载。绘制一系列连接一组 Point 结构的线段
DrawPath	绘制 GraphicsPath
DrawPie	绘制一个扇形，该形状由一个坐标对、宽度、高度以及两条射线所指定的椭圆定义

续表

方法名称	说　明
DrawPolygon	绘制由一组 Point 结构定义的多边形
DrawRectangle	绘制由坐标对、宽度和高度指定的矩形
DrawRectangles	绘制一系列由 Rectangle 结构指定的矩形
DrawString	在指定位置并且用指定的 Brush 和 Font 对象绘制指定的文本字符串

14.4.1　绘制直线和矩形

1．绘制直线

Graphics 类的 DrawLine 方法实现了绘制直线。DrawLine 方法有 4 个重载版本，这里只介绍 2 个有代表性的方法。

(1) 给定笔参数、两个 Point 结构点，格式为：

```
DrawLine(Pen pen,Point pt1,Point)
```

其中参数说明如下。

pen 类型：给线条指定 Pen 对象，它确定线条的颜色、宽度和线样式。

pt1：为 Point 类型结构，它指定线段的起点。

pt2：为 Point 类型结构，它指定线段的终点。

　　如果 pt2 的值大于 pt1，该直线将会逆向地绘制。

例如，绘制一条宽度为 2，红色实线型直线，起点坐标为(10，20)，终点坐标为(100，120)，在窗体的 Paint 事件中键入如下代码：

```
Graphics GPS = this.CreateGraphics();
Pen MyPen = new Pen(Color.Red, 2f);
Point pt1 = new Point(10, 20);
Point pt2 = new Point(100, 120);
GPS.DrawLine(MyPen, pt1, pt2);
```

(2) 给定笔参数，指定起点的 X 坐标和 Y 坐标，指定终点的 X 坐标和 Y 坐标。格式为：

```
DrawLine(　Pen pen,int x1,int y1,int x2,int y2)
```

其中参数说明如下。

pen：给线条指定 Pen 对象，它确定线条的颜色、宽度和线样式。

x1：线条起点的 X 坐标值。

y1：线条起点的 Y 坐标值。

x2：线条终点的 X 坐标值。

y2：线条终点的 Y 坐标值。

例如，绘制一条宽度为 2 的红色实线型直线，起点 X 坐标为 10，起点 Y 坐标为 20，终点 X 坐标为 100，终点 Y 坐标为 120，在窗体的 Paint 事件中键入如下代码：

```
Graphics GPS = this.CreateGraphics();
Pen MyPen = new Pen(Color.Red, 2f);
GPS.DrawLine(MyPen, 10, 20,100,120);
```

【例 14-6】创建一个 Windows 应用程序，在窗体中添加 2 个 Button 控件，使用 2 种绘制方法绘制直线。(源代码\ch14\14-6)

```
public partial class Form1 : Form
{
public Form1()
{
InitializeComponent();
}
private void button1_Click(object sender, EventArgs e)
{
//创建 Graphics 对象
Graphics GPS = this.CreateGraphics();
//创建黑色 Pen 对象
Pen MyPen = new Pen(Color.Black, 2f);
//确定起点和终点
Point pt1 = new Point(70, 20);
Point pt2 = new Point(200, 320);
//使用 DrawLine 方法绘制直线
GPS.DrawLine(MyPen, pt1, pt2);
}
private void button2_Click(object sender, EventArgs e)
{
//创建 Graphics 对象
Graphics GPS = this.CreateGraphics();
//创建红色 Pen 对象
Pen MyPen = new Pen(Color.Red, 2f);
//使用 DrawLine 方法绘制直线
GPS.DrawLine(MyPen, 50, 20, 300, 220);
}
}
```

运行上述程序，结果如图 14-9 所示。

【案例剖析】

本例演示了使用两种基本方法进行绘制直线。方法 1 在绘制时首先创建 Graphics 对象，确定参数 Pen 对象的颜色与宽度，参数 Point 的起点和终点，最后使用 DrawLine 方法将直线绘制出来。方法 2 与方法 1 不同的地方是在绘制时确定直线的起点和终点。

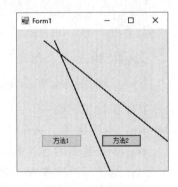

图 14-9 绘制直线

2．绘制矩形

绘制矩形可以使用 DrawRectangle 方法，它常用以下 2 种形式。

(1) 按指定的 Rectangle 结构绘制矩形，格式如下：

```
DrawRectangle(Pen pen,Rectangle rect)
```

其中参数说明如下。

Pen：给线条指定 Pen 对象，它确定矩形的颜色、宽度和线样式。

rect：是一个 Rectangle 类型的结构，即要绘制的矩形位置及大小。

例如，绘制一条宽度为 1 的蓝色实线型矩形，使用 Rectangle 结构(30,30,150,100)，在窗体的 Paint 事件中键入如下代码：

```
Graphics GPS = this.CreateGraphics();
Pen MyPen = new Pen(Color.Blue, 1f);
Rectangle Rect = new Rectangle(30, 30, 150, 100);    //绘制起点为(30,30)，宽为
//150、高为 100 的矩形
GPS.DrawRectangle(MyPen, Rect);
```

(2) 绘制坐标对、宽度和高度指定的矩形，格式如下：

```
DrawRectangle(Pen pen,int x,int y,int width,int height)
```

其中参数说明如下。

Pen：给线条指定 Pen 对象，它确定矩形的颜色、宽度和线样式。

x：要绘制的矩形的左上角的 X 轴坐标值。

y：要绘制的矩形的左上角的 Y 轴坐标值。

width：要绘制的矩形的宽度。

height：要绘制的矩形的高度。

注意

如果参数 width 和 height 值为负，那么该矩形将不会在窗体中显示出来。

例如，绘制一条宽度为 1 的蓝色实线型矩形，矩形在左上角 X 点坐标值为 10，Y 坐标值为 20，宽度为 100，高度为 80，在窗体的 Paint 事件中键入如下代码：

```
Graphics GPS = this.CreateGraphics();
Pen MyPen = new Pen(Color.Blue, 1f);
GPS.DrawRectangle(MyPen, 10,10,100,80);
```

【例 14-7】创建一个 Windows 应用程序，在窗体中添加 1 个 Button 控件，使用 DrawRectangle 方法绘制矩形。(源代码\ch14\14-7)

```
public partial class Form1 : Form
{
public Form1()
{
InitializeComponent();
}
private void button1_Click(object sender, EventArgs e)
{
//创建 Graphics 对象
Graphics GPS = this.CreateGraphics();
//给定指定的 Pen 对象，确定矩形的颜色为红色，宽度为 2
Pen MyPen = new Pen(Color.Red, 2f);
//绘制起点为(35,35)，宽为 200、高为 100 的矩形
Rectangle Rect = new Rectangle(35, 35, 200, 100);
//使用 DrawRectangle 进行绘制
```

```
GPS.DrawRectangle(MyPen, Rect);
    }
}
```

运行上述程序，结果如图 14-10 所示。

【案例剖析】

本例用于演示使用 DrawRectangle 方法绘制矩形。首先创建 Graphics 对象 GPS，然后设置 Pen 参数，给定指定的 Pen 对象，确定矩形的颜色为红色，宽度为 2，接着绘制起点为(35,35)，宽为 200、高为 100 的矩形，最后使用 DrawRectangle 方法将此矩形绘制出来。

14.4.2 绘制椭圆、圆弧和扇形

图 14-10　绘制矩形

Graphics 类提供的 DrawEllipse 方法、DrawArc 方法、DrawPie 方法分别用于绘制椭圆、弧和扇形。

1．绘制椭圆

DrawEllipse 方法用于绘制椭圆，常用的 2 种绘图方法如下。

(1) 绘制一个由 Rectangle 边界定义的椭圆，格式如下：

```
DrawEllipse(Pen pen,Rectangle rect)
```

其中参数说明如下。

pen：给线条指定 Pen 对象，它确定椭圆的颜色、宽度和线样式。

rect：Rectangle 结构，定义椭圆的边界。

例如，创建一个椭圆，宽度为 1.5 的绿色边线，使用 Rectangle 结构(10,10,80,50)，在窗体的 Paint 事件中键入如下代码：

```
Graphics GPS = this.CreateGraphics();
Pen MyPen = new Pen(Color.Green, 1.5f);
Rectangle Rect = new Rectangle(10, 10, 80, 50);
GPS.DrawEllipse(MyPen, Rect);
```

(2) 绘制一个指定边界左上角坐标的、指定宽度和高度的椭圆的方法，格式如下：

```
DrawEllipse(Pen pen,int x,int y,int width,int height)
```

其中参数说明如下。

Pen：给线条指定 Pen 对象，它确定椭圆的颜色、宽度和线样式。

x：要绘制的椭圆的左上角的 X 轴坐标值。

y：要绘制的椭圆的左上角的 Y 轴坐标值。

width：要绘制的椭圆的宽度。

height：要绘制的椭圆的高度。

例如，创建一个椭圆，宽度为 1.5 的绿色边线，X 坐标为 10，Y 坐标为 10，宽度为 80，高度为 50，在窗体的 Paint 事件中键入如下代码：

```
Graphics GPS = this.CreateGraphics();
Pen MyPen = new Pen(Color.Green, 1.5f);
GPS.DrawEllipse(MyPen, 10,10,80,50);
```

圆形的绘制方法同椭圆完全一样，只需要把宽度和高度设置为相同值即可。

【例 14-8】创建一个 Windows 应用程序，在窗体中添加两个 Button 按钮，使用两种方法绘制椭圆。(源代码\ch14\14-8)

```
public partial class Form1 : Form
{
public Form1()
{
InitializeComponent();
}
private void button1_Click(object sender, EventArgs e)
{
//创建一个 Graphics 对象
Graphics GPS = this.CreateGraphics();
//给线条指定 Pen 对象确定椭圆颜色为绿色，宽度为 2
Pen MyPen = new Pen(Color.Green, 2f);
//使用 Rectangle 结构定义椭圆的边界，位置在(30,30)，宽 150，高 70
Rectangle Rect = new Rectangle(30, 30, 150, 70);
//使用 DrawEllipse 绘制椭圆
GPS.DrawEllipse(MyPen, Rect);
}
private void button2_Click(object sender, EventArgs e)
{
//创建 Graphics 对象
Graphics GPS = this.CreateGraphics();
//给线条指定 Pen 对象确定椭圆颜色为黑色，宽度为 2.5
Pen MyPen = new Pen(Color.Black, 2.5f);
//使用 DrawEllipse 方法绘制椭圆，坐标为(150,90)，宽 100，高 60
GPS.DrawEllipse(MyPen, 150, 90, 100, 60);
}
}
```

运行上述程序，结果如图 14-11 所示。

【案例剖析】

本例演示了 2 种方法使用 DrawEllipse 绘制椭圆。方法 1 中首先创建一个 Graphics 对象，设置 Pen 参数，给线条指定 Pen 对象确定椭圆颜色为绿色，宽度为 2，然后使用 Rectangle 结构定义椭圆的边界，位置在(30,30)，宽 150，高 70，最后使用 DrawEllipse 方法绘制椭圆。方法 2 与方法 1 不同的是在使用 DrawEllipse 方法绘制椭圆时确定椭圆的位置坐标，以及宽和高。

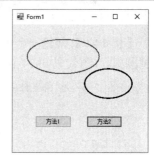

图 14-11　绘制椭圆

2．绘制圆弧

DrawArc 方法用于绘制圆弧，常用的 2 种绘图方法如下。

(1) 绘制一个由 Rectangle 边界定义，指定开始角度和结束角度的圆弧，格式如下：

DrawArc(Pen pen,Rectangle rect,float startAngle,float sweepAngle)

其中参数说明如下。

Pen：给线条指定 Pen 对象，它确定圆弧的颜色、宽度和线样式。

rect：Rectangle 结构，它定义圆弧的边界。
startAngle：从 x 轴到弧线的起始点沿顺时针方向度量的角(以度为单位)。
sweepAngle：从 startAngle 参数到弧线的结束点沿顺时针方向度量的角(以度为单位)。
例如，绘制一个圆弧，Rectangle 结构(0,0,100,80)，起点角度为 45 度，结束角度为 270 度，在窗体的 Paint 事件中键入如下代码：

```
Graphics GPS = this.CreateGraphics();
Pen MyPen = new Pen(Color.Green, 1.5f);
Rectangle Rect = new Rectangle(0, 0, 100, 80);
GPS.DrawArc(MyPen, Rect, 45, 270);
```

(2) 绘制一个由左上角 x 坐标和 y 坐标，指定宽度和高度开始角度和结束角度的圆弧，格式如下：

```
DrawArc(Pen pen,int x,int y,int width,int height,int startAngle,int sweepAngle)
```

其中参数说明如下。
Pen：给线条指定 Pen 对象，它确定圆弧的颜色、宽度和线样式。
x：定义圆弧的矩形的左上角的 x 坐标。
y：定义圆弧的矩形的左上角的 y 坐标。
width：定义圆弧的矩形的宽度。
height：定义圆弧的矩形的高度。
startAngle：从 x 轴到弧线的起始点沿顺时针方向度量的角(以度为单位)。
sweepAngle：从 startAngle 参数到弧线的结束点沿顺时针方向度量的角(以度为单位)。
例如，绘制一个圆弧，矩形位置的 X 坐标为 10、Y 坐标为 10，宽度为 80，高度为 50，起点角度为 45 度，结束角度为 270 度，在窗体的 Paint 事件中键入如下代码：

```
Graphics GPS = this.CreateGraphics();
Pen MyPen = new Pen(Color.Green, 1.5f);
GPS.DrawArc(MyPen, 10, 10, 80, 50, 45, 270);
```

【例 14-9】创建一个 Windows 应用程序，在窗体中添加 2 个 Button 按钮，通过 2 种方法绘制圆弧。(源代码\ch14\14-9)

```
public partial class Form1 : Form
{
public Form1()
{
InitializeComponent();
}
private void button1_Click(object sender, EventArgs e)
{
//创建 Graphics 对象
Graphics GPS = this.CreateGraphics();
//创建 pen 对象，给圆弧指定颜色为黑色，宽度为 2
Pen MyPen = new Pen(Color.Black, 2f);
//定义 Rectangle 结构，确定坐标为(30,30)，宽 150，高 80
Rectangle Rect = new Rectangle(30, 30, 150, 80);
//使用 DrawArc 方法绘制圆弧，起点角度为 45 度，结束角度为 260 度
GPS.DrawArc(MyPen, Rect, 45, 260);
}
```

```
private void button2_Click(object sender, EventArgs e)
{
//创建 Graphics 对象
Graphics GPS = this.CreateGraphics();
//创建 pen 对象,给圆弧指定颜色为红色,宽度为 3
Pen MyPen = new Pen(Color.Red, 3f);
//使用 DrawArc 方法绘制圆弧
GPS.DrawArc(MyPen, 150, 50, 100, 80, 45, 270);
}
}
```

运行上述程序,结果如图 14-12 所示。

【案例剖析】

本例演示了通过 DrawArc 方法绘制 2 种圆弧。方法 1 中首先创建 Graphics 对象,设置 Pen 参数给圆弧指定颜色为黑色,宽度为 2,然后定义 Rectangle 结构,确定坐标为(30,30),宽 150,高 80,最后使用 DrawArc 方法绘制圆弧,起点角度为 45 度,结束角度为 260 度。方法 2 中在绘制圆弧的同时确定圆弧的坐标,宽度和高度以及起点角度和结束角度。

图 14-12 绘制圆弧

3. 绘制扇形

DrawPie 方法用于绘制扇形,常用的 2 种绘图方法如下。

(1) 绘制由一个 Rectangle 结构和两条射线所指定的椭圆定义的扇形,格式如下:

```
DrawPie(Pen pen,Rectangle rect,float startAngle,float sweepAngle)
```

其中参数说明如下。

pen:它确定扇形的颜色、宽度和样式。

rect:Rectangle 结构,它表示定义该扇形所属的椭圆的边框。

startAngle:从 x 轴到扇形的第一条边沿顺时针方向度量的角(以度为单位)。

sweepAngle:从 startAngle 参数到扇形的第二条边沿顺时针方向度量的角(以度为单位)。

例如,绘制一个扇形,Rectangle 结构(0,0,200,100),起点角度为 0 度,结束角度为 45 度,在窗体的 Paint 事件中键入如下代码:

```
Graphics GPS = this.CreateGraphics();
//创建 Pen 对象
Pen blackPen = new Pen(Color.Black, 3);
//创建矩形大小
Rectangle rect = new Rectangle(0, 0, 200, 100);
//指定起点角度
float startAngle =  0.0F;
//指定终点角度
float sweepAngle = 45.0F;
//在屏幕上绘制扇形
GPS.DrawPie(blackPen, rect, startAngle, sweepAngle);
```

(2) 绘制一个由一个坐标对、宽度、高度以及两条射线所指定的椭圆定义的扇形,格式如下:

```
DrawPie(Pen pen,int x,int y,int width,int height,int startAngle,int sweepAngle)
```

其中参数说明如下。

pen：它确定扇形的颜色、宽度和样式。

x：边框的左上角的 x 坐标，该边框定义扇形所属的椭圆。

y：边框的左上角的 y 坐标，该边框定义扇形所属的椭圆。

width：边框的宽度，该边框定义扇形所属的椭圆。

height：边框的高度，该边框定义扇形所属的椭圆。

startAngle：从 x 轴到扇形的第一条边沿顺时针方向度量的角(以度为单位)。

sweepAngle：从 startAngle 参数到扇形的第二条边沿顺时针方向度量的角(以度为单位).

例如，绘制一个扇形，扇形位置的 X 坐标为 0、Y 坐标为 0，宽度为 200，高度为 100，起点角度为 45 度，结束角度为 45 度，在窗体的 Paint 事件中键入如下代码：

```
Graphics GPS = this.CreateGraphics();
//创建 Pen 对象
Pen blackPen = new Pen(Color.Black, 3);
//创建扇形的大小和位置
int x = 0;
int y = 0;
int width = 200;
int height = 100;
int startAngle = 0;     //指定起点角度
int sweepAngle = 45;    //指定终点角度
//绘制扇形
GPS.DrawPie(blackPen, x, y, width, height, startAngle, sweepAngle);
```

【例 14-10】创建一个 Windows 应用程序，在窗体中添加 2 个 Button 按钮，使用 DrawPie 方法绘制 2 种不同的扇形。(源代码\ch14\14-10)

```
public partial class Form1 : Form
{
public Form1()
{
InitializeComponent();
}
private void button1_Click(object sender, EventArgs e)
{
//创建 Graphics 对象
Graphics GPS = this.CreateGraphics();
//创建 Pen 对象，确定扇形颜色为棕色，宽度为 3
Pen blackPen = new Pen(Color.Brown, 3);
//创建矩形大小
Rectangle rect = new Rectangle(0, 0, 150, 100);
//指定起点角度
float startAngle = 0.0F;
//指定终点角度
float sweepAngle = 45.0F;
//在屏幕上绘制扇形
GPS.DrawPie(blackPen, rect, startAngle, sweepAngle);
}
private void button2_Click(object sender, EventArgs e)
{
//创建 Graphics 对象
Graphics GPS = this.CreateGraphics();
//创建 Pen 对象，确定扇形颜色为黑色，宽度为 3
Pen blackPen = new Pen(Color.Black, 3);
```

```
//创建扇形的大小和位置
int x = 10;
int y = 70;
int width = 200;
int height = 100;
//指定起点角度
int startAngle = 0;
//指定终点角度
int sweepAngle = 75;
//绘制扇形
GPS.DrawPie(blackPen, x, y, width, height, startAngle, sweepAngle);
        }
    }
```

运行上述程序，结果如图 14-13 所示。

【案例剖析】

本例演示了使用 DrawPie 方法绘制 2 种不同的扇形。方法 1 首先创建 Graphics 对象，设置扇形 Pen 参数，指定扇形颜色为棕色，宽度为 3，接着通过 Rectangle 结构创建矩形大小，在矩形框架中确定扇形起点角度与终点角度，最后使用 DrawPie 方法绘制扇形。方法 2 与方法 1 不同的是在绘制扇形的同时确定扇形位置、大小及角度。

图 14-13　绘制扇形

　使用 DrawPie 方法绘制的扇形，是 Rectangle 创建的矩形框架中的内切圆的一部分。

14.4.3　绘制多边形

DrawPolygon 方法用于绘制多边形，常用绘制由一组 Point 结构定义的多边形方法，格式如下：

```
DrawPolygon(Pen pen,Point[] points)
```

其中参数说明如下。

pen：它确定多边形的颜色、宽度和样式。

points：Point 结构数组，这些结构表示多边形的顶点。

例如，创建黑色钢笔，一个数组，该数组由表示多边形顶点的 7 个点组成，在窗体的 Paint 事件中键入如下代码：

```
Graphics GPS = this.CreateGraphics();
//创建笔
Pen blackPen = new Pen(Color.Black, 3);
//定义多边形顶点
Point point1 = new Point(50, 50);
Point point2 = new Point(100, 25);
Point point3 = new Point(200, 5);
Point point4 = new Point(250, 50);
Point point5 = new Point(300, 100);
Point point6 = new Point(350, 200);
Point point7 = new Point(250, 250);
```

```
Point[] curvePoints = { point1,point2, point3, point4, point5, point6,
point7 };
GPS.DrawPolygon(blackPen, curvePoints);
```

> 注意：在上述的绘制图形方法中，使用的 Point 结构，还可以使用 PointF 结构，区别在于 Point 结构为整数，PointF 结构为浮点数 Float 类型。

【例 14-11】创建一个 Windows 应用程序，使用 DrawPolygon 方法在窗体中绘制出一个多边形。(源代码\ch14\14-11)

```
public partial class Form1 : Form
{
public Form1()
{
InitializeComponent();
}
private void Form1_Paint(object sender, PaintEventArgs e)
{
//创建 Graphics 对象
Graphics GPS = this.CreateGraphics();
//创建笔，确定多边形颜色为黑色，宽度为 3
Pen blackPen = new Pen(Color.Black, 3);
//定义多边形顶点
Point point1 = new Point(90, 30);
Point point2 = new Point(50, 60);
Point point3 = new Point(90, 90);
Point point4 = new Point(170, 90);
Point point5 = new Point(210, 60);
Point point6 = new Point(170, 30);
//定义 Point 结构数组，用来表示多边形的点
Point[] curvePoints = { point1, point2, point3, point4, point5, point6 };
//绘制多边形
GPS.DrawPolygon(blackPen, curvePoints);
}
}
```

运行上述程序，结果如图 14-14 所示。

【案例剖析】

本例用于演示使用 DrawPolygon 方法绘制多边形。首先创建 Graphics 对象，设置多边形参数 Pen，用于确定多边形的颜色为黑色，宽度为 3，接着定义多边形顶点 Point，本例为六边形，故有 6 个 Point 参数，然后定义 Point 结构数组，表示多边形的点，最后使用 DrawPolygon 方法将此多边形绘制出来。

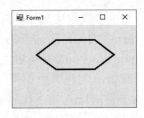

图 14-14 绘制多边形

14.5 使用 GDI+绘制柱形图、饼形图、折线图

前几节通过实例讲解了如何使用 GDI+进行简单的基础绘图，本节将会对 GDI+的使用进行更深入的讲解，通过使用 GDI+来绘制柱形图、折线图及饼图。

14.5.1 使用 GDI+绘制柱形图

柱形图在程序应用开发中十分常见。柱形图也可以称为条形图，它是通过使用 Graphics 类中的 FillRectangle 方法来实现的。使用 FillRectangle 方法可将指定的矩形进行填充，矩形可以由坐标、宽度和高度来确定。

使用 FillRectangle 方法绘制柱形图，语法格式如下：

```
public void FillRectangle(Brush brush, int x, int y, int wight, int height)
```

其中参数说明如下。

brush：确定填充特性的 Brush。
x：将要填充的矩形左上角 x 坐标。
y：将要填充的矩形左上角 y 坐标。
width：将要填充的矩形宽度。
height：将要填充的矩形高度。

例如，在窗体的 Paint 事件中绘制一个柱形图，代码如下：

```
Graphics g = this.CreateGraphics();
Brush Brush = new SolidBrush(Color.Red);
g.FillRectangle(Brush, 95, 80, 100, 17);
```

【例 14-12】创建一个 Windows 应用程序，向 Form1 窗体添加 1 个分组控件 groupBox1，4 个单选按钮 radioButton1～radioButton4，2 个按钮 button1～button2，适当调整对象的大小和位置。在应用程序中，添加 Form2 窗体，向该窗体中添加 1 个图片控件 pictureBox1。设计应用程序，从抽票窗体上选择喜欢的足球人物，并在数据库中对该人增加 1 票，从数据库中读取每个人的票数，结果在窗体中以柱形图显示。(源代码\ch14\14-12)

Form1 窗体代码：

```
public partial class Form1 : Form
{
public Form1()
{
InitializeComponent();
}
//定义 SqlConnection 用于数据库连接
SqlConnection Conn;
private void button1_Click(object sender, EventArgs e)
{
try
{
//建立数据库连接
Conn = new SqlConnection("Data Source=.;Initial Catalog=test;Integrated Security=True");
string StrSelectPerson = "";
//获取用户投票选项
if (radioButton1.Checked)
{
StrSelectPerson = radioButton1.Text;
}
if (radioButton2.Checked)
```

```csharp
{
StrSelectPerson = radioButton2.Text;
}
if (radioButton3.Checked)
{
StrSelectPerson = radioButton3.Text;
}
if (radioButton4.Checked)
{
StrSelectPerson = radioButton4.Text;
}
//修改数据库
string SqlStr = "update GDI set num=num+1 where person='" + StrSelectPerson + "'";
Conn.Open();
//执行更新数据库操作
SqlCommand Cmd = new SqlCommand(SqlStr, Conn);
//返回投票操作
int i = (int)Cmd.ExecuteNonQuery();
Conn.Close();
if (i > 0)
MessageBox.Show("感谢 你对【" + StrSelectPerson + "】投票成功!");
}
}
catch (Exception ex)
{
MessageBox.Show(ex.Message);
}
}
private void button2_Click(object sender, EventArgs e)
{
//打开 Form2 窗体
Form2 frm2 = new Form2();
frm2.ShowDialog();
}
}
```

Form2 窗体代码：

```csharp
public partial class Form2 : Form
{
public Form2()
{
InitializeComponent();
}
private void pictureBox1_Paint(object sender, PaintEventArgs e)
{
//总票数变量
int Sum;
//建立数据库连接
SqlConnection Conn = new SqlConnection("Data Source=.;Initial Catalog=test;Integrated Security=True");
Conn.Open();
//定义 SqlCommand 类，用于对数据库相关操作
SqlCommand Cmd = new SqlCommand("select sum(num) from GDI", Conn);
//返回查询结果
```

```csharp
Sum = (int)Cmd.ExecuteScalar();
SqlDataAdapter Sda = new SqlDataAdapter("select * from GDI", Conn);
//定义 DataSet，用于填充数据
DataSet Ds = new DataSet();
Sda.Fill(Ds);
Conn.Close();
//梅西的票数
int NumMX = Convert.ToInt32(Ds.Tables[0].Rows[2][1].ToString());
//C 罗的票数
int NumCL = Convert.ToInt32(Ds.Tables[0].Rows[0][1].ToString());
//内马尔的票数
int NumNME = Convert.ToInt32(Ds.Tables[0].Rows[3][1].ToString());
//里贝里的票数
int NumLBL = Convert.ToInt32(Ds.Tables[0].Rows[1][1].ToString());
//票数比例，柱形图宽
float LenMX = Convert.ToSingle(Convert.ToSingle(NumMX) * 100 /
Convert.ToSingle(Sum));
float LenCL = Convert.ToSingle(Convert.ToSingle(NumCL) * 100 /
Convert.ToSingle(Sum));
float LenNME = Convert.ToSingle(Convert.ToSingle(NumNME) * 100 /
Convert.ToSingle(Sum));
float LenLBL = Convert.ToSingle(Convert.ToSingle(NumLBL) * 100 /
Convert.ToSingle(Sum));
//定义图像
Bitmap BitMap = new Bitmap(300, 300);
Graphics G = Graphics.FromImage(BitMap);
//填充背景色，白色
G.Clear(Color.White);
//设置笔刷参数
Brush Brush_Bg = new SolidBrush(Color.White);
Brush Brush_Word = new SolidBrush(Color.Black);
Brush Brush_MX = new SolidBrush(Color.Red);
Brush Brush_CL = new SolidBrush(Color.Green);
Brush Brush_NME = new SolidBrush(Color.Orange);
Brush Brush_LBL = new SolidBrush(Color.DarkBlue);
//设置字体
Font FontTitle = new Font("Courier New", 16, FontStyle.Bold);
Font font2 = new Font("Courier New", 8);
//绘制背景图
G.FillRectangle(Brush_Bg, 0, 0, 300, 300);
//设置标题
G.DrawString("投票结果", FontTitle, Brush_Word, new Point(90, 20));
Point p1 = new Point(70, 50);
Point p2 = new Point(230, 50);
G.DrawLine(new Pen(Color.Black), p1, p2);
//绘制文字，以及文字位置坐标
G.DrawString("梅西: ", font2, Brush_Word, new Point(52, 80));
G.DrawString("C 罗: ", font2, Brush_Word, new Point(51, 110));
G.DrawString("内马尔: ", font2, Brush_Word, new Point(40, 140));
G.DrawString("里贝里: ", font2, Brush_Word, new Point(40, 170));
//使用 FillRectangle 方法绘制柱形图
G.FillRectangle(Brush_MX, 95, 80, LenMX, 17);
G.FillRectangle(Brush_CL, 95, 110, LenCL, 17);
G.FillRectangle(Brush_NME, 95, 140, LenNME, 17);
G.FillRectangle(Brush_LBL, 95, 170, LenLBL, 17);
//绘制范围框
G.DrawRectangle(new Pen(Color.Green), 10, 210, 280, 80);
```

```
//绘制所有选项的票数显示
G.DrawString("梅西：" + NumMX.ToString() + "票", font2, Brush Word, new 
Point(15, 220));
G.DrawString("C罗：" + NumCL.ToString() + "票", font2, Brush Word, new 
Point(150, 220));
G.DrawString("内马尔：" + NumNME.ToString() + "票", font2, Brush Word, new 
Point(15, 260));
G.DrawString("里贝里：" + NumLBL.ToString() + "票", font2, Brush Word, new 
Point(150, 
260));
pictureBox1.Image = BitMap;
}
}
```

运行上述程序，结果如图 14-15～图 14-17 所示。

图 14-15　程序运行界面

图 14-16　进行投票

图 14-17　投票结果

【案例剖析】

本例演示了使用 FillRectangle 方法绘制柱形图。首先在窗体中用单选按钮选中要选择的人物。如果用户选择了一位人物并单击【开始投票】按钮之后，在数据库中查找单选按钮中指定的人物姓名，并将代表票数的字段值增加 1。成功后使用 MessageBox 类的 Show 方法弹出提示信息。投票的结果在新的窗体中显示。DrawString 方法绘制窗体中的文字，DrawLine 方法绘制窗体中的直线，DrawRectangle 方法绘制窗体中的矩形边框，从数据库中读取各位人物的票数，用总票数乘以 100 除以该人的总票数作为柱状图的宽度，高度为 17，在窗体的 PictureBox 控件中显示用单色画刷 FillRectangle 方法填充矩形。

14.5.2　使用 GDI+绘制饼形图

在 C#中，如果需要很直观地查看不同数据所占的比例情况，可以通过绘制饼形图来实现。绘制饼形图可以使用 Graphics 类的 FillPie 方法。

使用 FillPie 方法绘制饼形图，语法格式如下：

```
public void FillPie(Brush brush, int x, int y, int width, int height, int 
startAngle, int sweepAngle)
```

其中参数说明如下。

brush：用于确定填充特性的 Brush。

x：确定边框左上角的 x 坐标，该边框定义扇形区所属的椭圆。

y：确定边框左上角的 y 坐标，该边框定义扇形区所属的椭圆。

width:用于确定边框的宽度,该边框定义了扇形区所属的椭圆。
height:用于确定边框的高度,该边框定义了扇形区所属的椭圆。
startAngle:表示由 X 轴沿顺时针方向旋转到扇形区第一条边所测得的角度,单位是度。
sweepAngle:从 startAngle 参数沿顺时针方向旋转到扇形区第二条边所测得的角度,单位是度。

如果 sweepAngle 参数值大于 360 度或者小于-360 度,则在 C#中将其视为 360 度或者-360 度。

【例 14-13】创建一个 Windows 应用程序,向窗体中添加 1 个 pictureBox1 控件,调整大小与窗体一样。设计应用程序,从数据库中读取"优、良、中、差"4 个等级的人数,并以饼形图显示出来。(源代码\ch14\14-13)

```
public partial class Form1 : Form
{
public Form1()
{
InitializeComponent();
}
private void Form1_Paint(object sender, PaintEventArgs e)
{
//连接数据库
SqlConnection Connection = new SqlConnection("Data Source=.;Initial Catalog=test;Integrated Security=True");
Connection.Open();
//学生人数总和
string StuNum = "SELECT SUM(num)  FROM SIF";
SqlCommand CmdCount = new SqlCommand(StuNum, Connection);
int Sum = Convert.ToInt32(CmdCount.ExecuteScalar());
string StuSql = "select * from SIF";
SqlCommand CmdTatalInfo = new SqlCommand(StuSql, Connection);
//创建 SqlDataAdapter 对象读取数据
SqlDataAdapter Sda = new SqlDataAdapter(CmdTatalInfo);
DataSet Ds = new DataSet();
Sda.Fill(Ds);
Connection.Close();
//优秀人数
int NumBest = Convert.ToInt32(Ds.Tables[0].Rows[0][1].ToString());
//良好人数
int NumGood = Convert.ToInt32(Ds.Tables[0].Rows[1][1].ToString());
//一般人数
int NumNormal = Convert.ToInt32(Ds.Tables[0].Rows[2][1].ToString());
//不及格人数
int NumBad = Convert.ToInt32(Ds.Tables[0].Rows[3][1].ToString());
//创建画图对象
Bitmap bitmap = new Bitmap(800, 600);
Graphics G = Graphics.FromImage(bitmap);
//清空背景色
G.Clear(Color.White);
Pen pen1 = new Pen(Color.Red);
Brush Brush_Bg = new SolidBrush(Color.Silver);
Brush Brush_Best = new SolidBrush(Color.Blue);
```

```csharp
Brush Brush_Good = new SolidBrush(Color.Wheat);
Brush Brush_Normal = new SolidBrush(Color.Yellow);
Brush Brush_Bad = new SolidBrush(Color.Red);
Font FontTitle = new Font("Courier New", 16, FontStyle.Bold);
Font FontInfo = new Font("Courier New", 8);
//绘制背景图
G.FillRectangle(Brush_Bg, 0, 0, 800, 600);
//书写标题
G.DrawString("某高校期中考试成绩等级分配图", FontTitle, Brush_Best, new Point(40, 20));
//定义范围
int StartX = 100, StartY = 60, StartWidth = 200, StartHeight = 200;
//优秀分配的角度
float CircleBest = Convert.ToSingle((360 / Convert.ToSingle(Sum)) * Convert.ToSingle(NumBest));
//良好分配的角度
float CircleGood = Convert.ToSingle((360 / Convert.ToSingle(Sum)) * Convert.ToSingle(NumGood));
//一般分配的角度
float CircleNormal = Convert.ToSingle((360 / Convert.ToSingle(Sum)) * Convert.ToSingle(NumNormal));
//不及格分配的角度
float CircleBad = Convert.ToSingle((360 / Convert.ToSingle(Sum)) * Convert.ToSingle(NumBad));
//绘制优秀所占比例
G.FillPie(Brush_Best, StartX, StartY, StartWidth, StartHeight, 0, CircleBest);
//绘制良好所占比例
G.FillPie(Brush_Good, StartX, StartY, StartWidth, StartHeight, CircleBest, CircleGood);
//绘制一般所占比例
G.FillPie(Brush_Normal, StartX, StartY, StartWidth, StartHeight, CircleBest + CircleGood, CircleNormal);
//绘制不及格所占比例
G.FillPie(Brush_Bad, StartX, StartY, StartWidth, StartHeight, CircleBest + CircleGood + CircleNormal, CircleBad);
//绘制标识，绘制范围框
G.DrawRectangle(pen1, 50, 300, 310, 180);
//绘制等级人数占比说明框
G.FillRectangle(Brush_Best, 90, 320, 20, 10);
G.DrawString("优秀人数比例:" + Convert.ToSingle(NumBest) * 100 / Convert.ToSingle(Sum) +
"%", FontInfo, Brush_Best, 120, 320);
G.FillRectangle(Brush_Good, 90, 360, 20, 10);
G.DrawString("良好人数比例:" + Convert.ToSingle(NumGood) * 100 / Convert.ToSingle(Sum) +
"%", FontInfo, Brush_Good, 120, 360);
G.FillRectangle(Brush_Normal, 90, 400, 20, 10);
G.DrawString("一般人数比例:" + Convert.ToSingle(NumNormal) * 100 / Convert.ToSingle(Sum)
+ "%", FontInfo, Brush_Normal, 120, 400);
G.FillRectangle(Brush_Bad, 90, 440, 20, 10);
G.DrawString("不及格人数比例:" + Convert.ToSingle(NumBad) * 100 / Convert.ToSingle(Sum)
+ "%", FontInfo, Brush_Bad, 120, 440);
```

```
pictureBox1.Image = bitmap;
    }
}
```

运行上述程序，结果如图 14-18 所示。

【案例剖析】

本例用于演示使用 FillPie 方法绘制饼形图。首先创建数据库连接，统计出所有的学生人数及每个等级的人数，360 除以总人数再乘以等级人数作为每个等级的角度，使用填充扇形 FillPie 方法绘制饼图，DrawString 方法绘制窗体中的文本，FillRectangle 方法绘制图例，最后在窗体的 Paint 事件中编写代码。

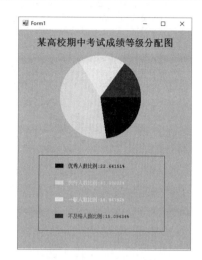

图 14-18　绘制饼形图

14.5.3　使用 GDI+绘制折线图

在 C#中，如果需要很直观地反映出某种数据的变化趋势，可以通过绘制折线图实现。折线图的绘制是通过点与线的连接来实现的。点的绘制是通过 Graphics 类中的 FillEllipse 方法实现的。折线的绘制是使用 DrawLine 方法实现，该方法此前已讲解过，此处不再赘述。

使用 FillEllipse 方法绘制点，语法格式如下：

```
public void FillEllipse (Brush brush, int x, int y, int width, int height)
```

其中参数说明如下。

brush：确定填充特性的 Brush。
x：用于定义折线边框左上角的 x 坐标。
y：用于定义折线边框左上角的 y 坐标。
width：用于定义折线边框的宽度。
height：用于定义折线边框的高度。

【例 14-14】创建一个 Windows 应用程序，向 Form1 窗体中添加 1 个 pictureBox1 控件，调整大小与窗体一样。设计应用程序，根据某年内降雨量，用折线绘制降雨量过程线图。(源代码\ch14\14-13)

```
public partial class Form1 : Form
{
public Form1()
{
InitializeComponent();
}
private void pictureBox1_Paint(object sender, PaintEventArgs e)
{
//存储月份
string[] Month = new string[12] { "1", "2", "3", "4", "5", "6", "7", "8", "9", "10", "11", "12" };
//交点的数值
float[] d = new float[12] { 20.03F, 60, 10.3F, 15.6F, 30, 70.2F, 50.3F,
```

```csharp
30.7F, 70, 50.4F, 30.8F,
20 };
//初始化图片
Bitmap BTMap = new Bitmap(800, 600);
Graphics Gph = Graphics.FromImage(BTMap);
//背景
Gph.Clear(Color.Silver);
//中心点
PointF CenterPt = new PointF(40, 420);
//X轴三角形
PointF[] XPt = new PointF[3] { new PointF(CenterPt.Y + 35, CenterPt.Y), new PointF(CenterPt.Y
+ 20, CenterPt.Y - 8), new PointF(CenterPt.Y + 20, CenterPt.Y + 8) };
//Y轴三角形
PointF[] YPt = new PointF[3] { new PointF(CenterPt.X, CenterPt.X - 15), new PointF(CenterPt.X -
8, CenterPt.X), new PointF(CenterPt.X + 8, CenterPt.X) };
//图表标题
Gph.DrawString("某城市年降雨量图", new Font("宋体", 14), Brushes.Black, new
PointF(CenterPt.X + 60, CenterPt.X));
//绘制X轴
Gph.DrawLine(Pens.Black, CenterPt.X, CenterPt.Y, CenterPt.Y + 20, CenterPt.Y);
Gph.DrawPolygon(Pens.Black, XPt);
Gph.FillPolygon(new SolidBrush(Color.Black), XPt);
//标记月份
Gph.DrawString("月份", new Font("宋体", 12), Brushes.Black, new
PointF(CenterPt.Y + 20, CenterPt.Y - 20));
//绘制Y轴
Gph.DrawLine(Pens.Black, CenterPt.X, CenterPt.Y, CenterPt.X, CenterPt.X);
//填充箭头
Gph.FillPolygon(new SolidBrush(Color.Black), YPt);
Gph.DrawString("单位(毫米)", new Font("宋体", 12), Brushes.Black, new
PointF(0, 7));
for (int i = 1; i <= 12; i++)
{
//Y轴刻度
if (i < 11)
{
//显示数字
Gph.DrawString((i * 10).ToString(), new Font("宋体", 12), Brushes.Black, new
PointF(CenterPt.X, CenterPt.Y - i * 30 - 6));
//刻度格子
Gph.DrawLine(Pens.Black, CenterPt.X, CenterPt.Y - i * 30, CenterPt.X + 3, CenterPt.Y -
i * 30);
}
//X轴刻度
Gph.DrawLine(new Pen(Color.Black, 2f), new PointF(CenterPt.X + i * 30, CenterPt.Y), new
PointF(CenterPt.X + i * 30, CenterPt.Y - 5));
//X轴数字
Gph.DrawString(Month[i - 1], new Font("宋体", 12), Brushes.Black, new
PointF(CenterPt.X
```

```
                     + i * 30 - 5, CenterPt.Y + 5));
//曲线的交叉点
Gph.FillEllipse(new SolidBrush(Color.Red), CenterPt.X + i * 30 - 1.5F,
CenterPt.Y - d[i - 1] *
3 - 1.5F, 3, 3);
//数值
Gph.DrawString(d[i - 1].ToString(), new Font("宋体", 12), Brushes.Black,
new
PointF(CenterPt.X + i * 30, CenterPt.Y - d[i - 1] * 3));
//绘制折线
if (i > 1) Gph.DrawLine(Pens.Black, CenterPt.X + (i - 1) * 30, CenterPt.Y -
d[i - 2] * 3,
CenterPt.X + i * 30, CenterPt.Y - d[i - 1] * 3);
}
pictureBox1.Image = BTMap;
     }
  }
```

运行上述程序，结果如图 14-19 所示。

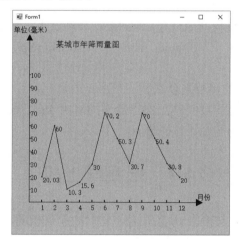

图 14-19　绘制折线图

【案例剖析】

本例用于演示通过使用 FillEllipse 方法结合 DrawLine 方法绘制折线图。首先定义字符串数组用于存储 12 个月份，浮点型数组存储每个月的降雨量，定义 Point 点类型用于绘制 x 轴和 y 轴坐标的三角形箭头。使用 DrawLine 方法绘制坐标轴，DrawPolygon 方法和 FillPolygon 方法绘制三角形箭头，DrawString 方法绘制窗体中的文本，DrawLine 方法绘制图中的折线。

14.6　大 神 解 惑

小白：GDI+有哪些功能？

大神：GDI+主要功能有以下 3 种。

(1) 二维矢量图形绘制。矢量图形包括坐标系统中的系列点指定的绘图基元(比如直线、曲线和图形)。例如，直线可通过它的两个端点来指定，而矩形可通过确定其左上角坐标的点并给出其宽度和高度的一对数字来指定。

(2) 图像的处理技术。GDI+提供了 Image、Bitmap 和 Metafile 类，可用于显示、操作和保存位图。它们支持众多的图像文件格式，还可以进行多种图像处理的操作。

(3) 文字的显示版式。使用各种字体、字号和样式来显示文本。GDI +为这种复杂任务提供了大量的支持。GDI+中的新功能之一是子像素消除锯齿，它可以使文本在 LCD 屏幕上呈现时显得比较平滑。

小白：如何创建 Graphics 对象？

大神：创建 Graphics 对象可以使用以下 3 种方法。

(1) 在窗体或控件的 Paint 事件中创建，将其作为 PaintEventArgs 的一部分。在为控件创建绘制代码时，通常会使用此方法来获取对图形对象的引用，其代码如下："Graphics g = e.Graphics;"。

(2) 调用控件或窗体的 CreateGraphics 方法以获取对 Graphics 对象的引用，该对象表示控件或窗体的绘图画面。如果在已存在的窗体或控件上绘图，应该使用此方法，其代码如下："Graphics g=this.CreateGraphics();"。

(3) 由从 Image 继承的任何对象创建 Graphics 对象，此方法在需要更改已存在的图像时十分有用，其代码如下：" Bitmap mbit = new Bitmap(@"C:\Is.bmp");Graphics g = Graphics.FromImage(mbit);"。

小白：GDI+中绘制图形的步骤是什么？

大神：由 Graphics 类提供绘图环境(纸)，绘图的笔由 Pen 类或 Brush 类提供，最后利用 Graphics 类提供的绘图方法进行绘制各种图形。

14.7 跟我学上机

练习 1：设计程序在窗体上输出 10 条直线，它们的起点相同，每条直线间成 15 度角。

练习 2：设计程序，在窗体上输出五角星。

练习 3：设计程序，使用渐变画刷填充用户从 ComBox 控件中选择的图形，可选图形为：矩形、多边形、圆形。

练习 4：设计程序，使用单色画刷填充用户从 ComBox 控件中选择的图形，可选图形为：矩形、多边形、圆形。

练习 5：设计程序，使用一幅图像填充用户从 ComBox 控件中选择的图形，可选图形为：矩形、多边形、圆形。

练习 6：数据库表 Student，包括姓名、语文、数学、英语、计算机成绩字段，编写程序，使用 Graphics 类提供的填充方法，分别将学生信息绘制成柱形图、折线图和饼形图。

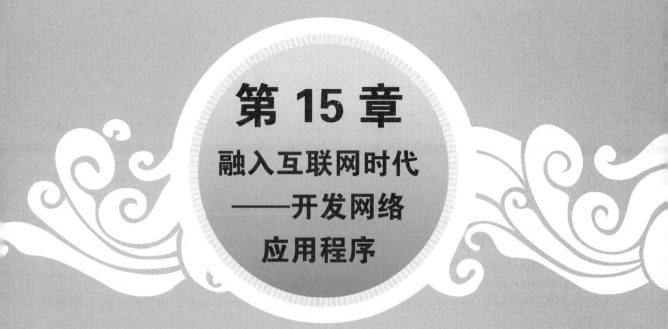

第 15 章
融入互联网时代——开发网络应用程序

　　随着互联网技术的发展以及应用领域的扩大，软件的开发已经不再是简单的单机开发模式，网络软件的开发更为盛行。就目前而言，软件的开发模式主要有 C/S(客户端 Client/服务器 Server)和 B/S(浏览器 Broswer/服务器 Server)。本书主要介绍 C/S 模式的网络编程。

本章目标(已掌握的在方框中打钩)

- ☐ 了解什么是网络编程。
- ☐ 掌握网络编程类的使用。
- ☐ 掌握 Socket 类的使用。
- ☐ 掌握 TcpListener 类和 TcpClient 类的使用。
- ☐ 掌握 UdpClient 类的使用。
- ☐ 掌握 System.Net.Mail 命名空间以及它相关类的使用。

15.1 网络编程基础

使用 C#进行网络编程，必须具备相应的网络知识和 C#提供的编程类的使用。网络编程是极其复杂的，这里只是对网络编程基础知识的简单介绍。

15.1.1 通信协议

通信协议是保证应用程序、文件传输信息包、数据库管理系统和电子邮件等能够互相通信。目前比较流行的是 Internet，它的基本协议是 TCP/IP 协议。TCP/IP 协议是一组包括 TCP(Transfers Control Protocol)协议和 IP 协议、UDP(User Datagram Protocol)协议、ICMP(Internet Control Message Protocol)协议和其他一些协议的协议组。TCP/IP 通信协议采用了 4 层的层级结构，每一层都呼叫它的下一层所提供的网络来完成自己的需求。这 4 层从高到低分别如下。

1. 应用层

应用程序间沟通的层，如简单电子邮件传输协议(SMTP)、文件传输协议(FTP)、超文本传输协议(HTTP)等。

2. 传输层

在传输层中，它提供了节点间的数据传送服务，如传输控制协议(TCP)、用户数据报协议(UDP)等，TCP 和 UDP 给数据包加入传输数据并把它传输到下一层中，这一层负责传送数据，并且确定数据已被送达并接收。

TCP(传输控制协议)提供的是面向连接、可靠的字节流服务。当客户和服务器彼此交换数据前，必须先在双方之间建立一个 TCP 连接，之后才能传输数据。TCP 提供超时重发、丢弃重复数据、检验数据、流量控制等功能，保证数据能从一端传到另一端。

UDP(用户数据报协议)是一个简单的面向数据报的传输层协议。UDP 不提供可靠性，它只是把应用程序传给 IP 层的数据报发送出去，但是并不能保证它们能到达目的地。由于 UDP 在传输数据报前不用在客户和服务器之间建立一个连接，且没有超时重发等机制，故而传输速度很快。

提到 TCP 和 UDP 时，首先会涉及"连接"和"无连接"的概念，下面以打电话和写信来说明它们之间的区别。两个人如果要通话，首先要建立连接——打电话时的拨号，等待响应后——接听电话后，才能相互传递信息，最后还要断开连接——挂电话。写信就比较简单了，填写好收信人的地址后将信投入邮筒，收信人就可以收到了。从这个分析可以看出，建立连接可以在需要通信的双方建立一个传递信息的通道，在发送方发送请求连接信息接收方响应后，由于是在接收方响应后才开始传递信息，而且是在一个通道中传送，因此接收方能比较完整地收到发送方发出的信息，即信息传递的可靠性比较高。但也正因为需要建立连接，使资源开销加大(在建立连接前必须等待接收方响应，传输信息过程中必须确认信息是否传到及断开连接时发出相应的信号等)，独占一个通道，在断开连接前不能建立另一个连接，即两人在通话过程中第三方不能打入电话。而"无连接"是一开始就发送信息(严格说来，这是没有开始、结束的)，只是一次性的传递，事先不需要接收方的响应，因而在一定程度上也无法保证信息传递的可靠性了，就像写信一样，只是将信寄出去，却不能保证收信人一定可以收到。

TCP 是面向连接的，有比较高的可靠性，一些要求比较高的服务一般使用这个协议，如 FTP、Telnet、SMTP、HTTP、POP3 等；UDP 是面向无连接的，使用这个协议的常见服务有 DNS、SNMP、QQ 等。对于 QQ 必须另外说明一下，QQ2003 以前是只使用 UDP 协议的，其服务器使用 8000 端口，侦听是否有信息传来，客户端使用 4000 端口，向外发送信息，即 QQ 程序既接受服务又提供服务，在以后的 QQ 版本中也支持使用 TCP 协议了。

3．网络互联层

网络互连层负责提供基本的数据封包传送功能，让每一块数据包都能够到达目的主机(但不检查是否被正确接收)，如网际协议(IP)。

4．网络接口层

网络接口层对实际的网络媒体的管理，定义如何使用实际网络来传送数据。

在 Microsoft .NET Framework 中，命名空间 System.Net 主要处理高层(应用层)操作，如上传和下载文件等。System.Net.Sockets 命名空间包含处理低层操作的类，处理用于让计算机之间高效通信的代码。本书主要介绍 System.Net.Sockets 命名空间中主要类的使用方法。

15.1.2　标识资源

.NET Framework 使用统一资源标识符(URI)来标识所请求的 Internet 资源和通信协议。URI 至少由 3 个(也可能是 4 个)片段组成：它们是方案标识符、服务器标识符、路径标识符和可选的查询字符串。这里分别解释如下：方案标识符标识用于请求和响应的通信协议；服务器标识符由域名系统(DNS)主机名或 TCP 地址组成，用于唯一标识 Internet 上的服务器；路径标识符用于在服务器上定位请求的信息；查询字符串用于将信息从客户端传送到服务器。例如，URI "http://www.contoso.com/whatsnew.aspx?date=today" 就是由方案标识符 http、服务器标识符 www.contoso.com、路径 whatsnew.aspx 和查询字符串 "?date=today" 组成的。

在服务器接收到请求并对响应进行了处理之后，它就将该响应返回到客户端应用程序。响应包括补充信息，如内容的类型(如原始文本或 XML 数据)。

15.1.3　套接字编程

套接字(Socket)是网络编程中最常用到的概念和工具。在 TCP/IP 网络中，传送和接收数据就会经常使用到 Socket。由于使用 Socket 能够在网络上处理复杂数据，所以在各种网络应用程序中，涉及数据传送和接收，一般都会使用 Socket。由此可见，要掌握网络编程，精通 Socket 是非常重要的。套接字编程是一项极其复杂的工程，由于篇幅所限，本书仅做一些简单的介绍。

对需要侦听网络并发送请求的应用程序而言，System.Net.Sockets 命名空间提供 TcpClient 类、TcpListener 类和 UdpClient 类。这些协议类建立在 System.Net.Sockets.Socket 类的基础之上，处理使用不同的传输协议建立连接的细节，并且作为流向应用程序公开网络连接。这些类为需要严密控制网络访问的开发人员提供了 Windows Sockets(Winsock)接口的托管实现。

在进行套接字编程时，通常会涉及同步方式、异步方式、阻塞套接字和非阻塞套接字的概念。下面就这几个概念做简单说明。

(1) 同步方式。所谓同步方式，是指发送方发送数据包以后，不等接收方响应，就接着发送下一个数据包。

(2) 异步方式。所谓异步方式，是指当发送方发送一个数据包以后，一直等到接收方响应后，才接着发送下一个数据包。

(3) 阻塞套接字。所谓阻塞套接字，是指执行此套接字的网络调用时，直到调用成功才返回，否则此套节字就一直阻塞在网络调用上。例如，调用 StreamReader 类的 ReadLine()方法读取网络缓冲区中的数据，如果调用的时候没有数据到达，那么此 ReadLine()方法将一直挂在调用上，直到读到一些数据，此函数调用才返回。

(4) 非阻塞套接字。所谓非阻塞套接字，是指在执行此套接字的网络调用时，不管是否执行成功，都立即返回。同样，调用 StreamReader 类的 ReadLine()方法读取网络缓冲区中数据，不管是否读到数据都立即返回，而不会一直挂在此函数调用上。在 Windows 网络通信软件开发中，最为常用的方法就是异步非阻塞套接字。平常所说的 C/S(客户端/服务器)结构的软件采用的方式就是异步非阻塞模式。

15.2 网络编程类

C#针对网络编程提供了大量的类，如 Dns 类、IPAddress 类、IPEndPoint 类、TcpClient 类、TcpListener 类、UdpClient 类等。网络编程相关的类一般都在 System.Net 和 System.Net.Sockets 命名空间内，进行网络编程时，一定要先导入这些命名空间。

15.2.1 Dns 类

Dns 类是一个静态类，它从 Internet 域名系统(DNS)检索关于特定主机的信息。如果指定的主机分配多个 IP 地址和主机名，则 IPHostEntry 包含多个 IP 地址和别名。Dns 类没有提供属性，常用的方法及其说明如表 15-1 所示。

15-1 Dns 类的常用方法及其说明

方 法	说 明
BeginGetHostAddresses	异步返回指定主机的 Internet 协议(IP)地址
BeginGetHostByName	开始异步请求关于指定 DNS 主机名的 IPHostEntry 信息
EndGetHostAddresses	结束对 DNS 信息的异步请求
EndGetHostByName	结束对 DNS 信息的异步请求
EndGetHostEntry	结束对 DNS 信息的异步请求

续表

方　法	说　明
GetHostAddresses	返回指定主机的 Internet 协议(IP)地址
GetHostByAddresses	获取 IP 地址的 DNS 主机信息
GetHostByName	获取指定 DNS 主机名的 DNS 信息
GetHostEntry	将主机名或 IP 地址解析为 IPHostEntry 实例
GetHostName	获取本地计算机的主机名

注意　　DNS 为静态类，它能够返回在 IPHostEntry 类实例中来自 DNS 查询的主机信息。假如一个主机在 DNS 数据库中有多个入口，那么 IPHostEntry 就包含多个 IP 地址。

下面对几种常用方法进行讲解。

1. 获取本地计算机名的方法

Dns 类的静态方法 GetHostName 用于获取本地计算机名称，语法格式如下：

```
Dns.GetHostName()
```

该方法返回包含本地计算机的 DNS 主机名的字符串。

例如，获取本机的计算机名称，并显示在标签 lblHostName 上，代码如下：

```
lblHostName.Text = Dns.GetHostName();
```

2. 获取本地计算机 IP 地址的方法

Dns 类的静态方法 GetHostAddresses 用于获取本地计算机的 IP 地址，语法格式如下：

```
Dns.GetHostAddresses(string hostNameOrAddress)
```

hostNameOrAddress 表示要解析的主机名或 IP 地址。

该方法返回一个 IPAddress 类型的数组，该类型保存由 hostNameOrAddress 参数指定的主机的 IP 地址。

例如，获取本机的第 1 个 IP 地址，并显示在标签 lblHostName 上，代码如下：

```
string HostName = Dns.GetHostName();
lblHostName.Text = (Dns.GetHostAddresses(HostName))[0].toString();
```

3. 主机名或 IP 地址解析为 IPHostEntry 实例

Dns 类的静态方法 GetHostEntry 可以将主机名或 IP 地址解析为 IPHostEntry 实例，语法格式如下：

```
方法一：Dns.GetHostEntry(IPAddress address)
方法二：Dns.GetHostEntry(string hostNameOrAddress)
```

address：IP 地址。

hostNameOrAddress：要解析的主机名或 IP 地址。

返回值：一个 IPHostEntry 实例，包含有关 address 中指定的主机的地址信息。

例如，使用本地计算机名产生一个 IPHostEntry 对象，代码如下：

```
Dns.GetHostEntry(Dns.GetHostName());
```

【例 15-1】创建一个 Windows 应用程序，在窗体中添加 1 个 Button 控件，1 个 TextBox 控件，4 个 Label 控件。当单击 Button 按钮时，将在 Label 控件中返回 TextBox 中主机地址的主机 IP 地址、本机主机名及 DNS 主机名。(源代码\ch15\15-1)

```
public partial class Form1 : Form
{
public Form1()
{
InitializeComponent();
}
private void button1_Click(object sender, EventArgs e)
{
//判断主机地址是否为空
if(textBox1.Text=="")
{
MessageBox.Show("请输入主机地址！");
}
else
{
//获取输入的主机IP地址
IPAddress[] ip = Dns.GetHostAddresses(textBox1.Text);
//输出获取的IP地址
foreach(IPAddress i in ip)
{
label2.Text = i.ToString();
}
//显示主机IP地址
label2.Text = "主机IP地址：" + " " + label2.Text;
//显示本机主机名
label3.Text = "本机主机名：" + " " + Dns.GetHostName();
//显示DNS主机名
label4.Text = "DNS主机名：" + " " +
Dns.GetHostByName(Dns.GetHostName()).HostName;
}
}
}
```

运行上述程序，结果如图 15-1 所示。

【案例剖析】

本例演示了如何获取指定主机地址的主机 IP 地址、本机主机名及 DNS 主机名。在代码中使用 GetHostAddresses 方法获取指定主机 IP 地址，使用 GetHostName 方法获取本机名，使用 GetHostName 获取指定 DNS 主机名的 DNS 信息。

图 15-1　DNS 类

15.2.2　IPAddress 类

IPAddress 类包含计算机在 IP 网络上的地址，它主要用来提供网际协议(IP)地址。

1. IPAddress 类静态字段

IPAddress 类静态字段及其说明如表 15-2 所示。

表 15-2　IPAddress 类静态字段及其说明

字　段	说　明
Any	提供一个 IP 地址，指示服务器应侦听所有网络接口上的客户端活动。此字段为只读
Broadcast	提供 IP 广播地址。此字段为只读
IPv6Any	Socket..::.Bind 方法使用 IPv6Any 字段指示 Socket 必须侦听所有网络接口上的客户端活动
IPv6Loopback	提供 IP 环回地址。此属性为只读
IPv6None	提供指示不应使用任何网络接口的 IP 地址。此属性为只读
Loopback	提供 IP 环回地址。此字段为只读
None	提供指示不应使用任何网络接口的 IP 地址。此字段为只读

2. IPAddress 类静态方法

IPAddress 类方法及其说明如表 15-3 所示。

表 15-3　IPAddress 类方法及其说明

方　法	说　明
GetAddressBytes	以字节数组形式提供 IPAddress 的副本
IsLoopback	指示指定的 IP 地址是否是环回地址。该方法为静态方法
Parse	将 IP 地址字符串转换为 IPAddress 实例。该方法为静态方法
TryParse	确定字符串是否为有效的 IP 地址。该方法为静态方法

例如，将给定的 IP 格式字符串转换为 IP 地址，代码如下：

```
IPAddress.Parse("192.168.1.147");
```

【例 15-2】创建一个 Windows 应用程序，在窗体中添加 1 个 Button 控件，5 个 Label 控件，1 个 TextBox 控件，在文本框中输入主机 IP 地址，单击 Button 按钮，将 IP 地址的信息显示在 Label 中。(源代码\ch15\15-2)

```
public partial class Form1 : Form
{
public Form1()
{
InitializeComponent();
}
private void button1_Click(object sender, EventArgs e)
{
//判断 IP 地址是否为空
if (textBox1.Text == "")
{
MessageBox.Show("请输入 IP 地址！");
}
```

```
else
{
//获取指定主机IP地址
IPAddress[] ip = Dns.GetHostAddresses(textBox1.Text);
foreach(IPAddress i in ip)
{
//显示网络协议地址
label2.Text = "网络协议地址: " + i.Address;
//显示IP地址的地址族
label3.Text = "IP地址的地址族: " + i.AddressFamily.ToString();
//判断是否为一个IPv4-mapped IPv6地址
label4.Text = "是否为一个IPv4-mapped IPv6地址: " + i.IsIPv4MappedToIPv6;
//判断是否为IPv6链接本地地址
label5.Text = "是否为IPv6链接本地地址: " + i.IsIPv6LinkLocal;
}
}
}
```

运行上述程序，结果如图15-2所示。

【案例剖析】

本例用于演示通过使用 IPAddress 类的各个属性，获取指定的主机 IP 地址信息。首先利用 if 语句判断用户是否输入 IP 地址，如果输入，则使用 foreach 循环遍历得到的 IP 地址，通过 IPAddress 类的 Address 属性获取网络协议地址，通过 AddressFamily 属性获取 IP 地址的地址族，并利用 IsIPv4MappedToIPv6 和 IsIPv6LinkLocal 属性判断此 IP 是否为一个 IPv4-mapped IPv6 地址和 IPv6 链接本地地址。

图 15-2　IPAddress 类

15.2.3　IPEndPoint 类

IPEndPoint 类包含应用程序连接到主机上的服务所需的主机和本地或远程端口信息。通过组合服务的主机 IP 地址和端口号，IPEndPoint 类形成到服务的连接点，它主要用来将网络端点表示为 IP 地址和端口号。

1. IPEndPoint 类静态字段

IPEndPoint 类静态字段及其说明如表 15-4 所示。

表 15-4　IPEndPoint 类静态字段及其说明

字段	说明
MaxPort	指定可以分配给 Port 属性的最大值。MaxPort 值设置为 0x0000FFFF。此字段为只读
MinPort	指定可以分配给 Port 属性的最小值。此字段为只读

2. IPEndPoint 类属性

IPEndPoint 类属性及其说明如表 15-5 所示。

表 15-5 IPEndPoint 类属性及其说明

属　　性	说　　明
Address	获取或设置终结点的 IP 地址
AddressFamily	获取网际协议(IP)地址族
Port	获取或设置终结点的端口号

例如，使用 IP 地址和端口号创建 IPEndPoint 类对象，代码如下：

```
IPEndPoint IPE = new IPEndPoint(IPAddress.Parse("192.168.1.147"),8888);
```

 使用上述 3 个网络编程类时，一定要先导入 System.Net 命名空间。

【例 15-3】 创建一个 Windows 应用程序，在窗体中添加 1 个 Button 按钮，4 个 Label 控件，1 个 TextBox 控件，在文本框中输入 IP 地址，通过单击 Button 控件调用 IPEndPoint 类的 Address、AddressFamily 和 Port 属性将终结点的 IP 地址、IP 地址族和端口号分别显示在 Label 中。(源代码\ch15\15-3)

```
public partial class Form1 : Form
{
public Form1()
{
InitializeComponent();
}
private void button1_Click(object sender, EventArgs e)
{
//判断 IP 地址是否为空
if (textBox1.Text == "")
{
MessageBox.Show("请输入 IP 地址！");
}
else
{
//实例化 IPEndPoint 对象
IPEndPoint ipe = new IPEndPoint(IPAddress.Parse(textBox1.Text), 80);
//IP 地址
label2.Text = "IP 地址为: " + ipe.Address.ToString();
//端口号
label3.Text = "端口号为: " + ipe.Port;
//IP 地址族
label4.Text = "IP 地址族为: " + ipe.AddressFamily;
}
}
}
```

运行上述程序，结果如图 15-3 所示。

【案例剖析】

本例演示了通过调用 IPEndPoint 类的 Address、AddressFamily 和 Port 属性获取指定 IP 地址的终结点的 IP 地址、IP 地址族和端口号。首先实例化一个 IPEndPoint 对象，然后通过分别调用 Address 属性获取 IP 地址、调用 AddressFamily 属性获取 IP 地址族、调用 Port 属性获取端口号。

15.2.4 WebClient 类

图 15-3　IPEndPoint 类

WebClient 类提供了向 URI 标识的任何本地、Internet 或 Internet 资源发送数据或从这些资源接收数据的公共方法。

WebClient 类的常用属性及其说明如表 15-6 所示。

表 15-6　WebClient 类的常用属性及其说明

属　性	说　明
BaseAddress	用于获取或设置 WebClient 发出请求的基 URI
Encoding	用于获取或设置上传及下载字符串的 Encoding
Headers	用于获取或设置与请求关联的报头名称/值对集合
QueryString	用于获取或设置与请求关联的查询名称/值对集合
ResponseHeaders	用于获取与响应关联的报头名称/值对集合

WebClient 类的常用方法及其说明如表 15-7 所示。

表 15-7　WebClient 类的常用方法及其说明

方　法	说　明
DownloadData	以 Byte 数组形式通过指定的 URI 下载
DownloadFile	将具有指定 URI 的资源下载到本地文件
DownloadString	以 String 或 URI 形式下载指定的资源
OpenRead	为从具有指定的 URI 的资源下载的数据打开一个可读的流
OpenWrite	打开一个流，以数据写入具有指定 URI 的资源
UploadData	将数据缓冲区上传到具有指定 URI 的资源
UploadFile	将本地文件上传到具有指定 URI 的资源
UploadString	将指定的字符串上传到指定的资源
UploadValues	将名称/值对集合上传到具有指定 URI 的资源

> 注意：如果需要将 WebClient 实例发送可选的 HTTP 报头，必须将此报头添加到哈希表集合中。

【例 15-4】创建一个 Windows 应用程序，向窗体中添加 1 个 Button 控件，1 个 TextBox

控件，1个Label控件，1个RichTextBox控件，在文本框中输入标准网络地址，单击Button按钮获取该网址中的网页内容，将此内容显示在RichTextBox控件中。(源代码\ch15\15-4)

```csharp
public partial class Form1 : Form
{
    public Form1()
    {
        InitializeComponent();
    }
    private void Form1_Load(object sender, EventArgs e)
    {
        //设置richTextBox1不可编辑
        richTextBox1.Enabled = false;
    }
    private void button1_Click(object sender, EventArgs e)
    {
        //判断IP地址是否为空
        if (textBox1.Text == "")
        {
            MessageBox.Show("请输入有效网址！");
        }
        else
        {
            //声明一个string变量，保存从WebClient下载数据
            string s = "";
            //实例化WebClient对象
            WebClient w = new WebClient();
            //设置WebClient基URI
            w.BaseAddress = textBox1.Text;
            //指定下载的字符串为UTF8编码
            w.Encoding = Encoding.UTF8;
            //添加报头
            w.Headers.Add("Content-Type", "application/x-www-from-urlencoded");
            //打开一个可读流
            Stream st = w.OpenRead(textBox1.Text);
            //实例化StreamReader
            StreamReader sr = new StreamReader(st);
            //从网页获取数据
            while((s=sr.ReadLine())!=null)
            {
                richTextBox1.Text += s + "\n";
            }
            //使用DownloadFile将网页内容保存
            w.DownloadFile(textBox1.Text, DateTime.Now.ToFileTime() + ".txt");
            MessageBox.Show("文件保存成功！");
        }
    }
}
```

运行上述程序，结果如图15-4所示。

图 15-4 WebClient 类

【案例剖析】

本例演示了使用 WebClient 类的属性及方法获取指定网址的网页内容。使用 WebClient 类首先实例化 WebClient 对象,通过 BaseAddress 属性设置基 URI、Encoding 属性指定下载的字符串为 UTF8 编码格式,并使用 Headers 属性添加报头,最后实例化 StreamReader 对象,用于从网页上逐行获取数据,使用 DownloadFile 方法将网页上的内容下载并保存为 txt 格式文件。

使用 Stream 相关类需要导入 System.IO 命名空间。

15.3 Socket 网络编程相关类

C#的 System.Net.Sockets 命名空间中提供了大量 Sockets 网络编程相关类。Socket 是应用层与 TCP/IP 协议族通信的中间软件抽象层,它是一组接口。在设计模式中,Socket 其实就是一个门面模式,它把复杂的 TCP/IP 协议族隐藏在 Socket 接口后面,对用户来说,一组简单的接口就是全部,让 Socket 去组织数据,以符合指定的协议。

15.3.1 Socket 类

在命名空间 System.Net.Sockets 中有一个非常重要的基础类——Socket 类,Socket 类实现 Berkeley 套接字接口。Socket 类为网络通信提供了一套丰富的方法和属性。Socket 类允许您使用 ProtocolType 枚举中所列出的任何一种协议执行异步和同步数据传输。

Socket 类是 System.Net.Sockets 命名空间的一些其他类(如 UdpClient 类、TcpClient 类)的基础,这些类在内部调用了 Socket 类。Socket 向服务器程序创建连接,并在连接完成后,向服务器发送数据;服务器程序通过侦听端口,接受网络的 Socket 的连接请求,并在连接完成后,接收从客户机发送来的数据。

1. 常用属性

Connected 属性：获取一个布尔值，该值指示 Socket 是否已连接到远程资源。

2. 常用方法

(1) Connect 方法实现与远程主机建立连接。
(2) Close 方法强制关闭 Socket 连接并释放所有关联的资源。
(3) Send 方法可以将数据发送到连接的 Socket。
(4) Receive 方法接收来自绑定的 Socket 的数据。

15.3.2 TcpListener 类和 TcpClient 类

1. TcpListener 类

TcpListener 类用于在阻止模式下侦听和接受来自 TCP 网络客户端的连接。可使用 IPEndPoint、本地 IP 地址及端口号或者仅使用端口号，来创建 TcpListener。TcpListener 对象类提供以下两种常用的构造函数。

(1) 使用指定的本地终结点初始化 TcpListener 类的新实例，格式如下：

```
TcpListener(IPEndPoint localEP)
```

(2) 初始化 TcpListener 类的新实例，该类在指定的本地 IP 地址和端口号上侦听是否有传入的连接尝试，格式如下：

```
TcpListener(IPAddress localaddr,int port)
```

例如，使用 IP 地址和端口号创建 TcpListener 类对象，代码如下：

```
TcpListener ServerListener=new
TcpListener(IPAddress.Parse("192.168.1.147"),8888);
```

TcpListener 类的常用方法及其说明如表 15-8 所示。

表 15-8　TcpListener 类的常用方法及其说明

方　法	说　明
AcceptSocket	接收挂起的连接请求，该方法返回可用于发送和接收数据的 Socket。使用此方法前建议先用 Pending 方法来确定传入连接队列中的连接请求是否可用。如果应用程序相对简单，请考虑使用 AcceptTcpClient 方法代替 AcceptSocket 方法
AcceptTcpClient	接受挂起的连接请求，该方法返回可用于发送和接收数据的 TcpClient。使用此方法前也建议先用 Pending 方法来确定有无请求可用
Pending	确定是否有挂起的连接请求，返回类型为布尔型
Start	开始侦听传入的连接请求，该方法初始化基础 Socket，将其绑定到本地终结点，并侦听是否有传入的连接尝试。如果接收到连接请求，Start 方法将对请求进行排队并继续侦听是否还有请求，直到调用 Stop 方法为止，可以在 Start 方法中设置排队的连接数的最大值(此功能在.NET Framework 2.0 中是新增的)

续表

方 法	说 明
Stop	关闭侦听器。队列中所有未接收的连接请求将会丢失。等待连接被接受的远程主机将引发异常。该方法还会关闭基础 Socket

2. TcpClient 类

TcpClient 类用于在阻止模式下为 TCP 网络服务提供客户端连接。使用 TcpClient 类连接并交换数据，需要在客户端实例化此类的对象并在服务器端使用 TcpListener 或 Socket 对象来侦听是否有传入的连接请求。

创建 TcpClient 类对象可以使用下面两种方法之一连接到侦听器。

(1) 创建一个 TcpClient 实例对象，并通过对象调用 Connect 方法。

(2) 使用远程主机的主机名和端口号创建 TcpClient 对象。

TcpClient 类常用的构造函数形式如下。

(1) 无参数，格式如下：

```
TcpClient()
```

(2) 创建 TcpClient 类新实例，并将其绑定到指定的本地终结点，格式如下：

```
TcpClient(IPEndPoint localEP)
```

(3) 初始化 TcpClient 类的新实例并连接到指定主机上的指定端口，格式如下：

```
TcpClient(string hostname,int port)
```

TcpClient 类的常用属性及其说明如表 15-9 所示。

表 15-9 TcpClient 类的常用属性及其说明

属 性	说 明
Connected	获取一个布尔值，该值指示 TcpClient 是否已连接到远程主机
ExclusiveAddressUse	获取或设置布尔值，该值指定 TcpClient 是否只允许一个客户端使用端口
ReceiveBufferSize	获取或设置接收缓冲区的大小(以字节为单位)，默认为 8192 个字节
SendBufferSize	获取或设置发送缓冲区的大小(以字节为单位)，默认为 8192 个字节

TcpClient 类的常用方法及其说明如表 15-10 所示。

表 15-10 TcpClient 类的常用方法及其说明

方 法	说 明
Close	可将该实例标记为已释放，但不关闭 TCP 连接。如果调用此方法，将不会释放用于发送和接收数据的 NetworkStream。必须调用 NetworkStream 的 Close 方法才能真正关闭流和 TCP 连接
Connect	使用指定的主机名和端口号将客户端连接到 TCP 主机
GetStream	返回用于发送和接收数据的基础 NetworkStream。该方法要求先连接到侦听器

使用 TCP 从 Internet 资源请求数据。为了使 TcpClient 能够连接和交换数据，必须先创建 TcpListener 或 Socket 对象来侦听进入的连接请求，TcpClient 和 TcpListener 使用 NetworkStream 类表示网络，网络资源在.NET Framework 中表示为流。.NET Framework 中的流可以提供下列功能。

(1) 发送和接收 Web 数据的通用方法。无论文件的实际内容是什么(HTML、XML 或其他任何内容)，应用程序都将使用 Stream.Write 和 Stream.Read 发送和接收数据。

(2) 整个.NET Framework 中流的兼容性。流用于整个.NET Framework 中，此框架具有丰富的基础结构来处理流。例如，通过只更改初始化流的几行代码，可以修改从 FileStream 中读取 XML 数据的应用程序，使其改为从 NetworkStream 中读取数据。

(3) 当数据到达时处理数据。流在数据从网络下载的过程中提供对数据的访问，而不是强制应用程序等待下载完整个数据集。

System.Net.Sockets 命名空间包含一个 NetworkStream 类，该类实现专门用于网络资源的 Stream 类。TcpClient 类和 TcpListener 类都使用 NetworkStream 类表示流。NetworkStream 类最常用的构造形式是：为指定的 Socket 创建 NetworkStream 类的新实例，格式如下：

```
NetworkStream(Socket socket)
```

NetworkStream 类的常用方法和属性与它的父类 System.IO.Stream 相似，也包含 Read 和 Write 等读写数据的方法，这里不再赘述。

【例 15-5】服务器端：创建 Windows 应用程序，项目名称为 Server，向 Form1 窗体中添加 2 个高级文本框控件 RichTextBox1～RichTextBox2，3 个按钮 button1～button3，3 个分组框 groupBox1～groupBox3，1 个定时器 timer1，适当调整对象的大小和位置。使用 TCP 协议实现客户端通信配置。(源代码\ch15\15-5)

```
public partial class Form1 : Form
{
public Form1()
{
InitializeComponent();
}
//声明对象
TcpListener Listener;
public Socket SocketClient;
NetworkStream NetStream;
StreamReader ServerReader;
StreamWriter ServerWriter;
Thread Thd;
//定义消息接收方法
void GetMessage()
{
//网络流不为空并且有可用数据
if (NetStream != null && NetStream.DataAvailable)
{
//使用 AppendText 方法为聊天信息加上时间
richTextBox1.AppendText(DateTime.Now.ToString());
richTextBox1.AppendText(" 客户端说:\n");
richTextBox1.AppendText(ServerReader.ReadLine() + "\n");
//设置下拉框
```

```csharp
richTextBox1.SelectionStart = richTextBox1.Text.Length;
richTextBox1.Focus();
richTextBox2.Focus();
}
}
//定义服务器端监听方法
public void BeginLister()
{
while (true)
{
try
{
//获取主机地址
IPAddress[] Ips = Dns.GetHostAddresses("");
string GetIp = Ips[0].ToString();
//配置监听
Listener = new TcpListener(IPAddress.Parse(GetIp), 8888);
//启动监听
Listener.Start();
//禁用异常，以线程安全方式调用控件
CheckForIllegalCrossThreadCalls = false;
button1.Enabled = false;
MessageBox.Show("服务器已经开启！", "服务器消息", MessageBoxButtons.OK,
MessageBoxIcon.Information);
this.Text = "服务器 已经开启……";
//接受挂起
SocketClient = Listener.AcceptSocket();
//实例化
NetStream = new NetworkStream(SocketClient);
ServerWriter = new StreamWriter(NetStream);
ServerReader = new StreamReader(NetStream);
if (SocketClient.Connected)
{
MessageBox.Show("客户端连接成功！", "服务器消息", MessageBoxButtons.OK,
MessageBoxIcon.Information);
}
}
catch
//不做处理，继续测试监听
{
}
}
}
private void button1_Click(object sender, EventArgs e)
{
//创建线程
Thd = new Thread(new ThreadStart(BeginLister));
//启动线程
Thd.Start();
}
private void Form1_Load(object sender, EventArgs e)
{
//richTextBox1 不可编辑
richTextBox1.ReadOnly = true;
```

```csharp
//启用 Enabled 事件生成
timer1.Enabled = true;
}
//定时器 Tick 事件
private void timer1_Tick(object sender, EventArgs e)
{
//调用接收消息方法
GetMessage();
}
private void button2_Click(object sender, EventArgs e)
{
try
{
if (richTextBox2.Text.Trim() != "")
{
//信息写入流
ServerWriter.WriteLine(richTextBox2.Text);
//清空缓冲区数据
ServerWriter.Flush();
richTextBox1.AppendText(DateTime.Now.ToString());
//.Text += "服务器说:            " + rtxSendMessage.Text + "\n";
richTextBox1.AppendText("  服务器说:\n");
richTextBox1.AppendText(richTextBox2.Text + "\n");
richTextBox2.Clear();
//配置滚动条
richTextBox1.SelectionStart = richTextBox1.Text.Length;
richTextBox1.Focus();
richTextBox2.Focus();
}
else
{
MessageBox.Show("信息不能为空!", "服务器消息", MessageBoxButtons.OK,
MessageBoxIcon.Information);
richTextBox2.Focus();
return;
}
}
catch
{
MessageBox.Show("客户端连接失败……", "服务器消息", MessageBoxButtons.OK,
MessageBoxIcon.Error);
return;
}
}
private void button3_Click(object sender, EventArgs e)
{
try
{
this.Thd.Abort();
//如果有线程则关闭线程
this.Close();
}
//出错，则说明没有线程，直接关闭窗体
catch
```

```csharp
{
this.Close();
}
}
//窗体关闭事件
private void Form1_FormClosing(object sender, FormClosingEventArgs e)
{
DialogResult Dr = MessageBox.Show("这样会中断与客户端的连接,你要关闭该窗体吗？", "服务器信息", MessageBoxButtons.YesNo, MessageBoxIcon.Warning);
if (DialogResult.Yes == Dr)
{
try
{
Listener.Stop();
this.Thd.Abort();
e.Cancel = false;
}
catch
{
}
}
else
{
e.Cancel = true;
}
}
```

运行上述程序，结果如图 15-5 所示。

图 15-5　TCP 协议：服务器端

【案例剖析】

本例演示了使用 TCP 协议完成聊天软件的服务器端相关配置。服务器端使用 Dns 类和 IPAddress 类获取主机的相关信息，TcpListener 类对象进行监听，该类的 AcceptSocket 方法接收客户端的连接,并创建 Socket 对象。使用 Socket 对象实例化 NetworkStream 网络流,StreamReader 和 StreamWriter 对象读取和写入网络流。为了使程序能同时进行收发工作,引入了线程操作,使用线程监视服务器的启动。为了简化操作引入了 Timer 控件用于接收信息操作。

【例 15-6】客户端:创建 Windows 应用程序,项目名称为 Client,窗体 Form1 重命名为 Client。向 Form1 窗体中添加 2 个文本框 textBox1～textBox2,2 个标签 label1～label2,2 个高级文本框控件 richTextBox1～richTextBox2,3 个按钮 button1～button3,3 个分组框 groupBox1～groupBox3,1 个定时器 timer1,适当调整对象的大小和位置。使用 TCP 协议实现客户端通信配置。(源代码\ch15\15-6)

```
public partial class Client : Form
{
public Client()
{
InitializeComponent();
}
//声明对象
public TcpClient TcpClient;
StreamReader ClientReader;
StreamWriter ClientWriter;
NetworkStream Stream;
Thread Thd;
private void Client_Load(object sender, EventArgs e)
{
//设置不可编辑
richTextBox1.ReadOnly = true;
//定时器启动
timer1.Enabled = true;
}
//定义消息接收方法
void GetMessage()
{
if (Stream != null && Stream.DataAvailable)
{
//为聊天消息加上实时时间
richTextBox1.AppendText(DateTime.Now.ToString());
richTextBox1.AppendText(" 服务器说:\n");
richTextBox1.AppendText(ClientReader.ReadLine() + "\n");
//配置下拉框
richTextBox1.SelectionStart = richTextBox1.Text.Length;
richTextBox1.Focus();
richTextBox2.Focus();
}
}
//定义连接服务器方法
void GetConn()
{
CheckForIllegalCrossThreadCalls = false;
while (true)
{
try
```

```csharp
{
TcpClient = new TcpClient(textBox1.Text, int.Parse(textBox2.Text.Trim()));
Stream = TcpClient.GetStream();
//创建读写流
ClientReader = new StreamReader(Stream);
ClientWriter = new StreamWriter(Stream);
textBox1.Enabled = false;
button1.Enabled = false;
this.Text = "客户端    " + "正在与" + textBox1.Text.Trim() + "连接……";
return;
}
catch
{
textBox1.Enabled = true;
button1.Enabled = true;
this.Text = "连接失败……";
//MessageBox.Show("连接失败！", "错误", MessageBoxButtons.OK,
MessageBoxIcon.Error);
}
}
}
private void button1_Click(object sender, EventArgs e)
{
if (textBox1.Text.Trim() == "")
{
MessageBox.Show("请输入服务器IP", "客户端信息", MessageBoxButtons.OK,
MessageBoxIcon.Error);
return;
}
else
{
Thd = new Thread(new ThreadStart(GetConn));
Thd.Start();
}
}
//定时器Tick事件
private void timer1_Tick(object sender, EventArgs e)
{
//调用接收消息方法
GetMessage();
}
private void button2_Click(object sender, EventArgs e)
{
try
{
if (richTextBox2.Text.Trim() != "")
{
//信息写入流
ClientWriter.WriteLine(richTextBox2.Text);
//清空缓冲区数据
ClientWriter.Flush();
richTextBox1.AppendText(DateTime.Now.ToString());
richTextBox1.AppendText(" 客户端说: \n");
richTextBox1.AppendText(richTextBox2.Text + "\n");
```

```
richTextBox2.Clear();
//设置下拉框
richTextBox1.SelectionStart = richTextBox1.Text.Length;
richTextBox1.Focus();
richTextBox2.Focus();
}
else
{
MessageBox.Show("信息不能为空!", "错误", MessageBoxButtons.OK,
MessageBoxIcon.Error);
textBox1.Focus();
return;
}
}
catch
{
//启用控件
textBox1.Enabled = true;
button1.Enabled = true;
MessageBox.Show("服务器连失败!", "错误", MessageBoxButtons.OK,
MessageBoxIcon.Error);
this.Text = "连接失败……";
return;
}
}
private void button3_Click(object sender, EventArgs e)
{
this.Close();
}
//窗体关闭事件
private void Client_FormClosing(object sender, FormClosingEventArgs e)
{
DialogResult dr = MessageBox.Show("这样会中断与服务器的连接,你要关闭该窗体吗？", "客户端信息", MessageBoxButtons.YesNo, MessageBoxIcon.Warning);
if (DialogResult.Yes == dr)
{
e.Cancel = false;
if (Thd != null)
{
Thd.Abort();
}
}
else
{
e.Cancel = true;
}
}
```

运行上述程序，结果如图 15-6 所示。

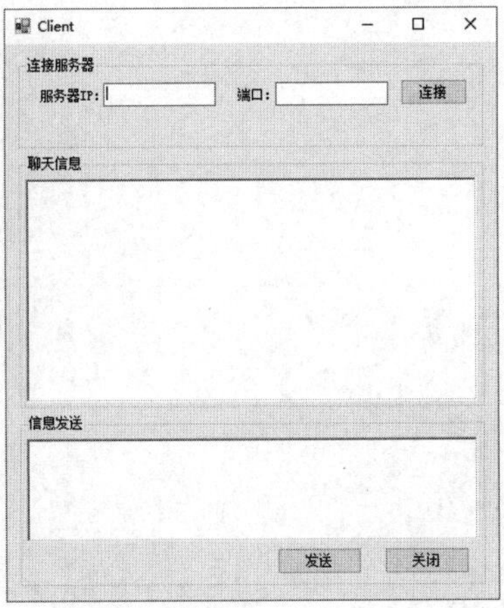

图 15-6 TCP 协议：客户端

【案例剖析】

本例演示了使用 TCP 协议配置聊天软件的客户端。在客户端使用 IP 地址和端口号创建 TcpClient 类对象并连接服务器，该类的 GetStream 方法获取 NetworkStream 网络流，StreamReader 和 StreamWriter 对象读取和写入网络流。为了使程序能同时进行收发工作，引入了线程操作，使用线程连接服务器。为了简化操作引入了 Timer 控件用于接收信息操作。

15.3.3 UdpClient 类

和 TCP 一样，UDP 也使用套接字，但是它不是用网络数据流的方式来读写数据，而是用字节数组保存 UDP 数据文报。UdpClient 类用于发送和接收数据的方法很简单，它与远程主机的连接是在发送和接收数据时进行的。

UdpClient 类提供用户数据报(UDP)网络服务。UdpClient 类提供了一些简单的方法，用于发送和接收无连接 UDP 数据报。因为 UDP 是无连接传输协议，所以不需要在发送和接收数据前建立远程主机连接。

1. 创建 UdpClient 类实例

UdpClient 类提供了多种构造函数。创建 UdpClient 类实例的常用方法如下。

初始化 UdpClient 类的新实例，格式如下：

```
UdpClient()
```

初始化 UdpClient 类的新实例，并将其绑定到所提供的本地端口号，格式如下：

```
UdpClient(int port)
```

初始化 UdpClient 类的新实例，并将其绑定到指定的本地终结点，格式如下：

```
UdpClient(IPEndPoint localEP)
```

初始化 UdpClient 类的新实例，并建立默认远程主机，格式如下：

```
UdpClient(string hostname,int port):
```

Hostname 是指要连接到的远程主机的 DNS 名。Port 是指要连接到的远程主机的端口号。

2. UdpClient 类的常用方法

UdpClient 类的常用方法及其说明如表 15-11 所示。

表 15-11 UdpClient 类的常用方法及其说明

方　法	说　明
Close	关闭 UDP 连接
Connect	建立默认远程主机
Send	将 UDP 数据报发送到远程主机
Receive	返回已由远程主机发送的 UDP 数据报，参数为 IPEndPoint 类型，返回一个类型为 Byte 的数组

TCP 与 UDP 的区别主要有以下几个方面。

(1) TCP 是基于连接的，而 UDP 不基于连接。
(2) 对系统资源的要求 TCP 较多，而 UDP 较少。
(3) TCP 保证数据正确性和数据顺序，UDP 可能丢包且不保证顺序。
(4) TCP 是基于数据流模式的，而 UDP 是基于数据报模式的。

【例 15-7】创建一个 Windows 应用程序，向 Form1 窗体中添加 2 个文本框 textBox1～textBox2，2 个标签 label1～label2，2 个高级文本框控件 richTextBox1～richTextBox2，2 个按钮 button1～button2，3 个分组框 groupBox1～groupBox3，1 个定时器 Timer1，适当调整对象的大小和位置。使用 UDP 协议实现聊天室功能。(源代码\ch15\15-7)

```
public partial class Form1 : Form
{
public Form1()
{
InitializeComponent();
}
//声明对象
UdpClient UdpClient = new UdpClient(8888);
//发送
IPEndPoint EndPoint;
//接收
IPEndPoint EndPointGet;
Thread MyThread;
//声明接收消息的方法
public void GetMess()//接收数据
{
//获取已经从网络接收且可供读取的数据量
if (UdpClient.Available > 0)
{
//调用UdpClient对象的Receive方法获取从远程主机返回的Udp数据报
Byte[] Received = UdpClient.Receive(ref EndPointGet);
//得到发送信息的ip
EndPoint = new IPEndPoint((IPAddress.Any), 0);
string GetUserIp = EndPoint.Address.ToString();
string GetReceived =
```

```csharp
Encoding.Default.GetString(Received).Substring(Encoding.Default.GetString
(Received).IndexOf("~") + 1);
//判断接收数据
if (Received.Length > 0)
{
//配置聊天框
richTextBox1.AppendText("主机" + GetUserIp + "  说:\n");
richTextBox1.AppendText(GetReceived + "\n");
richTextBox1.SelectionStart = richTextBox1.Text.Length;
richTextBox1.Focus();
richTextBox2.Focus();
}
//线程终止
MyThread.Abort();
}
}
private void Form1_Load(object sender, EventArgs e)
{
//得到主机名称
string IpsName = Dns.GetHostName();
EndPointGet = new IPEndPoint(IPAddress.Any, 8888);
textBox1.Text = IpsName;
textBox2.Text = "8888";
//禁止异常
CheckForIllegalCrossThreadCalls = false;
//启用定时器
timer1.Enabled = true;
//设置只读
richTextBox1.ReadOnly = true;
textBox1.ReadOnly = true;
textBox2.ReadOnly = true;
}
private void button1_Click(object sender, EventArgs e)
{
//本机ip变量
string Getip = "";
try
{
IPAddress[] Ip = Dns.GetHostAddresses("");//获取本机IP
foreach (IPAddress Ips in Ip)
{
Getip = Ips.ToString();
}
if (richTextBox2.Text != "")
{
//向全段发送广播
EndPoint = new IPEndPoint(IPAddress.Broadcast, 8888);
UdpClient.EnableBroadcast = true;
//定义字节组存放发送到远程主机的信息
Byte[] Send = Encoding.Default.GetBytes(Getip + "~" + richTextBox2.Text);
//调用Send方法发送信息
UdpClient.Send(Send, Send.Length, EndPoint);
richTextBox2.Clear();
//设置滚动条
richTextBox1.SelectionStart = richTextBox1.Text.Length;
richTextBox1.Focus();
richTextBox2.Focus();
```

```
}
else
{
MessageBox.Show("发送内容不能为空！");
return;
}
}
catch
{
MessageBox.Show("操作失败!");
}
}
private void timer1_Tick(object sender, EventArgs e)
{
//启动线程
MyThread = new Thread(new ThreadStart(GetMess));
MyThread.Start();
}
private void button2_Click(object sender, EventArgs e)
{
if (MessageBox.Show("你确定要关闭吗？", "提示", MessageBoxButtons.OKCancel,
MessageBoxIcon.Information) == DialogResult.OK)
{
this.Close();
}
}
//窗体关闭事件
private void Form1_FormClosing(object sender, FormClosingEventArgs e)
{
UdpClient.Close();
MyThread.Abort();
Application.Exit();
}
}
```

运行上述程序，结果如图 15-7 所示。

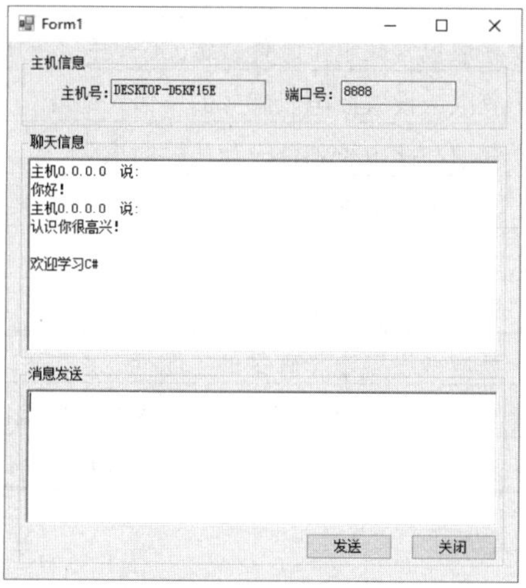

图 15-7 UDP 协议

【案例剖析】

本例演示了使用 UDP 协议实现聊天室的功能。使用 Dns 类 GetHostName 方法获取主机名称，IPEndPoint 类构造结构主机信息。使用端口创建 UdpClient 对象，使用 UdpClient 对象的 Received 方法接收消息，Send 方法发送消息。使用定时器和线程实现信息的发送与接收。

15.4 System.Net.Mail 简介

System.Net.Mail 命名空间是在.NET Framework 中新增的。System.Net.Mail 命名空间包含用于将电子邮件发送到 SMTP 服务器的类，这些类需要结合邮件传输协议(SMTP)一起使用。此命名空间提供了发送电子邮件的功能。下面详细讲解如何使用.NET Framework 提供的类库来发送电子邮件。

15.4.1 MailMessage 类

MailMessage 类的实例可以用于表示一个电子邮件的所有内容，并且通过 SmtpClient 类来传输到 SMTP 服务器。若要使用 MailMessage 类来表示电子邮件内容，则需要指定电子邮件的发件人、收件人和内容。

MailMessage 类的常用属性及其说明如表 15-12 所示。

表 15-12 MailMessage 类的常用属性及其说明

属 性	说 明
Attachments	用于获取存储附加到电子邮件的数据附加集合
Bcc	用于获取包含电子邮件的密件抄送(BCC)收件人的地址集合
Body	用于获取或设置邮件的正文
BodyEncoding	用于获取或设置邮件正文的编码
CC	用于获取包含此电子邮件抄送(CC)收件人的地址集合
From	用于获取或设置此电子邮件的发信人地址
Headers	用于获取与此电子邮件一起传输的报头
Priority	用于获取或设置电子邮件的优先级
Reply to	用于获取或设置电子邮件的回复地址
Sender	用于获取或设置电子邮件的发件人地址
Subject	用于获取或设置电子邮件的主题行
SubjectEncoding	用于获取或设置电子邮件的主题内容使用编码
To	用于获取包含电子邮件的收件人的地址集合

MailMessage 类的语法定义如下：

```
public class MailMessage: IDisposable
```

创建 MailMessage 类实例，语法如下：

```
//无参数
MailMessage message = new MailMessage ();
//通过构造函数设置SMTP主机服务器
MailMessage message = new MailMessage ("smtp.123.com");
//通过构造函数设置SMTP主机服务器和端口
MailMessage message = new MailMessage ("smtp.123.com",25);
```

【例 15-8】创建一个控制台应用程序,通过设置 MailMessage 类的常用属性,演示 MailMessage 如何设置电子邮件的内容。(源代码\ch15\15-8)

```
class Program
{
static void Main(string[] args)
{
//实例化MailMessage
MailMessage message = new MailMessage();
//添加密件的抄送人
message.Bcc.Add("C@domain.com");
//Body 属性设置邮件正文
message.Body = "邮件的正文";
//BodyEncoding 属性设置正文的编码形式,此处为系统默认编码
message.BodyEncoding = System.Text.Encoding.Default;
//设置邮件发送人
message.From = new MailAddress("FromMailBox@Sina.com");
//设置邮件主题
message.Subject = "邮件的主题";
}
}
```

【案例剖析】

本例用于演示通过设置 MailMessage 类的常用属性,演示 MailMessage 如何设置电子邮件的内容。首先实例化 MailMessage 类,使用 Bcc 属性可以为邮件添加密件的抄送人,使用 Body 属性可以设置邮件正文,通过 BodyEncoding 属性可以设置正文编码形式,使用 From 属性设置邮件的发送人,使用 Subject 设置邮件的主题。

15.4.2 MailAddress 类

MailAddress 类可以用来表示电子邮件的地址。该类可结合 MailMessage 类使用,它的实例用于存储电子邮件的地址信息。下面讲解如何使用该类来设置电子邮件的地址。

MailAddress 类的常用属性及其说明如表 15-13 所示。

表 15-13 MailAddress 类的常用属性及其说明

属 性	说 明
Address	用于获取电子邮件的地址
DisplayName	用于获取在电子邮件显示的名称
Host	用于获取电子邮件地址@符号后的服务器名
User	用于获取电子邮件地址@符号前的用户名

使用 MailAddress 类时,其语法格式如下:

```
public class MailAddress
```

例如，创建一个 MailAddress 类实例，代码如下：

```
//指定电子邮件的地址
MailAddress FromMailBox = new MailAddress ("FromMailBox@Sina.com");
//指定电子邮件的地址和显示名称
MailAddress FromMailBox = new MailAddress ("FromMailBox@Sina.com" "显示名称
");
//指定电子邮件的地址、显示名称和显示名称的编码
MailAddress FromMailBox = new MailAddress ("FromMailBox@Sina.com","显示名称
",System.Text.Encoding.Default);
```

【例 15-9】创建一个控制台应用程序，通过构造一个 MailAddress 类的实例，从它的属性中获取电子邮件地址的信息并输出。(源代码\ch15\15-9)

```
class Program
{
static void Main(string[] args)
{
//实例化 MailAddress 类
MailAddress m = new MailAddress("C @C#.com","张三");
//获取电子邮件地址的相关信息并输出
Console.WriteLine("电子邮箱地址为:{0} 显示名为:{1} 服务器名为:{2} 用户名为:{3}",
m.Address, m.DisplayName, m.Host, m.User);
Console.ReadLine();
}
}
```

运行上述程序，结果如图 15-8 所示。

【案例剖析】

本例演示了通过构造一个 MailAddress 类的实例，从它的属性中获取电子邮件地址的信息并输出。首先实例化 MailAddress 类，通过使用 MailAddress 类的 Address、DisplayName、Host 以及

图 15-8 MailAddress 类

User 属性分别获取电子邮件的邮箱地址、显示名、服务器名以及用户名。

15.4.3 Attachment 类

Attachment 类表示电子邮件的附件的集合。Attachment 类需要与 MailMessage 类结合在一起使用，此类可以给电子邮件添加附件。Attachment 类可以使用字符类型(String)和数据流(Stream)的形式创建附件。Attachment 类能用任何的文件格式作为附件，如 TXT 格式或 DOC 格式。

Attachment 类的常用属性及其说明如表 15-14 所示。

表 15-14 Attachment 类的常用属性及其说明

属　　性	说　　明
ContentDisposition	表示附件的 MIME 内容处置
ContentType	表示附件内容的类型
ContentStream	表示附件的流数据
Name	表示附件内容的类型名称

使用 Attachment 类的语法格式如下：

```
public class Attachment : AttachmentBase
```

创建 Attachment 类实例有 3 种方法。

方法一：

```
Attachment Item = new Attachment (@"E:\附件.txt",
MediaTypeNames.Text.Plain);
```

其中，@"E:\附件.txt"为附件的路径，MediaTypeNames.Text.Plain 为附件的 MIME 内容标头信息。

方法二：

```
System.IO.FileInfo file =new System.IO.FileInfo(@"E:\附件.txt");
System.IO.FileStream stream = file.OpenRead();
Attachment item = new Attachment(stream, MediaTypeNames.Text.Plain);
```

其中，@"E:\附件.txt"是以数据流的方式传入。

方法三：

```
Attachment Item =Attachment.CreateAttachmentFromString(@"E:\附件.txt",
MediaTypeNames.Text.Plain);
```

此方法使用了 Attachment 类提供的静态方法 CreateAttachmentFromString 来创建该类的一个实例。

例如，使用 Attachment 类为电子邮件添加附件内容名称、类型、文件名。代码如下：

```
Attachment content = new Attachment(@"E:\附件.txt",
MediaTypeNames.Text.Plain);
ContentDisposition disposition = content.ContentDisposition;
disposition.FileName = "文本附件";
Console.WriteLine("附件内容名称:{0} 类型名称:{1} 附件文件
名:{2}", content.Name, content.ContentType.MediaType,
content.ContentDisposition.FileName);
```

使用 MediaTypeNames 类需要引入命名空间 System.Net.Mime。

【例 15-10】创建一个控制台应用程序，通过创建 Attachment 类实例，为电子邮件添加文本附件。(源代码\ch15\15-10)

```
class Program
{
static void Main(string[] args)
{
//实例化 MailMessage
MailMessage message = new MailMessage();
message.Body = "邮件的正文部分";
//设置正文的编码形式，这里设置为系统默认编码
message.BodyEncoding = System.Text.Encoding.Default;
message.From = new MailAddress("Mail@163.com");
message.IsBodyHtml = false;
message.ReplyTo = new MailAddress("Mail@163.com");
message.Sender = new MailAddress("Mail@163.com");
message.Subject = "邮件的主题";
```

```
//创建 Attachment 实例，添加附件
Attachment content = new Attachment(@"E:\附件.txt",
MediaTypeNames.Text.Plain);
ContentDisposition disposition = content.ContentDisposition;
disposition.FileName = "文本附件";
message.Attachments.Add(content);
//设置主题的编码形式，这里设置为系统默认编码
message.SubjectEncoding = System.Text.Encoding.Default;
//输出文件附件相关信息
Console.Write("附件内容名称:{0} 类型名称:{1} 附件文件名:{2}", content.Name,
content.ContentType.MediaType, content.ContentDisposition.FileName);
Console.ReadLine();
    }
}
```

运行上述程序，结果如图 15-9 所示。

【案例剖析】

本例通过创建 Attachment 类实例，演示了如何为电子邮件添加文本附件。首先实例化 MailMessage 类，为电子邮件配置正文、主题、发送人等，然后实例化 Attachment 类，为电子邮件添加附件，设置电子邮件的附件内容名称、类型及文件名，最后输出它们。

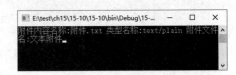

图 15-9 Attachment 类

15.4.4 SmtpClient 类

SmtpClient 类可以用于让应用程序向 SMTP 服务器发送电子邮件，此类通过同步或异步的方法发送电子邮件。使用 SmtpClient 类需要结合 MailMessage 类，并且它还可以设置邮件的格式、添加抄送人、添加附件等。

SmtpClient 类的语法格式如下：

```
public class SmtpClient
```

例如，创建一个 SmtpClient 类实例，代码如下：

```
//直接通过构造函数设置 SMTP 主机服务器
SmtpClient client = new SmtpClient ("smtp.163.com");
//通过 Host 属性来设置 SMTP 主机服务器
SmtpClient client = new SmtpClient ();
Client. Host =" smtp.163.com";
```

SmtpClient 类的主要属性及其说明如表 15-15 所示。

表 15-15 SmtpClient 类的主要属性及其说明

属　　性	说　　明
Host	获取或设置 SMTP 事务的服务器名称或 IP 地址
Port	获取或设置 SMTP 事务的端口
Credentials	获取或设置验证发件人身份的凭据
UseDefaultCredentials	获取或设置 Boolean 值，该值控制 DefaultCredentials 是否随请求一起发送。如果使用默认凭据，则为 true，否则为 false。默认值为 false

例如，使用 SmtpClient 类为电子邮件设置 Host、Port、Credentials 这 3 个属性。代码如下：

```
SmtpClient client = new SmtpClient();
client.Host = "smtp.Sina.com";
client.Port = 25;
client.Credentials = new System.Net.NetworkCredential("账号", "***密码**");
```

SmtpClient 类的主要方法及其说明如表 15-16 所示。

表 15-16　SmtpClient 类的主要方法及其说明

方　　法	说　　明
Send	将电子邮件发送到 SMTP 服务器以便传递。主线程将在此方法传输邮件的过程完成后再执行其他操作
SendAsync	异步发送电子邮件。此方法不会阻止调用线程
SendAsyncCancel	取消异步操作以发送电子邮件

【例 15-11】创建一个控制台应用程序，通过创建 SmtpClient 类实例，使用 SmtpClient 类异步发送电子邮件。(源代码\ch15-11)

```
class Program
{
public static void Main(string[] args)
{
//发件人
MailAddress from = new MailAddress("test@163.com");
//接收人
MailAddress to = new MailAddress("test@163.com");
//实例化 MailMessage 对象
MailMessage m = new MailMessage(from,to);
//邮件主题
m.Subject = "邮件的主题";
//邮件内容
m.Body = "邮件内容";
//实例化 SmtpClient
SmtpClient c = new SmtpClient("192.168.1.107", 25);
//设置发件人验证凭证
c.Credentials = new System.Net.NetworkCredential("test", "123");
//发送邮件
c.Send(m);
}
}
```

【案例剖析】

本例通过创建 SmtpClient 类实例，使用 SmtpClient 类演示异步发送电子邮件。首先实例化 MailAddress，创建发件人与接收人，然后实例化 MailMessage，设置邮件主题以及内容，最后实例化 SmtpClient，设置 smtp 主机服务器和端口，通过 Credentials 属性设置发件人验证凭证，然后发送邮件。

15.5 大神解惑

小白：异步传输和同步传输有什么区别？

大神：异步传输方式并不要求发送方和接收方的时钟完全一样，字符与字符间的传输是异步的，同步传输方式中发送方和接收方的时钟是统一的，字符与字符间的传输是同步无间隔的。

异步传输方式与同步传输方式的区别如下。

(1) 异步传输是面向字符的传输，而同步传输是面向比特的传输。

(2) 异步传输的单位是字符，而同步传输的单位是帧。

(3) 异步传输通过字符起止的开始和停止码获得再同步的机会，而同步传输则是在数据中抽取同步信息。

(4) 异步传输对时序的要求较低，而同步传输往往通过特定的时钟线路协调时序。

(5) 异步传输相对于同步传输效率较低。

小白：TCP 协议和 UDP 协议的区别是什么？

大神：TCP 协议和 UDP 协议的主要区别如下。

(1) TCP 是基于连接的，UDP 是基于无连接。

(2) 对系统资源的要求(TCP 较多，UDP 较少)。

(3) UDP 程序结构较简单。

(4) 流模式与数据报模式。

(5) TCP 保证数据正确性，UDP 可能丢包；TCP 保证数据顺序，UDP 不能保证。

15.6 跟我学上机

练习 1：编写程序，使用 TCP 协议实现文本数据通信的服务器端，即具有发送数据与接收数据功能。

练习 2：编写程序，使用 TCP 协议实现文本数据通信的客户端，即具有发送数据与接收数据功能。

练习 3：编写程序，使用 UDP 协议实现文本数据通信，即具有发送数据与接收数据功能。

Windows 的注册表(Registry)实质上是一个庞大的数据库,它存储了大量的计算机相关内容,包含软、硬件的有关配置和状态信息,以及应用程序和资源管理器外壳的初始条件、首选项和卸载数据。拥有计算机的整个系统的设置和各种许可,文件扩展名与应用程序的关联,硬件的描述、状态和属性。计算机性能记录和底层的系统状态信息,以及各类其他数据。本章对注册表技术进行详细讲解。

本章目标(已掌握的在方框中打钩)

☐ 了解什么是注册表。
☐ 了解注册表的 Registry 类与 RegistryKey 类。
☐ 掌握注册表信息的读取操作。
☐ 掌握注册表信息的创建与修改操作。
☐ 掌握注册表信息的删除操作。

16.1 注册表简介

注册表在 Windows 操作系统中是一个巨大的树状分层数据库。它包含了应用程序和计算机系统的全部配置信息、系统和应用程序的初始化信息、应用程序和文档文件的关联关系、硬件设备的说明以及各种状态信息和数据的说明。

注册表中存放了大量参数，这些参数直接控制了 Windows 系统的启动、硬件驱动程序的装载以及一些 Windows 应用程序的正常运行。因此，注册表在整个 Windows 系统中起到了至关重要的作用。

选择【开始】→【Windows 系统】→【运行】菜单命令，如图 16-1 所示。在弹出的【运行】对话框中输入 regedit 命令，如图 16-2 所示。即可打开【注册表编辑器】对话框，如图 16-3 所示。

图 16-1 选择【运行】命令

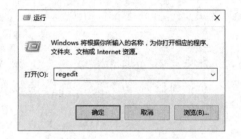

图 16-2 【运行】对话框

图 16-3 【注册表编辑器】对话框

16.1.1 Registry 类

Registry 类位于命名空间 Microsoft.Win32 中，它可提供 RegistryKey 类表示 Windows 注册表中的根键的对象和 static 方法，以访问键/值对。这就意味着 Registry 类适用于实例化 RegistryKey 类，而自身不能被实例化。

Registry 类的常用属性及其说明如表 16-1 所示。

表 16-1　Registry 类的常用属性及其说明

属　　性	说　　明
ClassesRoot	定义文档和与这些类型关联的属性的类型(或类)。此字段读取的 Windows 注册表基项 HKEY_CLASSES_ROOT
CurrentConfig	包含与不是特定于用户的硬件相关的配置信息。此字段读取的 Windows 注册表基项 HKEY_CURRENT_CONFIG
CurrentUser	包含有关当前用户首选项的信息。此字段读取的 Windows 注册表基项 HKEY_CURRENT_USER
DynData	包含动态注册表数据。此字段中读取的 Windows 注册表基项 HKEY_DYN_DATA
LocalMachine	包含本地计算机的配置数据。此字段读取的 Windows 注册表基项 HKEY_LOCAL_MACHINE
PerformanceData	包含软件组件的性能信息。此字段读取的 Windows 注册表基项 HKEY_PERFORMANCE_DATA
Users	包含有关默认用户配置的信息。此字段读取的 Windows 注册表基项 HKEY_USERS

Registry 类主要存储了用户首选项信息、本机计算机配置数据、组件性能信息、默认用户配置信息等。

16.1.2　RegistryKey 类

RegistryKey 实例表示一个注册表项，使用此类的方法可以浏览子键、创建新键、读取或修改键中的值。使用 RegistryKey 类可以完成对注册表项进行的所有操作(除了设置键的安全级别之外)。

RegistryKey 类的常用属性及其说明如表 16-2 所示。

表 16-2　RegistryKey 类的常用属性及其说明

属　　性	说　　明
Handle	获取 SafeRegistryHandle 对象，表示注册表项当前 RegistryKey 对象所封装
Name	检索项的名称
SubKeyCount	检索当前项的子项计数
ValueCount	检索项中值的计数
View	获取用于创建注册表项的视图

RegistryKey 类的常用方法及其说明如表 16-3 所示。

表 16-3　RegistryKey 类的常用方法及其说明

方法	说明
Close	关闭该项，如果其内容已修改，则将其刷新到磁盘
CreateSubKey	创建一个新子项或打开一个现有子项以进行写访问
DeleteSubKey	删除指定子项
DeleteSubKeyTree	递归删除子项和任何子级子项
DeleteValue	从此项中删除指定值
GetSubKeyNames	检索包含所有子项名称的字符串数组
GetValue	检索与指定名称关联的值。返回 null，如果注册表中不存在的名称/值对
GetValueNames	检索包含与此项关联的所有值名称的字符串数组
OpenSubKey	检索具有指定名称的子项
SetValue	设置指定的名称/值对

16.2　注册表的相关操作

在 C#中，注册表的相关操作主要为读取注册表信息、对注册表信息进行创建以及修改、删除注册表信息。下面对注册表的相关操作进行讲解。

16.2.1　注册表信息的读取

注册表信息的读取可以使用 RegistryKey 类的 GetSubKeyNames 方法、GetValueNames 方法及 OpenSubKey 方法实现。

1. GetSubKeyNames

GetSubKeyNames 方法可以检索包含所有子项名称的字符串数组。
GetSubKeyNames 方法的使用语法如下：

```
public string[] GetSubKeyNames()
```

返回值：Type: System.String[]，包含当前项的子项名称的字符串数组。

> 注意　若是用户没有从注册表项读取所需的权限或是 RegistryKey 操作关闭(不能访问)，则会发生异常。

【例 16-1】创建一个控制台应用程序，使用 GetSubKeyNames 方法检索 HKEY_USERS\.DEFAULT 子键下包含的所有子项名称的字符串数组。(源代码\ch16\16-1)

```
class Program
{
    static void Main(string[] args)
    {
        //创建 RegistryKey 实例
```

```
RegistryKey r = Registry.Users;
//使用 OpenSubKey 打开 HKEY_USERS\.DEFAULT 子键
RegistryKey sys = r.OpenSubKey(@".DEFAULT");
//通过 foreach 语句输出 HKEY_USERS\.DEFAULT 子键下所有项目名称
foreach(string s in sys.GetSubKeyNames())
{
Console.WriteLine(s);
}
Console.ReadLine();
}
}
```

运行上述程序,结果如图 16-4 所示。

【案例剖析】

本例通过使用 GetSubKeyNames 方法以检索 HKEY_USERS\.DEFAULT 子键下包含的所有子项名称的字符串数组并输出。首先创建 RegistryKey 实例,确定访问位置为 USERS,然后使用 OpenSubKey 打开 HKEY_USERS\.DEFAULT 键,再通过 foreach 语句获取并输出 HKEY_USERS\.DEFAULT 子键下所有的项目名称。

图 16-4　GetSubKeyNames 方法

2. GetValueNames

GetValueNames 方法用于检索包含与此项关联的所有值名称的字符串数组。

GetValueNames 方法的使用语法如下:

```
public string[] GetValueNames()
```

返回值:Type: System.String[],包含当前项的值名称的字符串数组。

 如果找到的项没有值名称,则返回一个空数组。

【例 16-2】创建一个控制台应用程序,通过使用 GetValueNames 方法,读取 HKEY_USERS\.DEFAULT 键下的所有子项目名称,并输出。(源代码\ch16\16-2)

```
class Program
{
static void Main(string[] args)
{
//创建 RegistryKey 实例
RegistryKey r1 = Registry.Users;
//使用 OpenSubKey 打开 HKEY_USERS\.DEFAULT 子键
RegistryKey sys = r1.OpenSubKey(@".DEFAULT");
//使用 foreach 循环检索 HKEY_USERS\.DEFAULT 下的所有子项目
foreach (string s1 in sys.GetSubKeyNames())
{
//第一层 foreach 循环打开 s1 子键
Console.WriteLine("子键: " + s1);
RegistryKey r2 = sys.OpenSubKey(s1);
```

```
//第二层 foreach 循环输出 s1 子键下所有项目
foreach(string s2 in r2.GetSubKeyNames())
{
Console.WriteLine("\t"+s2 + r2.GetValue(s2));
}
}
Console.ReadLine();
}
}
```

运行上述程序，结果如图 16-5 所示。

【案例剖析】

本例演示了通过使用 GetValueNames 方法，获取 HKEY_USERS\.DEFAULT 键下的所有子项目名称。首先创建 RegistryKey 实例，使用 OpenSubKey 打开 HKEY_USERS\.DEFAULT 子键，然后通过两层 foreach 循环检索 HKEY_USERS\.DEFAULT 下的所有子项目并输出。需要注意的是第一层 foreach 循环是为了打开 s1 子键，第二层则获取 s1 子键下的所有项目，并将它们输出。

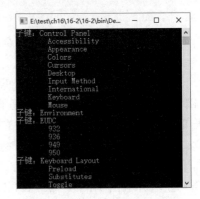

图 16-5 GetValueNames 方法

16.2.2 注册表信息的创建与修改

1. 注册表信息的创建

创建注册表信息，可以使用 RegistryKey 类的 CreateSubKey 方法和 SetValue 方法。

1）CreateSubKey 方法

CreateSubKey 方法用于创建一个新子项或打开一个现有子项以进行写访问。

CreateSubKey 方法的使用语法如下：

```
public RegistryKey CreateSubKey(string subkey)
```

其中 subkey 为要创建或打开的子项的名称或路径。此字符串不区分大小写。

返回值为新创建的子项，如果操作失败，则为 null。如果为 subkey 指定了长度为零的字符串，则返回当前 RegistryKey 对象。

2）SetValue 方法

SetValue 方法用于设置指定的名称/值对。

SetValue 方法的使用语法如下：

```
public void SetValue(string name, object value)
```

其中参数说明如下。

name：为要存储的值的名称。

value：为要存储的数据。

> 注意 由于多个值可以存储在注册表中的每个项，所以必须使用 name 参数来指定想要设置的特定值。

【例 16-3】创建一个控制台应用程序，向 HKEY_USERS\.DEFAULT 键下创建一个名为 test1 的子键，然后在 test1 键下创建 test2 子键，为 test2 创建一个 value 键值，初始化值为 1。(源代码\ch16\16-3)

```
class Program
{
static void Main(string[] args)
{
//创建 RegistryKey 实例
RegistryKey r = Registry.Users;
//使用 OpenSubKey 方法打开 HKEY_USERS\.DEFAULT 子键
RegistryKey r2 = r.OpenSubKey(".DEFAULT", true);
//使用 CreateSubKey 方法创建名为 test1 的子键
RegistryKey r3 = r2.CreateSubKey("test1");
//使用 CreateSubKey 方法在 test1 键下创建一个名为 test2 的子键
RegistryKey r4 = r3.CreateSubKey("test2");
//在 test2 子键下创建一个名为 value 的键值，初始化键值为 1
r4.SetValue("value", "1");
}
}
```

运行上述程序，结果如图 16-6 所示。

【案例剖析】

本例演示了使用 CreateSubKey 方法创建注册表子键，使用 SetValue 为子键创建键值。首先创建 RegistryKey 实例，使用 OpenSubKey 方法打开 HKEY_USERS\.DEFAULT 子键，然后通过 CreateSubKey 方法创建名为 test1 的子键，并在 test1 键下使用 CreateSubKey 方法创建 test2 子键，最后通过 SetValue 创建键值。

图 16-6　创建注册表信息

2. 注册表信息的修改

在 C#中，若想对注册表的信息进行修改，可以使用 SetValue 方法。SetValue 方法可以设置指定的名称/值对，如果指定键值不存在，系统就会新建一个键值。

【例 16-4】创建一个控制台应用程序，通过使用 SetValue 方法对上例中创建的 HKEY_USERS\.DEFAULT\test1\test2 子键的 value 键值进行修改，修改其值为 abc。(源代码\ch16\16-4)

```
class Program
{
static void Main(string[] args)
{
//创建 RegistryKey 实例
RegistryKey r = Registry.Users;
//使用 OpenSubKey 方法打开 HKEY_USERS\.DEFAULT 子键
RegistryKey r2 = r.OpenSubKey(".DEFAULT", true);
//使用 OpenSubKey 方法打开名为 test1 的子键
RegistryKey r3 = r2.OpenSubKey("test1", true);
//使用 OpenSubKey 方法打开 test1 下名为 test2 的子键
RegistryKey r4 = r3.OpenSubKey("test2", true);
//使用 SetValue 方法修改 test2 键值
```

```
r4.SetValue("value", "abc");
    }
}
```

运行上述程序，结果如图 16-7 所示。

【案例剖析】

本例演示了通过使用 SetValue 方法，对注册表中指定的键值进行修改。首先创建 RegistryKey 实例，然后使用 OpenSubKey 方法依次打开 HKEY_USERS\.DEFAULT 子键、test1 子键以及 test1 下的 test2 子键，最后通过 SetValue 方法对打开的 test2 键值进行修改。

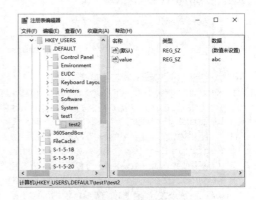

图 16-7 修改注册表信息

16.2.3 注册表信息的删除

若是需要对注册表中的信息进行删除操作，可以使用 RegistryKey 类的 DeleteSubKey 方法、DeleteSubKeyTree 方法及 DeleteValue 方法。

1. DeleteSubKey

DeleteSubKey 方法用于删除指定的子项，并指定在找不到该子项时是否引发异常。DeleteSubKey 方法的使用语法如下：

```
public void DeleteSubKey(string subkey, bool throwOnMissingSubKey)
```

其中参数说明如下。

subkey：为要删除的子项的名称。此字符串不区分大小写。

throwOnMissingSubKey：指示在找不到指定子项的情况下是否引发异常。如果此参数为 true 和指定的子项不存在，则引发异常。如果此参数为 false 和指定的子项不存在，则不进行任何操作。

 注意　删除注册表项时要格外小心，若是需要删除的项有子级项，需要先进行删除。

【例 16-5】创建一个控制台应用程序，通过使用 DeleteSubKey 方法将注册表 HKEY_USERS\.DEFAULT\test1 键下的 test2 子键删除。(源代码\ch16\16-5)

```
class Program
{
    static void Main(string[] args)
    {
//创建 RegistryKey 实例
RegistryKey r = Registry.Users;
//使用 OpenSubKey 方法打开 HKEY_USERS\.DEFAULT 子键
RegistryKey r2 = r.OpenSubKey(".DEFAULT", true);
//使用 OpenSubKey 方法打开名为 test1 的子键
RegistryKey r3 = r2.OpenSubKey("test1", true);
//使用 DeleteSubKey 方法删除名为 test2 的子键
```

```
r3.DeleteSubKey("test2", false);
}
}
```

运行上述程序，结果如图 16-8 所示。

【案例剖析】

本例用于演示通过使用 DeleteSubKey 方法将指定的子键项进行删除。首先创建 RegistryKey 实例，然后使用 OpenSubKey 方法依次打开 HKEY_USERS\.DEFAULT 子键、test1 子键，最后使用 DeleteSubKey 方法删除名为 test2 的子键。

2. DeleteSubKeyTree

DeleteSubKeyTree 方法是以递归方式删除指定的子项和任何子级子项，并指定在找不到子项时是否引发异常。

图 16-8 删除注册表信息

DeleteSubKeyTree 方法的使用语法如下：

```
public void DeleteSubKeyTree(string subkey, bool throwOnMissingSubKey)
```

其中参数说明如下。

subkey：为要删除的子项的名称。此字符串不区分大小写。

throwOnMissingSubKey：指示在找不到指定子项的情况下是否引发异常。如果此参数为 true 和指定的子项不存在，则引发异常。如果此参数为 false 和指定的子项不存在，则不进行任何操作。

 如果指定删除的子项为空(检索不到)，则引发异常。

【例 16-6】创建一个控制台应用程序，使用 DeleteSubKeyTree 方法将注册表中 HKEY_USERS\.DEFAULT\test1 键下的 test2 子键彻底删除。(源代码\ch16\16-6)

```
class Program
{
static void Main(string[] args)
{
//创建 RegistryKey 实例
RegistryKey r = Registry.Users;
//使用 OpenSubKey 方法打开 HKEY_USERS\.DEFAULT 子键
RegistryKey r2 = r.OpenSubKey(".DEFAULT", true);
//使用 OpenSubKey 方法打开名为 test1 的子键
RegistryKey r3 = r2.OpenSubKey("test1", true);
//使用 DeleteSubKeyTree 方法彻底删除 test2 子键的目录
r3.DeleteSubKeyTree("test2");
}
}
```

运行上述程序，结果如图 16-9 和图 16-10 所示。

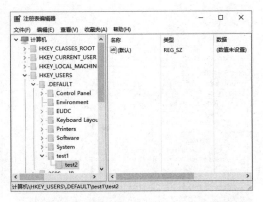
图 16-9　用 DeleteSubKeyTree 方法删除前

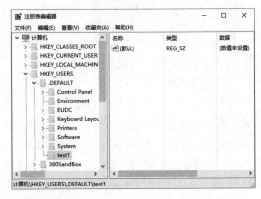
图 16-10　用 DeleteSubKeyTree 方法删除后

【案例剖析】

本例演示了使用 DeleteSubKeyTree 方法将指定的注册表子项进行删除。首先创建 RegistryKey 实例，然后通过使用 OpenSubKey 方法依次打开 HKEY_USERS\.DEFAULT 子键以及 test1 子键，最后使用 DeleteSubKeyTree 方法将 test2 子键进行删除操作。

3. DeleteValue

DeleteValue 方法用于删除指定的键值，并指定在找不到该值时是否引发异常。

DeleteValue 方法的使用语法如下：

```
public void DeleteValue( string name, bool throwOnMissingValue )
```

其中参数说明如下。

name：为要删除的值的名称。

throwOnMissingValue：指示在找不到指定值的情况下是否引发异常。如果此参数为 true 且指定的值不存在，则引发异常。如果此参数为 false 且指定的值不存在，不执行任何操作。

> 注意　如果 throwOnMissingValue 是 false，没有方法来告诉删除是否成功，除非随后尝试访问删除的值。因此，在注册表中用这种方式删除值时要小心。

【例 16-7】创建一个控制台应用程序，使用 DeleteValue 方法将注册表中 HKEY_USERS\.DEFAULT\test1\test2 的键值进行删除操作。(源代码\ch16\16-7)

```
class Program
{
    static void Main(string[] args)
    {
        //创建 RegistryKey 实例
        RegistryKey r = Registry.Users;
        //使用 OpenSubKey 方法打开 HKEY_USERS\.DEFAULT 子键
        RegistryKey r2 = r.OpenSubKey(".DEFAULT", true);
        //使用 OpenSubKey 方法打开名为 test1 的子键
        RegistryKey r3 = r2.OpenSubKey("test1", true);
        //使用 OpenSubKey 方法打开名为 test2 的子键
        RegistryKey r4 = r3.OpenSubKey("test2", true);
        //使用 DeleteValue 方法删除 value 键值
        r4.DeleteValue("value",false);
    }
}
```

运行上述程序，结果如图 16-11 和图 16-12 所示。

图 16-11　用 DeleteValue 方法删除前

图 16-12　用 DeleteValue 方法删除后

【案例剖析】

本例演示了使用 DeleteValue 方法对指定的注册表键值进行删除的操作。首先创建 RegistryKey 实例，然后使用 OpenSubKey 方法依次打开 HKEY_USERS\.DEFAULT 子键、test1 子键及 test2 子键，最后使用 DeleteValue 方法将 test2 子键的 value 键值删除。

16.3　注册表的应用

在 Windows 操作系统中，在使用 USB 移动存储设备时，当插入 USB 接口，注册表中就会产生 USB 使用的相关信息。当移动设备插入计算机时，"即插即用管理器"就会接受该事件，同时会在 USB 设备的固件中查找该移动设备的相关描述信息(如 USB 名称、型号等)。

一旦设备被识别之后，系统就会完成一个添加 USB 子项信息的操作，注册表中就会生成一个新的键值：HKEY_LOCAL_MACHINE\SYSTEM\CurrentControlSet\Enum\USBSTOR，如图 16-13 所示。

图 16-13　USBSTOR 子键信息

在 USBSTOR 子键中存放了 USB 设备的相关信息,该子键代表了设备类标识符,用来标识 USB 设备的特定类。而"Disk&Ven_Generic&Prod_STORAGE_DEVICE&Rev_0272"中 Generic、STORAGE_DEVICE 及 0272 是由"即插即用管理器"从 USB 设备描述符中获取的数据。

当设备类的 ID 一旦被建立就会产生一个特定唯一的 UID,通过 UID 可以把具有统一设备类标志的多个存储设备进行区分。如图 16-13 中"000000000272&0"就属于设备的 UID。故通过注册表中设备的 UID、名称以及它的路径就可以将 Windows 系统使用过的移动设备区分开来。

接下来通过实例演示如何通过注册表中 USB 相关信息,获取系统对 USB 的使用记录。

【例 16-8】创建一个控制台应用程序,编写程序,通过注册表中移动设备的相关信息,获取 Windows 系统使用 USB 设备的相关记录。(源代码\ch16\16-8)

```csharp
class Program
{
    static void Main(string[] args)
    {
        //创建 RegistryKey
        RegistryKey USBKey;
        //使用 OpenSubKey 方法打开
        //HKEY_LOCAL_MACHINE\SYSTEM\CurrentControlSet\Enum\USBSTOR
        USBKey =
        Registry.LocalMachine.OpenSubKey(@"SYSTEM\CurrentControlSet\Enum\USBSTOR",
        false);
        //检索 USBSTOR 下所有子项的字符串数组
        foreach (string sub1 in USBKey.GetSubKeyNames())
        {
            //使用 OpenSubKey 方法打开 sub1
            RegistryKey sub1key = USBKey.OpenSubKey(sub1, false);
            foreach (string sub2 in sub1key.GetSubKeyNames())
            {
                try
                {
                    //打开 sub1key 的子项
                    RegistryKey sub2key = sub1key.OpenSubKey(sub2, false);
                    //检索 Service=disk(磁盘)值的子项 cdrom(光盘)
                    if (sub2key.GetValue("Service", "").Equals("disk"))
                    {
                        String Path = "USBSTOR" + "\\" + sub1 + "\\" + sub2;
                        String Name = (string)sub2key.GetValue("FriendlyName", "");
                        Console.WriteLine("USB 名称:   " + Name);
                        Console.WriteLine("UID 标记:   " + sub2);
                        Console.WriteLine("路径信息:   " + Path);
                        Console.WriteLine();
                        Console.WriteLine("\t\t\t"+"————分割线————");
                        Console.WriteLine();
                    }
                }
                //异常处理
                catch (Exception msg)
                {
```

```
Console.WriteLine(msg.Message);
        }
    }
    Console.ReadLine();
    }
  }
}
```

运行上述程序,结果如图 16-14 所示。

图 16-14　获取 USB 信息

【案例剖析】

本例演示了通过注册表中移动设备的相关信息,获取 Windows 系统使用 USB 设备的相关记录。首先创建 RegistryKey 对象,通过使用 OpenSubKey 方法打开注册表中 HKEY_LOCAL_MACHINE\SYSTEM\CurrentControlSet\Enum\USBSTOR 子键。然后使用双层 foreach 循环,检索 USBSTOR 下所有子项的字符串数组。在第一层 foreach 循环中打开 sub1 子项,第二层循环用于比较 Service 与 disk(磁盘)值的子项是否相等,如果相等,则将此 USB 相关信息输出。

16.4　大神解惑

小白:在注册表信息创建时,为什么会出现"不允许所请求的注册表访问"异常?

大神:当对注册表进行操作时,需要注意所使用的用户是否有操作权限。如果出现异常提示"不允许所请求的注册表访问"时,需要打开注册表,在需要操作的子键上右击,在弹出的快捷菜单中选择【权限】命令,如图 16-15 所示。在弹出的权限对话框中对所使用的用户分配【完全控制】权限即可,如图 16-16 所示。

图 16-15　选择【权限】命令

图 16-16　分配【完全控制】权限

16.5 跟我学上机

练习 1：编写程序，在注册表中 HKEY_LOCAL_MACHINE\SOFTWARE 子键下创建 test1 子项，然后在 test1 下创建 test2 子项，并对 test2 初始化其键值 value 为 123。

练习 2：编写程序，将注册表中 HKEY_LOCAL_MACHINE\SOFTWARE\test1\test2 的键值 value 修改为 abc。

练习 3：编写程序，将注册表中 HKEY_LOCAL_MACHINE\SOFTWARE 子键下的 test1 子项删除。

第 17 章
互动式报表
——水晶报表

水晶报表(Crystal Reports)是 Visual Studio 提供的一种报表设计插件,使用水晶报表能够建立专业的高复杂度互动式报表。水晶报表在使用中可以对数据源进行分组排序以及筛选操作,并且能够根据需要绘制相应的图表。本章以 CRforVS_13_0_20 版本水晶报表为例进行讲解。

本章目标(已掌握的在方框中打钩)

- ☐ 了解什么是水晶报表。
- ☑ 掌握如何创建水晶报表。
- ☐ 掌握如何对报表数据进行分组操作。
- ☐ 掌握如何对报表数据进行排序操作。
- ☐ 掌握如何对报表数据进行筛选操作。
- ☐ 学会根据报表数据绘制相应的图表。

17.1 水晶报表插件的下载与安装

Visual Studio 开发工具中默认是没有水晶报表插件的，用户在使用时，首先需要进行下载。水晶报表插件可访问 ASP.NET 官网进行下载，也可通过浏览器搜索下载，这里不再赘述。

注意：Visual Studio 2017 暂未发布配套水晶报表插件，本章的水晶报表插件为最新版 CRforVS_13_0_20，并且以 Visual Studio 2010 开发工具为基础进行讲解。

下面讲解水晶报表 CRforVS_13_0_20 版本的安装步骤。

step 01 双击下载完成的水晶报表插件 exe 文件，进行安装，首先出现语言选择界面，默认为【简体中文】，单击【确认】按钮，如图 17-1 所示。

step 02 进入安装向导界面，如图 17-2 所示，单击【下一步】按钮，进入【许可协议】界面，选中【我接受此许可协议】单选按钮并单击【下一步】按钮，如图 17-3 所示。

图 17-1 语言选择

图 17-2 安装向导界面

图 17-3 【许可协议】界面

step 03 进入【开始安装】界面，如图 17-4 所示，单击【下一步】按钮，水晶报表进入安装进度界面，如图 17-5 所示，等待插件的安装。

图 17-4 【开始安装】界面

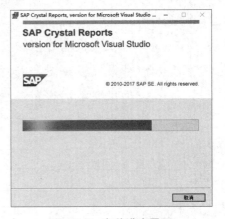

图 17-5 安装进度界面

step 04 安装完毕，弹出成功安装界面，询问用户是否需要安装 64 位运行时，如图 17-6 所示。单击【完成】按钮，将会向系统中安装 64 位运行时，如图 17-7 所示。等待安装完毕，水晶报表插件将成功安装到 Visual Studio 开发工具中。

图 17-6　成功安装界面

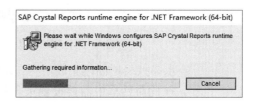

图 17-7　安装 64 位运行时

17.2　水晶报表插件的使用

水晶报表插件安装成功后，可在 Visual Studio 开发工具中使用。使用前需要创建水晶报表。创建水晶报表的具体操作步骤如下。

step 01 创建一个 Windows 应用程序，在解决方案资源管理器中的项目名称上右击，在弹出的快捷菜单中选择【添加】→【新建项】命令，如图 17-8 所示。

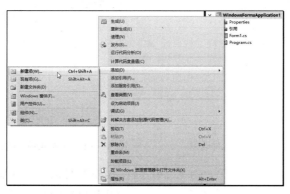

图 17-8　选择【新建项】命令

step 02 打开【添加新项】对话框，如图 17-9 所示。选择左侧 Reporting 已安装模板，然后选择右侧的 Crystal Reports 选项，然后输入水晶报表的名称，单击【添加】按钮完成水晶报表项的创建。

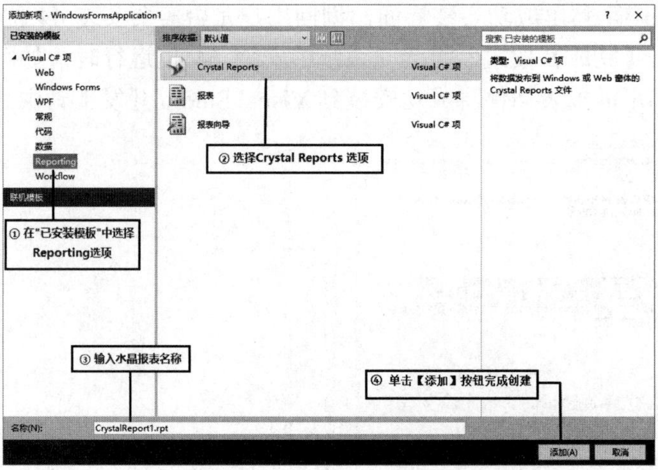

图 17-9 【添加新项】对话框

step 03 水晶报表项创建完成后会自动弹出【Crystal Reports 库】对话框，如图 17-10 所示。在此对话框中需要设置报表相应属性，在【创建新 Crystal Reports 文档】区域中选中【使用报表向导】单选按钮，然后在【选择专家】区域选择【标准】选项，单击【确定】按钮。

step 04 打开【标准报表创建向导—数据】对话框，如图 17-11 所示。单击【创建新连接】项目左侧的+号，打开子项拓展，然后双击子项 OLE DB(ADO)。

图 17-10 【Crystal Reports 库】对话框

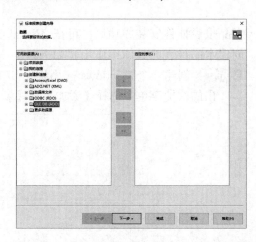
图 17-11 【标准报表创建向导—数据】对话框

step 05 打开【OLE DB(ADO)—OLE DB 提供程序】对话框，如图 17-12 所示。在【提供程序】区域的选项列表中选择 Microsoft OLE DB provider for SQL Server 选项，单击【下一步】按钮。

step 06 打开【OLE DB(ADO)—连接信息】对话框，如图 17-13 所示。此界面登录信息同 SQL 数据库登录信息，在【服务器】一栏中输入连接服务器的名称(同 SQL 登录服务器名)，在【用户 ID】一栏中输入连接服务器的用户名(同 SQL 登录名)，在【密码】一栏中输入登录服务器用户密码(同 SQL 登录用户的密码)，在【数据库】下拉列表框中选择所需要的数据库，单击【完成】按钮。

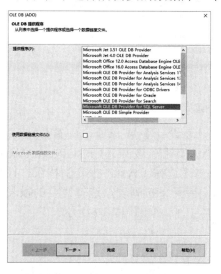 

图 17-12 【OLE DB(ADO)—OLE DB 提供程序】对话框　　图 17-13 【OLE DB(ADO)—连接信息】对话框

step 07 返回【标准报表创建向导—数据】对话框，如图 17-14 所示。在【我的连接】展开项中单击已连接的数据库(本例为 test)左侧+号，在展开项中单击 dbo 左侧+号，选择需要的数据表(本例为 Student)，单击界面中间的　按钮，将表添加到【选定的表】区域中，单击【下一步】按钮。

step 08 打开【标准报表创建向导—字段】对话框，如图 17-15 所示。将需要的字段从左侧【可用字段】中添加到右侧【要显示的字段】中，单击【完成】按钮，水晶报表创建完毕，如图 17-16 所示。

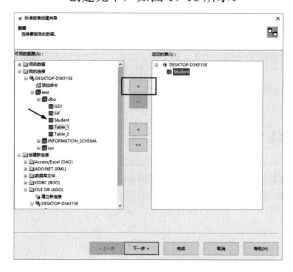 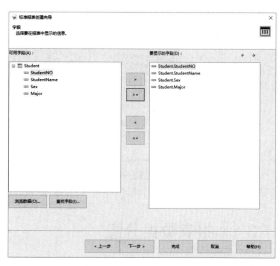

图 17-14 【标准报表创建向导—数据】对话框　　图 17-15 【标准报表创建向导—字段】对话框

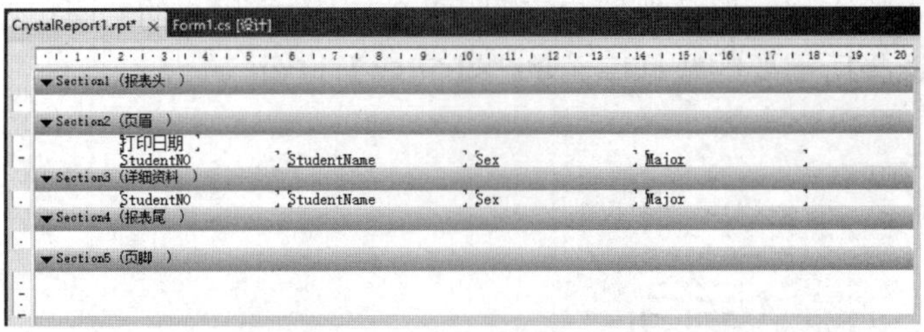

图 17-16 水晶报表创建完毕

step 09 回到窗体设计界面，打开工具箱的【报表设计】展开项，向窗体中添加一个 CrystalReportViewer 控件，单击控件右上方▶按钮，展开【CrystalReportViewer 任务】窗口，如图 17-17 所示。在展开项中单击【选择 Crystal 报表】按钮。打开【选择 Crystal 报表】对话框，如图 17-18 所示，展开下拉列表，选择需要的报表，单击【确定】按钮，报表数据就显示在 Form 窗体中了，如图 17-19 所示。

图 17-17 CrystalReportViewer 任务

图 17-18 指定 Crystal 报表

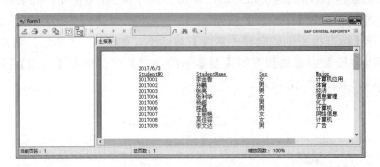

图 17-19 显示的报表数据

17.3 水晶报表的基本操作

水晶报表可对数据源中的数据进行相应的数据处理，如分组排序和筛选，并且根据用户的需求可绘制出相应的图表图形。下面对水晶报表插件的基本操作进行讲解。

17.3.1 报表数据分组

将水晶报表中的源数据进行分组操作，按照不同类别或者某种标准进行划分，能够很清晰地观察数据的特征。

对水晶报表源数据进行分组操作，以上节创建的水晶报表数据为例，操作步骤如下。

step 01 打开报表文件 CrystalReport1.rpt，在设计区域的空白处右击，在弹出的快捷菜单中选择【报表】→【组专家】命令，如图 17-20 所示。

step 02 打开【组专家】对话框，在左侧【可用字段】列表中选择需要作为分组依据的字段，单击 按钮将此字段添加到【分组依据】列表中，如图 17-21 所示。

图 17-20 选择【组专家】命令　　　　　　　图 17-21 【组专家】对话框

step 03 单击图 17-21 中的【选项】按钮，打开【更改组选项】对话框，在排序下拉列表框中选择需要的排序方式，如图 17-22 所示，选择完成后单击【确定】按钮。

step 04 运行程序，结果如图 17-23 所示。

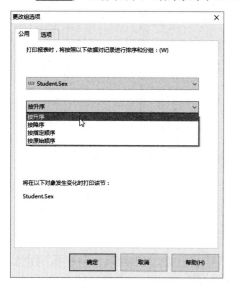

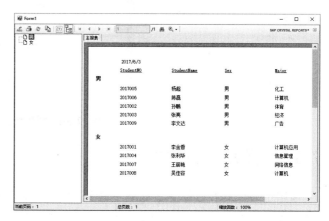

图 17-22 选择排序方式　　　　　　　图 17-23 分组结果

17.3.2 报表数据排序

数据排序的目的是将源数据中"无序"的记录序列调整为"有序"的记录序列，使得排序后的数据更加有规律性。

对水晶报表源数据进行排序操作，具体步骤如下。

step 01 以本章创建的报表文件为例，打开报表文件 CrystalReport1.rpt，在设计区域空白处右击，在弹出的快捷菜单中选择【报表】→【记录排序专家】命令，如图 17-24

step 02 打开【记录排序专家】对话框，在左侧【可用字段】列表中选择需要排序的字段，单击 按钮添加到【排序字段】列表中，在【排序方向】区域中选择排序方式，如图 17-25 所示，完成后单击【确定】按钮。

图 17-24　选择【记录排序专家】命令　　　　图 17-25　【记录排序专家】对话框

step 03 运行程序，结果如图 17-26 所示。

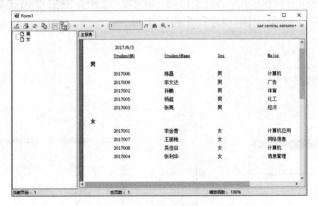

图 17-26　排序结果

17.3.3　报表数据筛选

使用水晶报表时，默认会将报表中的所有数据记录都显示出来，而实际上会根据用户的需求而保留显示符合某种条件的记录。水晶报表提供了两种方法来对报表数据进行筛选。

1．通过【选择专家】命令筛选数据

使用【选择专家】命令对数据进行筛选操作，具体步骤如下。

step 01 以本章创建的报表文件为例，打开报表文件 CrystalReport1.rpt，在报表设计区域的空白处右击，在弹出的快捷菜单中选择【报表】→【选择专家】→【记录】命令，如图 17-27 所示。

step 02 打开【选择字段】对话框，在【报表字段】展开项中选择需要设置筛选条件的字段，单击【确定】按钮，如图 17-28 所示。

图 17-27　选择【记录】命令

图 17-28　【选择字段】对话框

step 03　打开"选择专家—记录"对话框，首先在字段下方的下拉列表中选择筛选条件，然后在右侧输入筛选规则，单击【确定】按钮即可完成创建，如图 17-29 所示。

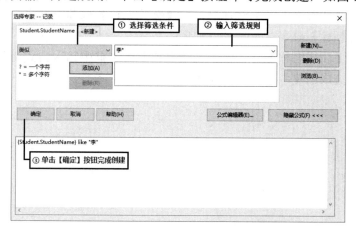

图 17-29　【选择专家—记录】对话框

step 04　运行程序，结果如图 17-30 所示，筛选出了所有学生中李姓同学。

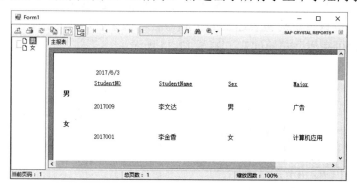

图 17-30　"选择专家"方式筛选记录

2. 通过【公式工作室】命令筛选记录

【公式工作室】命令可令用户通过编写筛选条件来自定义需要保留的记录或内容。使用【公式工作室】命令对数据进行筛选操作，具体步骤如下。

step 01 以本章创建的报表文件为例,打开报表文件 CrystalReport1.rpt,在报表设计区域的空白处右击,在弹出的快捷菜单中选择【报表】→【公式工作室】命令,如图 17-31 所示。

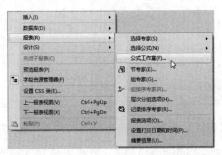

图 17-31 选择【公式工作室】命令

step 02 打开【公式工作室】对话框,在【公式字段】选项上右击,在弹出的快捷菜单中选择【新建】命令,如图 17-32 所示。

step 03 打开【公式名称】对话框,在【名称】文本框中输入公式名称,单击【确定】按钮即可完成创建,如图 17-33 所示。

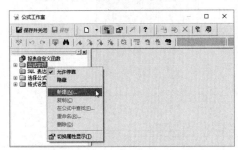   

图 17-32 【公式工作室】对话框   图 17-33 【公式名称】对话框

step 04 返回【公式工作室—公式编辑器】对话框,在输入栏中输入筛选条件表达式,然后单击检查按钮检验表达式的正确与否,如果表达式正确,单击【保存并关闭】按钮,即可完成公式的创建,如图 17-34 所示。

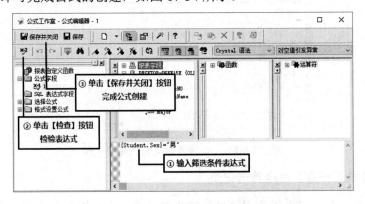

图 17-34 【公式工作室—公式编辑器】对话框

step 05 返回报表设计界面,在设计区域的空白处右击,在弹出的快捷菜单中选择【报表】→【选择专家】→【记录】命令,如图 17-35 所示。

step 06 打开【选择字段】对话框,在【报表字段】展开项中选择 a1 表达式,单击【确定】按钮,如图 17-36 所示。

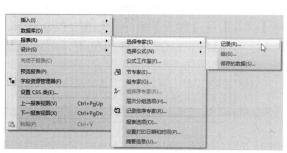

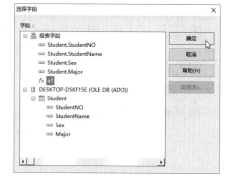

图 17-35 选择【记录】命令　　　　　　图 17-36 【选择字段】对话框

step 07 打开【选择专家—记录】对话框,在筛选条件下拉列表框中选择【为真】选项,单击【确定】按钮,如图 17-37 所示。

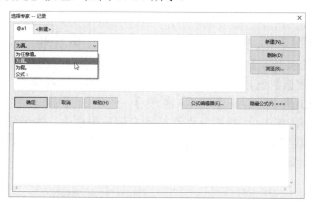

图 17-37 【选择专家—记录】对话框

step 08 运行程序,结果如图 17-38 所示,已将性别为"男"的学生筛选出来。

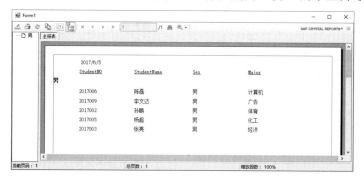

图 17-38 "公式工作室"方式筛选记录

17.3.4 图表的使用

水晶报表中带有绘制图表功能，使用图表能够将水晶报表中的数据绘制成符合需求的图形，使得统计数据的走向、趋势及数据间差异能够更加清晰。

使用水晶报表对数据绘制图表，具体操作步骤如下。

step 01 以本章创建的报表文件为例，打开报表文件 CrystalReport1.rpt，在报表头下方空白处右击，在弹出的快捷菜单中选择【插入】→【图表】命令，如图 17-39 所示。

step 02 在【报表头】下方空白处移动鼠标选择好摆放图表控件的位置，单击鼠标左键，如图 17-40 所示。

图 17-39 选择【图表】命令

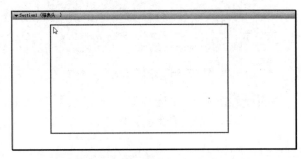

图 17-40 摆放图表控件

step 03 打开【图表专家】对话框，在【类型】选项卡中可选择图表的类型，如图 17-41 所示。在【数据】选项卡中对图表绘制的具体项目进行设置。例如，需要统计学科人数，在数据区域中【可用字段】下方的【报表字段】展开项中选择 Student.Major，单击 按钮分别添加到右侧列表框中，表示统计主体字段(X 轴刻度项)与统计字段的显示值，其他选项卡采用默认配置即可，最后单击【确定】按钮即可完成设置，如图 17-42 所示。

图 17-41 【类型】选项卡

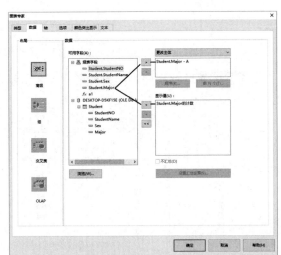

图 17-42 【数据】选项卡

step 04 运行程序，结果如图 17-43 所示。

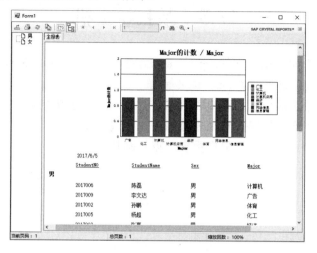

图 17-43　绘制图表

17.4　大 神 解 惑

小白：为什么工具箱中的【报表设计】项中没有 CrystalReportViewer 控件？
大神：因为这类控件不可用于.NET Framework 4 Client Profile。解决方法如下。

step 01 在资源管理器中的项目上右击，在弹出的快捷菜单中选择【属性】命令，如图 17-44 所示。

step 02 打开属性配置界面，在【应用程序】选项卡中修改【目标框架】为.NET Framework 4，在弹出的【目标 Framework 更改】对话框中单击【是】按钮即可完成修改，如图 17-45 所示。

图 17-44　选择【属性】命令　　　　　图 17-45　修改目标框架

step 03 返回 Form 窗体，即可使用 CrystalReportViewer 控件。

17.5 跟我学上机

练习 1：创建一个水晶报表文件(.rpt)，要求连接数据库为 SQL Server 2016，并为水晶报表配置相关数据表。

练习 2：创建一个水晶报表，对报表数据进行分组、排序操作。

练习 3：创建一个水晶报表，对报表数据进行筛选操作。

练习 4：创建一个水晶报表，根据报表数据绘制相应的图表。

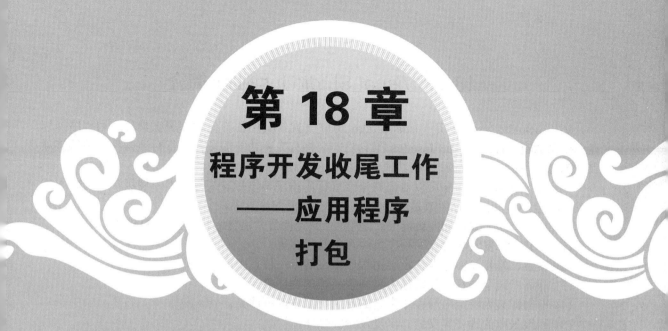

在使用 Visual Studio 2017 开发工具完成程序的编写后,需要进行一项收尾工作,那就是程序的打包。将开发完成的应用程序进行打包操作,可以使应用程序能够在任意计算机上进行使用。本章通过 Visual Studio 2017 开发工具对应用程序打包操作进行讲解。

本章目标(已掌握的在方框中打钩)

☐ 了解什么是 Visual Studio Installer 工具。
☐ 掌握 Visual Studio Installer 工具下载与安装方法。
☐ 掌握如何创建 Windows 安装项目。
☐ 掌握如何制作 Windows 安装程序。

18.1 Visual Studio Installer 简介

Visual Studio Installer 是 Visual Studio 2017 开发工具中的打包和部署工具。应用程序打包操作就是通过 Visual Studio Installer 工具将一个拥有完整功能的项目进行封装操作，使得该项目能够像一般的应用程序一样在其他计算机上正常使用。

Visual Studio Installer 可以对公共语言运行库程序集进行安装与管理，使用户能够将程序集安装到全局程序集缓存中或是为特定应用程序隔离的位置中。

总的来说，Visual Studio Installer 工具拥有的支持公共语言运行库程序集的功能如下。

(1) 安装、修复及移除全局程序集缓存中的程序集。
(2) 安装、修复及移除为特定应用程序指定的专用位置中的程序集。
(3) 即需即装全局程序集缓存中具有强名称的程序集。
(4) 即需即装为特定应用程序指定的专用位置中的程序集。
(5) 回滚失败的程序集安装、修复及移除操作。
(6) 对程序集进行修补。
(7) 生成指向程序集的快捷方式。

18.2 Visual Studio Installer 工具的下载安装

Visual Studio Installer 工具不再像以前版本那样在 Visual Studio 开发工具安装后就能在开发工具中使用。Visual Studio 2017 需要下载 Microsoft Visual Studio 2017 Installer Projects。

Microsoft Visual Studio 2017 Installer Projects 的下载步骤如下。

step 01 运行 Visual Studio 2017 开发工具，选择【工具】→【拓展和更新】命令，如图 18-1 所示。

图 18-1 选择【拓展和更新】命令

step 02 打开【拓展和更新】对话框，选择左侧【联机】选项，然后在右上方搜索框中输入 Microsoft Visual Studio 2017 Installer Projects，搜索结果中会出现相应的 Microsoft Visual Studio 2017 Installer Projects 下载项，单击【下载】按钮，如图 18-2 所示。

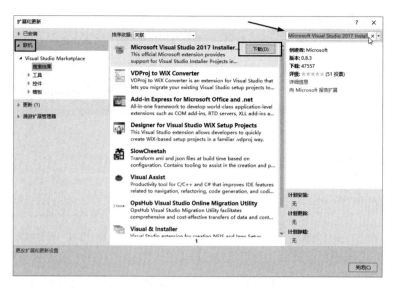

图 18-2 下载 Microsoft Visual Studio 2017 Installer Projects

step 03 弹出【下载并安装】对话框，Microsoft Visual Studio 2017 Installer Projects 开始读取进度下载，如图 18-3 所示。

step 04 下载完毕，返回【拓展和更新】对话框，在对话框下方会提示【更改已列入计划。关闭所有 Microsoft Visual Studio 窗口后，将开始执行选定的安装/更新和卸载。】，如图 18-4 所示，这时需要关闭 Microsoft Visual Studio 相关软件，执行安装。

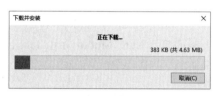

图 18-3 【下载并安装】对话框

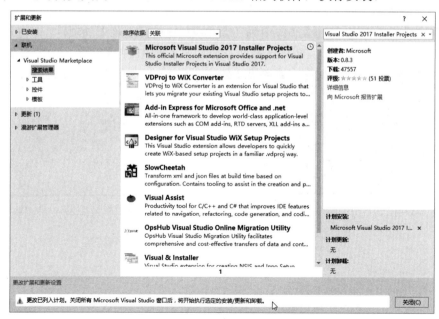

图 18-4 下载完毕和提示信息

step 05 完全关闭 Microsoft Visual Studio 相关软件后，弹出安装界面，如图 18-5 所示。单击【修改】按钮，插件开始安装，如图 18-6 所示，安装完毕后即可使用。

图 18-5 安装界面

图 18-6 开始安装

18.3 Visual Studio Installer 工具的使用

Visual Studio Installer 工具下载安装完成后，即可在 Visual Studio 2017 开发工具中使用。下面通过 Visual Studio Installer 工具对打包项目的创建以及 Windows 安装程序的制作进行详细讲解。

18.3.1 创建 Windows 安装项目

制作一个 Windows 安装程序前，需要创建相应的 Windows 安装项目。创建 Windows 安装项目的具体步骤如下。

step 01 首先在 Visual Studio 2017 开发工具中打开一个需要部署的项目，在【解决方案】上右击，在弹出的快捷菜单中选择【添加】→【新建项目】命令，如图 18-7 所示。

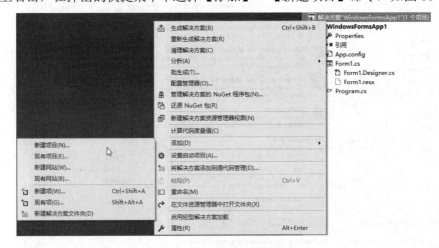

图 18-7 选择【新建项目】命令

step 02 打开【添加新项目】对话框，在左侧【已安装】展开项中选择【其他项目类型】→Visual Studio Installer 选项，在右侧列表框中选择 Setup Project 选项，输入安装项目名称，如图 18-8 所示。单击【确定】按钮完成创建。

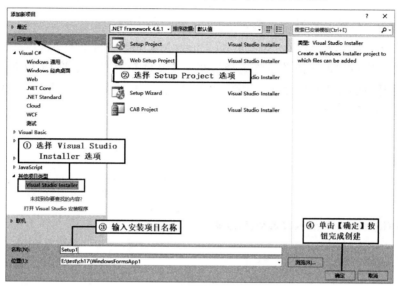

图 18-8　【添加新项目】对话框

18.3.2　输出文件的添加

添加项目输出文件的操作步骤如下。

step 01 添加入口文件(Main 方法)，在 File System 的 File System on Target Machine 项目下的 Application Folder 选项上右击，在弹出的快捷菜单中选择 Add→【项目输出】命令，如图 18-9 所示。

step 02 打开【添加项目输出组】对话框，在【项目】栏的下拉列表框中选择需要部署的应用程序，指定其类型为【主输出】，如图 18-10 所示，单击【确定】按钮。

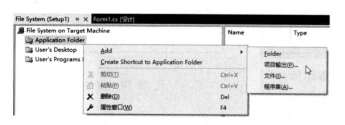

图 18-9　选择【项目输出】命令

图 18-10　【添加项目输出组】对话框

18.3.3 内容文件的添加

添加项目内容文件的具体操作步骤如下。

step 01 在 File System 的 File System on Target Machine 项目下的 Application Folder 选项上右击，在弹出的快捷菜单中选择 Add→【文件】命令，如图 18-11 所示。

step 02 打开 Add Files 对话框，如图 18-12 所示，选择需要添加的内容文件，单击【打开】按钮，即可完成添加。

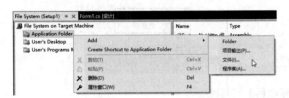

图 18-11 选择【文件】命令

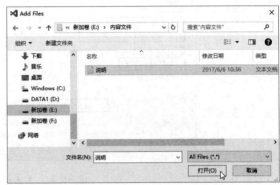

图 18-12 Add Files 对话框

18.3.4 快捷方式的创建

创建快捷方式的具体操作步骤如下。

step 01 在 Name 项下的【主输出 from WindowsFormsApp2(Active)】选项上右击，在弹出的快捷菜单中选择【Create Shortcut to 主输出 from WindowsFormsApp2(Active)】命令，如图 18-13 所示。

step 02 把创建的快捷方式重命名为【快捷方式】，如图 18-14 所示。

图 18-13 选择【Create Shortcut to 主输出 from WindowsFormsApp2(Active)】命令

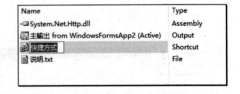

图 18-14 重命名

step 03 将此【快捷方式】通过鼠标左键进行拖动，移动到左侧 User's Desktop 中，如图 18-15 所示。至此，快捷方式便创建完成。

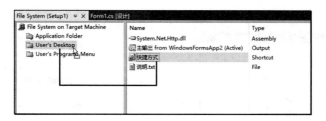

图 18-15 移动【快捷方式】

18.3.5 注册表项的添加

注册表添加步骤如下。

step 01 在解决方案资源管理器中的安装项目上右击,在弹出的快捷菜单中选择 View→【注册表】命令,如图 18-16 所示。

step 02 打开 Registry 选项卡,在下方展开项中依次打开 HKEY_CURRENT_USER/Software,对 Software 子项"[Manufacturer]"进行重命名操作,如图 18-17 所示。

图 18-16 选择【注册表】命令

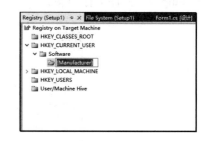

图 18-17 重命名

step 03 在重命名后的注册表子项上右击,在弹出的快捷菜单中选择 New→【字符串值】命令,如图 18-18 所示。

step 04 在 Name 项下会自动添加一个字符串值相关项,为此字符串输入名称,如图 18-19 所示。

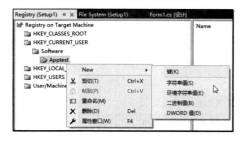

图 18-18 选择【字符串值】命令

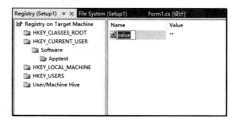

图 18-19 字符串值

step 05 在命名后的字符串名称上右击,在弹出的快捷菜单中选择【属性窗口】命令,如图 18-20 所示。

step 06 打开【属性】窗口,在 Value 栏中输入注册表项的键值,如图 18-21 所示,输入完毕,注册表项便创建完成。

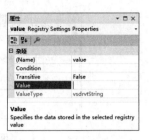

图 18-20　选择【属性窗口】命令　　　　　　　图 18-21　【属性】窗口

18.3.6　生成 Windows 安装程序

在完成以上操作后,便可将应用程序生成 Windows 的安装程序。生成操作十分简单,只需在解决方案资源管理器中选择 Windows 安装项目,单击鼠标右键,在弹出的快捷菜单中选择【生成】命令,Visual Studio 2017 开发工具就会将该应用程序生成为可安装的 Windows 安装程序(.exe)。如图 18-22 所示为开发工具生成的 Windows 安装程序,用户可像安装一般软件那样双击 setup.exe 文件进行安装。

图 18-22　Windows 安装程序

18.4　大　神　解　惑

小白:为什么在安装 Visual Studio Installer 工具后,添加新建项操作找不到 Visual Studio Installer 工具?

大神:注意操作步骤,要为 Windows 应用程序创建安装项目,一定要在"解决方案 XXX"上右击,在弹出的快捷菜单中选择添加新建项目才能找到 Visual Studio Installer 工具。

18.5　跟我学上机

练习 1:下载并安装 Visual Studio Installer。
练习 2:为一个编写好的完整应用程序进行打包操作,制作成 Windows 安装程序。

第 4 篇

项目开发实战

➡ 第 19 章　经典系统应用——开发图书管理系统
➡ 第 20 章　流行系统应用——开发社区互助系统
➡ 第 21 章　娱乐影视应用——开发电影票预订系统
➡ 第 22 章　企业系统应用——开发人事管理系统

第 19 章 经典系统应用——开发图书管理系统

本章以 C#6.0+SQL Server 2016 数据库技术为基础,通过使用 Visual Studio 2017 开发环境,以控制台应用程序为例开发的一个图书管理系统的演示版本。通过本系统的讲述,使读者真正掌握软件开发的流程及 C#在实际项目中涉及的重要技术。

本章要点(已掌握的在方框中打钩)

- ☐ 了解本项目的需求分析和系统功能结构设计。
- ☐ 掌握数据库设计。
- ☐ 掌握图书类(class Book)代码设计。
- ☐ 掌握图书馆类(class Library)代码设计。
- ☐ 掌握借书系统类(class BookSystem)代码设计。

19.1 需求分析

需求调查是任何一个软件项目的第一个工作。通过分析，本程序为开放式图书管理系统，由运行程序开始，不需要进行登录验证，只需要输入借书人姓名即可进行相应的功能操作。

经过需求调查之后，总结出如下需求信息。

1) 图书查询功能

该功能可将库存图书的借阅情况展现出来，展现界面包含图书的编号、图书名称及借阅状态。

2) 图书借阅功能

该功能可实现图书的借阅。用户通过对图书编号的选择对图书进行借阅操作，如图书尚未借出则用户借阅成功。

3) 图书归还功能

该功能可实现图书的归还。用户通过对图书编号的输入来对借出的图书进行归还。

4) 图书借阅历史查询

该功能可实现对已借阅的图书历史进行查询，查询界面将显示用户所借图书、借出时间及还书时间。

根据上述需求分析，图书管理系统功能模块如图 19-1 所示。

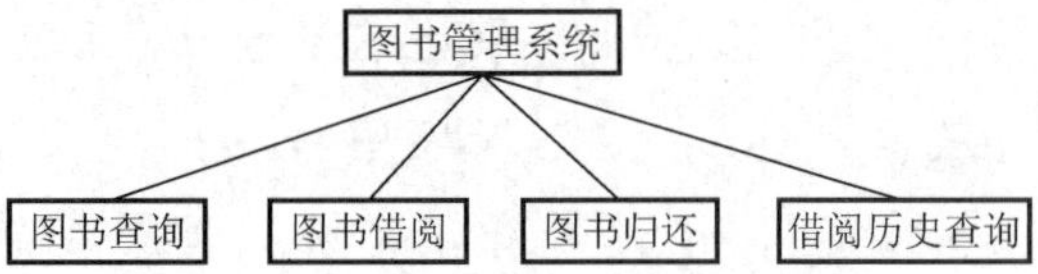

图 19-1 图书管理系统功能模块

19.2 功能分析

经过需求分析，了解了图书管理系统所实现的主要功能，为了代码的简洁和易维护，要实现这些功能模块，须将系统的各个要素做成单独的 class，以方便管理和调用。本项目一共 4 个 class，它们分别对应不同的项目要素，共同组成本项目，各个 class 内容及功能如下。

1. 图书类(class Book)

本类主要定义图书的相关数据。

通过声明图书信息变量：编号、书名、是否闲置、借书人名字，构造图书信息函数 Book()，存储图书的相关信息。

然后定义借书方法 Borrow()，借阅成功后，图书信息变为已借阅，且存入借书人名字；还书方法 Return()，还书成功后，图书信息变为未借阅，借书人名字更新为空；图书空置状态方法 isAvailable()，如果图书已借出，则返回值为"是"，如果图书未借阅，则返回值为"否"，由此实现图书信息在借出、归还后的更新。

2. 图书馆类(class Library)

本类声明了图书馆中书的数量，并构造图书馆函数 Library()，该函数通过一个数组，将图书馆内所有的书的信息定义下来。

3. 借书系统类(class BookSystem)

本类是非常重要的类，主要实现初始界面的显示信息和四个功能模块的逻辑实现。

首先实例化类 Library，然后通过方法 Menu()定义了主菜单及界面显示信息，包括 5 个功能选项(图书查询、借书、还书、查看借阅历史、退出)和 1 个提示信息("请输入您要选择的操作：")。针对用户输入的选项，本函数还用一个 switch 判断语句，通过调用 5 个相应的方法(方法 Listing()、Borrow()、Return()、History()、Exit())，来实现用户所选的功能。

接着定义了主菜单中调用的 5 个方法，也就是 5 个子菜单。

(1) 方法 Listing()。实现信息查询功能。窗口界面上将显示图书馆内所有图书的信息，包括图书编号、图书名称、是否可借阅。

(2) 方法 Borrow()。实现借书功能。用户根据提示输入借阅人名字和借阅图书编号，如果图书未被借出，就提示借阅成功，如果图书已被借出，就提示无法借阅。

(3) 方法 Return()。实现还书功能。用户根据提示输入图书编号，还书成功。

(4) 方法 History()。实现显示借阅历史的功能。

(5) 方法 Exit()。实现退出系统功能。

4. Main 类(class MainClass)

本类包含一个 Main 方法，本项目从此处开始执行。首先实例化类 BookSystem，然后调用类 BookSystem 的方法 Menu()，开始运行程序。

通过上述功能分析，得出图书管理系统功能结构，如图 19-2 所示。

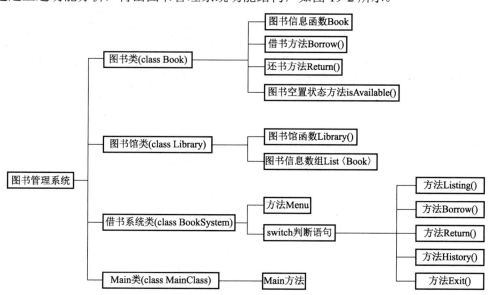

图 19-2 图书管理系统功能结构

19.3 数据库设计

在完成系统的需求分析以及功能分析后，接下来需要进行数据库的分析。本系统数据库使用 SQL Server 2016 进行设计，数据库名称为 book_management，其中包含 2 张表：books 与 history，用于存储书籍与借阅信息，如图 19-3 所示。

图 19-3　图书管理系统数据表

数据库连接所使用的用户名采用默认的用户名 sa，密码为空。用户在测试时可以根据自己本地的设置进行修改。下面是数据库连接的参数：

```
string Conn = "Data Source=.;Initial Catalog=book_management;User ID=sa;Password=";
```

通过对需求分析以及系统功能的确定，规划出系统中使用的数据库实体对象有 2 个，它们的 E-R 图如图 19-4 和图 19-5 所示。

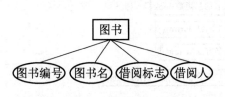

图 19-4　图书实体 E-R 图

图 19-5　借阅信息实体 E-R 图

根据实体 E-R 图可设计出数据表结构，具体介绍如下。

(1) books(图书表)，用于存储图书的编号、名称、借阅标志及借阅人，如表 19-1 所示。

表 19-1　books(图书表)

列　名	描　述	数据类型	允许 null 值
id	图书编号	int	true
name	图书名称	varchar(300)	true
available	借阅标志	tinyint	true
borrower	借阅人	varchar(50)	true

(2) history(借阅信息表)，用于存储图书编号、图书名称、借阅时间、归还时间及借阅人，如表 19-2 所示。

表 19-2　history(借阅信息表)

列　名	描　述	数据类型	允许 null 值
bookid	图书编号	int	true
bookname	图书名称	varchar(300)	true
borrowtime	借阅时间	varchar(30)	true
returntime	归还时间	varchar(30)	true
borrower	借阅人	varchar(50)	true

19.4　开发前准备工作

进行系统开发之前，需要做如下准备工作。

(1) 搭建开发环境。

(2) 根据数据库设计表结构，在 SQL Server 2016 数据库软件中实现数据库和表的创建。具体操作步骤在此不再赘述，如有疑问，请参阅数据库相关章节。

(3) 创建项目。在 Visual Studio 2017 开发环境中创建 BookManagement 项目，具体操作步骤，请参阅前面章节内容。

(4) 系统中用到了大量数据库相关操作命令，为了开发程序时进行复用，自定义多种方法。在项目根目录下创建 SqlHelper 类，代码如下：

```
using System;
using System.Data;
using System.Data.SqlClient;
/// <summary>
///SqlHelper 介绍
/// </summary>
public abstract class SqlHelper
{
//数据库连接的相关参数
public static string Conn = "Data Source=.;Initial
Catalog=book management;User ID=sa;Password=";
/// <summary>
/// 准备数据库操作的命令
/// </summary>
/// <param name="cmd">sql 命令</param>
/// <param name="conn">数据库连接</param>
/// <param name="trans">数据库事务</param>
/// <param name="cmdType">命令类型</param>
/// <param name="cmdTxt">命令语句</param>
/// <param name="cmdParms">命令中涉及的参数</param>
private static void PrepareCommand(SqlCommand cmd, SqlConnection conn,
SqlTransaction trans,
CommandType cmdType, string cmdTxt, SqlParameter[] cmdParms)
{
if (conn.State != ConnectionState.Open)
```

```csharp
conn.Open();

cmd.Connection = conn;
cmd.CommandText = cmdTxt;

if (trans != null)
cmd.Transaction = trans;

cmd.CommandType = cmdType;

if (cmdParams != null)
{
foreach (SqlParameter parm in cmdParams)
cmd.Parameters.Add(parm);
}
}

/// <summary>
/// 建立数据库连接,执行更新数据库的命令
/// </summary>
/// <param name="connStr">数据库连接的语句</param>
/// <param name="cmdType">命令类型</param>
/// <param name="cmdTxt">sql 命令语句</param>
/// <param name="cmdParams">命令所涉及的参数</param>
/// <returns>执行命令所影响的行数</returns>
public static int ExecuteUpdateQuery(string connStr, CommandType cmdType,
string cmdText, params
SqlParameter[] cmdParams)
{

SqlCommand cmd = new SqlCommand();

using (SqlConnection conn = new SqlConnection(connStr))
{
PrepareCommand(cmd, conn, null, cmdType, cmdText, cmdParams);
int val = cmd.ExecuteNonQuery();
cmd.Parameters.Clear();
return val;
}
}
/// <summary>
/// 建立数据库连接,执行往数据库存入记录的命令
/// </summary>
/// <param name="connStr">数据库连接的语句</param>
/// <param name="cmdType">命令类型</param>
/// <param name="cmdTxt">sql 命令语句</param>
/// <param name="cmdParams">命令所涉及的参数</param>
/// <returns>执行命令所影响的行数</returns>
public static int ExecuteInsertQuery(string connStr, CommandType cmdType,
string cmdText, params
SqlParameter[] cmdParams)
{
SqlCommand cmd = new SqlCommand();
using (SqlConnection conn = new SqlConnection(connStr))
{
PrepareCommand(cmd, conn, null, cmdType, cmdText, cmdParams);
int val = cmd.ExecuteNonQuery();
```

```csharp
cmd.Parameters.Clear();
return val;
}
}

/// <summary>
/// 返回数据表
/// </summary>
/// <param name="connStr">数据库连接的语句</param>
/// <param name="cmdType">命令类型</param>
/// <param name="cmdTxt">sql 命令语句</param>
/// <param name="cmdParams">执行命令所用参数的集合</param>
/// <returns></returns>
public static DataSet GetDataSet(string connStr, CommandType cmdType,
string cmdTxt, params
SqlParameter[] cmdParams)
{
//创建一个 SqlCommand 对象
SqlCommand cmd = new SqlCommand();
//创建一个 SqlConnection 对象
SqlConnection conn = new SqlConnection(connStr);

//抓取执行 sql 命令过程中出现的异常,如果异常出现,则关闭连接
try
{
//调用 PrepareCommand 方法,对 SqlCommand 对象设置参数
PrepareCommand(cmd, conn, null, cmdType, cmdTxt, cmdParams);
//调用 SqlCommand 的 ExecuteReader 方法
SqlDataAdapter adapter = new SqlDataAdapter();
adapter.SelectCommand = cmd;
DataSet ds = new DataSet();

adapter.Fill(ds);
//清除参数
cmd.Parameters.Clear();
conn.Close();
return ds;
}
catch (Exception e)
{
throw e;
}
}
}
```

【代码剖析】

SqlHelper 类代码中定义了多种方法,分别用于实现连接数据库、更新数据库、存储数据以及返回数据表内容。首先定义 Conn 变量,用于对数据库的连接操作;定义 PrepareCommand()私有方法,该方法中包含 sql 命令、数据库连接、数据库事务、命令类型、命令语句以及命令中涉及参数;定义 ExecuteUpdateQuery()方法,该方法用于建立数据库连接,执行更新数据库的命令;定义 ExecuteInsertQuery()方法,该方法用于建立数据库连接,执行往数据库存入记录的命令;定义 GetDataSet()方法,该方法用于显示数据库中表的相关数据信息。

19.5 系统代码编写

在图书管理系统中,根据功能分析中划分的图书类(class Book)、图书馆类(class Library)、借书系统类(class BookSystem)以及 Main 类(class MainClass)分别编写代码。

19.5.1 图书类(class Book)

图书类(class Book)主要包含 3 个方法以实现图书信息在借出、归还后的更新。

1. 借书方法 Borrow()

借阅成功后,图书信息变为已借阅,且存入借书人名字。

2. 还书方法 Return()

还书成功后,图书信息变为未借阅,借书人名字更新为空。

3. 图书空置状态方法 isAvailable()

如果图书已借出,则返回值为"是",如果图书未借阅,则返回值为"否"。

图书类(class Book)具体代码如下:

```csharp
//图书类
class Book
{
public int id;                    //编号
public string name;               //书名
public bool available;            //是否闲置
public string borrower;           //借书人名字

//构造函数
public Book(int id, string name, bool available, string borrower)
{
this.id = id;
this.name = name;
this.available = available;
this.borrower = borrower;
}

//借书
public bool Borrow(string borrower)
{
if (available)
{
string sql = String.Format("UPDATE books SET available = 0, borrower = '{0}' WHERE id = {1}", borrower, this.id);
SqlHelper.ExecuteUpdateQuery(SqlHelper.Conn, CommandType.Text, sql);
DateTime localDate = DateTime.Now;
string currTime = localDate.ToString();
sql = String.Format("INSERT INTO history (bookid, bookname, borrowtime, returntime,
```

```
borrower) VALUES ({0}, '{1}', '{2}', '{3}', '{4}')", this.id, this.name,
currTime, "", borrower);
SqlHelper.ExecuteInsertQuery(SqlHelper.Conn, CommandType.Text, sql);

return true;
}
else
{
return false;
}
}

//还书
public void Return()
{
string sql = String.Format("UPDATE books SET borrower = '', available = 1
WHERE id = {0}",
this.id);
SqlHelper.ExecuteUpdateQuery(SqlHelper.Conn, CommandType.Text, sql);
DateTime localDate = DateTime.Now;
string currTime = localDate.ToString();
sql = String.Format("UPDATE history SET returntime = '{0}' WHERE bookid =
{1}", currTime,
this.id);
SqlHelper.ExecuteInsertQuery(SqlHelper.Conn, CommandType.Text, sql);
}

//空闲状态转化为字符串
public string isAvailable()
{
return available ? "是" : "否";
}
}
```

【代码剖析】

首先定义构造函数 Book，其中包含图书的 id(编号)、name(书名)、available(是否闲置)以及 borrower(借书人名字)。然后定义借书方法 Borrow()，该方法先对 available 值进行判断，如为"1"，则进行"借书"操作，对数据库进行更新及插入相关的信息；定义还书方法 Return()，该方法对数据库相关表进行更新操作；定义 available()方法用于将空闲状态转化为字符串。

19.5.2　图书馆类(class Library)

本类声明了图书馆中书的数量，并构造图书馆函数 Library()，该函数通过一个数组，将图书馆内所有的书的信息定义下来。

图书馆类(class Library)具体代码如下：

```
//图书馆类
class Library
{
public List<Book> books = new List<Book>();

//构造函数
public Library()
{
LoadDataBase();
```

```csharp
}
//读取数据库
public void LoadDataBase()
{
    String sql = "SELECT id, name, available, borrower FROM books";
    DataSet ds = SqlHelper.GetDataSet(SqlHelper.Conn, CommandType.Text, sql);

    foreach (DataRow dataRow in ds.Tables[0].Rows)
    {
        int id = Convert.ToInt32(dataRow["id"]);
        string name = Convert.ToString(dataRow["name"]);
        bool available = Convert.ToBoolean(dataRow["available"]);
        string borrower = Convert.ToString(dataRow["borrower"]);
        Book book = new Book(id, name, available, borrower);
        books.Add(book);
    }
}
}
```

【代码剖析】

首先定义一个数组 books，然后构造函数 Library，该函数拥有 LoadDataBase()方法，此方法实现连接数据库，读取 books 数据表中数据，再将它们分别赋值给变量 id、name、available 以及 borrower，最后再将它们添加进数组 books 中。

19.5.3 借书系统类(class BookSystem)

本类主要实现初始界面的显示信息和 4 个功能模块的逻辑实现。

借书系统类(class BookSystem)具体代码如下：

```csharp
//借书系统类
class BookSystem
{
    Library library = new Library();
    string username = "";
    //主菜单
    public void Menu(int type)
    {
        if (type == 1)  // 首次列出菜单项
        {
            Console.WriteLine("***************您好，欢迎登录图书借阅系统****************");
            Console.Write("请输入您的姓名：  ");
            username = Convert.ToString(Console.ReadLine());
            Console.WriteLine("*********************请选择操作**********************");
            Console.WriteLine("                    1.图书查询");
            Console.WriteLine("                    2.借书");
            Console.WriteLine("                    3.还书");
            Console.WriteLine("                    4.查看借阅历史");
            Console.WriteLine("                    5.退出系统");
            Console.WriteLine("请输入您要选择的操作编号：   ");
        }
        else
        {
            Console.WriteLine("请输入下一步操作编号(1.查询, 2.借书, 3.还书, 4.借阅历史, 5.退出)");
```

```csharp
}
int input = 0;
while (true)
{
try
{
input = Convert.ToInt32(Console.ReadLine());
if (input < 1 || input > 5) Console.WriteLine("你输入编号应为1-5，请重新输入！");
else break;
}
catch
{
Console.WriteLine("你输入的编号样式不正确，请重新输入");
}
}
switch (input)
{
case 1:
Listing();
break;
case 2:
Borrow();
break;
case 3:
Return();
break;
case 4:
History();
break;
case 5:
Exit();
break;
}
}
//查询子菜单
public void Listing()
{
Console.WriteLine("图书编号\t图书名称\t\t可借阅");
for (int i = 0; i < library.books.Count; i++)
{
Console.WriteLine("  {0}\t\t{1}\t\t {2}\n",
library.books[i].id, library.books[i].name, library.books[i].isAvailable());
}
Menu(2); // 再次列出菜单项
}
//借书子菜单
public void Borrow()
{
int id = 0;
while (true)
{
Console.WriteLine("请输入要借阅的图书编号(输入 r 后回车返回主菜单)：   ");
string input = Console.ReadLine();
if (input == "r" || input == "R")
{
Menu(2);
return;
```

```csharp
}
try
{
    id = Convert.ToInt32(input);
    if (id < 1 || id > library.books.Count || !library.books[id - 1].available)
        Console.WriteLine("该图书已被借阅,请重新输入(输入r后回车返回主菜单)!");
    else
        break;
}
catch
{
    Console.WriteLine("你输入的编号样式不正确,请重新输入(输入r后回车返回主菜单)");
}
}
Console.WriteLine("{0}已成功借阅图书<{1}>", username, library.books[id-1].name);
library.books[id - 1].borrower = username;
library.books[id-1].Borrow(username);
library.books[id-1].available = false;
Menu(2);   // 再次列出菜单项
}
//还书子菜单
public void Return()
{
    int id = 0;
    while (true)
    {
        Console.WriteLine("请输入要归还的图书编号(输入r后回车返回主菜单):   ");
        string input = Console.ReadLine();
        if (input == "r" || input == "R")
        {
            Menu(2);
            return;
        }
        try
        {
            id = Convert.ToInt32(input);
            if (id < 1 || id > library.books.Count || library.books[id - 1].available ||
                library.books[id-1].borrower != username)
                Console.WriteLine("无法找到相关的借阅记录,请重新输入(输入r后回车返回主菜单)!");
            else break;
        }
        catch
        {
            Console.WriteLine("你输入的编号样式不正确,请重新输入(输入r后回车返回主菜单)");
        }
    }
    Console.WriteLine("您已成功归还图书<{0}>", library.books[id-1].name);
    library.books[id-1].Return();
    library.books[id-1].available = true;
    Menu(2);   // 再次列出菜单项
}
//借书历史
public void History()
```

```
{
string sql = String.Format("SELECT * FROM history WHERE borrower = '{0}'",
this.username);
DataSet ds = SqlHelper.GetDataSet(SqlHelper.Conn, CommandType.Text, sql);
Console.WriteLine("图书编号\t图书名称\t借出时间\t    还书时间");
int id = 0;
foreach (DataRow dataRow in ds.Tables[0].Rows)
{
int bookId = Convert.ToInt32(dataRow["bookid"]);
string bookName = Convert.ToString(dataRow["bookname"]);
string borrowTime = Convert.ToString(dataRow["borrowtime"]);
string returnTime = Convert.ToString(dataRow["returntime"]);
if (returnTime.Length == 0) returnTime = "尚未归还";
Console.WriteLine("  {0}\t\t{1}   {2}\t{3} ",bookId, bookName, borrowTime,
returnTime);
id++;
}
if (id == 0) Console.WriteLine("未发现你的借阅历史！");
Menu(2);   // 再次列出菜单项
}
//系统退出
public void Exit()
{
this.library = null;
this.username = null;
Console.WriteLine("系统已退出");
}
```

【代码剖析】

首先定义主菜单 Menu()方法，在该方法中列出主菜单，通过提示引导用户输入姓名，选择操作编号，然后再通过 switch 语句判断用户输入编号分别调用不同的方法。接下来定义 switch 语句中将要调用的方法：定义 Listing()方法，实现将图书馆类(class Library)中存储的图书显示出来；定义 Borrow()方法，实现借书相关操作；定义 Return()方法实现还书相关操作；定义 History()方法，实现对借书历史的查询操作；定义 Exit()方法，实现退出系统操作。

19.5.4 Main 类(class ManClass)

本类包含一个 Main 方法，本项目从此处开始执行。首先实例化类 BookSystem，然后调用类 BookSystem 的方法 Menu()，开始运行程序。

Main 类(class ManClass)具体代码如下：

```
//Main 类
class MainClass
{
public static void Main(string[] args)
{
BookSystem bookSys = new BookSystem();
bookSys.Menu(1);
}
}
```

19.6 系统运行

项目运行效果如下。

(1) 运行 BookManagement.cs 文件或者 BookManagement.exe 文件,将打开项目主界面,用户可根据提示输入姓名,并弹出操作指引,如图 19-6 所示。

(2) 输入操作编号 1,对图书进行查询操作,如图 19-7 所示。

图 19-6　姓名录入

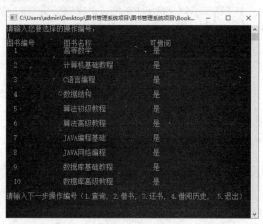

图 19-7　图书查询

(3) 依次输入编号 2 和 3,完成借书与还书操作,如图 19-8 所示。

(4) 输入操作编号 4,对借阅历史进行查询,如图 19-9 所示。

图 19-8　借书与还书操作

图 19-9　借阅历史查询

19.7 项目总结

通过该项目的学习,读者将会对 C#在实际中的应用有个初步的体验,将了解如何设计和实施一个常规的管理系统。该案例涉及系统背后的逻辑结构,各功能模块以及它们之间的互相影响,读者都会在学习过程中获得相关的知识。此外,读者还可以学习到如何在 C#环境中进行 SQL server 数据库的链接和执行常规的数据库操作,如修改、查找等。

第 20 章
流行系统应用——开发社区互助系统

本章以 C#6.0+SQL Server 2016 数据库技术为基础,通过使用 Visual Studio 2017 开发环境,以控制台应用程序为例开发的一个社区互助系统的演示版本。

运行本项目,显示一个控制台界面。根据提示输入登录昵称即可进入系统。进入系统后,主界面显示 6 个选择项:发布需求、提供服务、查看当前需求、查看已完成交易、更改登录昵称、退出系统,和一个输入提示信息。根据提示信息,用户选择相应的选项,即可实现本系统的 4 个主要功能。通过本系统的讲述,使读者真正掌握软件开发的流程及 C#在实际项目中涉及的重要技术。

本章要点(已掌握的在方框中打钩)

- ☐ 了解本项目的需求分析和系统功能结构设计。
- ☐ 掌握数据库设计。
- ☐ 掌握需求类(class Need)代码设计。
- ☐ 掌握平台类(class Platform)代码设计。
- ☐ 掌握系统类(class CommunityShare)代码设计。

20.1 需求分析

需求调查是任何一个软件项目的第一个工作。通过分析，本程序为开放式社区互助系统，由运行程序开始，不需要进行登录验证，只需要输入发布者姓名即可进行相应的功能操作。

经过需求调查之后，总结出如下需求信息。
1) 发布需求功能
该功能可将发布者的需求以及报酬录入需求信息，供其他用户进行接受并提供服务。
2) 提供服务功能
该功能可令社区用户通过需求列表选择能力所及的需求，为发布用户提供服务以获取相应的报酬。
3) 查看需求功能
该功能可实现社区所有需求信息的查询。
4) 查看已达成交易
该功能可令当前用户查询自己所提供服务后所达成的交易信息。
5) 更改昵称功能
该功能可实现用户修改登录昵称。

根据上述需求分析，社区互助系统功能模块如图 20-1 所示。

图 20-1 社区互助系统功能模块

20.2 功能分析

经过需求分析，了解了社区互助系统所实现的主要功能。为了代码的简洁和易维护，本项目将常用的、反复出现的代码和系统的各个要素做成单独的 class，以方便管理和调用。本项目一共 4 个 class，它们分别对应不同的项目要素，共同组成本项目，各个 class 内容及功能如下。

1. 需求类(class Need)

本类主要定义了需求相关的数据和方法，包括以下几个方面。
(1) 声明需求要素的变量，构造需求函数，以便其他函数的调用。
(2) 通过方法 Accept()实现成功接受需求任务后，其任务信息即时更新的功能。

(3) 通过方法 PrintHeadline()和方法 Print()，实现打印需求标题行和需求的详细信息的功能。

2. 平台类(class Platform)

本类主要定义了平台的一些功能和方法。其运行流程如下。

(1) 读取文件，通过方法 Platform()实现。

(2) 将变化的需求信息保存起来。通过方法 PublishNeed()，将发布的需求信息保存到数据库中。通过方法 AcceptNeed()，将接受成功的需求通过链接数据库在对应的表格中进行更新。

本类中还定义了打印需求功能，通过方法 PrintNeeds()来实现，其在类 CommunityShare 中被调用，用来打印所有需求。

另外还定义了两个方法：方法 SavePlatform()和 LoadPlatform()，以实现将数据保存至文件和读取数据文件的功能。

3. 系统类(class CommunityShare)

本类是非常重要的一个类，定义了整个系统运行的流程和功能实现的逻辑，其内容和作用如下。

(1) 登录信息。方法 LogIn()定义了进入系统前需要输入登录昵称和输入昵称后的欢迎信息与操作提示信息。

(2) 主菜单。方法 Menu()定义了进入系统后界面的显示信息和输入选择后需要调用的功能模块。

(3) 发布需求模块。方法 PublishNeed()实现了发布需求的功能，需要输入需求描述和需求金额。

(4) 接受需求模块。方法 AcceptNeed()实现了接受需求的功能。系统列出需求列表，用户通过需求编号来选择需求。

(5) 查看当前需求模块。方法 ViewPublishedNeeds()实现了查看需求的功能，它将所有所有需求(或未完成的需求)显示出来。

(6) 查看已完成交易模块。方法 ViewAcceptedNeeds()实现了查看已完成交易的功能，它将所有当前已完成需求显示出来。

(7) 退出系统模块。方法 Exit()实现了退出系统的功能。

4. Main 类(class MainClass)

本类包含一个 Main 方法，是程序入口，本程序从此处开始运行。

在本类中，实例化系统类(class CommunityShare)，调用类 CommunityShare 的 LogIn()方法，实现程序运行后显示登录信息功能。

通过上述功能分析，得出社区互助系统功能结构，如图 20-2 所示。

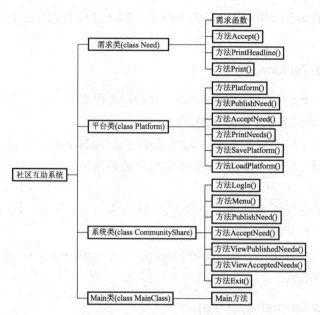

图 20-2 社区互助系统功能结构

20.3 数据库设计

在完成系统的需求分析以及功能分析后,接下来需要进行数据库的分析。本系统数据库使用 SQL Server 2016 进行设计,数据库名称为 community_share,其中包含 1 张表:needs,用于存储需求、发布者、报酬等信息,如图 20-3 所示。

数据库连接所使用的用户名采用默认的用户名 sa,密码为空。用户在测试时可以根据自己本地的设置进行修改。下面是数据库连接的参数:

```
public static string Conn = "Data Source=.;Initial
Catalog=community_share;User ID=sa;Password=";
```

通过对需求分析及系统功能的确定,规划出系统中使用的数据库实体对象有 1 个,它的 E-R 图如图 20-4 所示。

图 20-3 社区互助系统数据表

图 20-4 需求实体 E-R 图

根据实体 E-R 图可设计出数据表结构，介绍如下所示。

needs(需求表)，用于存储用户需求编号、需求描述、发布者、报酬、状态、提供帮助者，如表 20-1 所示。

表 20-1　needs(需求表)

列　名	描　述	数据类型	允许 null 值
nid	需求编号	int	false
description	需求描述	varchar(300)	true
poster	发布者	varchar(50)	true
pay	报酬	int	true
status	状态	tinyint	true
helper	提供帮助者	varchar(50)	true

20.4　开发前准备工作

进行系统开发之前，需要做如下准备工作。

(1) 搭建开发环境。

(2) 根据数据库设计表结构，在 SQL Server 2016 数据库软件中实现数据库和表的创建。具体操作步骤在此不再赘述，如有疑问，请参阅数据库相关章节。

(3) 创建项目。在 Visual Studio 2017 开发环境中创建 community_share 项目，具体操作步骤，请参阅前面章节内容。

(4) 系统中用到了大量数据库相关操作命令，为了开发程序时进行复用，自定义多种方法。在项目根目录下创建 SqlHelper 类，代码如下：

```
using System;
using System.Data;
using System.Data.SqlClient;
/// <summary>
///SqlHelper 介绍
/// </summary>
public abstract class SqlHelper
{
//数据库连接的相关参数
public static string Conn = "Data Source=.;Initial Catalog=community_share;User ID=sa;Password=";
/// <summary>
/// 准备数据库操作的命令
/// </summary>
/// <param name="cmd">sql 命令</param>
/// <param name="conn">数据库连接</param>
/// <param name="trans">数据库事务</param>
/// <param name="cmdType">命令类型</param>
/// <param name="cmdTxt">命令语句</param>
/// <param name="cmdParms">命令中涉及的参数</param>
```

```csharp
private static void PrepareCommand(SqlCommand cmd, SqlConnection conn,
SqlTransaction trans,
CommandType cmdType, string cmdTxt, SqlParameter[] cmdParams)
{
if (conn.State != ConnectionState.Open)
conn.Open();
cmd.Connection = conn;
cmd.CommandText = cmdTxt;
if (trans != null)
cmd.Transaction = trans;
cmd.CommandType = cmdType;
if (cmdParams != null)
{
foreach (SqlParameter parm in cmdParams)
cmd.Parameters.Add(parm);
}
}
/// <summary>
/// 建立数据库连接,执行更新数据库的命令
/// </summary>
/// <param name="connStr">数据库连接的语句</param>
/// <param name="cmdType">命令类型</param>
/// <param name="cmdTxt">sql 命令语句</param>
/// <param name="cmdParams">命令所涉及的参数</param>
/// <returns>执行命令所影响的行数</returns>
public static int ExecuteUpdateQuery(string connStr, CommandType cmdType,
string cmdText, params
SqlParameter[] cmdParams)
{
SqlCommand cmd = new SqlCommand();
using (SqlConnection conn = new SqlConnection(connStr))
{
PrepareCommand(cmd, conn, null, cmdType, cmdText, cmdParams);
int val = cmd.ExecuteNonQuery();
cmd.Parameters.Clear();
return val;
}
}
/// <summary>
/// 建立数据库连接,执行往数据库存入记录的命令
/// </summary>
/// <param name="connStr">数据库连接的语句</param>
/// <param name="cmdType">命令类型</param>
/// <param name="cmdTxt">sql 命令语句</param>
/// <param name="cmdParams">命令所涉及的参数</param>
/// <returns>执行命令所影响的行数</returns>
public static int ExecuteInsertQuery(string connStr, CommandType cmdType,
string cmdText, params
SqlParameter[] cmdParams)
{
SqlCommand cmd = new SqlCommand();
using (SqlConnection conn = new SqlConnection(connStr))
{
PrepareCommand(cmd, conn, null, cmdType, cmdText, cmdParams);
```

```csharp
int val = cmd.ExecuteNonQuery();
cmd.Parameters.Clear();
return val;
}
}
/// <summary>
/// 返回数据表
/// </summary>
/// <param name="connStr">数据库连接的语句</param>
/// <param name="cmdType">命令类型</param>
/// <param name="cmdTxt">sql 命令语句</param>
/// <param name="cmdParams">执行命令所用参数的集合</param>
/// <returns></returns>
public static DataSet GetDataSet(string connStr, CommandType cmdType,
string cmdTxt, params
SqlParameter[] cmdParams)
{
//创建一个 SqlCommand 对象
SqlCommand cmd = new SqlCommand();
//创建一个 SqlConnection 对象
SqlConnection conn = new SqlConnection(connStr);
//抓取执行 sql 命令过程中出现的异常,如果异常出现,则关闭连接
try
{
//调用 PrepareCommand 方法,对 SqlCommand 对象设置参数
PrepareCommand(cmd, conn, null, cmdType, cmdTxt, cmdParams);
//调用 SqlCommand 的 ExecuteReader 方法
SqlDataAdapter adapter = new SqlDataAdapter();
adapter.SelectCommand = cmd;
DataSet ds = new DataSet();
adapter.Fill(ds);
//清除参数
cmd.Parameters.Clear();
conn.Close();
return ds;
}
catch (Exception e)
{
throw e;
}
}
}
```

【代码剖析】

SqlHelper 类代码中定义了多种方法,分别用于实现连接数据库、更新数据库、存储数据以及返回数据表内容。首先定义 Conn 变量,用于对数据库的连接操作;定义 PrepareCommand()私有方法,其中包含 sql 命令、数据库连接、数据库事务、命令类型、命令语句以及命令中涉及的参数;定义 ExecuteUpdateQuery()方法,用于建立数据库连接,执行更新数据库的命令;定义 ExecuteInsertQuery()方法,用于建立数据库连接,执行往数据库存入记录的命令;定义 GetDataSet()方法,用于显示数据库中表的相关数据信息。

20.5 系统代码编写

在社区互助系统中，根据功能分析中划分的需求类(class Need)、平台类(class Platform)、系统类(class CommunityShare)以及 Main 类(class MainClass)分别编写代码。

20.5.1 需求类(class Need)

需求类(class Need)主要定义了需求相关的数据和方法，主要方法为实现需求任务信息的打印及更新功能。

其中，方法 Accept()实现成功接受需求任务后，其任务信息即时更新的功能。方法 PrintHeadline()和方法 Print()，实现打印需求标题行和需求的详细信息的功能。

需求类(class Need)具体代码如下：

```csharp
//需求类
class Need
{
public int nid;                    //需求序号
public string desc;                //需求描述
public string poster;              //发布者
public int pay;                    //金额
public Status status;              //需求状态
public string helper;              //提供帮助者
//构造函数
public Need(int nid, string desc, string poster, int pay, Status status, string helper)
{
this.nid = nid;
this.desc = desc;
this.poster = poster;
this.pay = pay;
this.status = status;
this.helper = helper;
}
//接受需求
public bool Accept(string helper)
{
if (status == Status.Published)
{
status = Status.Completed;
this.helper = helper;
return true;
}
else
{
return false;
}
//打印需求标题行
public static void PrintHeadline()
```

```csharp
{
Console.WriteLine("编号\t 描述\t 需求发布者\t 金额(元)\t 状态\t 提供帮助者");
}
//打印需求
public void Print()
{
string statusDesc = status > 0 ? "交易达成" : "已发布";
string helperDesc = helper.Length > 0 ? helper : "暂无";
Console.WriteLine("{0}\t{1}\t{2}\t{3}\t{4}\t{5}", nid, desc, poster, pay,
statusDesc, helperDesc);
}
}
```

【代码剖析】

在本段代码中，首先声明公有变量 nid、desc、poster、pay、status、helper，然后将这些变量构造为函数 Need，用于存储需求数据。接着定义 Accept()方法，此方法当任务需求被成功接受后，将任务状态进行更新；定义 PrintHeadline()方法，用于在屏幕上打印出需求的标题行；定义 Print()方法，用于将需求信息显示出来。

20.5.2 平台类(class Platform)

平台类(class Platform)主要定义了平台的一些功能和方法。主要实现需求的发布以及需求被接受后的处理。

其中，主要方法 Platform()实现读取需求信息；方法 PublishNeed()，将发布的需求信息保存到数据库中；方法 AcceptNeed()，将接受成功的需求通过链接数据库在对应的表格中进行更新。

平台类(class Platform)具体代码如下：

```csharp
//平台类
class Platform
{
//需求 List
public List<Need> needs = new List<Need>();
//构造函数，读取文件
public Platform()
{
LoadPlatform();
}
//发布需求
public void PublishNeed(Need need)
{
needs.Add(need);
string sql = String.Format("INSERT INTO needs (nid, description, poster, pay, status, helper) "
+"VALUES ({0}, '{1}', '{2}', {3}, {4}, '{5}')", need.nid, need.desc,
need.poster, need.pay,
(int)need.status, need.helper);SqlHelper.ExecuteInsertQuery(SqlHelper.Conn,
CommandType.Text,
sql);
}
//接受需求
public int AcceptNeed(int nid, String helper)
```

```csharp
{
if (nid < 1 || nid >needs.Count)
return 0;
if (needs[nid - 1].poster == helper)
return -1;
bool success = needs[nid-1].Accept(helper);
if (success)
{
string sql = String.Format("UPDATE needs SET helper = '{0}', status = 1 WHERE nid = {1}",
helper, nid);
SqlHelper.ExecuteUpdateQuery(SqlHelper.Conn, CommandType.Text, sql);
return 1;
}
else
return 0;
}
//打印部分需求
public void PrintNeeds()
{
Need.PrintHeadline();
for (int i = 0; i < needs.Count; i++)
{
needs[i].Print();
}
}
public void PrintNeeds(Status status)
{
Need.PrintHeadline();
for (int i = 0; i < needs.Count; i++)
{
if (needs[i].status == status)
{
needs[i].Print();
}
}
}
//读取数据库
public void LoadPlatform()
{
String sql = "SELECT nid, description, poster, pay, status, helper FROM needs";
DataSet ds = SqlHelper.GetDataSet(SqlHelper.Conn, CommandType.Text, sql);
foreach (DataRow dataRow in ds.Tables[0].Rows)
{
int nid = Convert.ToInt32(dataRow["nid"]);
string desc = Convert.ToString(dataRow["description"]);
string poster = Convert.ToString(dataRow["poster"]);
int pay = Convert.ToInt32(dataRow["pay"]);
Status status = (Status)Convert.ToInt32(dataRow["status"]);
string helper = Convert.ToString(dataRow["helper"]);
Need need = new Need(nid, desc, poster, pay, status, helper);
needs.Add(need);
}
}
}
```

【代码剖析】

本段代码主要针对需求信息的更新以及展示进行相关操作。首先定义 List<Need>数组，用于存放需求数据。定义构造函数，包含一个 LoadPlatform()方法，用于读取数据库需求信息。定义 PublishNeed()方法，用于发布需求；定义 AcceptNeed()方法，用于需求受理后需求信息的更新；定义 PrintNeeds()方法，用于打印需求信息。

20.5.3 系统类(class CommunityShare)

系统类(class CommunityShare)定义了整个系统运行的流程和功能实现的逻辑。

系统类(class CommunityShare)具体代码如下：

```
//系统类
class CommunityShare
{
Platform platform = new Platform();
public string user;
//登录
public void LogIn()
{
Menu(1);
}
//主菜单
public void Menu(int type)
{
if (type == 1)  // 首次列出菜单项
{
Console.WriteLine("***************您好，欢迎登录社区互助系统***************");
Console.Write("请输入您的昵称：   ");
user = Convert.ToString(Console.ReadLine());
Console.WriteLine("欢迎登录，{0}", user);
Console.WriteLine("*******************请选择操作*********************");
Console.WriteLine("                    1.发布需求");
Console.WriteLine("                    2.提供服务");
Console.WriteLine("                    3.查看所有需求");
Console.WriteLine("                    4.查看已达成交易");
Console.WriteLine("                    5.更改昵称");
Console.WriteLine("                    6.退出系统");
Console.WriteLine("请输入您要选择的操作编号：   ");
}
else
{
Console.WriteLine("-----------------------------------------------------------");
Console.WriteLine("请输入下一步操作编号(1.发布需求，2.提供服务，3.查看需求，4.已达成交易，5.更改昵称，6.退出)");
}
int input = 0;
while (true)
{
try
{
```

```csharp
input = Convert.ToInt32(Console.ReadLine());
if (input < 1 || input > 6) Console.WriteLine("你输入编号应为1-6，请重新输入！");
else break;
}
catch
{
Console.WriteLine("你输入的编号样式不正确，请重新输入");
}
}
switch (input)
{
case 1:
PublishNeed();
break;
case 2:
AcceptNeed();
break;
case 3:
ViewPublishedNeeds();
break;
case 4:
ViewAcceptedNeeds();
break;
case 5:
LogIn();
break;
case 6:
Exit();
break;
}
}
//发布需求
public void PublishNeed()
{
Console.WriteLine("\n***发布需求：");
Console.WriteLine("-----------------------------------------------------------------");
int nid = platform.needs.Count+1;
Console.Write("请输入需求描述：   ");
string desc = Console.ReadLine();
Console.Write("请输入需求金额(元)：   ");
int pay = Convert.ToInt32(Console.ReadLine());
Need need = new Need(nid, desc, user, pay, Status.Published, "");
platform.PublishNeed(need);
Console.WriteLine("发布成功！");
Need.PrintHeadline();
need.Print();
Menu(2);
}
//接受需求
public void AcceptNeed()
{
Console.WriteLine("\n***开始提供服务：");
Console.WriteLine("-----------------------------------------------------------------");
platform.PrintNeeds(Status.Published);
```

```
int nid = 0;
while (true)
{
Console.WriteLine("请输入需求编号(输入r后回车返回主菜单):    ");
string input = Console.ReadLine();
if (input == "r" || input == "R")
{
Menu(2);
return;
}
try
{
nid = Convert.ToInt32(input);
break;
}
catch
{
Console.WriteLine("你输入的编号样式不正确,请重新输入(输入r后回车返回主菜单)");
}
}
int success = platform.AcceptNeed(nid, user);
if (success > 0)
Console.WriteLine("交易达成! ");
else if (success == 0)
Console.WriteLine("交易失败!该需求不存在或已完成。");
else if(success == -1)
Console.WriteLine("交易失败!发布人和提供服务人相同。");
else
{
;
}
Menu(2);
}
//查看当前需求
public void ViewPublishedNeeds()
{
Console.WriteLine("\n***查看所有发布的需求:");
Console.WriteLine("-----------------------------------------------------------");
platform.PrintNeeds();
Menu(2);
}
//查看已完成交易
public void ViewAcceptedNeeds()
{
Console.WriteLine("\n***查看已完成交易:");
Console.WriteLine("-----------------------------------------------------------");
platform.PrintNeeds(Status.Completed);
Menu(2);
}
//退出系统
public void Exit()
{
user = null;
platform = null;
```

```
Console.WriteLine("系统已退出");
    }
}
```

【代码剖析】

在本段代码中，首先定义平台类对象 platform，用于之后的需求发布接受与更新。定义 LogIn()方法，用于打开程序的选择主界面；定义 Menu()方法，用于引导用户输入姓名及相关操作命令，此方法中使用了 switch 语句，用于调用不同方法；定义 PublishNeed()方法，用于需求的发布；定义 AcceptNeed()方法，用于需求的受理；定义 ViewPublishedNeeds()方法，用于需求的查询；定义 ViewAcceptedNeeds()方法，用于对已完成的需求交易查询；定义 Exit()方法，用于退出系统。

20.5.4 Main 类(class MainClass)

本类包含一个 Main 方法，是程序入口，本程序从此处开始运行。

在本类中，实例化系统类(class CommunityShare)，调用类 CommunityShare 的 LogIn()方法，实现程序运行后显示登录信息功能。

Main 类(class MainClass)具体代码如下：

```
//Main 类
class MainClass
{
    public static void Main(string[] args)
    {
        CommunityShare communityShare = new CommunityShare();
        communityShare.LogIn();
    }
}
```

20.6 系统运行

项目运行效果如下。

(1) 运行 CommunityShare.cs 文件或者 CommunityShare.exe 文件，将打开项目主界面，根据提示输入用户姓名，弹出操作功能选项，如图 20-5 所示。

图 20-5 姓名录入

(2) 输入操作编号 1，发布一个新的需求，如图 20-6 所示。然后选择操作编号 3，对已发布的需求进行查询，如图 20-7 所示。

图 20-6　发布需求

图 20-7　查询需求

(3) 退出系统以另一名用户的身份登录，对刚才发布的需求进行受理，输入操作编号 2，弹出需求信息。根据操作提示，输入编号 2，接受 2 号需求，如图 20-8 所示。

图 20-8　接受需求

(4) 根据操作提示输入编号 4，对已完成的交易进行查询，如图 20-9 所示。

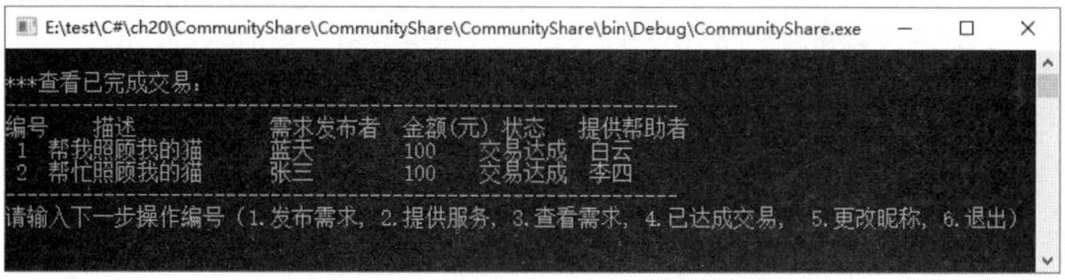

图 20-9　交易查询

20.7 项目总结

通过该项目的学习，将强化读者对 C#基础知识的理解，熟练掌握分析、规划、设计一个项目的流程。此外，在该项目学习过程中，读者可以清楚地了解到 C#里如何将一个复杂的程序拆分成多个小的功能模块，每类功能模块用一个特定的 class 来实现，通过调用模块来实现复杂的功能。

第 21 章 娱乐影视应用——开发电影票预订系统

本章以 C#6.0+SQL Server 2016 数据库技术为基础，通过使用 Visual Studio 2017 开发环境，以控制台应用程序为例开发一个电影票预订系统的演示版本。

运行本项目，显示一个选择面板，上面列出电影名称、放映时间、放映厅编号等信息。用户首先输入电影序号选定电影，然后进入座位选择页面选定座位。如果选择的座位已被其他用户预订，则提示预订失败，需要预订其他座位。如果选择的座位没有被预订，则显示预订成功。用户可以在一次登录中预订多场电影的多个座位。通过本系统的讲述，使读者真正掌握软件开发的流程及 C#在实际项目中涉及的重要技术。

本章要点(已掌握的在方框中打钩)

- ☐ 了解本项目的需求分析和系统功能结构设计。
- ☐ 掌握数据库设计。
- ☐ 掌握座位类(class Seat)代码设计。
- ☐ 掌握影厅类(class Hall)代码设计。
- ☐ 掌握电影类(class Movie)代码设计。
- ☐ 掌握订票系统类(class TicketSystem)代码设计。
- ☐ 掌握 Main 类(class CinemaTicket)代码设计。

21.1 需求分析

需求调查是任何一个软件项目的第一个工作。通过分析，本程序为开放式电影订票系统，由运行程序开始，不需要进行登录验证，只需要根据提示输入编号即可执行相应的功能操作。

经过需求调查之后，总结出如下需求信息。

1) 电影票预订功能

在预订界面输入电影编号后，以矩阵形式出现座位情况，根据选择的行、列座位编号，判断是否已被预订。如果没有被预订，就显示预订成功和后续操作提示；如果已被预订，就显示预订失败和后续操作提示。

2) 循环预订功能

根据操作提示，可以预订多场电影的多个位置。每次预订时，在放映厅的座位图中，已预订的座位将显示 X 的符号，以提醒用户。

21.2 功能分析

经过需求分析，了解了电影票预订系统所实现的主要功能。为了代码的简洁和易维护，本项目将常用的、反复出现的代码和系统的各个要素做成单独的 class，以方便管理和调用。本项目一共 5 个 class，它们分别对应不同的项目要素，共同组成本项目，各个 class 内容及功能如下。

1. 座位类(class Seat)

本类定义了座位的位置信息：采用方法 Seat()，确定座位的行、列坐标与其是否已被预订。

定义了座位的预订方法 Book()。

定义了座位预订与否的显示信息：采用方法 ToChar()。若座位已被预订，就显示为 X；若座位没有被预订，就显示为 O。

2. 影厅类(class Hall)

本类声明了影厅座位的行数(9 行)和列数(9 列)。

构造影厅座位函数 Hall()，生成座位数组，其包含影厅编号、座位行、座位列数据。

通过方法 Display()将座位情况显示在控制台。

通过方法 BookSeat()预订某个座位。

3. 电影类(class Movie)

本类定义了电影名称、放映日期时间、影厅数据，并构造电影函数，定义了控制台显示电影信息的方法 Display()。

4. 订票系统类(class TicketSystem)

本类声明所有的电影组成一个列表，通过方法 AddMovie()向电影列表添加电影。

通过方法 BookSeat()预订座位。

通过方法 DisplayHall()显示影厅预订情况。

5. Main 类(class CinemaTicket)

本类是主类，包含一个 Main 方法，本项目从此处开始执行。本类主要包括实例化订票系统(TicketSystem 类)，向订票系统加载数据库里的电影，初始化输入变量，使用状态机控制输入(定义了项目操作的逻辑顺序)。

(1) 提示"请输入电影序号，输入 q 退出："。
(2) 提示"请输入横排号序号，输入 r 重新选择电影："。
(3) 提示"请输入座位竖排序号，输入 r 重新选择电影："。
(4) 提示预订成功或预订失败。当然，在每种选择里都可以直接输入 q 退出。此外，预订完成后，用户可以输入 c 继续预订其他电影票。

通过上述功能分析，得出电影票预订系统功能结构，如图 21-1 所示。

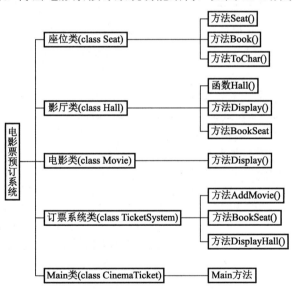

图 21-1　电影票预订系统功能结构

21.3　数据库设计

在完成系统的需求分析以及功能分析后，接下来需要进行数据库的分析。本系统数据库使用 SQL Server 2016 进行设计，数据库名称为 cinema_ticket，其中包含 1 张表：movies，用于存储电影编号、名称、上映日期、放映厅及订票情况相关信息，如图 21-2 所示。

数据库连接所使用的用户名采用默认的用户名 sa，密码为空。用户在测试时可以根据自已本地的设置进行修改。下面是数据库连接的参数：

```
string Conn = "Data Source=.;Initial Catalog=cinema_ticket;User ID=sa;Password=";
```

通过对需求分析以及系统功能的确定，规划出系统中使用的数据库实体对象有 1 个，它的 E-R 图如图 21-3 所示。

图 21-2　电影票预订系统数据表

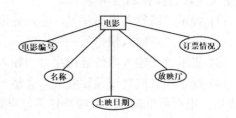

图 21-3　电影实体 E-R 图

根据实体 E-R 图可设计出数据表结构，介绍如下。

movies(电影表)，用于存储电影编号、名称、上映日期、放映厅及订票情况，如表 21-1 所示。

表 21-1　movies(电影表)

列　名	描　述	数据类型	允许 null 值
mid	电影编号	int	false
mname	名称	varchar(300)	true
showtime	上映日期	varchar(30)	true
hall	放映厅	int	true
seatbooked	订票情况	varchar(1000)	true

21.4　开发前准备工作

进行系统开发之前，需要做如下准备工作。

(1) 搭建开发环境。

(2) 根据数据库设计表结构，在 SQL Server 2016 数据库软件中实现数据库和表的创建。操作步骤在此不再赘述，如有疑问，请参阅数据库相关章节。

(3) 创建项目。在 Visual Studio 2017 开发环境中创建 CinemaTicket 项目，具体操作步骤，请参阅前面相关章节内容。

(4) 系统中用到了大量数据库相关操作命令，为了开发程序时进行复用，自定义多种方法。在项目根目录下创建 SqlHelper 类，代码如下：

```csharp
using System;
using System.Data;
using System.Data.SqlClient;
/// <summary>
///SqlHelper 介绍
/// </summary>
public abstract class SqlHelper
{
    //数据库连接的相关参数
    public static string Conn = "Data Source=.;Initial Catalog=cinema_ticket;User ID=sa;Password=";
    /// <summary>
    /// 准备数据库操作的命令
    /// </summary>
    /// <param name="cmd">sql 命令</param>
    /// <param name="conn">数据库连接</param>
    /// <param name="trans">数据库事务</param>
    /// <param name="cmdType">命令类型</param>
    /// <param name="cmdTxt">命令语句</param>
    /// <param name="cmdParms">命令中涉及的参数</param>
    private static void PrepareCommand(SqlCommand cmd, SqlConnection conn, SqlTransaction trans,
    CommandType cmdType, string cmdTxt, SqlParameter[] cmdParams)
    {
        if (conn.State != ConnectionState.Open)
            conn.Open();
        cmd.Connection = conn;
        cmd.CommandText = cmdTxt;
        if (trans != null)
            cmd.Transaction = trans;
        cmd.CommandType = cmdType;
        if (cmdParams != null)
        {
            foreach (SqlParameter parm in cmdParams)
                cmd.Parameters.Add(parm);
        }
    }
    /// <summary>
    /// 建立数据库连接，执行更新数据库的命令
    /// </summary>
    /// <param name="connStr">数据库连接的语句</param>
    /// <param name="cmdType">命令类型</param>
    /// <param name="cmdTxt">sql 命令语句</param>
    /// <param name="cmdParams">命令所涉及的参数</param>
    /// <returns>执行命令所影响的行数</returns>
    public static int ExecuteUpdateQuery(string connStr, CommandType cmdType,
    string cmdText, params SqlParameter[] cmdParams)
    {
        SqlCommand cmd = new SqlCommand();
        using (SqlConnection conn = new SqlConnection(connStr))
        {
            PrepareCommand(cmd, conn, null, cmdType, cmdText, cmdParams);
            int val = cmd.ExecuteNonQuery();
```

```csharp
cmd.Parameters.Clear();
return val;
}
}
/// <summary>
/// 建立数据库连接，执行往数据库存入记录的命令
/// </summary>
/// <param name="connStr">数据库连接的语句</param>
/// <param name="cmdType">命令类型</param>
/// <param name="cmdTxt">sql 命令语句</param>
/// <param name="cmdParams">命令所涉及的参数</param>
/// <returns>执行命令所影响的行数</returns>
public static int ExecuteInsertQuery(string connStr, CommandType cmdType, 
string cmdText, params 
SqlParameter[] cmdParams)
{
SqlCommand cmd = new SqlCommand();
using (SqlConnection conn = new SqlConnection(connStr))
{
PrepareCommand(cmd, conn, null, cmdType, cmdText, cmdParams);
int val = cmd.ExecuteNonQuery();
cmd.Parameters.Clear();
return val;
}
}
/// <summary>
/// 返回数据表
/// </summary>
/// <param name="connStr">数据库连接的语句</param>
/// <param name="cmdType">命令类型</param>
/// <param name="cmdTxt">sql 命令语句</param>
/// <param name="cmdParams">执行命令所用参数的集合</param>
/// <returns></returns>
public static DataSet GetDataSet(string connStr, CommandType cmdType, 
string cmdTxt, params 
SqlParameter[] cmdParams)
{
//创建一个 SqlCommand 对象
SqlCommand cmd = new SqlCommand();
//创建一个 SqlConnection 对象
SqlConnection conn = new SqlConnection(connStr);
//抓取执行 sql 命令过程中出现的异常，如果异常出现，则关闭连接
try
{
//调用 PrepareCommand 方法，对 SqlCommand 对象设置参数
PrepareCommand(cmd, conn, null, cmdType, cmdTxt, cmdParams);
//调用 SqlCommand 的 ExecuteReader 方法
SqlDataAdapter adapter = new SqlDataAdapter();
adapter.SelectCommand = cmd;
DataSet ds = new DataSet();
adapter.Fill(ds);
//清除参数
cmd.Parameters.Clear();
conn.Close();
```

```
        return ds;
    }
    catch (Exception e)
    {
        throw e;
    }
}
```

【代码剖析】

SqlHelper 类代码中定义了多种方法，分别用于实现连接数据库、更新数据库、存储数据以及返回数据表内容。首先定义 Conn 变量，用于对数据库的连接操作；定义 PrepareCommand()私有方法，其中包含 sql 命令、数据库连接、数据库事务、命令类型、命令语句以及命令中涉及的参数；定义 ExecuteUpdateQuery()方法，用于建立数据库连接，执行更新数据库的命令；定义 ExecuteInsertQuery()方法，用于建立数据库连接，执行往数据库存入记录的命令；定义 GetDataSet()方法，用于显示数据库中表的相关数据信息。

21.5 系统代码编写

在电影票预订系统中，根据功能分析中划分的座位类(class Seat)、影厅类(class Hall)、电影类(class Movie)、订票系统类(class TicketSystem)以及 Main 类(class CinemaTicket)分别编写代码。

21.5.1 座位类(class Seat)

座位类(class Seat)主要定义座位的位置信息，确定座位的坐标以及是否被预订；定义座位的预订方法以及预订显示信息方法。

座位类(class Seat)具体代码如下：

```
//座位类
class Seat
{
    //座位位置及是否已预订
    public int row, col;
    public bool booked = false;
    //构造函数
    public Seat(int row, int col, bool booked)
    {
        this.row = row;
        this.col = col;
        this.booked = booked;
    }
    //预订函数
    public void Book()
    {
        booked = true;
    }
```

```csharp
//将座位预订信息转化为字符
public static char ToChar(bool booked)
{
return booked ? 'X' : 'O';
}
public string GetPosString()
{
return row.ToString() + "," + col.ToString() + " ";
}
}
```

【代码剖析】

本段代码中定义了 int 变量 row、col 以表示座位的行列坐标；定义了 bool 变量 booked 以表示电影的预订状态；构造函数 Seat，包含行列 row、col 属性以及 booked 预订状态；定义预订方法 Book()，用于改变预订状态；定义 ToChar()方法，将座位预订信息转化为字符串；定义 GetPosString()方法，用于获取座位字符。

21.5.2 影厅类(class Hall)

影厅类(class Hall)主要用于构造影厅的座位信息，并将座位信息显示在屏幕中，其中定义了预订方法 BookSeat()，用于对座位的预订。

影厅类(class Hall)具体代码如下：

```csharp
//影厅类
class Hall
{
//默认行列数
public const int DEFAULT_ROWS = 9;
public const int DEFAULT_COLS = 9;
//影厅编号及行列
public int hallNum;
public int rows;
public int cols;
//座位数组
public Seat[,] seats;
//构造函数，生成座位数组
public Hall(int hallNum, int rows, int cols)
{
this.hallNum = hallNum;
this.rows = rows;
this.cols = cols;
seats = new Seat[rows, cols];
for (int i = 0; i < rows; i++)
{
for (int j = 0; j < cols; j++)
{
seats[i, j] = new Seat(i, j, false);
}
}
}
//将座位情况显示在控制台
```

```
public void Display()
{
String hallDisplay = " ";
for (int j = 0; j < cols; j++)
{
hallDisplay += (j+1).ToString();
hallDisplay += ' ';
}
hallDisplay += '\n';
for (int i = 0; i < rows; i++)
{
hallDisplay += (i + 1).ToString();
hallDisplay += ' ';
for (int j = 0; j < cols; j++)
{
hallDisplay += Seat.ToChar(seats[i, j].booked);
hallDisplay += ' ';
}
hallDisplay += '\n';
}
Console.Write(hallDisplay);
}
//预订某个座位
public bool BookSeat(int row, int col)
{
if (seats[row, col].booked)
{
return false;
}
else
{
seats[row, col].Book();
return true;
}
}
//获取座位预订字符串
public string GetSeatbookString()
{
string seatbook = "";
foreach (Seat seat in seats)
{
if (seat.booked)
{
seatbook += seat.GetPosString();
}
}
return seatbook;
}
```

【代码剖析】

本段代码声明了 int 变量 DEFAULT_ROWS 和 DEFAULT_COLS，用于表示影厅座位的行数与列数；声明 int 变量 hallNum、rows 及 cols 表示影厅编号以及行列；定义座位数组

Seat[,]用于存放座位信息；构造函数 Hall，生成座位数组；定义 Display()方法，用于显示座位情况信息；定义 BookSeat()方法，用于返回预订座位的成功与否；定义 GetSeatbookString()方法，用于获取座位预订字符串。

21.5.3 电影类(class Movie)

电影类(class Movie)定义了电影名称、放映日期时间、影厅数据，并构造电影函数，定义了控制台显示电影信息的方法 Display()。

电影类(class Movie)具体代码如下：

```csharp
//电影类
class Movie
{
//电影名称、日期时间、大厅
public string name;
public DateTime showTime;
public Hall hall;
//构造函数
public Movie(string name, DateTime showTime, int hallNum)
{
this.name = name;
this.showTime = showTime;
this.hall = new Hall(hallNum, Hall.DEFAULT_ROWS, Hall.DEFAULT_COLS);
}
//构造函数包括座位预订信息
public Movie(string name, DateTime showTime, int hallNum, string bookseat)
{
this.name = name;
this.showTime = showTime;
this.hall = new Hall(hallNum, Hall.DEFAULT_ROWS, Hall.DEFAULT_COLS);
MarkBookSeat(bookseat);
}
//座位预订字符串转化为数组
public void MarkBookSeat(string bookseat)
{
if (bookseat == null || bookseat == "")
return;
char[] separator = {',', ' '};
string[] subStrings = bookseat.Split(separator);
bool isRow = true;
int row = -1;
int col = -1;
foreach (string substring in subStrings)
{
if (isRow)
{
row = Convert.ToInt32(substring);
}
else
{
col = Convert.ToInt32(substring);
hall.seats[row, col].booked = true;
```

```
}
isRow = !isRow;
}
}
//座位预订数组转化为字符串
public string ToStringBookSeat()
{
string result = "";
foreach (Seat seat in hall.seats)
{
if (seat.booked)
{
result += seat.row;
result += ',';
result += seat.col;
result += " ";
}
}
return result;
}
//控制台显示电影信息
public void Display()
{
Console.WriteLine("{0}\t 时间：{1}\t 影厅：{2}", name, showTime, hall.hallNum);
}
}
```

【代码剖析】

本段代码首先构造了函数 Movie，其中包含的属性 name 表示电影名称，showTime 表示日期时间，hall 表示放映大厅；定义 MarkBookSeat()方法，用于将座位预订字符串转化为数组；定义 ToStringBookSeat()方法，用于将座位预订数组转化为字符串；定义 Display()方法，用于在控制台中显示电影信息。

21.5.4 订票系统类(class TicketSystem)

订票系统类(class TicketSystem)将所有电影加入一个列表，此类主要包含座位预订方法以及显示影厅预订情况方法。

订票系统类(class TicketSystem)具体代码如下：

```
//订票系统类
class TicketSystem
{
//所有电影
public List<Movie> movies = new List<Movie>();
//增加电影
public bool AddMovie(Movie movie)
{
movies.Add(movie);
return true;
}
//预订座位
```

```csharp
public bool BookSeat(int mid, int row, int col)
{
if (movies[mid].hall.BookSeat(row, col))
{
string seatbooked = movies[mid].ToStringBookSeat();
string sql = String.Format("UPDATE movies SET seatbooked = '{0}' WHERE mid = {1}",
seatbooked, mid + 1);
// Console.WriteLine(seatbooked);
int i = SqlHelper.ExecuteUpdateQuery(SqlHelper.Conn, CommandType.Text, sql);
return true;
}
return false;
}
//显示影厅预订情况
public void DisplayHall(int movieNum)
{
movies[movieNum].hall.Display();
}
//读取数据库
public void LoadDataBase()
{
String sql = "SELECT mid, mname, showtime, hall, seatbooked FROM movies";
DataSet ds = SqlHelper.GetDataSet(SqlHelper.Conn, CommandType.Text, sql);
foreach (DataRow dataRow in ds.Tables[0].Rows)
{
String mname = Convert.ToString(dataRow["mname"]);
DateTime time = Convert.ToDateTime(dataRow["showtime"]);
int hall = Convert.ToInt32(dataRow["hall"]);
string seatbook = Convert.ToString(dataRow["seatbooked"]);
Movie movie = new Movie(mname, time, hall, seatbook.Trim());
this.AddMovie(movie);
}
}
}
```

【代码剖析】

本段代码首先定义数组 List<Movie>，然后通过 AddMovie()方法将电影添加进数组中；定义 BookSeat()方法，用于预订座位；定义 DisplayHall()方法，用于显示影厅预订的情况；定义 LoadDataBase()方法，用于读取数据库，并将电影信息更新。

21.5.5 Main 类(class CinemaTicket)

Main 类(class CinemaTicket)主要是加载电影信息，使用状态机控制输入，对用户的操作进行引导，完成对电影票的预订。

Main 类(class CinemaTicket)具体代码如下：

```csharp
//Main 类
class CinemaTicket
{
//Main 函数
public static void Main(string[] args)
```

```csharp
{
//实例化订票系统
TicketSystem ticketSystem = new TicketSystem();
Console.WriteLine("———————欢迎光临电影订票系统——————————");
String seperator = "----------------------------------------";
// 执行查询
ticketSystem.LoadDataBase();
//初始化输入变量
int movieNum = -1;
int rowNum = -1;
int colNum = -1;
int inputStatus = 0; //0选择电影，1选择行，2选择列，3预订成功，4退出
bool validCmd = true;
String temp;
//使用状态机控制输入
while (inputStatus != 4)
{
switch (inputStatus)
{
case 0:
Console.WriteLine("当前正在放映的电影包括：");
for (int i = 0; i < ticketSystem.movies.Count; i++)
{
Console.Write("{0}:\t", i + 1);
ticketSystem.movies[i].Display();
}
Console.WriteLine(seperator);
Console.WriteLine("请输入电影序号，输入q退出系统：");
temp = Console.ReadLine();
if (temp == "q")
{
inputStatus = 4;
break;
}
try
{
movieNum = Convert.ToInt32(temp) - 1;
if (movieNum >= 0 && movieNum < ticketSystem.movies.Count)
{
inputStatus = 1;
}
else
{
Console.WriteLine("你输入的编号不存在，请重新输入");
}
}
catch
{
Console.WriteLine("你输入的编号格式不正确，请重新输入");
}
break;
case 1:
Console.WriteLine("该电影的放映厅座位图如下所示(X为已预订，O为空座)：
");
```

```csharp
ticketSystem.DisplayHall(movieNum);
Console.WriteLine("请输入座位横排序号，输入 r 重新选择电影：");
temp = Console.ReadLine();
if (temp == "r")
{
inputStatus = 0;
break;
}
rowNum = Convert.ToInt32(temp) - 1;
if (rowNum >= 0 && rowNum < ticketSystem.movies[movieNum].hall.rows)
{
inputStatus = 2;
}
else
{
Console.WriteLine("你输入的横排号不存在，请重新输入：");
}
break;
case 2:
Console.WriteLine("请输入座位竖排序号，输入 r 重新选择电影：");
temp = Console.ReadLine();
if (temp == "r")
{
inputStatus = 0;
break;
}
colNum = Convert.ToInt32(temp) - 1;
if (colNum >= 0 && colNum < ticketSystem.movies[movieNum].hall.cols)
{
inputStatus = 3;
}
else
{
Console.WriteLine("你输入的竖排号不存在，请重新输入：");
}
break;
case 3:
if (validCmd)
{
if (ticketSystem.BookSeat(movieNum, rowNum, colNum))
Console.WriteLine("预订成功！输入字符 c 继续预订，输入 q 退出系统：");
else
Console.WriteLine("该座位无法预订！输入字符 c 预订其他座位。输入 q 退出系统：");
}
else
{
Console.WriteLine("输入字符 c 继续预订。输入 q 退出系统：");
}
temp = Console.ReadLine();
if (temp == "q")
{
inputStatus = 4;
```

```
validCmd = true;
}
else if (temp == "c")
{
inputStatus = 0;
validCmd = true;
}
else
{
validCmd = false;
}
break;
}
}
}
```

【代码剖析】

本段代码首先实例化订票系统，调用 LoadDataBase()方法，加载电影信息，然后初始化输入变量，通过状态机 inputStatus 控制输入：为 1 时引导用户输入电影序号；为 2 时引导用户选择影厅座位的横排序号；为 3 时引导用户选择影厅座位的竖排序号；为 4 时提示预订结果。在预订成功后，若输入 c，则可重复预订影票。

21.6 系统运行

项目运行效果如下。

(1) 运行 CinemaTicket.cs 文件或者 CinemaTicket.exe 文件，将打开项目主界面，展示正在上映的电影信息，如图 21-4 所示。

(2) 以"加勒比海盗 5"为例，输入编号 1，并按 Enter 键，进入选座界面，首先选择横排序号，完成后选择竖排序号，如图 21-5 所示。

图 21-4　正在上映的电影信息

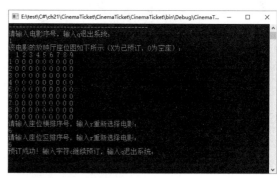

图 21-5　选座

(3) 假如我们需要再订一张票，输入 c，选择电影编号 1，显示选座信息，6 排 6 座已被预订，显示 X，如图 21-6 所示，这时再选择 6 排 6 号座会出现"该座位无法预订！"提示，如图 21-7 所示。

图 21-6　座位预订标志　　　　　　　　　　图 21-7　错误提示

21.7　项目总结

通过该项目的学习，将强化读者对 C#基础知识的理解，熟练掌握分析、规划、设计一个项目的流程。此外，在该项目学习过程中，读者可以清楚地了解到 C#里如何将一个相对复杂的功能拆分成多个小的功能模块，每类功能模块用一个特定的 class 来实现。此外，读者还可以学习到如何在 C#环境中进行 SQL Server 数据库的连接和执行常规的数据库操作，如修改、查找等。

第 22 章
企业系统应用——开发人事管理系统

本章以 C#6.0+SQL Server 2016 数据库技术为基础,通过使用 Visual Studio 2017 开发环境,以 Windows 窗体应用程序为例开发一个企业人事管理系统。通过本系统的讲述,使读者真正掌握软件开发的流程及 C#在实际项目中涉及的重要技术。

软件的开发是有流程可遵循的,不能像前面设计一段程序一样,直接编码。软件开发需要经过可行性分析、需求分析、概要设计、数据库设计、详细设计、编码、测试、安装部署和后期维护阶段。

本章要点(已掌握的在方框中打钩)

- ☐ 了解本项目的需求分析和系统功能结构设计。
- ☐ 掌握数据库设计。
- ☐ 掌握用户登录模块设计。
- ☐ 掌握人事档案管理模块设计。
- ☐ 掌握用户设置模块设计。
- ☐ 掌握数据库维护模块设计。

22.1 需求分析

需求调查是任何一个软件项目的第一项工作，人事管理系统也不例外。软件首先从登录界面开始，验证用户名和密码之后，根据登录用户的权限不同，打开软件后展示不同的功能模块。软件主要功能模块是人事管理、备忘录、员工生日提醒、数据库的维护等。

通过需求调查之后，总结出如下需求信息。

(1) 由于该系统的使用对象较多，因此要有较好的权限管理，每个用户可以具备对不同功能模块的操作权限。

(2) 对员工的基础信息进行初始化。

(3) 记录公司内部员工基本档案信息，提供便捷的查询功能。

(4) 在查询员工信息时，可以对当前员工的家庭情况、培训情况进行添加、修改、删除操作。

(5) 按照指定的条件对员工进行统计。

(6) 可以将员工信息以表格的形式导出到 Word 文档中以便进行打印。

(7) 具备灵活的数据备份、还原及清空功能。

22.2 系统功能结构

公司人事管理系统以操作简单方便、界面简洁美观、系统运行稳定、安全可靠为开发原则，依照功能需求为开发目标。

22.2.1 构建开发环境

1. 软件开发环境

软件开发环境：Microsoft Visual Studio 2017 集成开发环境。

软件开发语言：C# 6.0。

软件后台数据库：SQL Server 2016。

开发环境运行平台：Windows XP/Windows 7/Windows 10 等。

2. 软件运行环境

服务器端：Windows 10+SQL Server 2016 企业版或者 Windows Server 2000/Windows Server 2003+SQL Server 2016 企业版。

客户端：.Net Frame work 3.5 及以上版本。

> **注意**：服务器和客户机可以是同一台计算机，如果是单人开发，且计算机数量有限时，建议将服务器和客户机环境搭建于同一台计算机上。

22.2.2 系统功能结构

根据具体需求分析，设计企业人事管理系统的功能结构，如图 22-1 所示。

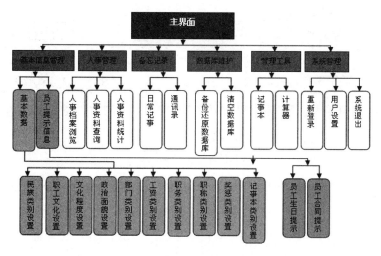

图 22-1 企业人事管理系统的功能结构

22.3 数据库设计

数据库设计的好坏,直接影响着软件的开发效率及维护的方便与否,以及以后能否对功能的扩充留有余地。因此,数据库设计非常重要,良好的数据库结构,可以事半功倍。

22.3.1 数据库分析

该公司人事管理系统主要侧重员工的基本信息及工作简历、家庭成员、奖惩记录等,数据量的多少由公司员工的多少来决定。SQL Server 2016 数据库系统在安全性、准确性和运行速度上有绝对的优势,并且处理数据量大、效率高。它作为微软的产品,与 Visual Studio 2017 实现无缝连接,数据库命名为 db_PWMS_GSJ,其中包含了 23 张表,用于存储不同信息,如图 22-2 所示。

22.3.2 数据库实体 E-R 图

系统开发过程中,数据库占据重要的地位。数据库的设置依据需求分析而定。通过上述需求分析及系统功能的确定,规划出系统中使用的数据库实体对象有 23 个,如图 22-3~图 22-25 所示为它们的 E-R 图。

图 22-2 公司人事管理系统所用数据表

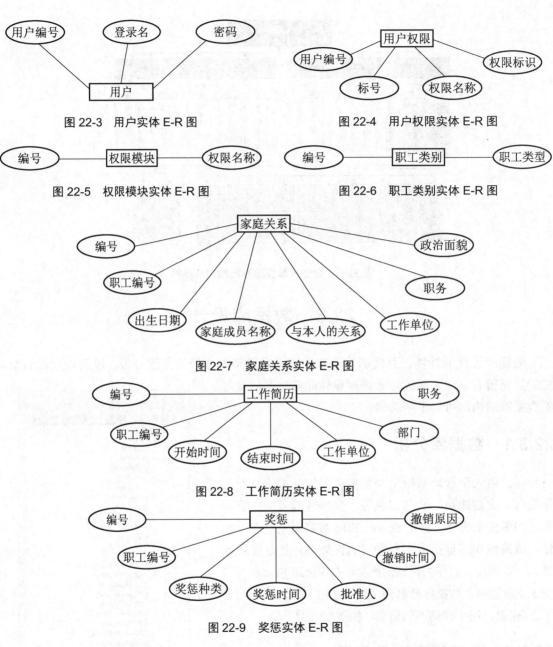

图 22-3 用户实体 E-R 图

图 22-4 用户权限实体 E-R 图

图 22-5 权限模块实体 E-R 图

图 22-6 职工类别实体 E-R 图

图 22-7 家庭关系实体 E-R 图

图 22-8 工作简历实体 E-R 图

图 22-9 奖惩实体 E-R 图

图 22-10 个人简历实体 E-R 图

图 22-11 日常记事本实体 E-R 图

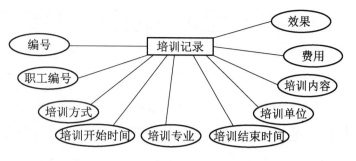

图 22-12 培训记录实体 E-R 图

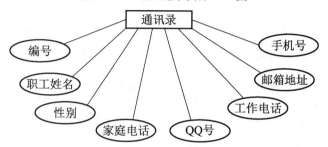

图 22-13 通讯录实体 E-R 图

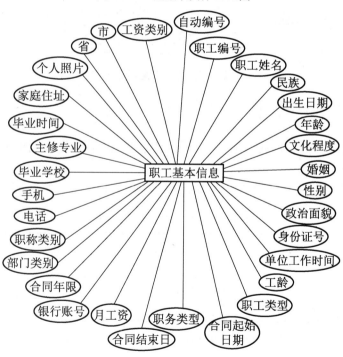

图 22-14 职工基本信息实体 E-R 图

图 22-15 奖惩类别实体 E-R 图　　　　　　图 22-16 文化程度实体 E-R 图

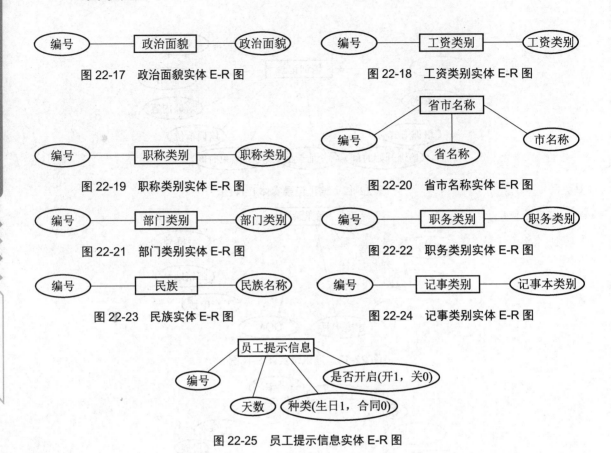

图 22-17 政治面貌实体 E-R 图

图 22-18 工资类别实体 E-R 图

图 22-19 职称类别实体 E-R 图

图 22-20 省市名称实体 E-R 图

图 22-21 部门类别实体 E-R 图

图 22-22 职务类别实体 E-R 图

图 22-23 民族实体 E-R 图

图 22-24 记事类别实体 E-R 图

图 22-25 员工提示信息实体 E-R 图

22.3.3 数据库表的设计

E-R 图设计完之后,将根据实体 E-R 图设计数据表结构。下面列出主要数据表,其他的请参见本书附带的光盘。

(1) tb_Login(用户登录表),用来记录操作者的用户名和密码,如表 22-1 所示。

表 22-1 tb_Login(用户登录表)

列 名	描 述	数据类型	空/非空	约束条件
ID	用户编号	Int	非空	主键,自动增长
Uid	用户登录名	Varchar(50)	非空	
Pwd	密码	Varchar(50)	非空	

(2) tb_Family(家庭关系表),如表 22-2 所示。

表 22-2 tb_Family(家庭关系表)

列 名	描 述	数据类型	空/非空	约束条件
ID	编号	INT	非空	主键,自动增长
Sut_ID	职工编号	Varchar(50)	非空	外键

续表

列名	描述	数据类型	空/非空	约束条件
LeaguerName	家庭成员名称	Varchar(20)		
Nexus	与本人的关系	Varchar(20)		
BirthDate	出生日期	Datetime		
WorkUnit	工作单位	Varchar(50)		
Business	职务	Varchar(20)		
Visage	政治面貌	Varchar(20)		

(3) tb_WorkResume(工作简历表)，如表 22-3 所示。

表 22-3　tb_WorkResume(工作简历表)

列名	描述	数据类型	空/非空	约束条件
ID	编号	INT	非空	主键，自动增长
Sut_ID	职工编号	Varchar(50)	非空	外键
BeginDate	开始时间	Datetime		
EndDate	结束时间	DateTime		
WorkUnit	工作单位	Varchar(50)		
Branch	部门	Varchar(20)		
Business	职务	Varchar(20)		

(4) tb_Randp(奖惩表)，如表 22-4 所示。

表 22-4　tb_Randp(奖惩表)

列名	描述	数据类型	空/非空	约束条件
ID	编号	INT	非空	主键，自动增长
Sut_ID	职工编号	Varchar(50)	非空	外键
RPKind	奖惩种类	Varchar(20)		
RPDate	奖惩时间	DateTime		
SealMan	批准人	Varchar(20)		
QuashDate	撤销时间	Datetime		
QuashWhys	撤销原因	Varchar(100)		

(5) tb_TrainNote(培训记录表)，如表 22-5 所示。

表 22-5　tb_TrainNote(培训记录表)

列名	描述	数据类型	空/非空	约束条件
ID	编号	Int	非空	主键，自动增长
Sut_ID	职工编号	Varchar(50)	非空	外键

续表

列 名	描 述	数据类型	空/非空	约束条件
TrainFashion	培训方式	Varchar(20)		
BeginDate	培训开始时间	DateTime		
EndDate	培训结束时间	Datetime		
Speciality	培训专业	Varchar(20)		
TrainUnit	培训单位	Varchar(50)		
KulturMemo	培训内容	Varchar(50)		
Charger	费用	money		
Effects	效果	Varchar(20)		

(6) tb_AddressBook(通讯录表)，如表 22-6 所示。

表 22-6　tb_AddressBook(通讯录表)

列 名	描 述	数据类型	空/非空	约束条件
ID	编号	Int	非空	主键，自动增长
SutName	职工姓名	Varchar(20)	非空	
Sex	性别	Varchar(4)		
Phone	家庭电话	Varchar(18)		
QQ	QQ 号	Varchar(15)		
WorkPhone	工作电话	Varchar(18)		
E-Mail	邮箱地址	Varchar(100)		
Handset	手机号	Varchar(12)		

(7) tb_Stuffbusic(职工基本信息表)，如表 22-7 所示。

表 22-7　tb_Stuffbusic(职工基本信息表)

列 名	描 述	数据类型	空/非空	约束条件
ID	自动编号	Int	非空	自动增长/主键
Stu_ID	职工编号	Vachar(50)	非空	唯一
StuffName	职工姓名	Varchar(20)		
Folk	民族	Varchar(20)		
Birthday	出生日期	DateTime		
Age	年龄	Int		
Kultur	文化程度	Varchar(14)		
Marriage	婚姻	Varchar(4)		
Sex	性别	Varchar(4)		
Visage	政治面貌	Varchar(20)		
IDCard	身份证号	Varchar(20)		

续表

列 名	描 述	数据类型	空/非空	约束条件
WorkDate	单位工作时间	DateTime		
WorkLength	工龄	Int		
Employee	职工类型	Varchar(20)		
Business	职务类型	Varchar(10)		
Laborage	工资类别	Varchar(10)		
Branch	部门类别	Varchar(20)		
Duthcall	职称类别	Varchar(20)		
Phone	电话	Varchar(14)		
Handset	手机	Varchar(11)		
School	毕业学校	Varchar(50)		
Speciality	主修专业	Varchar(20)		
GraduateDate	毕业时间	DateTime		
Address	家庭住址	Varchar(50)		
Photo	个人照片	Image		
BeAware	省	Varchar(30)		
City	市	Varchar(30)		
M_Pay	月工资	Money		
Bank	银行账号	Varchar(20)		
Pact_B	合同起始日期	DateTime		
Pact_E	合同结束日期	DateTime		
Pact_Y	合同年限	Float		

22.4 开发前准备工作

进行系统开发之前,需要做如下准备工作。

(1) 搭建开发环境。

(2) 根据数据库设计表结构,在 SQL Server 2016 数据库软件中实现数据库和表的创建。具体操作步骤在此不再赘述,如有疑问,请参阅数据库相关章节。

(3) 创建项目。在 Visual Studio 2017 开发环境中创建"人事管理系统_GSJ"项目,具体操作步骤,请参阅前面相关章节内容。

(4) 该系统的窗体比较多,为了方便窗体的操作和统一管理,在项目的根目录下创建 FormsControls 类文件,通过该类的 ShowSubForm 静态方法实现根据给定参数的不同,显示相应的窗体,代码如下:

```
using System;
using System.Collections.Generic;
using System.ComponentModel;
using System.Data;
```

```csharp
using System.Drawing;
using System.Text;
using System.Windows.Forms;
namespace 人事管理系统_GSJ
{
class FormsControls
{
/// <summary>
///根据不同的参数显示相应窗体
/// </summary>
/// <param name="formSign">窗体的标识</param>
public static void ShowSubForm(string formSign)
{
#region 基础数据
if (formSign == "民族类别设置")
{
Frm_JiBen frm_jb = new Frm_JiBen();
frm_jb.Text = formSign;
frm_jb.ShowDialog();
frm_jb.Dispose();
}
else if (formSign == "职工类别设置")
{
Frm_JiBen frm_jb = new Frm_JiBen();
frm_jb.Text = formSign;
frm_jb.ShowDialog();
frm_jb.Dispose();
}
else if (formSign == "文化程度设置")
{
Frm_JiBen frm_jb = new Frm_JiBen();
frm_jb.Text = formSign;
frm_jb.ShowDialog();
frm_jb.Dispose();
}
else if (formSign == "政治面貌设置")
{
Frm_JiBen frm_jb = new Frm_JiBen();
frm_jb.Text = formSign;
frm_jb.ShowDialog();
frm_jb.Dispose();
}
else if (formSign == "部门类别设置")
{
Frm_JiBen frm_jb = new Frm_JiBen();
frm_jb.Text = formSign;
frm_jb.ShowDialog();
frm_jb.Dispose();
}
else if (formSign == "工资类别设置")
{
Frm_JiBen frm_jb = new Frm_JiBen();
```

```csharp
frm_jb.Text = formSign;
frm_jb.ShowDialog();
frm_jb.Dispose();
}
else if (formSign == "职务类别设置")
{
Frm_JiBen frm_jb = new Frm_JiBen();
frm_jb.Text = formSign;
frm_jb.ShowDialog();
frm_jb.Dispose();
}
else if (formSign == "职称类别设置")
{
Frm_JiBen frm_jb = new Frm_JiBen();
frm_jb.Text = formSign;
frm_jb.ShowDialog();
frm_jb.Dispose();
}
else if (formSign == "奖惩类别设置")
{
Frm_JiBen frm_jb = new Frm_JiBen();
frm_jb.Text = formSign;
frm_jb.ShowDialog();
frm_jb.Dispose();
}
else if (formSign == "记事本类别设置")
{
Frm_JiBen frm_jb = new Frm_JiBen();
frm_jb.Text = formSign;
frm_jb.ShowDialog();
frm_jb.Dispose();
}
#endregion
#region 员工信息提醒
else if (formSign == "员工生日提示")
{
Frm_TiShi frm_ts = new Frm_TiShi();
frm_ts.Text = formSign;
frm_ts.ShowDialog();
frm_ts.Dispose();
}
else if (formSign == "员工合同提示")
{
Frm_TiShi frm_ts = new Frm_TiShi();
frm_ts.Text = formSign;
frm_ts.ShowDialog();
frm_ts.Dispose();
}
#endregion
#region 人事管理
else if (formSign == "人事档案管理")
{
```

```csharp
Frm_DangAn frm_da = new Frm_DangAn();
frm_da.Text = formSign;
frm_da.ShowDialog();
frm_da.Dispose();
}
else if (formSign == "人事资料查询")
{
Frm_ChaZhao frm_cz = new Frm_ChaZhao();
frm_cz.Text = "人事资料查询";
frm_cz.ShowDialog();
frm_cz.Dispose();
}
else if (formSign == "人事资料统计")
{
Frm_TongJi frm_tj = new Frm_TongJi();
frm_tj.Text = formSign;
frm_tj.ShowDialog();
frm_tj.Dispose();
}
#endregion
#region 备忘记录
else if (formSign == "日常记事")
{
Frm_JiShi frm_js = new Frm_JiShi();
frm_js.Text = formSign;
frm_js.ShowDialog();
frm_js.Dispose();
}
else if (formSign == "员工通讯录")
{
Frm_TongXunLu frm_txl = new Frm_TongXunLu();
frm_txl.Text = formSign;
frm_txl.ShowDialog();
frm_txl.Dispose();
}
else if (formSign == "个人通讯录")
{
Frm_TongXunLu frm_txl = new Frm_TongXunLu();
frm_txl.Text = formSign;
frm_txl.ShowDialog();
frm_txl.Dispose();
}
#endregion
#region 数据库维护
else if (formSign == "备份/还原数据库")
{
Frm_BeiFenHuanYuan frm_bfhy = new Frm_BeiFenHuanYuan();
frm_bfhy.Text = formSign;
frm_bfhy.ShowDialog();
frm_bfhy.Dispose();
}
else if (formSign == "清空数据库")
```

```csharp
{
Frm_QingKong frm_qk = new Frm_QingKong();
frm_qk.Text = formSign;
frm_qk.ShowDialog();
frm_qk.Dispose();
}
#endregion
#region 工具管理
else if (formSign == "计算器")
{
try
{
System.Diagnostics.Process.Start("calc.exe");
}
catch
{
}
}
else if (formSign == "记事本")
{
try
{
System.Diagnostics.Process.Start("notepad.exe");
}
catch
{
}
}
#endregion
#region 系统管理和帮助
else if (formSign == "用户设置")
{
Frm_XiuGaiYongHu frm_xgyh = new Frm_XiuGaiYongHu();
frm_xgyh.Text = formSign;
frm_xgyh.ShowDialog();
frm_xgyh.Dispose();
}
else if (formSign == "重新登录")
{
Application.Restart();
}
else if (formSign == "退出系统")
{
Application.Exit();
}
else if (formSign == "显示提醒")
{
Frm_TiXing frm_tx = new Frm_TiXing();
frm_tx.ShowDialog();
frm_tx.Dispose();
}
else if(formSign=="关于本软件")
```

```csharp
{
    FrmAbout frma = new FrmAbout();
    frma.ShowDialog();
    frma.Dispose();
}
else if (formSign == "系统帮助")
{
    try
    {
        System.Diagnostics.Process.Start(Application.StartupPath + "\\企业人事管理系统使用说明书.doc");
    }
    catch
    {
    }
}
#endregion
    }
}
```

> **注意**：在类文件中用了大量的#region 和#endregion 分区域，主要是代码太长，方便代码折叠。

【代码剖析】

本段代码的功能是设计程序主窗体中的菜单命令。首先定义的是 ShowSubForm 静态方法。此方法根据代码中不同的参数来显示相应的窗体，通过 if...else if 语句块对参数 formSign 进行判断。例如，当 formSign 为 "民族类别设置" 时，就打开 "民族类别设置" 的相应窗体。

(5) 系统中用到了大量的数据合法性验证，为了开发程序时进行复用，自定义了大量方法。在项目根目录下创建 DoValidate 类，代码如下：

```csharp
using System;
using System.Collections.Generic;
using System.Text;
//导入正则表达式类
using System.Text.RegularExpressions;
namespace 人事管理系统_GSJ
{
    class DoValidate
    {
        /// <summary>
        ///检查固定电话是否合法
        /// </summary>
        /// <param name="str">固定电话字符串</param>
        /// <returns>合法返回 true</returns>
        public static bool CheckPhone(string str)    //检查固定电话是否合法 合法返回 true
        {
            Regex phoneReg = new Regex(@"^(\d{3,4}-)?\d{6,8}$");
```

```csharp
return phoneReg.IsMatch(str);
}
/// <summary>
///检查QQ
/// </summary>
/// <param name="Str">qq字符串</param>
/// <returns>合法返回true</returns>
public static bool CheckQQ(string Str)//QQ
{
Regex QQReg = new Regex(@"^\d{9,10}?$");
return QQReg.IsMatch(Str);
}
/// <summary>
///检查手机号
/// </summary>
/// <param name="Str">手机号</param>
/// <returns>合法返回true</returns>
public static bool CheckCellPhone(string Str)//手机
{
Regex CellPhoneReg = new
Regex(@"^1[358][0-9][0-9][0-9][0-9][0-9][0-9][0-9][0-9]$");
return CellPhoneReg.IsMatch(Str);
}
///<summary>
///检查E-Mail是否合法
///</summary>
///<param name="Str">要检查的E-mail字符串</param>
///<returns>合法返回true</returns>
public static bool CheckEMail(string Str)//E-mail
{
Regex emailReg = new
Regex(@"^\w+((-\w+)|(\.\w+))*\@[A-Za-z0-9]+((\.|-)[A-Za-z0-9]+)*\.[A-Za-z0-9]+$");
return emailReg.IsMatch(Str);
}
/// <summary>
/// 验证两个日期是否合法
/// </summary>
/// <param name="date1">开始日期</param>
/// <param name="date2">结束日期</param>
/// <returns>通过验证返回true</returns>
public static bool DoValitTwoDatetime(string date1, string date2)//验证两个
//日期是否合法,包括合同日期、培训日期等,不能相同,不能前大后小
{
if (date1 == date2)//两个日期相同
{
return false;
}
//检查是否为前大后小
TimeSpan ts = Convert.ToDateTime(date1) - Convert.ToDateTime(date2);
if (ts.Days >0)
{
```

```
return false;
}
return true;//通过验证
}
/// <summary>
/// 检查姓名是否合法
/// </summary>
/// <param name="nameStr">要检查的内容</param>
/// <returns></returns>
public static bool CheckName(string nameStr)   //检查姓名是否合法
{
Regex nameReg = new Regex(@"^[\u4e00-\u9fa5]{0,}$");//为汉字
Regex nameReg2 = new Regex(@"^\w+$");//字母
if (nameReg.IsMatch(nameStr) || nameReg2.IsMatch(nameStr))//为汉字或字母
{
return true;
}
else
{
return false;
}
}
}
```

【代码剖析】

本段代码规定程序中的各项验证方法。定义 CheckPhone 方法，用于验证固定电话是否合法；定义 CheckQQ 方法，用于检验 QQ 号码的输入是否合法；定义 CheckCellPhone 方法，用于检查手机号码的输入是否合法；定义 CheckEMail 方法，用于检查 E-Mail 是否合法；定义 DoValitTwoDatetime 方法，用于检验日期的合理性，例如，比较合同日期与培训日期，它们不能相同，也不能前大后小，定义 CheckName 方法，用于检验输入姓名的合法性。

(6) 系统主窗体的设计。主窗体是程序功能的聚焦处，也是人机交互的重要环节。通过主窗体，用户可以调用系统相关的各子模块。为了方便用户操作，本系统将主窗体分为 4 个部分，即菜单栏、工具栏、侧边树状导航和状态栏。请参阅图 22-2 进行设计。

22.5 用户登录模块

登录模块是整个应用程序的入口，要求操作者提供用户名和密码。它主要是为了提高程序的安全性，并且在该模块中可以根据不同的用户权限，操作系统的不同功能模块。运行结果如图 22-26 所示。

22.5.1 定义数据库连接方法

本系统的所有窗体几乎都用到数据库操作。为了代码重用，提高开发效率，现将数据库相关操作定义到 MyDBControls 类文件

图 22-26 用户登录界面

中。由于该类和窗体中的其他类在同一命名空间中，所以使用时直接对该类进行操作。主要代码如下：

```csharp
using System;
using System.Collections.Generic;
using System.Text;
//导入命名空间
using System.Data;
using System.Data.SqlClient;
namespace 人事管理系统_GSJ
{
class MyDBControls
{
#region 模块级变量
private static string server = ".";
public static string Server  //服务器
{
get { return MyDBControls.server; }
set { MyDBControls.server = value; }
}
private static string uid="sa";
public static string Uid  //登录名
{
get { return MyDBControls.uid; }
set { MyDBControls.uid = value; }
}
private static string pwd="";
public static string Pwd  //密码
{
get { return MyDBControls.pwd; }
set { MyDBControls.pwd = value; }
}
public static SqlConnection M_scn_myConn;    //数据库连接对象
#endregion
public static void GetConn()  //连接数据库
{
try
{
string M_str_connStr =
"server="+Server+";database=db_PWMS_GSJ;uid="+Uid+";pwd="+Pwd;  //连接字符串
M_scn_myConn = new SqlConnection(M_str_connStr);
M_scn_myConn.Open();
}
catch  //处理异常
{
}
}
public static void CloseConn()  //关闭连接
{
if (M_scn_myConn.State == ConnectionState.Open)
{
M_scn_myConn.Close();
```

```csharp
            M_scn_myConn.Dispose();
        }
    }
    public static SqlCommand CreateCommand(string commStr)//根据字符串产生 SQL 命令
    {
        SqlCommand P_scm = new SqlCommand(commStr, M_scn_myConn);
        return P_scm;
    }
    public static int ExecNonQuery(string commStr)   //执行命令返回受影响行数
    {
        return CreateCommand(commStr).ExecuteNonQuery();
    }
    public static object ExecSca(string commStr)   //返回结果集的第一行第一列
    {
        return CreateCommand(commStr).ExecuteScalar();
    }
    public static SqlDataReader GetDataReader(string commStr)   //返回 DataReader
    {
        return CreateCommand(commStr).ExecuteReader();
    }
    public static DataSet GetDataSet(string commStr)//返回 DataSet
    {
        SqlDataAdapter P_sda = new SqlDataAdapter(commStr, M_scn_myConn);
        DataSet P_ds = new DataSet();
        P_sda.Fill(P_ds);
        return P_ds;
    }
    /// <summary>
    /// 执行带图片的插入操作的 sql 语句
    /// </summary>
    /// <param name="sql">sql 语句</param>
    /// <param name="bytes">图片转后的数组</param>
    /// <returns>受影响行数</returns>
    public static int SaveImage(string sql,object bytes)//存图像 参数 1 sql 语句 参
    //数 2 图像转换的数组
    {
        SqlCommand scm = new SqlCommand();//声明 sql 语句
        scm.CommandText = sql;
        scm.CommandType = CommandType.Text;
        scm.Connection = M_scn_myConn;
        SqlParameter imgsp = new SqlParameter("@imgBytes", SqlDbType.Image);//设置参
        //数的值
        imgsp.Value = (byte[])bytes;
        scm.Parameters.Add(imgsp);
        return scm.ExecuteNonQuery();//执行
    }
    /// <summary>
    /// 还原数据库
    /// </summary>
    /// <param name="filePath">文件路径</param>
    public static void RestoreDB(string filePath)
    {
```

```
//试图关闭原来的连接
CloseConn();
//还原语句
string reSql = "restore database db_PWMS_GSJ from disk ='" + filePath + "'
with replace";
//强制关闭原来连接的语句
string reSql2 = "select spid from master..sysprocesses where
dbid=db_id('db_pwms_GSJ')";
//新建连接
SqlConnection reScon = new SqlConnection("server=.;database=master;uid=" +
Uid +
";pwd=" + Pwd);
try
{
reScon.Open();//打开连接
SqlCommand reScm1 = new SqlCommand(reSql2, reScon);//执行查询找出与要还原数
//据库有关的所有连接
SqlDataAdapter reSDA = new SqlDataAdapter(reScm1);
DataSet reDS = new DataSet();
reSDA.Fill(reDS);      //临时存储查询结果
for (int i = 0; i < reDS.Tables[0].Rows.Count; i++)//逐一关闭这些连接
{
string killSql = "kill " + reDS.Tables[0].Rows[i][0].ToString();
SqlCommand killScm = new SqlCommand(killSql, reScon);
killScm.ExecuteNonQuery();
}
SqlCommand reScm2 = new SqlCommand(reSql, reScon);//执行还原
reScm2.ExecuteNonQuery();
reScon.Close();//关闭本次连接
}
catch //处理异常
{
}
}
}
```

【代码剖析】

本段代码主要实现数据库连接配置。首先定义模块级变量，包含服务器、登录名及密码。然后定义 GetConn 方法，用于实现连接数据库并打开连接；定义 CloseConn 方法，用于关闭数据库连接；定义 CreateCommand 方法，可根据字符串产生 SQL 命令；定义 SaveImage 方法，通过传递参数实现执行插入图片 SQL 语句；定义 RestoreDB 方法，用于将数据库还原。

22.5.2 防止窗口被关闭

由于该软件没有控制栏，如果需要退出系统，只能通过【取消】按钮。为了避免用户无意间关闭窗口，在窗体的 FormClosing 事件中增加了如下代码：

```
if (P_needValite)//没成功登录而关闭
```

```
{
//确认取消登录
DialogResult dr = MessageBox.Show("确认取消登录吗?", "提示",
MessageBoxButtons.OKCancel,
MessageBoxIcon.Warning, MessageBoxDefaultButton.Button2);
if (dr == DialogResult.Cancel) //当选择取消时不执行操作
{
e.Cancel = true;
}
else //退出程序
{
Application.ExitThread();
}
}
```

22.5.3 验证用户名和密码

当用户输入用户名和密码后,单击【登录】按钮进行登录。在"登录"的 click 事件中,调用自定义方法 DoValidated(),实现用户的登录功能。在没有输入用户名和密码的时候,提醒用户必须输入,输入正确进入系统主界面,否则提示用户名和密码错误。

自义定验证方法,代码如下:

```
private void DoValidated() //验证登录
{
#region 验证输入有效性
if (txt_Name.Text == string.Empty)
{
MessageBox.Show("用户名不能为空!", "提示", MessageBoxButtons.OK,
MessageBoxIcon.Warning);
return;
}
if (txt_Pwd.Text == string.Empty)
{
MessageBox.Show("密码不能为空!", "提示", MessageBoxButtons.OK,
MessageBoxIcon.Warning);
return;
}
#endregion
#region 连接数据库验证用户是否合法并处理异常
GSJ_DESC myDesc = new GSJ_DESC("@gsj");       //实例化加/解密对象
//Sql 语句查询,加密后的用户名和加密后的密码
string P_sqlStr = string.Format("select count(*) from tb_Login where
Uid='{0}' and
Pwd='{1}'",myDesc.Encry(txt_Name.Text.Trim()),myDesc.Encry(txt_Pwd.Text.Tri
m()));
try
{
//读取数据库的连接字符
RegistryKey CU_software = Registry.CurrentUser;
RegistryKey softPWMS = CU_software.OpenSubKey(@"SoftWare\PWMS");
MyDBControls.Server = myDesc.Decry(softPWMS.GetValue("server").ToString());
```

```csharp
MyDBControls.Uid = myDesc.Decry(softPWMS.GetValue("uid").ToString());
MyDBControls.Pwd = myDesc.Decry(softPWMS.GetValue("pwd").ToString());
//MessageBox.Show(MyDBControls.Server + MyDBControls.Uid +
MyDBControls.Pwd);
MyDBControls.GetConn();//打开连接
if (Convert.ToInt32(MyDBControls.ExecSca(P_sqlStr)) != 0)//判断是否为合法用户
{
FrmMain.P_currentUserName = txt_Name.Text;
FrmMain.P_isSucessLoad = true;
P_needValite = false;//不需要确认直接关闭
this.Close(); //登录成功,关闭本窗体
}
else
{
MessageBox.Show("用户名或密码错误,请重新输入!");
//清空原有内容
txt_Name.Text = string.Empty;
txt_Pwd.Text = string.Empty;
//用户名获得焦点
txt_Name.Focus();
}
MyDBControls.CloseConn();//关闭连接
}
catch  //数据库连接失败时
{
if (DialogResult.Yes == MessageBox.Show("数据库连接失败,程序不能启动!\n是否重新注册?", "提示", MessageBoxButtons.YesNo, MessageBoxIcon.Information))
{
Frm_reg frmReg = new Frm_reg();//显示注册窗体
frmReg.ShowDialog();
frmReg.Dispose();
}
else
{
Application.ExitThread();
}
}
#endregion
}
//【登录】按钮click事件, 代码如下
private void btn_Load_Click(object sender, EventArgs e)
{
DoValidated();//验证登录
}
}
```

【代码剖析】

本段代码实现登录过程中的相关验证功能。首先定义 DoValidated 方法,用于验证输入结果的有效性,如果用户没有输入用户名或密码进行提示;如果输入用户密码与密码,则打开数据库将加密过后的用户名密码与数据库中的数据进行比对,若正确则登录成功,若错误则弹出提示。如果数据库在连接过程中失败,则弹出 Frm_reg 窗体,进行数据库连接相关操作。

22.6 人事档案管理模块

人事档案管理窗体是对员工的基本信息、家庭情况、培训记录等进行浏览、增加、修改、删除的操作。可以通过菜单栏、工具栏或侧边导航树调用该功能。

22.6.1 界面开发

在项目中添加 subrms 文件夹，新建窗体 Frm_DangAn，并将窗体保存在 subrms 文件夹中。本系统中人事档案管理有多个面板，功能大部分相同。下面以【职工基本信息】面板为例进行讲述，其他不再赘述。【职工基本信息】面板如图 22-27 所示。

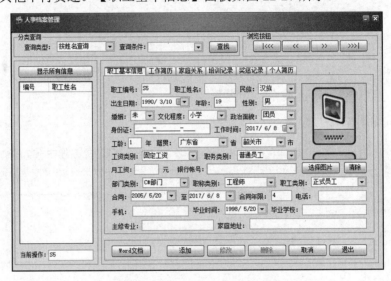

图 22-27　【职工基本信息】面板

该窗体中主要涉及 TextBox 控件、MaskTextBox(身份证)控件、ComboBox 控件、Button 控件、OpenFileDialog(选择图片)控件、PictureBox 控件、DataTimePicker 控件、DataGridView 控件和 TabConTrol 控件及 Label 标签控件。

22.6.2 代码开发

为了编写程序代码的需要，特声明如下类字段：

```
string imgPath = "";   //图片路径
private string operaTable = "";   //指定二级菜单操作的数据表
private DataGridView currentDGV;   //二级页面操作的datagridview
byte[] imgBytes = new byte[1024];   //存图像使用的数组
string lastOperaSql = "";   //记录上次操作为了在修改和删除后进行更新
private bool needClose = false;//验证基础信息不完整时要关闭
string showThisUser = "";//是否有立即要显示的信息(如果有,则显示员工编号)
```

(1) 为了使员工编号能够自动产生,编写 MakeIdNo 方法,代码如下:

```csharp
private void MakeIdNo()//自动编号
{
try
{
int id = 0;
string sql = "select count(*) from tb_Stuffbusic";
MyDBControls.GetConn();
object obj = MyDBControls.ExecSca(sql);
if (obj.ToString() == "")
{
id = 1;
}
else
{
id = Convert.ToInt32(obj) + 1;
}
SSS.Text = "S" + id.ToString();
}
catch //异常
{
this.Close();
//MessageBox.Show(err.Message);
}
}
```

(2) 为了保证数据输入的正确性,编写 DoValitPrimary 方法,代码如下:

```csharp
private bool DoValitPrimary()//验证基本信息输入内容
{
//编号
if (SSS.Text.Trim() == string.Empty)
{
MessageBox.Show("编号不能为空!");
SSS.Focus();
return false;
}
//姓名,检查是否为空,不为空时要求必须为汉字或字母
if (SSS_0.Text.Trim() == string.Empty
|| !DoValidate.CheckName(SSS_0.Text.Trim()))
{
MessageBox.Show("姓名应为汉字或英文!");
return false;
}
//身份证号
if (SSS_8.Text.Trim().Length != 20 || SSS_8.Text.Trim().IndexOf(" ") != -1)//身份证号18位 2位-
{
MessageBox.Show("身份证号不合法!");
return false;
}
if (SSS_8.Text.Substring(7, 4) != SSS_2.Value.Year.ToString() ||
Convert.ToInt16(SSS_8.Text.Substring(11, 2)).ToString() !=
SSS_2.Value.Month.ToString() ||
```

```csharp
Convert.ToInt16(SSS_8.Text.Substring(13, 2)).ToString() !=
SSS_2.Value.Day.ToString())
{
MessageBox.Show("身份证号不正确!");
return false;
}
//银行账号
if (SSS_26.Text.Trim() == string.Empty || SSS_26.Text.Trim().Length < 15 ||
SSS_26.Text.Trim().IndexOf(" ") != -1)
{
MessageBox.Show("银行账号不合法! ");
return false;
}
//手机号
if (SSS_17.Text.Trim() != string.Empty)
{
if (!DoValidate.CheckCellPhone(SSS_17.Text.Trim()))
{
MessageBox.Show("手机号不合法!");
return false;
}
}
//固定电话
if (SSS_16.Text.Trim() != string.Empty)
{
if (!DoValidate.CheckPhone(SSS_16.Text.Trim()))
{
MessageBox.Show("固定电话格式就为:三或四位区号-8位号码!");
return false;
}
}
//验证合同日期
if (!DoValidate.DoValitTwoDatetime(SSS_27.Value.Date.ToString(),
SSS_28.Value.Date.ToString()))
{
MessageBox.Show("合同日期不合法!");
return false;
}
//出生日期
if (SSS_3.Text == "0")
{
MessageBox.Show("出生日期不合法!");
return false;
}
//工龄
try
{
if (Convert.ToDecimal(SSS_10.Text) < 0)
{
MessageBox.Show("工龄有误!");
return false;
}
}
catch
```

```
{
MessageBox.Show("工龄有误!");
return false;
}
//工资
try
{
if (Convert.ToDecimal(SSS_25.Text) < 0)
{
MessageBox.Show("工资有误!");
return false;
}
}
catch
{
MessageBox.Show("工资有误!");
return false;
}
return true;
}
```

(3) 初始化页面相关信息及填充下拉列表框的内容,例如,性别中的第一项为【男】,【政治面貌】下拉列表框的内容等。代码如下:

```
private void Frm_DangAn_Load(object sender, EventArgs e)
{
#region 初始化可选项
//限制工作时间、工作简历结束时间、家庭关系中的出生日期、最大值为当前日期
SSS_9.MaxDate = DateTime.Now;
G_2.MaxDate = DateTime.Now;
F_3.MaxDate = DateTime.Now;
//查询类型选中第一项
cbox_type.SelectedIndex = 0;
//性别选中第一项
SSS_6.SelectedIndex = 0;
//婚姻状态选中第一项
SSS_5.SelectedIndex = 0;
//填充民族
string sql = "select * from tb_Folk";//定义sql语句
InitCombox(sql, SSS_1);
//填充文化程度
sql = "select * from tb_Kultur";
InitCombox(sql, SSS_4);
//填充政治面貌
sql = "select * from tb_Visage";
InitCombox(sql, SSS_7);//职工基本信息中的政治面貌
InitCombox(sql, F_5);//家庭关系中的政治面貌
//省
sql = "select id, BeAware from tb_City";
InitCombox(sql, SSS_23);
//市
sql = "select id, City from tb_city where BeAware='广东省'";
InitCombox(sql, SSS_24);
//工资类别
```

```csharp
sql = "select * from tb_Laborage";
InitCombox(sql, SSS_13);
//职务类别
sql = "select * from tb_Business";
InitCombox(sql, SSS_12);
//职称类别
sql = "select * from tb_Duthcall";
InitCombox(sql, SSS_15);
//部门类别
sql = "select * from tb_Branch";
InitCombox(sql, SSS_14);
//职工类别
sql = "select * from tb_EmployeeGenre";
InitCombox(sql, SSS_11);
//奖惩类别
sql = "select * from tb_RPKind";
InitCombox(sql, R_1);
//编号
MakeIdNo();
//判断是否有立即显示的内容(当被查询,提醒窗体调用时会有立即被显示的内容)
if (showThisUser != "")
{
//有要显示的内容
string showThisUsersql = "select stu_id,stuffname from tb_stuffbusic where stu_id='" +
showThisUser + "'";
try
{
MyDBControls.GetConn();
dgv_Info.DataSource = MyDBControls.GetDataSet(showThisUsersql).Tables[0];
MyDBControls.CloseConn();
//记录此次操作,方便刷新
lastOperaSql = showThisUsersql;
//显示此员工信息
ShowInfo(showThisUser);
}
catch
{
}
}
if (needClose)
{
MessageBox.Show("基础数据不完整,请先进行基础信息设置!");
this.Close();
}
#endregion
}
```

（4）"添加"功能主要是实现职工基本信息、家庭关系、工作简历、培训记录、奖惩记录和个人简历的增加，以下的删除、修改、取消和 Word 文档都是指对这几个功能模块的操作，因此不再说明。

```csharp
private void btn_Add_Click(object sender, EventArgs e)
{
```

```csharp
//验证输入
if (!DoValitPrimary())
{
return;
}
#region 产生sql语句
//ID 职工编号 int identit
string insertSql = string.Format("insert into tb_Stuffbusic values('{30}','{0}','{1}','{2}',{3}','{4}','{5}','{6}','{7}','{8}','{9}',{10}},"+
"'{11}',{12}','{13}','{14}','{15}','{16}','{17}','{18}','{19}','{20}','"+
"'{21}',{22}','{23}','{24}',{25},'{26}','{27}','{28}',{29})",
SSS_0.Text.Trim(),//StuffName 职工姓名 Varchar(20)
SSS_1.Text.Trim(), //Folk 民族 Varchar(20)
SSS_2.Text, //Birthday 出生日期 DateTime
SSS_3.Text.Trim(),//Age 年龄 Int
SSS_4.SelectedItem.ToString(),//Kultur 文化程度 Varchar(14)
SSS_5.SelectedItem.ToString(),//Marriage 婚姻 Varchar(4)
SSS_6.SelectedItem.ToString(),//Sex 性别 Varchar(4)
SSS_7.Text,//Visage 政治面貌 Varchar(20)
SSS_8.Text,//IDCard 身份证号 Varchar(20)
SSS_9.Text, //WorkDate 单位工作时间 DateTime
SSS_10.Text.Trim(),//WorkLength 工龄 Int
SSS_11.SelectedItem.ToString(),//Employee 职工类型 Varchar(20)
SSS_12.SelectedItem.ToString(),//Business 职务类型 Varchar(10)
SSS_13.SelectedItem.ToString(),//Laborage 工资类别 Varchar(10)
SSS_14.SelectedItem.ToString(),//Branch 部门类别 Varchar(20)
SSS_15.SelectedItem.ToString(),//Duthcall 职称类别 Varchar(20)
SSS_16.Text.Trim(),//Phone 电话 Varchar(14)
SSS_17.Text.Trim(),//Handset 手机 Varchar(11)
SSS_18.Text.Trim(),//School 毕业学校 Varchar(50)
SSS_19.Text.Trim(),//Speciality 主修专业 Varchar(20)
SSS_20.Text, //GraduateDate 毕业时间 DateTime
SSS_21.Text.Trim(),//Address 家庭住址 Varchar(50)
"@imgBytes",//Photo 个人照片 Image
SSS_23.SelectedItem.ToString(),//BeAware 省 Varchar(30)
SSS_24.SelectedItem.ToString(),//City 市 Varchar(30)
SSS_25.Text,//M_Pay 月工资 Money
SSS_26.Text,//Bank 银行账号 Varchar(20)
SSS_27.Text,//Pact_B 合同起始日期 DateTime
SSS_28.Text,//Pact_E 合同结束日期 DateTime
SSS_29.Text,//Pact_Y 合同年限 Float
SSS.Text.Trim()
);
#endregion
#region 将图片转为参数
if (imgPath != "")
{
try
{
FileStream imgFs = new FileStream(imgPath, FileMode.Open, FileAccess.Read);//文件流
imgBytes = new byte[imgFs.Length];
BinaryReader imgBr = new BinaryReader(imgFs);//读取数据流
```

```
        imgBytes = imgBr.ReadBytes((int)imgFs.Length);
    }
    catch
    {
    }
}
#endregion
//执行保存
try
{
    MyDBControls.GetConn();//打开连接
    if (Convert.ToInt32(MyDBControls.SaveImage(insertSql, imgBytes)) > 0)
    {
        MessageBox.Show("保存成功!");
    }
    MyDBControls.CloseConn();//关闭连接
    ClearControl(tp1.Controls);//清空控件
    Img_Clear_Click(sender, e);//清除图片信息
    MakeIdNo();//产生新编号
}
catch (Exception err)//处理异常
{
    if (err.Message.IndexOf("将截断字符串或二进制数据") != -1)
    {
        MessageBox.Show("输入内容长度不合法!");
        return;
    }
    if (err.Message.IndexOf("un2") != -1)//un2 是数据库中的约束名,检查身份证号唯一
    {
        MessageBox.Show("已存在此身份证号!");
        return;
    }
    if (err.Message.IndexOf("UN") != -1)//UN 是数据库中的约束名,检查员工编号唯一
    {
        MessageBox.Show("已存在此员工编号!");
        return;
    }
    MessageBox.Show("请检查输入内容是否合法!");
}
//MessageBox.Show(insertSql);
}
```

> **注意** 在【添加】按钮的操作过程中,用到了照片的添加、编辑操作,具体详见22.6.3 节。

(5)修改人事档案资料,【修改】按钮代码如下:

```
private void btn_update_Click(object sender, EventArgs e)//修改
{
    //验证输入
    if (!DoValitPrimary())
    {
        return;
    }
```

```
#region 修改当前员工信息
string delStr = string.Format("delete from tb_Stuffbusic where
Stu_id='{0}'", SSS.Text.Trim());
try
{
MyDBControls.GetConn();
MyDBControls.ExecNonQuery(delStr);
MyDBControls.CloseConn();
btn_Add_Click(sender, e);
}
catch
{
MessageBox.Show("请重试!");
}
#endregion
#region 刷新
try
{
MyDBControls.GetConn();
dgv_Info.DataSource = MyDBControls.GetDataSet(lastOperaSql).Tables[0];
MyDBControls.CloseConn();
}
catch
{
}
#endregion
btn_Delete.Enabled = btn_update.Enabled = false;//停用删除按钮控件
}
```

(6) 删除人事档案信息,【删除】按钮代码如下:

```
private void btn_Delete_Click(object sender, EventArgs e)//删除
{
if (MessageBox.Show("此操作不可恢复,确认删除吗?", "提示",
MessageBoxButtons.OKCancel,
MessageBoxIcon.Warning, MessageBoxDefaultButton.Button2) ==
DialogResult.Cancel)
{
MessageBox.Show("操作已取消!");
return;
}
string delStr = string.Format("delete from tb_Stuffbusic where
stu_id='{0}'", SSS.Text.Trim());
string delStr2 = string.Format("delete from tb_WorkResume where
sut_id='{0}'", SSS.Text.Trim());
string delStr3 = string.Format("delete from tb_Family where sut_id='{0}'",
SSS.Text.Trim());
string delStr4 = string.Format("delete from tb_TrainNote where
sut_id='{0}'", SSS.Text.Trim());
string delStr5 = string.Format("delete from tb_Randp where sut_id='{0}'",
SSS.Text.Trim());
string delStr6 = string.Format("delete from tb_Individual where
sut_id='{0}'", SSS.Text.Trim());
try
{
```

```
MyDBControls.GetConn();//打开连接
MyDBControls.ExecNonQuery(delStr);//执行删除
MyDBControls.ExecNonQuery(delStr2);//执行删除
MyDBControls.ExecNonQuery(delStr3);//执行删除
MyDBControls.ExecNonQuery(delStr4);//执行删除
MyDBControls.ExecNonQuery(delStr5);//执行删除
MyDBControls.ExecNonQuery(delStr6);//执行删除
MyDBControls.CloseConn();//关闭连接
btn_Back_Click(sender, e);//已选中项换到上一行
Img_Clear_Click(sender, e);//清除图片信息
MessageBox.Show("删除成功!");
}
catch (Exception err)
{
MessageBox.Show(err.Message);
}
#region 刷新
try
{
MyDBControls.GetConn();
dgv_Info.DataSource = MyDBControls.GetDataSet(lastOperaSql).Tables[0];
MyDBControls.CloseConn();
}
catch
{
}
#endregion
btn_Delete.Enabled = btn_update.Enabled = false;//停用【删除】按钮
}
```

(7) 查询人事档案信息,【查找】按钮代码如下:

```
private void btn_find_Click(object sender, EventArgs e)//查询
{
string findType = "";//查询条件
switch (cbox_type.SelectedItem.ToString())
{
case "按姓名查询":
findType = "StuffName";
break;
case "按性别查询":
findType = "Sex";
break;
case "按民族查询":
findType = "Folk";
break;
case "按文化程度查询":
findType = "Kultur";
break;
case "按政治面貌查询":
findType = "Visage";
break;
case "按职工类别查询":
findType = "Employee";
```

```
break;
case "按职工职务查询":
findType = "Business";
break;
case "按职工部门查询":
findType = "Branch";
break;
case "按职称类别查询":
findType = "Duthcall";
break;
case "按工资类别查询":
findType = "Laborage";
break;
}
string sql = string.Format("select stu_id,stuffname from tb_stuffbusic
where {0}='{1}'", findType,
txt_condition.Text);
try
{
MyDBControls.GetConn();
dgv_Info.DataSource = MyDBControls.GetDataSet(sql).Tables[0];
MyDBControls.CloseConn();
//记录此次操作，方便刷新
lastOperaSql = sql;
}
catch
{
}
}
```

(8) 逐条查看人事档案信息。通过单击界面右上方【浏览按钮】区域相关按钮，实现人员档案信息的逐条查看功能。代码如下：

```
//查看第一条记录
private void btn_First_Click(object sender, EventArgs e)
{
try
{
dgv_Info.Rows[0].Selected = true;//第一行选中
ShowInfo(dgv_Info.Rows[0].Cells[0].Value.ToString());//显示第一条
}
catch
{
}
}
//查看最后一条记录
private void btn_End_Click(object sender, EventArgs e)
{
try
{
dgv_Info.Rows[dgv_Info.Rows.Count - 1].Selected = true;//最后一行选中
ShowInfo(dgv_Info.Rows[dgv_Info.Rows.Count -
```

```csharp
1].Cells[0].Value.ToString());//显示第一条
}
catch
{
}
}
//查看上一条记录
private void btn_Back_Click(object sender, EventArgs e)
{
try
{
int currentRow = dgv_Info.SelectedRows[0].Index;//当前选中行的索引号
int backRow = 0;
if ((currentRow - 1) >= 0) //判断是否为第一行,如果是则一直选中第一行
{
backRow = currentRow - 1;
}
else
{
MessageBox.Show("已到第一行!");
backRow = 0;
}
dgv_Info.Rows[backRow].Selected = true;//前一行选中
ShowInfo(dgv_Info.Rows[backRow].Cells[0].Value.ToString());//显示前一条
}
catch
{
}
}
//查看后一条记录
private void btn_next_Click(object sender, EventArgs e)
{
try
{
int currentRow = dgv_Info.SelectedRows[0].Index;//当前选中行的索引号
int nextRow = dgv_Info.Rows.Count - 1;//后一行的索引
if ((currentRow + 1) < dgv_Info.Rows.Count)//判断是否到了最后一行
{
nextRow = currentRow + 1;
}
else
{
MessageBox.Show("已到最后一行!");
}
dgv_Info.Rows[nextRow].Selected = true;//后一行选中
ShowInfo(dgv_Info.Rows[nextRow].Cells[0].Value.ToString());//显示后一条员工信息
}
catch
{
}
}
```

(9) 为了方便员工信息的存储及打印,【Word 文档】按钮可以将全部或选择的员工信息导出到 word 文件。代码如下:

```csharp
private void btn_create_Click(object sender, EventArgs e)
{
# region 产生sql语句
StringBuilder sqlSB=new StringBuilder("select Stu_id," +"StuffName ,"
+"Folk ," +"Birthday ," +
"Age ," +"Kultur ," +"Marriage ," +"Sex ," +"Visage ," +"IDCard ,"
+"WorkDate ," +
"WorkLength ," +"Employee ," +"Business ," +"Laborage ," +"Branch ,"
+"Duthcal ," +"Phone ," +
"Handset ," +"School ," +"Speciality ," +"GraduateDate ," +"Address ,"
+"Photo ," +"BeAware ," +
"City ," +"M_Pay ," +"Bank ," +"Pact_B ," +"Pact_E ," +"Pact_Y " +"from
tb_Stuffbusic ");
if (rbn_one.Checked)//判断是单个还是全部
{
sqlSB.Append(" where Stu_id ='" + StuId + "'");
}
#endregion
DataSet MyDS_Grid;
#region 读取数据
try
{
MyDBControls.GetConn();
MyDS_Grid = MyDBControls.GetDataSet(sqlSB.ToString());
MyDBControls.CloseConn();
}
catch
{
MessageBox.Show("数据读取出错,导出失败!");
return;
}
#endregion
object Nothing = System.Reflection.Missing.Value;
object missing = System.Reflection.Missing.Value;
//创建Word文档
Word.Application wordApp = new Word.ApplicationClass();
Word.Document wordDoc = wordApp.Documents.Add(ref Nothing, ref Nothing, ref
Nothing, ref
Nothing);
wordApp.Visible = true;
//设置文档宽度
wordApp.Selection.PageSetup.LeftMargin =
wordApp.CentimetersToPoints(float.Parse("2"));
wordApp.ActiveWindow.ActivePane.HorizontalPercentScrolled = 11;
wordApp.Selection.PageSetup.RightMargin =
wordApp.CentimetersToPoints(float.Parse("2"));
Object start = Type.Missing;
Object end = Type.Missing;
PictureBox pp = new PictureBox();//新建一个PictureBox控件
```

```csharp
int p1 = 0;
for (int i = 0; i < MyDS_Grid.Tables[0].Rows.Count; i++)
{
try
{
byte[] pic = (byte[])(MyDS_Grid.Tables[0].Rows[i][23]);//将数据库中的图片转换
//成二进制流
MemoryStream ms = new MemoryStream(pic);//将字节数组存入到二进制流中
pp.Image = Image.FromStream(ms);//二进制流 Image 控件中显示
pp.Image.Save(@"C:\22.bmp");//将图片存入到指定的路径
}
catch
{
p1 = 1;
}
object rng = Type.Missing;
string strInfo = "职工基本信息表" + "(" +
MyDS_Grid.Tables[0].Rows[i][1].ToString() + ")";
start = 0;
end = 0;
wordDoc.Range(ref start, ref end).InsertBefore(strInfo);//插入文本
wordDoc.Range(ref start, ref end).Font.Name = "Verdana";//设置字体
wordDoc.Range(ref start, ref end).Font.Size = 20;//设置字体大小
wordDoc.Range(ref start, ref end).ParagraphFormat.Alignment = 
Word.WdParagraphAlignment.wdAlignParagraphCenter;//设置字体居中
start = strInfo.Length;
end = strInfo.Length;
wordDoc.Range(ref start, ref end).InsertParagraphAfter();//插入回车
object missingValue = Type.Missing;
object location = strInfo.Length;//如果 location 超过已有字符的长度将会出错。一定
//要比"明细表"串多一个字符
Word.Range rng2 = wordDoc.Range(ref location, ref location);
wordDoc.Tables.Add(rng2, 14, 6, ref missingValue, ref missingValue);
wordDoc.Tables.Item(1).Rows.HeightRule = 
Word.WdRowHeightRule.wdRowHeightAtLeast;
wordDoc.Tables.Item(1).Rows.Height = 
wordApp.CentimetersToPoints(float.Parse("0.8"));
wordDoc.Tables.Item(1).Range.Font.Size = 10;
wordDoc.Tables.Item(1).Range.Font.Name = "宋体";
//设置表格样式
wordDoc.Tables.Item(1).Borders.Item(Word.WdBorderType.wdBorderLeft).LineSty
le = Word.WdLineStyle.wdLineStyleSingle;
wordDoc.Tables.Item(1).Borders.Item(Word.WdBorderType.wdBorderLeft).LineWid
th = Word.WdLineWidth.wdLineWidth050pt;
wordDoc.Tables.Item(1).Borders.Item(Word.WdBorderType.wdBorderLeft).Color = 
Word.WdColor.wdColorAutomatic;
wordApp.Selection.ParagraphFormat.Alignment = 
Word.WdParagraphAlignment.wdAlignParagraphRight;//设置右对齐
//第 5 行显示
wordDoc.Tables.Item(1).Cell(1, 5).Merge(wordDoc.Tables.Item(1).Cell(5, 6));
//第 6 行显示
wordDoc.Tables.Item(1).Cell(6, 5).Merge(wordDoc.Tables.Item(1).Cell(6, 6));
```

```csharp
//第9行显示
wordDoc.Tables.Item(1).Cell(9, 4).Merge(wordDoc.Tables.Item(1).Cell(9, 6));
//第12行显示
wordDoc.Tables.Item(1).Cell(12, 2).Merge(wordDoc.Tables.Item(1).Cell(12, 6));
//第13行显示
wordDoc.Tables.Item(1).Cell(13, 2).Merge(wordDoc.Tables.Item(1).Cell(13, 6));
//第14行显示
wordDoc.Tables.Item(1).Cell(14, 2).Merge(wordDoc.Tables.Item(1).Cell(14, 6));
//第1行赋值
wordDoc.Tables.Item(1).Cell(1, 1).Range.Text = "职工编号:";
wordDoc.Tables.Item(1).Cell(1, 2).Range.Text = MyDS_Grid.Tables[0].Rows[i][0].ToString();
wordDoc.Tables.Item(1).Cell(1, 3).Range.Text = "职工姓名:";
wordDoc.Tables.Item(1).Cell(1, 4).Range.Text = MyDS_Grid.Tables[0].Rows[i][1].ToString();
//插入图片
if (p1 == 0)
{
//图片所在路径
string FileName = @"C:\22.bmp";
object LinkToFile = false;
object SaveWithDocument = true;
//指定图片插入的区域
object Anchor = wordDoc.Tables.Item(1).Cell(1, 5).Range;
//将图片插入到单元格中
wordDoc.Tables.Item(1).Cell(1, 5).Range.InlineShapes.AddPicture(FileName,
ref LinkToFile,
ref SaveWithDocument, ref Anchor);
}
p1 = 0;
//第2行赋值
wordDoc.Tables.Item(1).Cell(2, 1).Range.Text = "民族类别:";
wordDoc.Tables.Item(1).Cell(2, 2).Range.Text = MyDS_Grid.Tables[0].Rows[i][2].ToString();
wordDoc.Tables.Item(1).Cell(2, 3).Range.Text = "出生日期:";
try
{
wordDoc.Tables.Item(1).Cell(2, 4).Range.Text =
Convert.ToString(Convert.ToDateTime(MyDS_Grid.Tables[0].Rows[i][3]).ToShortDateString());
}
catch
{
wordDoc.Tables.Item(1).Cell(2, 4).Range.Text = "";
}
//Convert.ToString(MyDS_Grid.Tables[0].Rows[i][3]);
//第3行赋值
wordDoc.Tables.Item(1).Cell(3, 1).Range.Text = "年龄:";
```

```
wordDoc.Tables.Item(1).Cell(3, 2).Range.Text =
Convert.ToString(MyDS_Grid.Tables[0].Rows[i][4]);
wordDoc.Tables.Item(1).Cell(3, 3).Range.Text = "文化程度：";
wordDoc.Tables.Item(1).Cell(3, 4).Range.Text =
MyDS_Grid.Tables[0].Rows[i][5].ToString();
//第 4 行赋值
wordDoc.Tables.Item(1).Cell(4, 1).Range.Text = "婚姻：";
wordDoc.Tables.Item(1).Cell(4, 2).Range.Text =
MyDS_Grid.Tables[0].Rows[i][6].ToString();
wordDoc.Tables.Item(1).Cell(4, 3).Range.Text = "性别：";
wordDoc.Tables.Item(1).Cell(4, 4).Range.Text =
MyDS_Grid.Tables[0].Rows[i][7].ToString();
//第 5 行赋值
wordDoc.Tables.Item(1).Cell(5, 1).Range.Text = "政治面貌：";
wordDoc.Tables.Item(1).Cell(5, 2).Range.Text =
MyDS_Grid.Tables[0].Rows[i][8].ToString();
wordDoc.Tables.Item(1).Cell(5, 3).Range.Text = "单位工作时间：";
try
{
wordDoc.Tables.Item(1).Cell(5, 4).Range.Text =
Convert.ToString(Convert.ToDateTime(MyDS_Grid.Tables[0].Rows[0][10]).ToShor
tDateStri
ng());
}
catch
{
wordDoc.Tables.Item(1).Cell(5, 4).Range.Text = "";
}
//第 6 行赋值
wordDoc.Tables.Item(1).Cell(6, 1).Range.Text = "籍贯：";
wordDoc.Tables.Item(1).Cell(6, 2).Range.Text =
MyDS_Grid.Tables[0].Rows[i][24].ToString();
wordDoc.Tables.Item(1).Cell(6, 3).Range.Text =
MyDS_Grid.Tables[0].Rows[i][25].ToString();
wordDoc.Tables.Item(1).Cell(6, 4).Range.Text = "身份证：";
wordDoc.Tables.Item(1).Cell(6, 5).Range.Text =
MyDS_Grid.Tables[0].Rows[i][9].ToString();
//第 7 行赋值
wordDoc.Tables.Item(1).Cell(7, 1).Range.Text = "工龄：";
wordDoc.Tables.Item(1).Cell(7, 2).Range.Text =
Convert.ToString(MyDS_Grid.Tables[0].Rows[i][11]);
wordDoc.Tables.Item(1).Cell(7, 3).Range.Text = "职工类别：";
wordDoc.Tables.Item(1).Cell(7, 4).Range.Text =
MyDS_Grid.Tables[0].Rows[i][12].ToString();
wordDoc.Tables.Item(1).Cell(7, 5).Range.Text = "职务类别：";
wordDoc.Tables.Item(1).Cell(7, 6).Range.Text =
MyDS_Grid.Tables[0].Rows[i][13].ToString();
//第 8 行赋值
wordDoc.Tables.Item(1).Cell(8, 1).Range.Text = "工资类别：";
wordDoc.Tables.Item(1).Cell(8, 2).Range.Text =
MyDS_Grid.Tables[0].Rows[i][14].ToString();
wordDoc.Tables.Item(1).Cell(8, 3).Range.Text = "部门类别：";
```

```
wordDoc.Tables.Item(1).Cell(8, 4).Range.Text =
MyDS_Grid.Tables[0].Rows[i][15].ToString();
wordDoc.Tables.Item(1).Cell(8, 5).Range.Text = "职称类别：";
wordDoc.Tables.Item(1).Cell(8, 6).Range.Text =
MyDS_Grid.Tables[0].Rows[i][16].ToString();
//第9行赋值
wordDoc.Tables.Item(1).Cell(9, 1).Range.Text = "月工资：";
wordDoc.Tables.Item(1).Cell(9, 2).Range.Text =
Convert.ToString(MyDS_Grid.Tables[0].Rows[i][26]);
wordDoc.Tables.Item(1).Cell(9, 3).Range.Text = "银行账号：";
wordDoc.Tables.Item(1).Cell(9, 4).Range.Text =
MyDS_Grid.Tables[0].Rows[i][27].ToString();
//第10行赋值
wordDoc.Tables.Item(1).Cell(10, 1).Range.Text = "合同起始日期：";
try
{
wordDoc.Tables.Item(1).Cell(10, 2).Range.Text =
Convert.ToString(Convert.ToDateTime(MyDS_Grid.Tables[0].Rows[i][28]).ToShor
tDateStri
ng());
}
catch
{
wordDoc.Tables.Item(1).Cell(10, 2).Range.Text = "";
}
//Convert.ToString(MyDS_Grid.Tables[0].Rows[i][28]);
wordDoc.Tables.Item(1).Cell(10, 3).Range.Text = "合同结束日期：";
try
{
wordDoc.Tables.Item(1).Cell(10, 4).Range.Text =
Convert.ToString(Convert.ToDateTime(MyDS_Grid.Tables[0].Rows[i][29]).ToShor
tDateStri
ng());
}
catch
{
wordDoc.Tables.Item(1).Cell(10, 4).Range.Text = "";
}
//Convert.ToString(MyDS_Grid.Tables[0].Rows[i][29]);
wordDoc.Tables.Item(1).Cell(10, 5).Range.Text = "合同年限：";
wordDoc.Tables.Item(1).Cell(10, 6).Range.Text =
Convert.ToString(MyDS_Grid.Tables[0].Rows[i][30]);
//第11行赋值
wordDoc.Tables.Item(1).Cell(11, 1).Range.Text = "电话：";
wordDoc.Tables.Item(1).Cell(11, 2).Range.Text =
MyDS_Grid.Tables[0].Rows[i][17].ToString();
wordDoc.Tables.Item(1).Cell(11, 3).Range.Text = "手机：";
wordDoc.Tables.Item(1).Cell(11, 4).Range.Text =
MyDS_Grid.Tables[0].Rows[i][18].ToString();
wordDoc.Tables.Item(1).Cell(11, 5).Range.Text = "毕业时间：";
```

```
try
{
wordDoc.Tables.Item(1).Cell(11, 6).Range.Text =
Convert.ToString(Convert.ToDateTime(MyDS_Grid.Tables[0].Rows[i][21]).ToShor
tDateStri
ng());
}
catch
{
wordDoc.Tables.Item(1).Cell(11, 6).Range.Text = "";
}
//Convert.ToString(MyDS_Grid.Tables[0].Rows[i][21]);
//第 12 行赋值
wordDoc.Tables.Item(1).Cell(12, 1).Range.Text = "毕业学校: ";
wordDoc.Tables.Item(1).Cell(12, 2).Range.Text =
MyDS_Grid.Tables[0].Rows[i][19].ToString();
//第 13 行赋值
wordDoc.Tables.Item(1).Cell(13, 1).Range.Text = "主修专业: ";
wordDoc.Tables.Item(1).Cell(13, 2).Range.Text =
MyDS_Grid.Tables[0].Rows[i][20].ToString();
//第 14 行赋值
wordDoc.Tables.Item(1).Cell(14, 1).Range.Text = "家庭地址: ";
wordDoc.Tables.Item(1).Cell(14, 2).Range.Text =
MyDS_Grid.Tables[0].Rows[i][22].ToString();
wordDoc.Range(ref start, ref end).InsertParagraphAfter();//插入回车
wordDoc.Range(ref start, ref end).ParagraphFormat.Alignment =
Word.WdParagraphAlignment.wdAlignParagraphCenter;//设置字体居中
//清除临时文件
File.Delete(@"C:\22.bmp");
}
MessageBox.Show("导出成功!");
this.Close();
}
```

22.6.3 添加和编辑员工照片

将照片保存到数据库中,可以采用两种方法,一是在数据库中保存照片的路径;二是将照片信息写入数据中。第一种方法操作简单,但是照片源文件不能删除,不能修改位置,否则就会出错。第二种方法操作复杂,但是安全性高,不依赖于照片原文件。本系统采用第二种方法。照片的操作包括选择照片、清除选择、保存照片到数据库。

(1) 单击【选择图片】按钮时,弹出浏览文件窗口,可以选择照片文件。代码如下:

```
private void Img_Save_Click(object sender, EventArgs e)//添加图像
{
ofd_FindImage.Filter = "图像文件(*.jpg *.bmp *.png)|*.jpg; *.bmp; *.png";
ofd_FindImage.Title = "选择头像";
if (DialogResult.OK == ofd_FindImage.ShowDialog())
{
imgPath = ofd_FindImage.FileName;
```

```
S_Image.Image = Image.FromFile(ofd_FindImage.FileName);
Img_Clear.Enabled = true;
}
}
```

(2) 单击【清除】按钮时，将所选照片清除，图片控件的 Image 属性为 null，图片路径为空字符串，imgBytes 字段为 0 字节。代码如下：

```
private void Img_Clear_Click(object sender, EventArgs e)//图像清除按钮
{
S_Image.Image = null;//清除图像
imgPath = "";//图像路径
imgBytes = new byte[0];
}
```

(3) 保存照片到数据库。在系统中添加、修改员工基本信息时都会涉及照片的读取及保存。读取与保存照片的设计思路是将照片文件转换为字节流读入数据库，可从数据库中将字节流读出。保存照片时用到了自定义 SaveImage 方法，该方法在 MyDBControls 类中，请在 22.5.1 小节中查看，不再赘述。

22.7 用户设置模块

用户设置模块主要是对人事管理系统中操作用户进行管理，包括用户的添加、删除和修改，以及权限的分配。用户设置模块如图 22-28 所示。

图 22-28 用户设置

22.7.1 添加、修改用户信息

新建一个 Windows 窗体，命名为 Frm_JiaYongHu，添加用户信息和修改用户信息使用同一个窗体，主要通过布尔型字段 isAdd 判断是添加还是修改。窗体的运行效果如图 22-29 所示。

图 22-29 添加、修改用户信息

添加、修改用户窗体。代码如下：

```
using System;
using System.Collections.Generic;
using System.ComponentModel;
using System.Data;
using System.Drawing;
using System.Text;
using System.Windows.Forms;
```

```csharp
//导入加密类
using GSJ_Descryption;
namespace 人事管理系统_GSJ
{
    public partial class Frm_JiaYongHu : Form
    {
        public Frm_JiaYongHu()
        {
            InitializeComponent();
        }
        private string uidStr = "";//当前要操作的用户名,添加新用户时此项为空
        public string UidStr
        {
            get { return uidStr; }
            set { uidStr = value; }
        }
        private string pwdStr = "";//当前要操作的密码,添加新用户时此项为空
        public string PwdStr
        {
            get { return pwdStr; }
            set { pwdStr = value; }
        }
        private bool isAdd = true;//判断是添加还是修改
        public bool IsAdd
        {
            get { return isAdd; }
            set { isAdd = value; }
        }
        private void btn_exit_Click(object sender, EventArgs e)
        {
            this.Close();
        }
        private void btn_save_Click(object sender, EventArgs e)
        {
            #region 验证输入内容
            if (text_Name.Text.Trim() == string.Empty || text_Pass.Text.Trim() == string.Empty)
            {
                MessageBox.Show("用户名和密码不允许为空!");
                text_Name.Focus();
                return;
            }
            if (txt_Pwd2.Text != text_Pass.Text)
            {
                MessageBox.Show("密码不一致,请重新填写!");
                txt_Pwd2.Text = text_Pass.Text = string.Empty;
                text_Pass.Focus();
                return;
            }
            #endregion
            #region 用户登录名加密
            GSJ_DESC myDesc = new GSJ_DESC("@gsj");
            string descryUser = myDesc.Encry(text_Name.Text.Trim());//加密后的用户名
            string descryPwd = myDesc.Encry(text_Pass.Text.Trim());//加密后的密码
```

```csharp
#endregion
if (IsAdd) //添加用户时检查是否已存在
{
#region 验证是否已存在此用户
string sql = "select count(*) from tb_Login where Uid='" + descryUser + "'";
try
{
MyDBControls.GetConn();//打开连接
if (Convert.ToInt32(MyDBControls.ExecSca(sql)) > 0) //检查是否存在
{
MessageBox.Show("已存在此用户!");
text_Name.Text = string.Empty; //清空
text_Name.Focus(); //获得焦点
return;
}
MyDBControls.CloseConn();//关闭连接
}
catch
{
return; //出错时不再往下执行
}
#endregion
#region 添加用户
//添加用户名和密码
string addUser = "insert into tb_Login values('" + descryUser + "','" + descryPwd + "')";
string popeModel = "select popeName from tb_popeModel";//检查权限模块
DataSet popeDS;
try
{
MyDBControls.GetConn(); //打开连接
if (Convert.ToInt32(MyDBControls.ExecNonQuery(addUser)) > 0)//执行添加
{
popeDS = MyDBControls.GetDataSet(popeModel);
for (int i = 0; i < popeDS.Tables[0].Rows.Count; i++)
{
//逐一添加权限
string popeSql = "insert into tb_UserPope values('"+descryUser+"','" + popeDS.Tables[0].Rows[i][0].ToString() + "',"+0+")";
//MessageBox.Show(popeSql);
MyDBControls.ExecNonQuery(popeSql);
}
}
MyDBControls.CloseConn();//关闭连接
text_Name.Text = text_Pass.Text = txt_Pwd2.Text = string.Empty;//清空
MessageBox.Show("添加成功!");
}
catch (Exception err)
{
if (err.Message.IndexOf("将截断字符串或二进制数据") != -1)
{
MessageBox.Show("输入内容长度不合法,最大长度为20位字母或10个汉字!");
return;
}
```

```csharp
        }
        #endregion
    }
    else//修改用户时
    {
        #region 修改用户信息
        //修改语句
        string updSql = "update tb_Login set Uid='" + descryUser + "',Pwd='" + descryUser + "'
        where Uid='" + UidStr + "'";
        try
        {
            MyDBControls.GetConn(); //打开连接
            if (Convert.ToInt32(MyDBControls.ExecNonQuery(updSql)) > 0)//执行修改
            {
                text_Name.Text = text_Pass.Text = txt_Pwd2.Text = string.Empty; //清空
                MessageBox.Show("修改成功!");
            }
            MyDBControls.CloseConn();//关闭连接
        }
        catch (Exception err)
        {
            if (err.Message.IndexOf("将截断字符串或二进制数据") != -1)
            {
                MessageBox.Show("输入内容长度不合法,最大长度为20位字母或10个汉字!");
                return;
            }
        }
        #endregion
    }
    this.Close();
}
private void Frm_JiaYongHu_Load(object sender, EventArgs e)
{
    text_Name.Text = UidStr;//填充用户名和密码
    txt_Pwd2.Text = text_Pass.Text = PwdStr;
    //修改时用户名为只读
    if (!IsAdd) text_Name.ReadOnly = true;
}
```

【代码剖析】

本段代码实现添加与修改用户信息功能。首先定义 UidStr、PwdStr 等属性,作为进行操作的用户名和密码等。当单击【保存】按钮时,首先对用户名和密码进行验证,如果不为空,则进行加密操作。然后进行判断,如果数据库中不存在此用户,则进行添加用户操作;如果存在此用户,则进行修改操作。

22.7.2 删除用户基本信息

在 Frm_XiuGaiYongHu 窗体中单击【删除】按钮,判断要删除的用户是不是管理员,如果是，弹出提示信息，提示不能修改管理员信息；否则，删除选中的用户信息，同时删除其权限信息。代码如下：

```csharp
private void tool_UserDelete_Click(object sender, EventArgs e)//删除用户
{
if (!CheckHavaSelected())//检查是否有操作对象
{
return; //未选择任何用户，所以终止执行
}
if (CheckIsCurrent())//检查是否为当前用户，如果是则不执行操作
{
return;
}
//确认是否操作
if (MessageBox.Show("真的要删除吗？", "警告", MessageBoxButtons.OKCancel,
MessageBoxIcon.Warning) == DialogResult.Cancel)
{
MessageBox.Show("操作已取消!");
return;
}
try
{
GSJ_DESC myDesc = new GSJ_DESC("@gsj");
MyDBControls.GetConn(); //打开连接
string delStr="delete from tb_Userpope where Uid='"
+myDesc.Encry(dgv_userInfo.SelectedRows[0].Cells[0].Value.ToString()) +
"'";//删除对应的权限信息
MyDBControls.ExecNonQuery(delStr);
//选中的用户名
string delSql = "delete from tb_Login where Uid='"
+myDesc.Encry(dgv_userInfo.SelectedRows[0].Cells[0].Value.ToString()) + "'
and Pwd='"
+myDesc.Encry(dgv_userInfo.SelectedRows[0].Cells[1].Value.ToString()) +
"'";
if (Convert.ToInt32(MyDBControls.ExecNonQuery(delSql)) > 0) //执行删除
{
MessageBox.Show("删除成功!");
}
MyDBControls.CloseConn();//关闭连接
ShowAllUser();//重新加载用户信息
}
catch
{
ShowAllUser();//重新加载用户信息
}
}
```

22.7.3 设置用户权限

在 Frm_XiuGaiYongHu 窗体中单击【权限】按钮，弹出 Frm_QuanXian 权限设置窗体，如图 22-30 所示。

图 22-30 用户权限设置

权限设置窗体中的【保存】按钮,其代码如下:

```
private void User_Save_Click(object sender, EventArgs e)//保存仅限
{
try
{
MyDBControls.GetConn();//打开连接
foreach (Control c in popeControls)//逐一检测是否修改所对应的权限
{
int flg = 0;//没选中则为 0,表示权限不能用; 否则为 1,表示能用
if (((CheckBox)c).Checked)
{
flg = 1;
}
string sql = "update tb_UserPope set pope=" + flg + " where Uid='"
+myDesc.Encry(txt_userName.Text) + "' and PopeName='" + c.Text + "'";
MyDBControls.ExecNonQuery(sql);
}
MyDBControls.CloseConn();//关闭连接
MessageBox.Show("保存成功!");
this.Close();
}
catch (Exception err)
{
MessageBox.Show(err.Message);
}
}
```

22.8 数据库维护模块

为了保证数据的安全,防止数据丢失,需要对数据库进行备份和还原。故在程序中需要实现数据库备份功能与还原功能。

22.8.1 数据库备份功能

备份数据库的保存位置，提供了保存在默认路径下和用户选择路径两种方法，新建 Windows 窗体 Frm_BeiFenHuanYuan，如图 22-31 所示。

图 22-31　数据库备份

【备份】按钮代码如下：

```
private void btn_backup_Click(object sender, EventArgs e)//执行备份
{
string savePath="";//最终存放路径
if (rbtn_1.Checked)
{
savePath = txt_B_Path1.Text;
}
else
{
if (txt_B_Path2.Text == string.Empty)//判断路径是否为空
{
MessageBox.Show("请选择路径!");
return;
}
savePath = txt_B_Path2.Text;
}
//备份语句
string backSql = "backup database db_PWMS_GSJ to disk ='" + savePath +"'";
//MessageBox.Show(backSql);
//return;
try
{
MyDBControls.GetConn(); //打开连接
MyDBControls.ExecNonQuery(backSql);//执行命令
MyDBControls.CloseConn();//关闭连接
MessageBox.Show("已成功备份到:\n"+savePath);
this.Close();
}
catch //处理异常
{
MessageBox.Show("文件路径不正确!");
}
}
```

22.8.2 数据库还原功能

还原数据库程序界面如图 22-32 所示。

【还原】按钮代码如下：

```
private void btn_restore_Click(object sender,
EventArgs e)
{
```

图 22-32　还原数据库

```
btn_restore.Enabled = false;//防止还原过程中错误操作
MyDBControls.RestoreDB(txt_R_Path.Text);
MessageBox.Show("成功还原!为了防止数据丢失请重新登录!");
Application.Restart();
}
```

> 注意：在还原数据库时，一定要将 SQL Server 的 SQL Server Management Studio 关闭。

22.9　系 统 运 行

由于篇幅有限，其他功能模块不再一一讲述。至此，项目可以运行测试了。下面对主要系统模块进行运行测试。

图 22-33　用户登录

22.9.1　登录

打开企业人事管理系统，通过输入用户名和密码连接数据库并验证登录信息是否正确，界面如图 22-33 所示。

22.9.2　企业人事管理系统

在登录界面输入管理员用户名和密码，管理员用户名为 admin，密码为 admin，即可打开【企业人事管理系统】对话框，如图 22-34 所示。

图 22-34　企业人事管理系统主界面

22.9.3　人事档案管理

在【企业人事管理系统】对话框中单击【人事档案管理】按钮，即可打开【人事档案管理】对话框，如图 22-35 所示。在此对话框中可进行查询、浏览、添加信息、修改信息、删除信息、保存员工信息等操作。

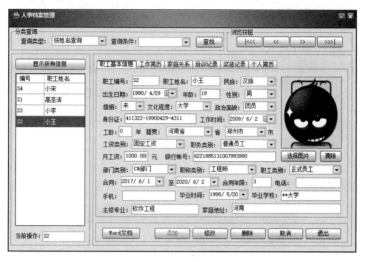

图 22-35 【人事档案管理】对话框

22.9.4 人事资料查询

在【企业人事管理系统】对话框中单击【人事资料查询】按钮，即可打开【人事资料查询】对话框，如图 22-36 所示。在此对话框中通过输入员工的基本信息和个人信息可对企业员工进行查询，查询结果在结果栏中进行显示，通过双击某个员工信息可打开【人事档案管理】对话框查看详细信息。

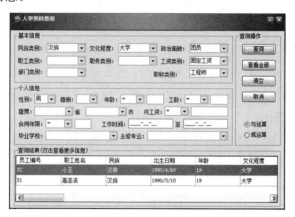

图 22-36 【人事资料查询】对话框

22.9.5 员工信息提醒

在【企业人事管理系统】对话框中单击【显示提醒】按钮，即可打开【员工信息提醒】对话框，如图 22-37 所示。此对话框中显示了员工的重要信息提醒，如员工"小李"合同已到期，在【合同提醒】列表框中显示出其信息。

493

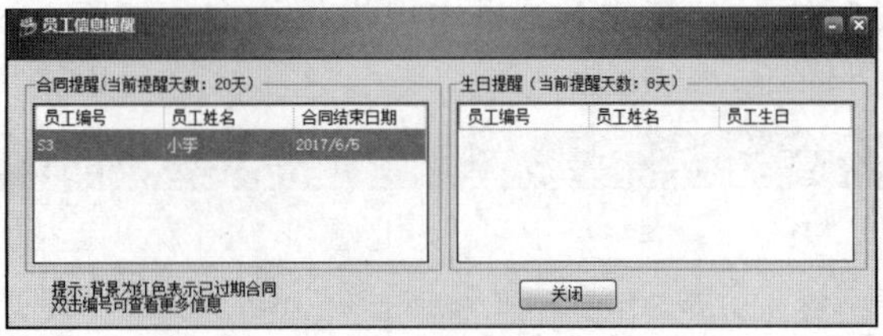

图 22-37 【员工信息提醒】对话框

22.9.6 员工通讯录

在【企业人事管理系统】对话框中单击【员工通讯录】按钮，即可打开【员工通讯录】对话框，如图 22-38 所示。在此对话框中可对员工的个人联系方式进行查询。

图 22-38 【员工通讯录】对话框

22.9.7 日常记事

在【企业人事管理系统】对话框中单击【日常记事】按钮，即可打开【日常记事】对话框，如图 22-39 所示。在此对话框中可对以往备忘记事进行查询、修改及删除操作，也可对新的备忘记事进行添加操作。

图 22-39 【日常记事】对话框

22.9.8　用户设置

在【企业人事管理系统】对话框中选择【系统管理】→【用户设置】菜单命令，即可打开用户设置相应的对话框，如图 22-40 所示。在此对话框中可对用户信息进行添加、修改、删除及用户权限设置的操作。

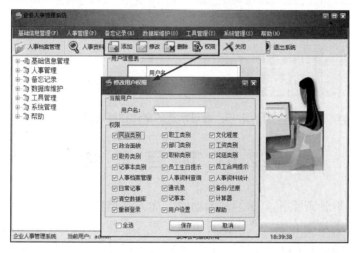

图 22-40　用户设置

22.9.9　基础信息维护管理

在【企业人事管理系统】对话框中，如果需要对系统的基础信息进行维护管理，可通过菜单栏中【基础信息管理】相关菜单或者左侧树形菜单中相关菜单实现，如图 22-41 所示。例如，对文化程度进行维护设置，选择【基础信息管理】→【基础数据】→【文化程度设置】菜单命令，打开【文化程度设置】对话框，如图 22-42 所示。通过对文化程度项目进行维护，可在系统相关模块中进行使用，如图 22-43 所示。

图 22-41　基础信息维护

图 22-42　【文化程度设置】对话框

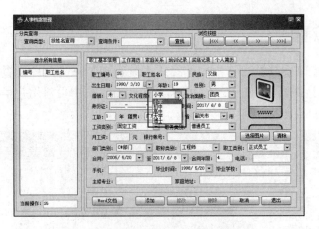

图 22-43　经过维护的文化程度项目

22.10　项目总结

本章讲述的人事管理系统实现了基本功能，如人事档案管理模块、用户设置模块、数据库维护模块等。由于篇幅有限，文中主要讲解了有代表性的模块源代码。只要读者理解了这部分代码，对未讲述的那部分源代码，相信理解起来也是很容易的。通过本章的学习，读者可在此基础上进一步分析、挖掘和扩充其他功能，如工资管理、招聘管理等。